· AI进化引擎技术丛书 ·

LangGraph实战

构建新一代AI智能体系统

张海立 曹士圯 尹珉◎编著

电子工业出版社

Publishing House of Electronics Industry

北京·BEIJING

内 容 简 介

本书是一本专注于 AI 智能体开发的实战指南，旨在帮助开发者快速掌握 LangGraph 框架的核心技术并实现项目落地。作为《LangChain 实战：从原型到生产，动手打造 LLM 应用》的进阶读本，本书从基础理论、核心技术、工程实践和案例分析四大维度深入探讨了 AI 智能体的设计原理、LangGraph 的框架特性、部署方案及实战案例。书中结合大量示例代码和详细讲解，帮助读者掌握从开发到运维的完整技术体系，同时通过企业级案例分析展示 LangGraph 在实际项目中的应用方法和架构设计思路。

本书采用渐进式学习路径和实战导向的编写方式，适合 AI 开发工程师、架构师及对 AI 智能体感兴趣的技术爱好者阅读。通过学习本书，读者可提升技术能力、积累工程实践经验、拓展架构视野，满足当前市场对 AI 智能体开发人才的需求，为职业发展和技术创新提供有力支撑。

图书在版编目（CIP）数据

LangGraph 实战：构建新一代 AI 智能体系统 / 张海立, 曹士圯, 尹珉编著 . -- 北京：电子工业出版社，

2025. 8. （2025. 9 重印） -- (AI 进化引擎技术丛书). -- ISBN 978-7

-121-50700-7

Ⅰ . TP18

中国国家版本馆 CIP 数据核字第 2025TY3794 号

责任编辑：孙学瑛

印　　刷：三河市鑫金马印装有限公司

装　　订：三河市鑫金马印装有限公司

出版发行：电子工业出版社

　　　　　北京市海淀区万寿路 173 信箱　　　　　　　邮编：100036

开　　本：720×1000　　1/16　　印张：31　　　字数：597.6 千字

版　　次：2025 年 8 月第 1 版

印　　次：2025 年 9 月第 3 次印刷

定　　价：129.00 元

凡所购买电子工业出版社图书有缺损问题，请向购买书店调换。若书店售缺，请与本社发行部联系，联系及邮购电话：（010）88254888，88258888。

质量投诉请发邮件至 zlts@phei.com.cn，盗版侵权举报请发邮件至 dbqq@phei.com.cn。

本书咨询联系方式：sxy@phei.com.cn。

推荐序

Harrison Chase　LangChain CEO 及创始人

It is with great excitement that I write this foreword for *LangGraph in Action*, a book that arrives at a pivotal moment in the evolution of AI and agent technology. Following the success of *LangChain in Action*, I've been thrilled to witness the LangChain ecosystem flourish within China's developer community.

Over the past year, the rapid advancements in large language models (LLMs) have brought us to the cusp of what many are calling the "Agent Era"—a new frontier where intelligent, autonomous agents powered by frameworks like LangGraph are set to redefine how we harness the potential of LLMs. As we stand on the brink of 2025, widely predicted to be a breakout year for agent technology, this book offers a timely and practical guide for developers eager to seize the opportunities ahead.

LangGraph in Action masterfully bridges the gap between theory and practice, focusing on the core principles and design patterns for building with LangGraph. While the examples are built on version 0.5, the foundational concepts you'll learn are essential for mastering v1.0 and future iterations.Whether you're new to the LangChain ecosystem or an experienced practitioner, this book equips you with the durable skills and insights to build sophisticated Agent applications.

From the fundamentals of graph-driven AI systems to advanced topics like memory mechanisms and service deployment, this book reflects the maturity of LangGraph as a standalone yet complementary framework within our ecosystem. I'm confident that this work will empower readers to not only understand the transformative power of Agents but also to lead the charge in creating innovative, real-world solutions in this exciting new era.

能为《LangGraph 实战：构建新一代 AI 智能体系统》这本书撰写推荐序，我感到无比激动。本书的出版，正值人工智能（AI）与智能体（Agent）技术演进的关键时刻。继《LangChain 实战：从原型到生产，动手打造 LLM 应用》成功出版后，我很高兴看到 LangChain 生态在中国开发者社区中蓬勃发展。

过去一年里，大语言模型的快速发展将我们带入所谓"智能体时代前夕"——在这个新领域，由 LangGraph 等框架驱动的自主智能体，将重新定义我们利用 LLM 潜力的方式。在被普遍预测为智能体技术爆发之年的 2025 年，本书为渴望把握未来机遇的开发者们提供了一份及时且实用的指南。

本书巧妙地弥合了理论与实践之间的差距，针对中国开发者的实际需求，深入解析了 LangGraph 的核心架构与设计思想。书中内容以 v0.5 版本的实现为基石进行讲解，其核心原理与范式同样贯穿于未来的 v1.0 版本。无论您是 LangChain 生态的新手，还是经验丰富的实践者，本书都将为您提供构建复杂智能体应用所需的、不过时的工具和深刻见解。

从图驱动 AI 系统的基础知识到记忆机制、服务部署等高级主题，本书内容展现了 LangGraph 作为生态系统中一个既独立又互补的框架所具备的日益成熟的特质。我深信，本书不仅能让大家理解智能体的变革力量，更能帮助大家在这个激动人心的新时代，率先创造出面向真实世界的创新解决方案。

专家赞誉

在大模型技术掀起 AI 革命的浪潮下，AI 智能体正成为大模型场景化落地的关键形态，其自主决策与任务执行能力为产业应用带来全新的想象空间。然而，开发者构建高效、稳定的智能体系统仍面临挑战——LangChain 与 LangGraph 虽为热门工具框架，但英文文档的分散性与学习门槛阻碍了国内开发者的快速上手。

《LangGraph 实战：构建新一代 AI 智能体系统》应时而生。作为《LangChain 实战：从原型到生产，动手打造 LLM 应用》的进阶指南，本书以清晰的渐进式路径，系统梳理 LangGraph 的核心技术，从基础理论、分布式部署到企业级案例，层层深入。书中不仅解析框架特性（如工作流编排、多 Agent 协同等），更通过丰富的代码示例与架构设计思路，将 AI 智能体方法论转化为可落地的工程方案。无论您是渴望进阶的 AI 工程师、规划技术路线的架构师，还是探索业务创新的团队，本书都将成为您驾驭智能体时代的优选手册。抓住 AI 智能体技术红利，从掌握 LangGraph 开始！

—— **袁进辉** 硅基流动（SiliconFlow）创始人

在人工智能技术迅猛发展的当下，智能体（Agent）作为下一代应用形态的核心，正在引领全新的技术浪潮。而 LangGraph，正是应运而生的重要基石。

作为一名长期致力于 AI 基础设施建设的从业者，我深刻认识到，强大的智能应用不仅需要先进的大模型，还需要可靠高效的工作流编排与状态管理能力。LangGraph 以其面向 Agent 的创新设计，精准地回应了这一时代需求，为开发者搭建起探索 AI 智能体系统的坚实桥梁。

《LangGraph 实战：构建新一代 AI 智能体系统》一书系统性地梳理了智能体技术的理论基础与实践方法，从智能体要素、图驱动系统到交互设计与记忆机制，内容由浅入深，既适合初学者快速入门，也为资深开发者提供了宝贵的进阶指南。作者团队结合国内开发者的需求，将分散的英文资料转化为结构化知识，填补了这一领域的中文空白。

2025 年是 AI 智能体元年。无论是对于希望探索 AI 智能体技术的开发者，还是对于寻求业务创新的企业团队，本书都能成为不可或缺的参考。相信在 LangGraph 的赋能下，更多复杂、自主的 AI 应用将加速涌现，推动智能时代的边界不断扩展。

—— **星爵** Milvus 项目创始人、Zilliz CEO

人工智能的普及正日益重塑人类社会的生产生活方式，其渗透深度和广度远超以往任何技术革命。在此过程中，AI 智能体的发展正从技术突破走向规模化落地，其演进路径深刻重塑着人类与机器的协作边界。

《LangGraph 实战：构建新一代 AI 智能体系统》是一本关于 AI 智能体开发的实战指南，将帮助读者深入了解 LangGraph 框架及其在工作流编排、状态管理、智能体协同等方面的强大能力，进而掌握利用 LangGraph 构建完整 AI 智能体系统的方法。读者可通过书中案例进一步掌握 AI 智能体开发及部署的实战技能。

—— **黄波** 华东师范大学数据科学与工程学院特聘教授

《LangGraph 实战：构建新一代 AI 智能体系统》是一本不可多得的 AI 开发实战指南，从理论到实践，全方位解读 LangGraph 框架在人工智能领域中的深层应用。通过系统化的内容安排，本书深入剖析了 AI 智能体开发的核心技术与开发流程，并结合实际案例和详细代码解析，为大家提供了清晰的学习路径。

无论您是初学者还是经验丰富的开发者，本书都能满足您的需求。它不仅能够帮助您快速掌握 LangGraph 框架，更能带您深入理解 Agent 技术的前沿趋势与应用场景，助力您在 AI 智能体开发领域脱颖而出。

这是一本值得反复研读的佳作，无论您是想要掌握先进的 AI 智能体开发技术，还是希望了解未来的发展趋势，本书都是您迈向 AI 智能体开发新高度的理想伙伴！

—— **杨轩** Linux 基金会亚太区副总裁

随着基础模型能力的飞跃，智能应用的蔚为流行，AI 能做的事、触及的范围、应用的复杂度与日俱增。LangGraph 框架在 LangChain 基础上，提供了更多新颖、灵活的机制，能够适应更为复杂的场景。而《LangGraph 实战：构建新一代 AI 智能体系统》的问世，恰为学习这一新框架提供了绝佳途径。

本书不论从应用思想、关键特性、技术机制还是架构案例方面，都提供了实用且富有价值的内容，"纸上得来终觉浅，绝知此事要躬行"，希望感兴趣的朋友能借助此书迅速掌握 LangGraph 技术，实际运用起来，共同推动 AI 浪潮的发展。

—— **晓成** 抖音基础体验负责人

《LangGraph 实战：构建新一代 AI 智能体系统》深入剖析了 AI 智能体开发的核心技术与工程实践，系统阐述了状态管理、工具调用和记忆构建三大关键技术模块。全书通过丰富的工业级案例和可落地的代码实现，完整呈现了从理论到产品的转化路径。

作者以独特的工程视角，既为初学者构建了循序渐进的学习曲线，又为资深开发者提供了架构设计与性能优化的深度洞见。在 AI 智能体技术快速迭代的背景下，本书不仅把握了当前技术发展的脉搏，更为构建下一代智能体应用提供了前瞻性的设计范式，是开发者理解智能体本质、掌握前沿实践的重要技术指南。

—— **周小四** 青云科技研发副总裁

《LangGraph 实战：构建新一代 AI 智能体系统》是一本面向 AI 开发者的深度技术指南，系统介绍了基于 LangGraph 框架的智能体开发方法论。本书聚焦 AI 智能体系统的四大核心能力构建——任务规划、工具调用、行动执行与记忆管理，深入解析了 ReAct 设计模式、状态图架构等前沿技术在智能体开发中的应用实践。

通过理论讲解与工程实现相结合的方式，本书提供了从基础概念到高级应用的完整知识体系，帮助开发者构建具备自主决策能力和动态适应性的 AI 智能体系统。无论您是 AI 技术研究者探索智能体前沿，还是工程团队寻求业务创新突破，本书都能为您提供极具价值的实践指导和解决方案。

—— **马龙飞** 中国信通院云大所高级业务主管

在大模型时代兴起的首批框架中，LangChain 引起了众多关注。作为 LangChain 团队推出的创新性框架，LangGraph 凭借其状态化工作流和灵活的图结构，为开发者构建复杂 AI 应用提供了强大支持，在业界扮演着举足轻重的角色。

海立是我多年的朋友，他一直积极参与 LangChain 社区，并致力于相关内容的推广，这种热情和坚持实属难得。他的新书《LangGraph 实战：构建新一代 AI 智能体系统》以实战为核心，深入浅出地阐述了 LangGraph 的核心技术，书中代码示例清晰易懂，帮助读者迅速掌握要领。

在人工智能技术飞速发展的今天，这本书为开发者指明了紧跟时代步伐的明确方向。无论您是 LangChain 的爱好者，还是对智能代理充满好奇的探索者，《LangGraph

实战：构建新一代 AI 智能体系统》都将是您未来探索之旅的宝贵指南。力荐阅读！

—— **张晋涛** Microsoft MVP、CNCF Ambassador、Kong Inc. 高级工程师

不知不觉间，距离《LangChain 实战：从原型到生产，动手打造 LLM 应用》出版已逾一年。这一年里，AI 领域捷报频传，而随着 Manus 邀请码的火爆，AI 智能体技术在国内掀起新一轮热潮。值此之际，我们欣喜地迎来了几位 LangChain 专家的最新力作——《LangGraph 实战：构建新一代 AI 智能体系统》。

海立老师延续其一贯的务实风格，以深入浅出的笔触，系统性地引导读者掌握 LangGraph 框架的精髓。全书不仅全面解析了 LangGraph 的技术架构，更从实践角度详细阐述了智能体系统的构建方法，同时包含了对 Agent 技术发展前景的前瞻思考。无论是框架特性的技术剖析，还是开发实践的案例演示，本书都展现了极高的专业水准，堪称智能体开发领域的精品之作。

—— **朱峥嵘** 某量化对冲基金 CIO

前　　言

缘起

在我的上一本书《LangChain 实战：从原型到生产，动手打造 LLM 应用》与读者见面后，我非常欣喜地看到 LangChain 生态在国内开发者社区中蓬勃发展。许多读者通过这本书快速上手 LangChain，并开始构建自己的大语言模型应用。时隔一年，大语言模型（LLM）技术日新月异，我们正站在一个激动人心的新起点 ——AI 智能体元年的前夜。

正如业内专家预测，2025 年极有可能成为 AI 智能体技术爆发的关键节点。AI 智能体，即具备自主决策和行动能力的智能体，被认为是充分释放 LLM 潜力的核心方向。而支撑 AI 智能体应用落地的关键，正是像 LangGraph 这样成熟、强大的开发框架。

回顾一年前，LangGraph 的技术发展尚处于早期阶段，而如今，LangChain、LangGraph 和 LangSmith 构成的生态体系已经日臻完善，展现出能开发企业级应用的实力，并涌现出众多成功的落地案例。尽管 LangGraph 官方提供了丰富的资料和课程，但这些内容基本上以英文为主，且信息较为分散，对于希望快速切入 Agent 应用开发的国内开发者而言，存在一定的学习门槛。

值得一提的是，虽然 LangGraph 与 LangChain 同属于 LangChain 生态系统，但 LangGraph 本身是一个可以独立使用的框架。即使读者没有 LangChain 的使用经验，也可以从本书开始学习 LangGraph，并掌握 AI 智能体应用的开发技能。

因此，我决定撰写第二本书 ——《LangGraph 实战：构建新一代 AI 智能体系统》。我们深知，优秀的框架版本总在不断演进。为此，本书的重点并非简单罗列某一版本的功能，而是旨在深入剖析 LangGraph 的底层架构与设计哲学。我们将以更符合中国开发者习惯的方式，帮助读者掌握构建智能体的核心思想与工程范式——这些知识的生命力远超任何特定版本。我希望本书能够帮助读者深入理解 AI 智能体理念，并快速掌握 LangGraph 的使用，从而在这个充满机遇的 AI 智能体时代抢占先机。

从 HTML5 时代的代码初探，到云原生时代的深入实践，再到通用人工智能（AGI）时代的积极拥抱，15 年的技术生涯，我始终秉持着"理论结合实践"的学习理念。每一次技术浪潮都带来新的挑战和机遇，而 AI 智能体技术无疑是 AGI 时代最耀眼的浪花之一。

如果说 LangChain 降低了 LLM 应用开发的门槛，让开发者能够快速构建各种基于大模型的应用，那么 LangGraph 则更进一步，专注解决构建复杂、具备自主决策能力的 AI 智能体应用的难题。在探索 LangGraph 的过程中，我们将深刻感受到它在工作流编排、状态管理、AI 智能体协同等方面的强大能力。它不仅是一个框架，更是构建未来 AI 智能体应用的基石。

为了将我们对 LangGraph 的理解和实践经验分享给更多开发者，我再次与两位优秀的 LangChain 社区伙伴 —— 曹士圯、尹珉携手合作，共同创作本书。我们希望以本书为载体，为读者构建一条全面、深入的学习路径，不仅涵盖 LangGraph 的核心概念和功能，更着眼于 AI 智能体应用的开发方法论和最佳实践。

通过本书，我们希望能够激发大家对 AI 智能体技术的兴趣，并为大家提供一个系统、实用的 LangGraph 学习指南。我们相信，无论是希望提升技能的 AI 开发者，还是寻求业务创新的企业技术团队，都能从本书中获得宝贵的知识和灵感，进而在 AI 智能体应用开发领域取得突破。

本书主要内容

本书共分为 11 章，内容由浅入深，系统地覆盖了 AI 智能体技术和 LangGraph 框架的各个方面。

◎ 第 1 章：AI 智能体的原理和机制。本章将深入探讨构成 AI 智能体的核心要素，并介绍 AI 智能体技术的多种设计模式，为理解 LangGraph 的应用奠定理论基础。

◎ 第 2 章：LangGraph 框架概览。本章将对 LangGraph 框架进行全面的概览，介绍其架构、核心组件和基本工作原理，帮助大家快速了解 LangGraph 的整体框架。

◎ 第 3 章：LangGraph 的状态图结构。本章将深入讲解 LangGraph 图驱动的核心特性，阐释如何利用图结构构建复杂的 AI 智能体系统，并展示图驱动的优势。

◎ 第 4 章：AI 智能体系统的交互体验。本章将聚焦于提升 AI 智能体系统的用户交互体验，探讨如何设计自然、流畅、高效的人机对话和人机环路工作流，优化 AI 智能体的交互界面。

◎ 第 5 章：AI 智能体的记忆系统。本章将深入讲解 AI 智能体的记忆机制，介绍如何在 LangGraph 中构建记忆系统，使 AI 智能体能够更好地管理和使用长短期记忆，实现更智能的对话和决策。

◎ 第 6 章：LangGraph 的核心 API。本章将深入探索 LangGraph 框架提供的多种 API，帮助大家根据项目需求和开发偏好，选择最合适的 API 工具箱来构建 AI 智能体。

◎ 第 7 章：AI 智能体系统的架构设计与模式应用。本章将深入探讨构建完整 AI 智能体系统的架构设计，并介绍不同的架构范式，帮助大家构建可扩展、可维护的 AI 智能体应用。

◎ 第 8 章：LangGraph 平台。本章将探讨如何将 LangGraph 应用进行服务化部署，使其能够作为独立的服务运行，并提供稳定、高效的 API。

◎ 第 9 章：LangGraph 应用开发模板。本章将介绍 LangGraph 提供的应用开发模板，帮助大家快速启动 LangGraph 项目，并学习最佳实践和开发模式。

◎ 第 10 章：LangGraph 官方应用案例浅析。本章将深入分析 LangGraph 官方提供的应用案例，帮助大家理解 LangGraph 在实际应用中的使用方法和技巧，并从中获得启发。

◎ 第 11 章：AI 智能体技术展望。本章将展望 AI 智能体技术的未来发展趋势，探讨 LangGraph 在 AI 智能体领域的前景和挑战，并引导大家思考 AI 智能体技术的更广阔应用场景。

本书学习路径

本书内容分为以下三个部分，以帮助不同技术背景的读者高效学习。

第一部分：AI 智能体基础与 LangGraph 框架入门（第 1～2 章），可帮助初学者快速入门。

这两章是 LangGraph 的基础入门内容，适合所有读者阅读。建议无论是初学者还是有经验的开发者，都从这两章开始学习，建立对 AI 智能体技术和 LangGraph 框架的整体认知。

第二部分：LangGraph 核心功能与 AI 智能体构建（第 3~7 章），可帮助大家进行案例实践。

这部分内容深入讲解 LangGraph 的核心功能，并结合实战案例，指导读者掌握使用 LangGraph 构建各类 AI 智能体系统的方法。

◎ 初学者：建议重点阅读第 3 章，快速上手构建简单 AI 智能体应用。

◎有经验开发者：建议系统学习第 3~7 章，深入理解图驱动特性、交互设计等高级功能。

第三部分：LangGraph 应用实践与进阶（第 8~11 章），可帮助大家深入探索与研究更多高级主题。

这部分侧重 LangGraph 的实际应用和未来发展展望。

◎希望快速应用的读者：建议关注第 8 章和第 9 章的服务化部署等内容。

◎对技术发展感兴趣的读者：建议阅读第 10 章和第 11 章的前沿趋势分析。

术语说明：

本书将"AI Agent"统一译为"AI 智能体"（有时根据语境也会简称为智能体），以更准确地传达其作为具备人工智能的自主实体的本质，并便于各领域读者理解。

学习建议：

◎ 建议读者具备 Python 编程基础和 Linux/macOS 操作能力。

◎ 熟悉 LangChain 的读者将更容易理解本书内容。不熟悉的读者建议阅读《LangChain 实战：从原型到生产，动手打造 LLM 应用》以了解 LangChain。

本书所有示例代码和参考资料均托管在 GitHub 仓库。

实验环境说明

考虑到国内开发者可能无法直接使用 OpenAI 和 Claude 等国际模型，本书将以硅基流动（SiliconCloud）平台作为本书示例代码的主要接口供应平台。该平台提供对 10B 以下参数规模模型的免费接口调用支持，便于大家实验和学习。

本书示例代码主要选用通义千问（Qwen/Qwen2.5-7B-Instruct）和智谱清言（THUDM/glm-4-9b-chat）。这些模型在工具调用和结构化输出方面表现优异，特别适合构建 AI 智能体系统的需求。

希望获得更强大模型性能和更丰富 AI 智能体系统开发体验的读者可选用 DeepSeek-V3（付费）。

接入 SiliconCloud 平台 API 有两种方式。

1. 代码直接接入

在代码中使用 ChatOpenAI 类，通过 api_key 和 base_url 参数接入：

```Python
from langchain_openai import ChatOpenAI

model = ChatOpenAI(
    # 从 SiliconCloud 平台获取
    api_key="API Key",
    # SiliconCloud 平台 API 地址
    base_url="https://api.***"
)
```

请务必将 API Key 替换为您在 SiliconCloud 平台获取的实际 API Key。

2. 环境变量接入

通过设置 OPENAI_API_KEY 和 OPENAI_API_BASE 环境变量来接入：

```Bash
export OPENAI_API_KEY="API Key"
export OPENAI_API_BASE="https://api.***"
```

接入完成后，在代码中直接使用 ChatOpenAI 类即可。

```Python
from langchain_openai import ChatOpenAI

model = ChatOpenAI()  # 将自动读取环境变量中的 OPENAI_API_KEY 和 OPENAI_API_BASE
```

本书的后续章节将结合具体的示例，进一步演示如何在 LangGraph 应用中使用 SiliconCloud 平台提供的模型接口。

致谢

值此书付梓之际，衷心感谢一直以来关心、支持我的爱人陆业和各位家人、朋友们！每当遇到困难和挫折时，你们的鼓励和支持都是我坚持下去的动力；每当我遇到成功与喜悦时，你们的陪伴和分享都是我继续奋进的底气，不断激励我奔赴下一场山海。

同时，我也要再次感谢电子工业出版社编辑孙学瑛老师的专业指导和辛勤付出。

她严谨的工作态度和精益求精的精神，为本书的质量提供了有力保障。

更要感谢 LangChain 开源社区和 LangChain 团队的无私奉献。正是他们构建了如此优秀和充满活力的 LangChain 生态系统，才使像 LangGraph 这样的强大框架得以诞生和发展。我深知，开源社区的力量是技术创新的重要源泉，LangChain 社区的贡献精神也深深地激励着我。

Agent 技术正处于快速发展期，LangGraph 作为 AI 智能体开发领域的新兴框架，也面临着不断迭代和完善的过程。作为 AI 智能体技术的早期探索者，我们的能力和经验尚有不足，书中难免存在疏漏和不足之处，恳请各位读者不吝赐教，提出宝贵的意见和建议，我将虚心接受并持续改进。

最后，衷心感谢每一位选择本书的读者。你们的支持就是我们最大的动力。我们衷心希望这本书能成为大家在大语言模型 AI 智能体系统开发入门或提高的有益工具，助力大家在各自领域探索新的机遇。通过这本书，我们希望能够帮助更多的开发者和技术爱好者走在技术的前沿，探索和创造更多的可能。

如果没有大家的鼎力相助，这本书将无法呈现在大家面前。我们感激不尽，并祝愿大家学习、工作顺利！

张海立

2025 年 7 月

目　录

第 1 章
AI 智能体的原理和机制

欢迎进入本书第 1 章。您可能已对人工智能（AI）有所了解，但对"AI 智能体"这一概念尚不熟悉。本章将系统介绍 AI 智能体从最初执行简单指令到如今具备自主感知、推理和行动能力的演进历程。若您曾好奇"智能助手"如何在复杂环境中决策并与外界交互，本章将揭示其原理与实践路径。

为深入理解 AI 智能体的核心机制，我们将重点解析其四大关键能力：规划、工具使用、行动执行和记忆管理。

通过分析这些能力，您将全面认识现代 AI 系统在现实场景中的运作方式，了解具备自主性的 AI 系统如何持续运转与迭代。

早期 AI 系统如机械执行命令的"机器人"，而现代 AI 智能体则更像能自主学习和适应环境的"伙伴"。它们通过整合外部工具和动态推理能力，实现"感知—思考—行动"的认知循环，不仅能回答问题，更能协同处理复杂事务。

　　然而，实现 AI 智能体落地应用远不止于智能程度这一个问题，还需解决历史信息的管理、系统可控性与安全性、可扩展性与可调试性等关键问题。

　　随着大模型、强化学习等技术的发展，以及 LangGraph 等智能体框架的出现，这些挑战已形成系统化的解决方案。后续章节将逐步解析 AI 智能体的功能模块，探讨实际部署中的难题与应对策略。

1.1　AI 智能体的概念

　　在当今快速发展的人工智能领域，"AI 智能体"这一概念标志着我们研发智能应用方式的一次重大模式转变。正如斯坦福大学的资深 AI 研究员 LilianWeng 所言，**AI 智能体本质上是能自主感知环境、进行规划与决策，并最终执行行动的智能系统**。具体如图 1-1 所示。与传统 AI 系统相比，AI 智能体拥有更高程度的自主性与目标导向性，能够持续与外部环境交互，并从不断积累的经验中学习。这种转变使 AI 系统从被动响应系统迈向了具有主动性与适应性的实体，能够应对现实世界中的复杂问题。

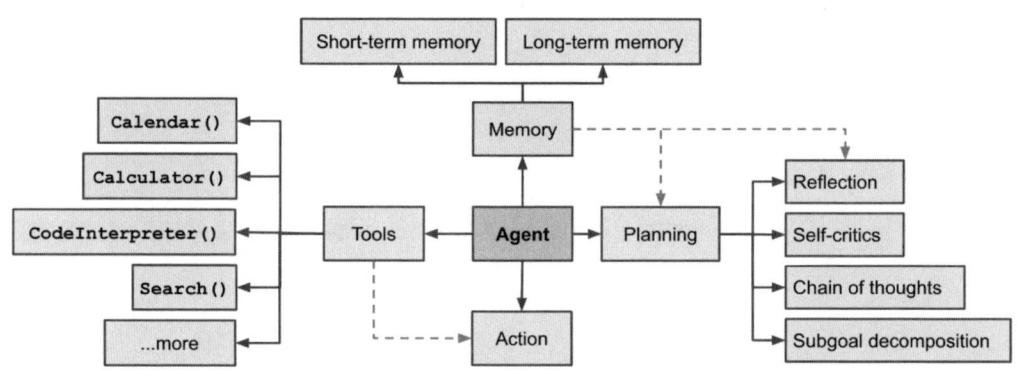

图 1-1　Lilian Weng 提出的 AI 智能体核心概念图

　　对 AI 智能体的定义历经长期演进，这一过程本身便体现了我们对"智能"本质的理解在不断深化。早期，牛津大学的 AI 先驱 Michael Wooldridge（1995 年）强调了"自治性"，将 AI 智能体定义为"**能独立代表其用户或所有者行动的计算机系统**"。这一阶段的重点是强调"独立行动"。此后，IBM 的研究人员在 21 世纪初扩大了 AI 智能体定义的内涵，**突出 AI 智能体与环境的"交互"特性，认为 AI 智能体可以感知并对周围环境做出响应**。到了 21 世纪初，随着机器学习技术的成熟，斯坦福大学的研究者把"**学习**"能力放到了 AI 智能体定义的核心位置，认为真正的 AI 智能体应能不断根据经验进行学习与适应。

当下，随着大语言模型的兴起，OpenAI 的研究人员强调了 AI 智能体所需的"**推理能力**"，而 Anthropic 则关注"**安全性与可控性**"在 AI 智能体定义中的重要性。这些不断演进的定义凸显了一个关键信号：**AI 智能体不仅是执行指令的程序，更是为了在计算机系统中模拟人类智能关键要素的复杂实体**。它们具备主动性、适应性和目标导向，能在动态且不可预测的环境中承担复杂任务。推动这一演进的动力，源于业界对具备高度自主性 AI 系统的迫切需求。这类系统不仅能够高效执行重复性任务，更关键的是能在极少人工干预的情况下，自主完成复杂决策过程。

结合这段历史，并综合现代 AI 系统的实际能力，我们将 AI 智能体定义为：**具备自主决策能力的智能系统，基于四大核心能力，即规划、工具使用、行动执行与记忆管理来运作**。这个定义不仅基于对成功 AI 系统的观察，也为 AI 智能体开发提供了可操作的指导。这四大能力既相互独立又彼此紧密配合，共同驱动 AI 智能体产生智能行为。对于使用如 LangGraph 等框架来构建 AI 智能体的开发者而言，理解这四大核心能力至关重要，因为它们是构建真正智能体化（Agentic）应用的基础。

1.1.1　AI 智能体的核心能力

我们对 AI 智能体的定义是多维度的，不仅继承了自主性、交互性和可学习性等传统关注点，也强调了实现这些高层次特征的具体能力，即规划、工具使用、行动执行与记忆管理。这四大能力并非可有可无，而是构建强大且有效的智能体的四根支柱。每项能力都在支持 AI 智能体实现自主、智能行为方面起到关键作用。只有聚焦这四大核心能力，我们才能超越抽象的概念讨论，深入探讨如何实际设计和实现 AI 智能体。

1. 规划：智能体的"认知引擎"

规划（Plan）是智能体进行策略制定和重大决策的"认知引擎"或"大脑"，它让系统不再是单纯被动的响应机器，而具备主动思考与解决复杂问题的能力。类似于资深项目经理在项目开始前精心制定项目计划，"规划"包含以下关键环节。

◎ **深入理解用户意图与任务目标**：智能体需要精确理解用户需求，不仅停留在关键词层面，还要把握语义和上下文，从而捕捉显性和潜在的要求。这与智能体定义的"上下文感知"与"以用户为中心"理念一致。例如，当用户提出"帮我订一张飞往旧金山的机票"时，智能体应能进一步推断旅程日期、预算限制、偏好航空公司、出行目的等细节，从而提供真正有用的方案。

◎ **将复杂任务分解成可执行步骤**：智能体需要将"大目标"拆分成若干可管理的小任务，从而应对多步骤或现实世界中的复杂问题。比如"规划意大利一周旅行"这样的任务就包含许多子步骤：订机票、订酒店、安排行程、订餐厅、安排交通等。智能体必须能将这一高层目标分解为多项有序且可执行的步骤。

◎ **制定战略行动计划与执行时间表**：一旦对任务进行了分解，智能体需排定优先级、考虑依赖关系，进而生成高效的执行方案。以预订旅行机票和酒店为例，这些通常在制定具体行程前便应被优先安排。

◎ **根据变化与反馈进行动态调整**：真实环境常常充满不确定性，AI 智能体需在计划执行过程中适时地根据新信息或反馈进行重新规划或调整。例如，如果航班取消或者某家酒店客满，那么 AI 智能体要能快速适应并提出替代方案。

2. 工具使用：拓展智能体能力的"外延手臂"

工具使用（Tool Use）是 AI 智能体"动手实践"的部分，通过调用外部资源完成对现实世界的操作。这体现了 AI 智能体并非与外界隔绝，而是能与环境交互的。就像熟练工匠能灵活使用不同工具，"工具使用"包含以下关键环节。

◎ **熟悉并管理各种工具集**：AI 智能体需理解各种工具集（从搜索引擎到专用 API）的功能、操作方法和限制。以旅行预订智能体为例，其可能需要熟悉航班预订 API、酒店预订系统、地图服务及天气服务等。

◎ **针对特定任务的智能工具选择**：AI 智能体应具备一定的决策能力，能根据任务需求恰当地选择合适的工具。例如，要查询某地实时天气情况，应优先调用天气类 API，而非通用搜索引擎。

◎ **对多种工具的整合与编排**：对于复杂任务，往往需要综合使用多个工具。例如，为了预订餐厅，AI 智能体先要使用搜索引擎了解地理位置和菜系，再用点评 API 查看评分和评价，最后调用预订 API 完成订位任务。

◎ **持续学习新工具**：随着新工具、新服务及新功能的不断出现，AI 智能体应能学习并整合这些新资源。它需要看懂新的 API 文档、掌握认证流程，进而在运行过程中不断拓展自己的技能。

3. 行动执行：将规划转化为现实行动的"执行系统"

行动执行（Action Execution）是 AI 智能体的"行动系统"，负责把抽象的计划和意图转变成具体的、可在现实世界或计算机系统中落地的行动。这是 AI 智能体理论中"行动"环节的实现，使其不再停留于信息处理，而是能真正改变外界环境。就像高效的团队能将宏观规划转化为实际产出一样，"行动执行"具体表现在以下几个方面。

◎ **精准且系统地执行已规划的操作**：当规划和工具使用完成后，AI 智能体需准确可靠地调用相应接口或函数，或向外部系统发出指令。例如，若规划要求"预订航班"，则 AI 智能体必须完整填写预订 API 所需的参数，保证填写的准确与有效。

◎ **对执行进度和结果进行实时监控**：行动执行并非"一次性、执行完毕即停止"的过程，智能体要持续跟踪执行过程及结果的反馈，从而实现"感知—思考—行动"的完整循环。比如，当完成一次航班预订操作后，应监视 API 返回结果，确认预订是否成功，并在失败时及时处理。

◎ **对异常和意外情况的稳健处理**：面对现实环境的不确定性，AI 智能体需具备一定的鲁棒性和容错能力，能在执行中遇到错误或突发情况时进行必要的重试、回退或提醒。例如，若某航班预订失败，则 AI 智能体应能捕获错误信息、告知用户或尝试其他航班。

◎ **系统地收集并分析执行反馈**：收到的反馈不仅用于短期错误纠正，更可用于长期学习与改进。AI 智能体要能存储与分析成功与失败的执行结果，从而在今后的规划、工具使用与行动执行环节逐步优化策略。

4. 记忆管理：构建上下文与持续学习的"知识库"

记忆管理（Memory Management）是 AI 智能体对信息进行存储、组织与检索的"知识库"，是维持上下文和实现持久化学习的关键。这与 AI 智能体长时间的对话交互和自我学习需求密切相关。类似于高效管理图书馆，"记忆管理"包含以下关键环节。

◎ **对历史交互数据进行持久存储**：为了能在多轮对话或长期交互中维持上下文的连贯性，AI 智能体需要记录过去的对话、用户偏好，以及任务执行情况等信息。

◎ **累积领域知识与经验性学习**：记忆不仅存储对话历史，还应包括 AI 智能体在各类任务中获得的宝贵经验和专业知识。随着时间的推移，AI 智能体可以凭借这些不断累积的经验在日后更加高效与精准地行动。

◎ **在长期交互中建立并维护上下文理解**：当用户与 AI 智能体进行持续，甚至跨会话的长时间互动时，AI 智能体必须能理解用户需求随着时间演变的变化，从而在上下文不变或变化时输出契合当下情境的回应。

◎ **支持持续学习与知识更新**：记忆系统还应具备主动支持学习的功能，能对存储的数据进行结构化、分类并建立索引，并通过算法从历史数据中挖掘潜在的规律和模式，进而不断更新自身的认知体系与知识库。

上述四大核心能力紧密相连，互相促进：规划能力为行动指明方向；工具使用能力扩大行动能力；行动执行能力则将规划付诸实践；而记忆管理能力则为整个过程提供上下文支持并推动持续改进。这种融合了能力、架构、交互与学习等多维要素的定义，构建了理解和开发 AI 智能体的实用框架，同时体现了智能体概念从早期强调"自主性"到如今关注"推理能力、安全机制和持续优化"等多重目标的演进过程。

1.1.2 AI 智能体的主要运作机制

AI 智能体的运行机制本质上是一个层次化且循环往复的系统，通过不断迭代的"感知—思考—行动"的完整循环来高效完成所分配的任务并达到预设目标。这一循环不仅仅是流程层面的工作流，更是一个贴近人类思维模式的核心设计理念，同时又结合了现代智能系统的强大计算优势，形成了独特而高效的智能处理范式。要彻底掌握这种机制，需要从多个相互关联的维度进行分析。

首先，就任务接收与初始理解阶段而言，AI 智能体大大超越了简单、被动的命令处理方式。当它收到来自用户或其他系统的任务请求时，会经过深层次的语义理解和充分的情境分析，而不再只局限于关键字或句法解析。这个阶段更类似一个经验丰富的顾问，除了解读用户的表面需求，也会基于专业判断、领域知识和上下文检索去挖掘潜在动机和约束。

例如，当用户输入一条看似简单的需求"帮我写一份报告"时，一个高级 AI 智能体不会只是孤立地去生成一个通用模板，而将当前需求与之前所有交互内容进行关联，判断此报告的写作背景、用途、潜在细节要求等，从而让后续输出更切合用户的实际需要。此阶段的重要性在于它为后续行动奠定了基础。如果在初始理解上出现偏差，后续执行将可能偏离目标，导致结果无效或无法满足用户需求。因此，AI 智能体必须在自然语言理解、上下文追踪、意图识别等方面具备高水平的能力。

在 AI 智能体核心的操作循环中，反馈系统起到至关重要的作用。这个反馈系统并不是被动的监控组件，而是深度融合在智能体的决策与执行过程中的，用来保证任务的有效完成并实现持续自我调节和动态调整，其工作时序图如图 1-2 所示。

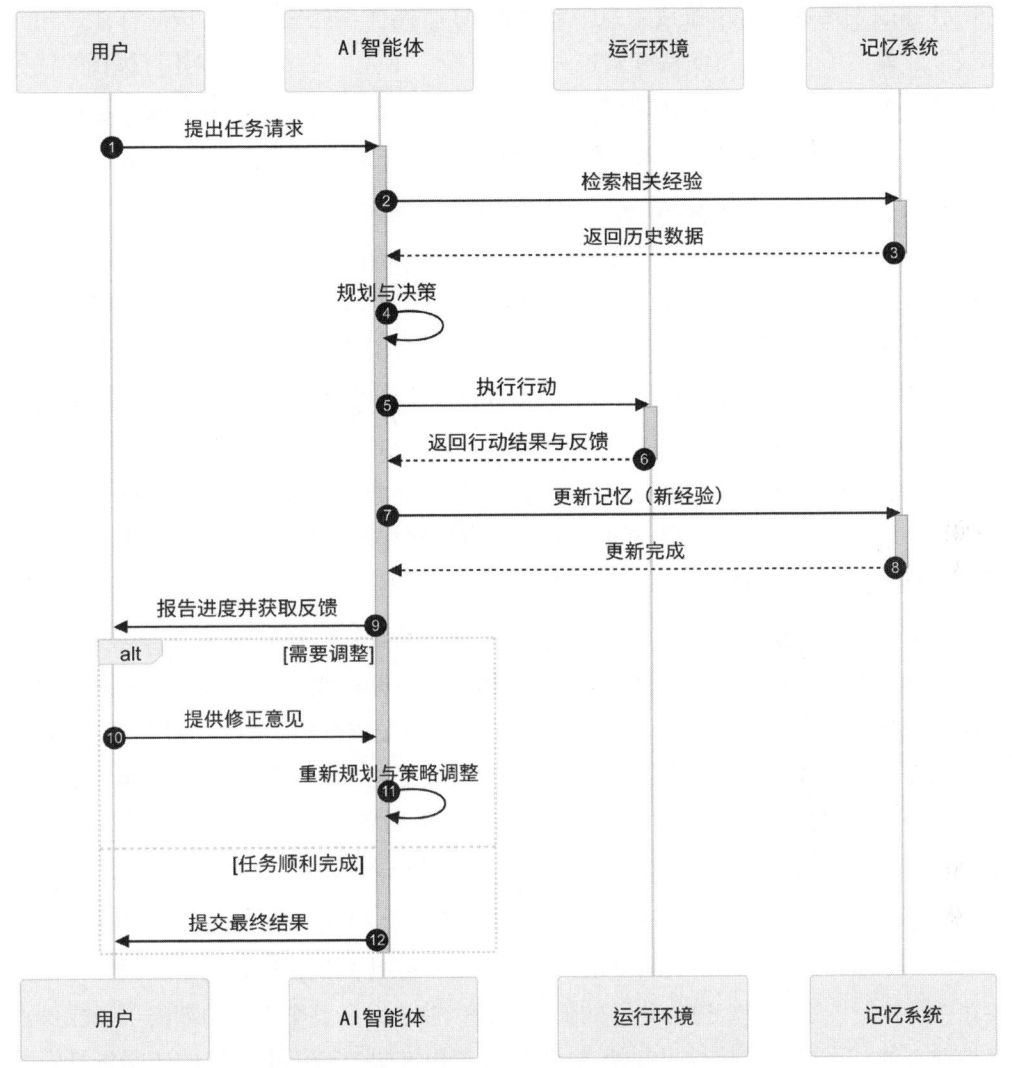

图 1-2　AI 智能体的反馈系统的工作时序图

在这样的轮番迭代的执行过程中，每个阶段都体现了 AI 智能体的适应性。当 AI 智能体在记忆系统中检索先前经验时，它并非简单地对过往案例做字面层面的匹配，而是进行更深层次的分析，从中提取可迁移的规律、可借鉴的方案，然后结合当前具体场景灵活运用。这一过程超越了机械的"模板复制"，更像是资深专家灵活运用经验的做法——不会死板套用，而是进行综合分析、举一反三，进一步加以创造性调整。

状态管理是 AI 智能体合作机制中另一项关键但常被低估的要素。AI 智能体需要在内部维护一个完整且动态的视图，包括自身内部状态、与外界环境的交互数据及已分配任务的发展进度等多维度信息。要确保 AI 智能体在处理不同阶段时都能"知己知彼"，就离不开对状态的持续监控和及时更新。比如，在多线程或并行执行的任务场景中，AI 智能体必须能实时监控每条执行链的状态，预测潜在阻塞或风险点并提前应对，进而确保系统整体的稳定性和连续性。

反馈处理机制更是贯穿 AI 智能体整体结构的基石之一。AI 智能体将每次交互无论成功与否的结果都加以分析，深挖导致成功或失败的原因，并将这些宝贵的经验不断纳入自身的学习和改进循环中。这样的反馈，不仅仅是"用来保证下次不出错"，更能帮助 AI 智能体优化各种决策与执行策略，实现 AI 智能体的持续自我进化。

错误处理也不是一项可有可无的附属功能，而是深度融入系统安全网的关键环节。现实环境中不可避免地会出现异常或意外情况，AI 智能体必须提前做好多重防护。从行动之前的预防性检查到执行过程中的实时监控，再到出现问题时的快速响应和自动恢复，AI 智能体皆需有条不紊地应对。只有这样才能保障 AI 智能体系统在面对突发事件时的稳健性与可用性，而不仅仅是"出了问题就崩溃"。

最后，学习与优化机制堪称 AI 智能体"自我演化"的核心驱动力。它不仅局限于累积新的事实性知识，更涉及对 AI 智能体底层决策模式、工具使用逻辑和整体工作流的迭代改进。通过持续汇总分析过往的成功和失败案例，AI 智能体能够在下一次遇到类似场景时，做出更有效、更高水平的决策，进而逐步提升总体性能。这种自我改进并非一次性的升级行为，而是深度嵌入在 AI 智能体全生命周期内的循环过程中，这也是 AI 智能体与传统固定式或静态 AI 系统最大区别所在。

正是得益于上述各环节的相互协作与功能耦合，AI 智能体才能展现出高度的适应性、可靠性，以及长期的"自适应"特质。它不仅能高效执行预先定义的任务，更能在"边执行，边学习，边优化"的模式下持续演进，在整个服务周期内不断成长。这种动态的、可进化的执行机制使 AI 智能体得以在更复杂、更真实的应用场景中发挥关键作用，也逐渐成为新一代智能应用的核心设计思路。

1.1.3 AI 智能体与传统 AI 系统的主要区别

纵观人工智能的发展历程，从早期基于规则的简单系统，到如今支持多种应用的深度学习模型，可谓一路飞速前进。然而，AI 智能体的出现代表了又一次潜在的重大飞跃。要理解 AI 智能体的革命性影响，需要将它们与传统 AI 系统进行系统对比（如图 1-3 所示），才能真正体会到这次"设计模式转变"所带来的技术革新与应用前景。以下将从多个关键维度加以分析。

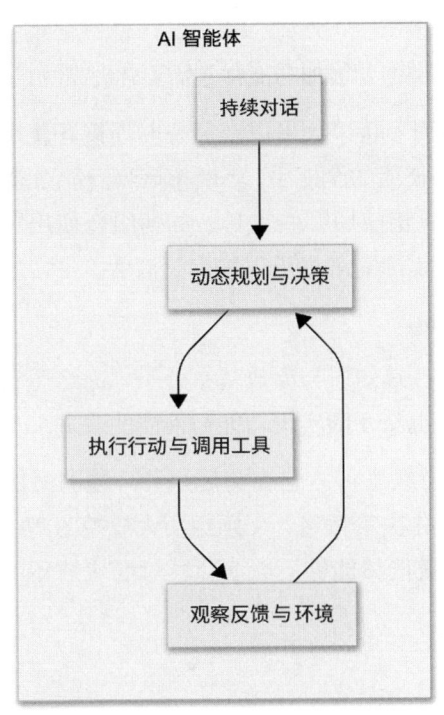
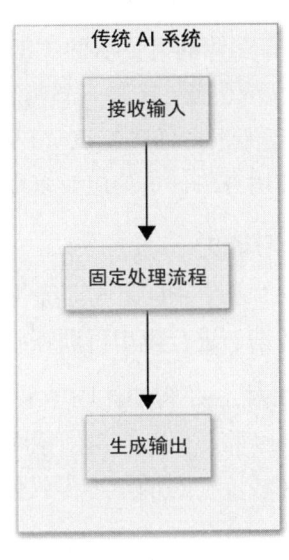

图 1-3 对比传统 AI 系统（线性且固定）的工作流与 AI 智能体（循环且动态）的工作流

1. 交互模式

传统 AI 系统大多采用"请求—响应"模式：用户输入一个问题或指令，系统经过既定流程处理后输出结果，这种交互是一次性、割裂的，难以进行多轮深度沟通。比如问答系统或搜索引擎，通常只能完成一次问答或检索，即便在某些场景中有多轮交互，也很难真正"记住"前文和上下文。

而 AI 智能体则更类似一位能持续对话、主动理解和提供建议的"人性化助手"。它不仅能在单一回合提供答案，还可以与用户多轮对话，动态捕捉用户需求的变化，主动提出可能的建议或改进方案，从而实现更自然、连续且上下文丰富的交互模式。

2. 任务处理能力

传统 AI 系统往往依赖固定的处理流程。例如，一个文档处理系统可能总是先分词，再做命名实体识别，最后提取摘要。虽然这些流程对批量化、重复性的任务非常高效，但遇到更复杂、多变或未预料到的需求时就显得力不从心。

AI 智能体则能基于当前任务的特点进行"动态规划"，再加上随时根据反馈进行策略调整。它就像一支灵活、快速迭代的项目团队，能根据任务的复杂性与环境变化来调整步骤与策略，显著提高适应性和实际任务完成度。

3. 工具使用

传统 AI 系统通常内置有限的功能模块，要增加功能常常需要耗时费力的系统改造。

而 AI 智能体拥有灵活的"工具调用"接口，可以在需要时连接并使用新的外部 API、数据库或服务，就像一个具备多样技能的全能手，不断拓展自身能力边界。同时，AI 智能体还能根据任务特点"智能"决定使用哪些工具、如何组合使用，甚至学习新的工具使用方法，这为应对多样化的实际需求提供了极大灵活度。

4. 学习能力

传统 AI 系统一旦完成训练并上线，其知识与参数基本处于"冻结"状态，需要重新标注数据、进行模型再训练或代码更新才能实现功能与性能的改进。

与之相对，AI 智能体则生来支持持续学习。它在与用户和环境的每次交互中都可以积累新经验、更新自身知识库并优化决策策略，无须经历大规模的离线再训练流程。这种在线、动态的学习方式使 AI 智能体能够不断演化，对变化的环境与需求做出及时调整。

5. 自主性

传统 AI 系统大多是被动执行或辅助式的工具，只能在用户发出命令后按照既定逻辑响应。

AI 智能体则拥有更强的自主决策和主动行为能力，能够自行发现问题、规划方案并采取行动。在应对开放式、动态性强的场景时，AI 智能体的自主性使其可以先于用户预判可能的需求或风险，并主动采取措施进行预防或改进。

6. 安全与可控性

传统 AI 系统一般依赖静态的访问控制和安全策略来限制系统操作范围。

AI 智能体则需要在使用外部工具、操作资源时随时评估潜在安全风险，并做出合乎伦理和安全要求的决策。这就要求其具备更智能化、更灵活的安全管理机制，包括动态地进行风险评估、能在敏感操作时请求人工确认或采用更严格的审计措施等。

7. 资源利用

传统 AI 系统通常给每个功能预设独立的计算或存储资源，造成一定的冗余。

AI 智能体可以根据实时任务分配或共享资源，通过动态调用和工具管理实现更高的利用率和更低的部署成本，在需要大规模扩展时，也可灵活调度各类工具或云服务，显著提升可伸缩性。

8. 可扩展性

传统 AI 增加新功能往往需要对系统底层结构做大规模重构甚至重新部署，开发周期较长且风险较高。

AI 智能体可以较为轻松地纳入新工具或知识源，只要具备统一的工具或技能调用接口即可扩容升级。这种模块化与插件式的设计使 AI 智能体能够快速适应技术和业务需求的变化，保持持续演进能力。

综合上述多个方面，不难看出 AI 智能体在设计理念、技术实现和功能表现上，与传统 AI 系统都存在质的区别。AI 智能体并不是对传统 AI 系统的简单改良，而是在交互模式、处理流程、学习和自主性等核心要点上都实现了"换道超车"，从而在复杂、多变的现实场景中展现出更高水平的智能和适应性。随着技术的不断成熟，这种模式转变必将更加明显，也将逐渐成为下一代智能应用的关键形态。

1.2 ReAct 设计模式

在前一节中，我们探讨了 AI 智能体及其核心能力——规划、工具使用、行动执行和记忆管理。在此基础上，我们现在将聚焦于一个特定的设计模式，该设计模式有力地体现和增强了这四大能力：ReAct。正如上一节所述，真正智能的 AI 智能体不仅仅是被动的响应者，而是以动态和迭代的方式与周边环境交互的主动问题解决者。ReAct（即 Reason + Act，"推理 + 行动"的缩写）设计模式直接满足了对动态交互的需求，为大语言模型提供了一种结构化方法，将推理与行动相结合，从而使它们能够处理既需要认知思考又需要与世界进行实际交互的复杂任务。这种设计模式代表在实现 AI 智能体的全部潜力方面迈出了重要一步，促使 AI 系统从简单的响应生成迈向包含复杂的解决问题和环境交互的全新层次。

正如前面强调的那样，传统 AI 系统的局限性通常源于其僵化的处理工作流，以及无法动态适应复杂或意外情况。常规处理方法通常依赖纯粹的推理或孤立的行动执行操作，未能将智能的这些关键方面协同整合。例如，思维链（Chain-of-Thought，CoT）提示方式，虽然通过鼓励大模型阐明其思维过程来增强推理能力，但通常缺乏与外部环境或工具交互以验证或丰富其推理结果的响应机制。相反，纯粹面向行动的 AI 系统虽然可能高效地执行任务，但缺乏战略性规划或处理复杂决策场景所需的更深层次的推理能力。

ReAct 通过创建一个循环过程有效地弥补了这一差距，在这一循环过程中，推理和行动不仅交织在一起，而且相互加强。这种协同方法使 AI 智能体能够利用其认知思考和实际参与的优势，从而使系统更加稳健、适应性更强，并能够更有效地解决现实世界的问题。值得注意的是，ReAct 设计模式已被公认为现代 AI 智能体设计中的一个基础性框架。许多后续的设计模式和方法，都受到了 ReAct 的深刻影响，并在其基础上发展而来。

ReAct 的核心思想 —— 将细致的推理与具体的行动步骤相结合，并通过观察结果进行迭代优化 —— 已经成为构建复杂 AI 智能体系统的基石。ReAct 设计模式的意义在于，它使 AI 智能体具备了更像人类的问题解决方式。在这种方式中，思考和行动不是独立的阶段，而是融合为一个旨在在复杂和动态环境中实现特定目标的连续过程的交织部分。通过使 AI 智能体能够推理行动、执行行动，然后观察结果以反哺后续推理，ReAct 培育出一个学习和改进的良性循环，这对于构建真正意义上智能和自主的系统至关重要。

1.2.1 ReAct 的机制：迭代执行循环

ReAct 的核心在于其迭代执行循环中的协调机制。这个循环通常被描述为"规划—行动—观察—评估与决策"，是驱动 AI 智能体解决问题过程的引擎，具体如图 1-4 所示。作为动态循环，它允许 AI 智能体根据实时反馈和环境交互不断优化策略。理解这一循环对于掌握 ReAct 如何以渐进、自适应的方式完成复杂任务至关重要。

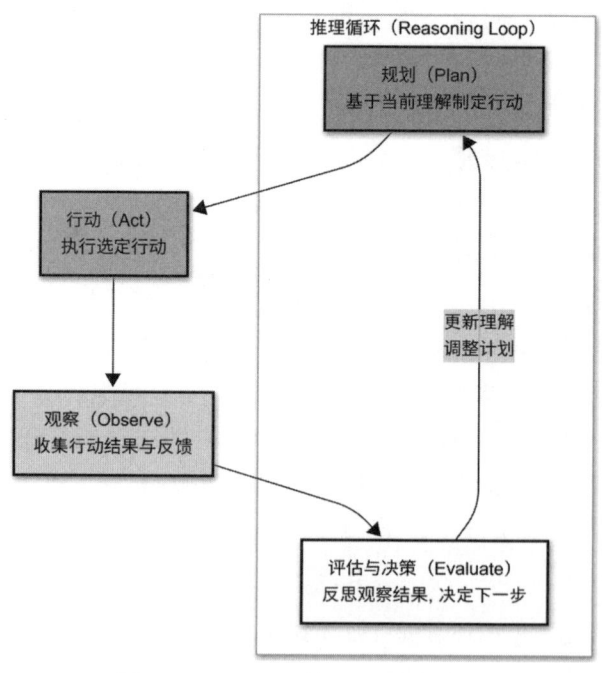

图 1-4　ReAct 执行循环流程图

1. 规划

循环从规划（Plan）阶段开始。在这个阶段，AI 智能体通过推理来理解当前情况，分析任务需求，并设计潜在的行动方案。此阶段利用大语言模型的自然语言处理和生成能力来生成推理轨迹。"规划"不是单一的推理过程，而通常是一系列相互关联的想法，这些想法涉及任务的各个方面。

在"规划"阶段，智能体可能会执行以下操作。

◎ 解释用户请求或目标：清楚地理解被要求做什么或需要实现什么。这涉及自然语言理解和上下文分析。

◎ 从记忆中提取相关信息：访问其内部知识库或记忆，以检索与当前任务相关的信息。这利用了 AI 智能体的"记忆管理"能力。

◎ 制订计划或策略：将任务分解为更小的、可操作的步骤，并制订详细的分步执行计划。这体现了 AI 智能体的"规划"能力。

◎ 选择潜在的工具或行动：识别可能有助于执行计划的工具或行动。这与 AI 智能体的"工具使用"能力有关。

◎ 证明所选行动的合理性：解释选择特定行动和工具背后的理由，将其与总体计划和任务目标联系起来。这对于生成可解释的推理轨迹至关重要。

"规划"阶段本质上是智能体的内部思维过程，它在此阶段制定策略并为行动做好准备。这是一个关键步骤，为智能体实现有效且目标导向的行为奠定了基础。

2. 行动计划

在完成"规划"阶段后，AI 智能体进入"行动"（Act）阶段。在这个阶段，AI 智能体执行在前一步骤中计划的一个或多个行动并通过与环境的交互或利用外部工具来收集信息、执行操作或操作数据。"行动"阶段是 AI 智能体实际执行认知计划的主要环节。

在"行动"阶段，AI 智能体将完成以下任务。

◎ 选择要执行的特定行动：根据推理轨迹，AI 智能体选择要执行的具体行动，例如查询搜索引擎、调用 API 或向外部系统发送命令。

◎ 格式化并执行行动：准备所选行动所需的输入参数，并使用适当的工具或接口执行它。例如，如果行动是使用搜索引擎，那么 AI 智能体将构建搜索查询并将其发送到搜索引擎 API。

◎ 等待行动完成：由于许多行动涉及外部系统，可能需要一些时间才能完成，所以 AI 智能体需要等待行动完成并返回结果。

"行动"阶段是 AI 智能体将计划转化为现实世界操作节点。它不仅是内部推理和外部影响之间的桥梁，还直接体现了 AI 智能体的"行动执行"能力。

3. 观察

在执行行动之后，AI 智能体进入"观察"（Observe）阶段。在这一阶段，AI 智能体感知并处理其行动产生的结果或反馈。这是至关重要的反馈循环，AI 智能体能够从其交互中学习并调整其行为。"观察"阶段为 AI 智能体提供了经验数据，为其后续学习和适应奠定了基础。

在"观察"阶段，AI 智能体将完成以下任务。

◎ 接收行动的输出：获取工具返回的结果或来自环境的反馈，可能包括搜索结果、API 响应、环境变化、错误消息或用户反馈。

◎ 解析和解释观察结果：分析接收到的输出结果，以了解其含义及其与当前任务的相关性。这可能涉及提取关键信息、识别模式或发现潜在错误。

◎ 将观察结果整合到记忆中：将观察结果及其上下文存储在 AI 智能体的记忆中，以供将来使用。这有助于 AI 智能体的"记忆管理"和学习能力的提升。

"观察"阶段对于闭合反馈循环至关重要，使 AI 智能体能够从其经验中学习并优化策略。这一阶段是 AI 智能体收集经验数据、验证其推理结果并改进其策略的关键节点。

4. 评估与决策

ReAct 循环中的最后一个阶段是"评估与决策"（Evaluate）。在这个阶段，AI 智能体花时间反思观察结果，评估其先前行动的成功程度，并决定解决问题过程中的下一步。这是战略适应和迭代改进的关键步骤。"评估与决策"阶段是 AI 智能体的内部反思点，它在此阶段评估进度并计划下一次迭代。

在"评估与决策"阶段，AI 智能体可能会执行以下操作。

◎ 评估先前行动的成功程度：确定该行动是否达到了预期目的，并使 AI 智能体更接近其总体目标。

◎ 识别任何错误或意外结果：识别并诊断在行动执行期间遇到或观察结果中暴露出的问题。

◎ 更新内部状态和信念：根据从观察结果中获得的新信息，调整 AI 智能体对情况的理解。

◎ 决定下一步行动：确定要采取的下一步行动，可能是执行另一个行动、改进现有计划、寻求更多信息或完成任务。此决定基于对先前行动的评估，以及对总体任务目标的考量。

◎ 生成推理轨迹：清晰表达所选下一步行动背后的推理轨迹，解释为什么预期该行动会有效。

在"评估与决策"阶段之后，循环通常会重新开始，AI 智能体返回"规划"阶段，以计划和执行下一个行动。这种迭代循环持续进行，直到任务完成、找到令人满意的解决方案，或者 AI 智能体确定任务不可实现。这种循环过程是 ReAct 设计模式的核心引擎，它使 AI 智能体能够通过迭代改进、动态适应和持续学习来处理复杂任务。

1.2.2　ReAct 提示词的构成

对于有效地实施 ReAct 设计模式，提示词构成起着至关重要的作用。由于 ReAct 依赖大语言模型（LLM）来生成推理轨迹并决定行动，因此需要精心设计的提示词来引导 LLM 朝着期望的方向发展。这些提示词不仅仅是简单的指令，更是为了引出 LLM 的特定行为，鼓励它进行推理、计划行动并有效利用观察结果。有效的提示词构成对于充分发挥 ReAct 的潜力至关重要。

ReAct 提示词通常利用少样本学习，为 LLM 提供所需行为的示例。这些示例演示了如何将推理和行动步骤交织在一起，向 LLM 展示了推理轨迹和行动的预期格式和风格。通过学习这些示例，LLM 可以推广 ReAct 设计模式并将其应用于新任务。

典型的 ReAct 提示词通常包括以下内容。

◎ 任务描述：清晰地陈述 AI 智能体需要完成的任务。这为 LLM 提供了上下文和目标。例如，"找出谷歌现任 CEO 是谁，以及他们的教育背景是什么。"

◎ 少样本示例：为类似任务提供几个成功的 ReAct 循环示例。每个示例都应演示"规划—行动—观察"序列。这些示例对于指导 LLM 的行为至关重要。例如：

问题：微软现任 CEO 是谁？

思考：我需要找出微软的现任 CEO 是谁。我应该使用搜索引擎来查找此信息。

行动：搜索 [工具 = "搜索引擎"，查询 = "微软 CEO"]

观察：萨蒂亚·纳德拉是微软的 CEO。

思考：现在我知道 CEO 是萨蒂亚·纳德拉。我可以回答这个问题了。

最终答案：微软现任 CEO 是萨蒂亚·纳德拉。

提供多个此类示例，尤其是针对需要使用工具和外部交互的任务，有助于 LLM 更好地学习 ReAct 的期望模式。

◎ 当前任务输入：呈现 AI 智能体在当前交互中需要解决的特定任务。这是 AI 智能体面临的实际问题或指令。例如，"谷歌现任 CEO 是谁，他的教育背景是什么？"

◎ 启动推理过程：通过诸如"我应该做什么？""我需要找出什么？"或"让我们逐步思考"之类的提示词，引导 LLM 开始推理。这类提示词鼓励 LLM 启动 ReAct 循环的"思考"阶段。

提示词结构旨在引导 LLM 遵循 ReAct 设计模式：首先生成"规划"，接着采取"行动"，然后观察"结果"，最后进行"评估与决策"以决定下一步。通过提供清晰的指令和说明性示例，使提示工程成为利用 ReAct 框架内 LLM 的推理和行动能力的强大工具。

1.2.3 ReAct 衍生设计模式

自提出以来，ReAct 设计模式对 AI 智能体领域产生了深远的影响。其核心思想——交织推理和行动，并通过环境反馈进行迭代优化——不仅使其自身成为一种强大的智能体构建方法，而且还激发了众多衍生设计模式和研究方向。理解 ReAct 的影响，有助于我们更好地把握现代 AI 智能体技术的发展脉络。

1.Plan-and-Execute 设计模式

Plan-and-Execute 设计模式可以被视为 ReAct 的一种扩展和深化。它更加强调规划阶段的复杂性和策略性，通常会先生成一个详细的行动计划，然后再按计划逐步执行。虽然 ReAct 的循环中也包含规划的成分，但 Plan-and-Execute 通常会将规划阶段独立出来，使用更高级的规划算法（例如分层规划或领域特定规划器）来生成更复杂、更优化的行动方案。执行阶段则类似于 ReAct 中的"行动"阶段，负责将计划转化为实际操作。

2.Reflexion 框架

Reflexion 框架则在 ReAct 的基础上，显式地引入了"反思（Reflection）"机制。

在完成一次 ReAct 循环后，Reflexion 框架会让 AI 智能体增加一个额外的"反思"

步骤，对之前的行动过程和结果进行回顾和分析，总结经验教训，并用于指导后续的行动策略。这种反思机制使 AI 智能体不仅能从环境中学习，还能从自身的经验中学习，从而实现更深层次的自我改进和优化。可以说，Reflexion 框架是在 ReAct 的 "观察" 和 "评估与决策" 阶段基础上，进行了更系统化和精细化的设计。

3. 基于工具的语言模型

基于工具的语言模型（Tool-augmented Language Models）的蓬勃发展，也离不开 ReAct 的启发。ReAct 清晰地展示了如何有效地将大语言模型的推理能力与外部工具的执行能力结合起来，解决了大语言模型自身知识有限、无法直接与外部环境交互等问题。许多后续的研究工作借鉴了 ReAct 的工具调用和观察反馈机制，探索更丰富的工具类型、更灵活的工具组合方式，以及更智能的工具选择策略。可以说，ReAct 为基于工具的大语言模型奠定了重要的理论和实践基础。

由此可见，ReAct 不仅仅是一个独立的智能体框架，更是一种具有启发性和前瞻性的设计思想。它强调了推理与行动的协同作用，突出了环境反馈的重要性，并为构建更智能、更具适应性的 AI 智能体指明了方向。了解 ReAct，就如同理解现代 AI 智能体技术的一块重要基石，有助于我们更好地理解和把握未来 AI 智能体技术的发展趋势。

1.3 AI 智能体开发的技术与挑战

在之前的章节中，我们已经基本理解了 AI 智能体及其核心能力 —— 规划、工具使用、行动执行和记忆管理。现在，我们正处在一个关键的转折点。尽管 AI 智能体领域取得了显著的进步，实现了曾经仅存在于科幻小说中的顶尖能力，但要认识到通往真正智能、可靠和应用广泛的 AI 智能体的道路远未完成，仍然存在着重大挑战，首先概览 AI 智能体技术令人印象深刻的进步，然后深入探讨当前限制其广泛应用和进一步发展的关键挑战。这种探索将自然而然地引导我们理解智能体框架（如 LangGraph）在应对这些挑战，以及为下一代 AI 智能体开发铺平道路过程中的关键作用。

当前 AI 智能体的最新技术水平，是以各领域融合进步为特征的。我们已经见证了能够执行以前被认为是人类专属的复杂任务的智能体的出现。从能够处理细致入微的咨询并以越来越高的自主性解决问题的复杂客户服务机器人，到能够管理日程安排、预订旅行甚至控制智能家居环境的 AI 助手，AI 智能体的实际应用正在迅速扩展。在内容创作领域，我们看到 AI 智能体生成引人入胜的文本、设计视觉上吸引人的图形，甚至创作音乐。此外，在科学研究和数据分析等专业领域，AI 智能体正在通过自动化实验、分析海量数据集和加速发现步伐来协助研究人员。这些进步不仅仅是渐进式的改进，更代表了能力上质的飞跃，这得益于大语言模型、强化学习的创新，以及日益强大的计算资源的可用性。

然而，尽管取得了这些成功，前进的道路仍存在重大障碍。开发稳健、可靠且通用的 AI 智能体仍然是一项复杂而多方面的任务，需要复杂的架构方法和专门的工具来应对固有的挑战。正是在这一背景下，AI 智能体开发框架的出现不仅作为实用工具，更成为构建下一代高级 AI 智能体系统的基础设施。

1.3.1 AI 智能体的当前技术发展现状

当前在深度学习（特别是大语言模型）取得突破性进展以及计算能力普遍提升的双重推动下，AI 智能体已在各类应用场景中展现出卓越的能力表现。这些技术进步标志着人类在构建真正智能化自主系统的进程中实现了重要突破。要准确把握当前技术发展现状，关键在于明确 AI 智能体在哪些核心领域取得了实质性突破。

1. 自然语言交互和理解

在自然语言交互与理解领域取得的进展尤为显著。由先进大语言模型驱动的现代 AI 智能体，已展现出与人类进行自然流畅、上下文关联对话的卓越能力。这些智能体能够解析复杂查询，理解细致入微的请求，并生成高质量的人类语言回应。

这一突破性进展彻底革新了聊天机器人与虚拟助手等应用场景，使人机交互变得更加无缝且直观。当前最先进的 AI 智能体已具备处理多轮对话的能力，可完整维护对话历史记录，并能主动调整沟通风格以适应用户角色或情感基调。

这种层级的自然语言熟练度不仅体现在词汇理解层面，更关键的是能够准确把握人类交流中的深层意图、上下文关联及微妙暗示。早期 AI 系统在此方面的能力局限曾是主要发展瓶颈，而现代 AI 智能体已实现质的飞跃。

2. 工具的使用和集成

另一个重大进步是工具的使用和集成。现代 AI 智能体越来越擅长利用各种外部工具和 API 来扩展其能力，超越其内部知识库。它们可以无缝地与搜索引擎集成以检索实时信息，与数据库交互以访问结构化数据，利用专门的 API 来执行预订约会或控制设备等任务，甚至执行代码来执行复杂的计算或自动化工作流。这种动态整合外部资源的能力，大幅拓展了 AI 智能体的任务处理边界。它们不再受限于预设知识体系，而是能够主动从数字生态中检索并融合信息，展现出更强的通用性与环境适应力。

这一突破性能力对构建新一代 AI 智能体尤为关键，使其不仅能够理解并响应用户需求，更能在复杂的数字—物理混合环境中自主采取有意义的行动。

3. 规划和决策能力

在规划与决策能力方面，现代 AI 智能体同样实现了质的飞跃。相较于早期依赖固定规则或简单反应式行为的 AI 系统，当前最先进的 AI 智能体已能整合复杂的规划算法与决策策略。其核心突破体现在：将复杂任务拆解为可执行的子任务；制订分阶段行动计划并动态调整优先级；根据实时变化与新信息灵活优化决策路径。

通过强化学习与分层规划等技术的融合，AI 智能体不仅能通过试错机制学习最优策略，更能在不确定环境中做出目标导向的精准决策。这种从被动响应到主动战略思维的进化，已成为区分高级 AI 智能体与简单反应 AI 系统的关键特征，为自动驾驶、机器人协作及战略资源优化等复杂场景的应用奠定了技术基础。

4. 记忆和上下文管理

在记忆和上下文管理方面，现代 AI 智能体在跨越扩展交互维护和利用长期记忆和上下文理解方面变得更加熟练。它们可以记住过去的对话、用户偏好和学习经验，以便随着时间的推移提供更个性化和上下文相关的响应。通过使用诸如向量数据库和知识图谱等复杂的记忆架构，AI 智能体能够高效地存储、组织和检索海量信息，从而能够对用户及其环境建立更丰富和持久的理解。这种维护和利用长期上下文的能力对于创建可以与用户进行有意义的、持续的交互，并在多个会话中提供一致、个性化体验的 AI 智能体至关重要。它突破了无状态或短期记忆系统的局限性，使 AI 智能体能够与用户建立关系并从他们正在进行的交互中学习。

这些技术突破已从理论走向实践，正在多个行业产生实质性影响。

◎ 在客户服务领域，AI 驱动的对话系统已能独立处理复杂咨询、故障排查和个性化服务，大幅减少人工干预需求。

◎ 在医疗健康方面，AI 智能体正有效支持临床诊断、治疗方案制定和患者监护，显著提升诊疗效率与质量。

◎ 在教育科技领域，基于 AI 的自适应学习平台通过动态调整教学内容和评估方式，实现真正的个性化教育。

◎ 在商业金融应用中，AI 智能体在市场预测、风险管控和自动化交易等场景持续优化决策质量与执行效率。

这些实际应用充分验证了 AI 智能体技术的变革潜力，展现了其重塑产业格局和扩展人类能力的可能性。

尽管成就显著，现有技术与通用人工智能（AGI）的终极目标仍存在明显差距。在构建真正稳健、可靠且具备广泛智能的 AI 智能体的道路上，我们仍面临诸多技术挑战。后续章节将系统剖析这些关键瓶颈，明确亟待突破的研究方向与技术难点。

1.3.2　AI 智能体开发的障碍

尽管 AI 智能体技术取得了突破，但开发真正稳健、可靠且通用的 AI 智能体仍面临挑战。这些挑战并非简单的技术局限，而是涉及认知架构、环境适应和决策可靠性的根本性难题，需要突破性创新和持续研究才能攻克。深入理解这些核心挑战，不仅能为未来发展指明方向，更能凸显像 LangGraph 这类针对性框架的设计价值与必要性。

1. 设计和编排的复杂性

最重大的挑战之一是智能体设计和编排的复杂性。构建集成规划、工具使用、行动执行和记忆管理的复杂 AI 智能体，本质上是一项复杂的系统工程。有效地编排这些组件，确保无缝的交互和协调，以及管理复杂智能体系统的整体架构，都面临巨大的技术难度。随着 AI 智能体功能变得越来越复杂，涉及多种工具、复杂的推理过程和动态交互模式，其设计和开发过程变得越来越复杂且容易出错。管理这种复杂性，不仅需要先进的 AI 技术，还需要强大的软件工程规范和专用开发工具来确保 AI 智能体系统的可维护性和开发效率。传统软件开发方法在处理此类具有动态行为特性的 AI 智能体系统时已显乏力。大量交互组件的实时协调与智能体行为的自适应性特征，使 AI 智能体系统的设计验证、故障排查与性能优化都面临全新范式挑战。

2. 长期记忆和上下文理解

长期记忆和上下文理解仍然是一个主要的挑战。当前的 AI 智能体虽然可以为相对较短的交互维护上下文，但在扩展的对话或多个会话中管理真正的长期记忆和上下文理解仍存在显著局限。理想的 AI 智能体不仅需要记住过去的交互，还需要有效地组织、检索和利用这些交互来为未来的行动和决策提供信息。它们不仅要在存储和检索方面都高效，还要能捕获不断变化的上下文和用户意图的细微差别。更关键的是，它们能够从长期经验中学习并随着时间的推移不断改进其知识库。当前的记忆机制通常难以解决灾难性遗忘、信息过载，以及有效地将新信息整合到现有知识结构中等问题。

3. 稳健性和可靠性

确保 AI 智能体在现实世界环境中的稳健性和可靠性是另一个关键挑战。部署在现实世界环境中的 AI 智能体必须能够在嘈杂的数据、意外事件和对抗性输入面前可靠且一致地运行。现实世界环境本质上是不可预测和复杂的，存在许多在受控实验室环境中通常不会遇到的挑战。AI 智能体必须对感知错误具有鲁棒性，处理模糊或不完整的信息，从故障中优雅地恢复，并适应不断变化的环境。实现这种稳健性不仅需要改进底层的 AI 模型，还需要开发复杂的错误处理机制、验证策略和弹性技术，以确保即使在具有挑战性和不可预测性的现实世界场景中也能实现可靠的性能。对于医疗保健、自动驾驶和金融系统等安全至上的应用来说，稳健性尤为关键，因为 AI 智能体一旦发生故障，就可能会产生重大后果。

4. 可扩展性和执行效率

随着 AI 智能体承担的任务复杂度不断提升，其可扩展性与执行效率面临严峻挑战。当任务涉及多层次推理、多工具协同操作及海量数据处理时，AI 智能体系统的计算资源消耗将呈指数级增长。如何在保证响应速度与资源利用率的前提下，实现复杂任务的高效处理，成为关键的工程难题。

这一挑战包含三个核心维度：单任务处理能力的纵向扩展，需通过架构优化与算法改进来提升计算效率；分布式计算技术的创新应用，实现资源弹性调度；系统层面的横向扩展能力。

当前技术尚未完全解决大规模部署时的性能衰减问题，也难以平衡任务复杂度与实时性要求之间的矛盾。突破这些瓶颈对实现 AI 智能体系统的产业化应用具有决定性意义。

5. 安全性和可控性

AI 智能体的安全性和可控性是首要关注的问题。随着 AI 智能体决策自主性的提高，必须建立完善的保障机制来保障其在道德范围内运行，符合人类价值观，并且不会表现出意外或有害的行为。这要求有强大的安全协议、监控机制和控制界面。这样，人类能够指导和监督智能体的行动，尤其是在涉及伦理考量或潜在风险的情况下。确保安全性和可控性不仅仅是一项技术挑战，更涉及解决日益自主的 AI 智能体系统可能引发的社会伦理和影响问题。

6. 与各种工具和环境的集成

与各种工具和环境的集成提出了重大的互操作性挑战。现实世界的应用通常需要 AI 智能体与各种各样的工具、API、数据库和系统进行交互。每个工具、API、数据库和系统都有自己的接口、协议和数据格式。无缝地集成这些不同的组件，确保互操作性和兼容性，以及管理异构环境的复杂性是一项艰巨的任务。开发标准化的接口、灵活的集成机制和强大的数据转换技术，对于构建能够在现实世界的多系统环境中有效运行的智能体至关重要。轻松地与新工具集成并适应不断变化的环境的能力，对于 AI 智能体系统的长期适应性和可维护性也至关重要。

7. 调试和可观测性

最后，AI 智能体复杂行为的调试和可观测性是至关重要但经常被忽视的挑战。理解 AI 智能体为什么做出特定的决策，如何得出某个结论，或者在复杂的推理过程中哪里发生错误可能非常困难，尤其是在不透明的深度学习模型中。调试复杂的 AI 智能体系统时，识别意外行为的根本原因，并确保决策过程的透明度，对于建立信任和提高 AI 智能体性能至关重要。开发用于监控智能体行为、跟踪推理步骤、可视化内部状态，以及提供可解释性分析的工具和技术，是应对这种可观测性挑战的重要途径。若缺乏充分的调试和可观测能力，诊断和修复复杂智能体系统中的问题将变得极其困难，进而阻碍其在关键领域的开发和部署。

AI 智能体开发中的关键挑战如表 1-1 所示。

表 1-1 AI 智能体开发中的关键挑战

挑战	描述
设计和编排的复杂性	编排 AI 智能体中的规划、工具、行动、记忆
长期记忆和上下文理解	在扩展交互中维护上下文并利用记忆
稳健性和可靠性	在嘈杂、不可预测的现实世界环境中可靠运行
可扩展性和执行效率	高效处理复杂任务和大规模部署
安全性和可控性	确保自主 AI 智能体的道德行为和人工监督
与各种工具和环境的集成	与异构系统和 API 的互操作性和无缝集成
调试和可观测性	理解和诊断复杂、不透明的 AI 智能体系统的行为

应对这些持续存在的挑战需要 AI 算法、软件工程方法和专门工具的协同进步。正是在这种背景下，AI 智能体框架作为一种关键的推动因素应运而生。它们提供了必要的基础设施和抽象层级，帮助开发者应对这些复杂性，并加速更先进、更可靠的 AI 智能体的开发。

1.3.3　智能体框架的必要性：LangGraph 和前进之路

上述多方面挑战凸显了对专门工具和框架的迫切需求，这些工具和框架可以简化 AI 智能体的开发、管理和优化。正如软件框架彻底改变了 Web 开发、移动应用创建一样，智能体框架也将在 AI 智能体领域发挥变革性作用。这些框架不仅仅是预构建组件的库，也代表了我们 AI 智能体构建模式的转变——它们提供了结构化架构、可重用的抽象层级和必要的实用工具，以应对构建智能自主系统的固有复杂性。像 LangGraph 这样的 AI 智能体框架正变得不可或缺，它们不仅帮助我们探索 AI 智能体开发的前沿，更能充分发挥这种变革性技术的潜力。

智能体框架旨在通过提供以下几个关键优势来应对 AI 智能体开发的核心挑战。

1. 通过抽象层级简化复杂性

AI 智能体框架提供高级抽象层级，封装了智能体架构和编排的复杂细节。它们为常见的智能体功能（如规划、工具使用、记忆管理和行动执行）提供预构建的组件和模块化结构。这种抽象使开发者能够专注于智能体的核心逻辑和行为，而不是陷入系统集成和基础设施管理的底层细节。通过简化开发过程，智能体框架使构建和管理复杂的智能体系统变得更加容易，从而减少开发时间和精力。

2. 增强模块化和可重用性

AI 智能体框架提倡模块化设计方法，鼓励开发者用可重用的组件构建 AI 智能体。智能体框架通常提供预构建工具、记忆模块、规划算法和行动执行组件的库，这些组件可以轻松组合和定制，以创建不同类型的 AI 智能体。这种模块化促进了代码重用，减少了冗余，并简化了随着时间的推移扩展和调整 AI 智能体系统的过程。可重用组件还促进了智能体开发的一致性和最佳实践，从而使系统更稳健和可维护。

3. 促进稳健性和可靠性

AI 智能体框架通常包含用于错误处理、监控和日志记录的内置机制，还提供用于调试智能体行为、跟踪执行流程和识别潜在问题的工具，以及用于管理智能体状态的功能，确保长时间运行的智能体流程的一致性和容错能力。通过提供这些必要的基础设施组件，AI 智能体框架可以帮助开发者构建更有弹性、更加可靠的 AI 智能体。

4. 提高可扩展性和效率

AI 智能体框架不仅提供用于分布式智能体执行、异步任务处理和优化资源利用率的功能，还可以促进 AI 智能体与云计算平台和可扩展基础设施的集成，使其能够处理大规模任务和高用户负载，从而帮助开发者构建更能够满足现实世界应用需求的 AI 智能体。

5. 促进可观测性和可调试性

AI 智能体框架提供日志记录和跟踪机制来跟踪智能体操作和推理步骤，提供可视化工具来监控智能体状态和性能，提供调试界面来逐步调试智能体代码并识别问题。这些可观测性功能使 AI 智能体系统更加透明和易于理解，对于理解复杂的 AI 智能体行为、诊断错误和提高 AI 智能体性能至关重要。

LangGraph 作为 AI 智能体框架的一个具体示例，其设计目的正是应对这些挑战，成为复杂、有状态的多智能体系统强大的构建平台。它拓展了 LangChain 的功能，以处理复杂的智能体工作流、状态管理和循环执行模式。这对于实现 ReAct 设计模式以及更高级的设计模式至关重要。LangGraph 为定义智能体逻辑提供基于图的架构，从而更容易可视化、管理和调试复杂的智能体行为。它强调有状态的智能体，允许在长时间的交互中保持持久的记忆和上下文理解。

在本书的后续章节中，我们将深入探讨 LangGraph 的架构、功能和实际应用，并演示如何使用 LangGraph 构建稳健、可扩展和可观察的 AI 智能体，从而应对上述挑战。

 **思考题**

（1）AI 智能体通常具备规划、工具使用、行动执行和记忆管理四项核心能力。请通过实际或虚拟案例说明这四项能力如何协同运作。若某项能力存在缺陷，分析该 AI 智能体在处理多阶段复杂任务时可能遇到的具体瓶颈，并结合工程实践探讨不同领域对这项能力的侧重是否存在差异。

（2）请用简明示例阐述 AI 智能体从任务接收、需求解析、规划分解到工具调用及反馈回收的完整"感知—思考—行动"循环流程。针对多线程或高并发环境，说明应如何实现有效的任务状态管理。

（3）与传统"请求—响应"式 AI 系统相比，分析二者在交互模式、流程弹性和学习机制上的本质区别。分别列举适合采用传统 AI 系统和需要 AI 智能体多轮交互的具体场景，并评估其对开发成本和系统稳定性的影响。

（4）当 AI 智能体需频繁查询外部数据时，单纯依赖思维链提示往往难以实时修正。请通过模拟多次检索的对话过程，说明 ReAct 框架中"推理—行动"循环如何优化决策流程，包括何时继续推理或发起新查询，并分析这种迭代更新的实际价值。

（5）在开发高级 AI 智能体过程中，请对比"异构工具整合"与"异常情况下的安全容错"这两项挑战的紧迫性。针对您认为更关键的挑战，提出可行的技术方案，并评估其现实实施难度及所需的支持机制。

（6）对比分析 ReAct 衍模式衍生的 Plan-and-Execute 与 Reflexion 模式：前者在全局复杂规划方面是否更具优势，后者在深度反思与纠错方面是否表现更佳？展望未来 AI 智能体设计模式可能的融合方向，以实现细节推理、宏观规划和自我反思的平衡发展。

第 2 章
LangGraph 框架概览

The whole is greater than the sum of its parts. — Aristotle

（整体大于部分之和。—— 亚里士多德）

我们曾习惯于将智能系统分解为独立的模块，如同搭建积木，先逐一构建功能组件，再将它们线性地拼接起来。每个模块各司其职、流程清晰、易于管理。然而，随着系统复杂度的跃升，当智能不再仅仅是独立功能的叠加，而是涌现于组件之间精妙的交互与协同之时，我们开始领悟到，孤立的思考方式已无法触及智能的本质。

真正的力量，并非来自单个组件的强大，而是来自组件之间错综复杂、动态变化的连接。如同一个精密的网络，每个节点都至关重要，而更重要的是节点之间信息与能量的流动。为了构建更高级的智能，我们需要超越简单的线性堆砌，去拥抱那种更具生命力、更富于涌现特性的系统架构，让智能在互联互通之中，自然而然地生长出来。

前面我们从 AI 智能体的基本概念开始逐步了解了 AI 智能体的工作原理和设计思路，以及 ReAct 设计模式。在这个过程中，想必大家对如何选择适合自身需求的框架已经有了一些想法。当我们开始考虑构建更加复杂的 AI 智能体，例如那些需要长期记忆、能够处理多轮对话，甚至支持多个智能体协同工作的系统时，我们可能会发现一些框架在应对这些复杂场景时显得有些力不从心。

这时，LangGraph 以其独特的设计理念和强大的功能进入了我们的视野。它并非横空出世，而是立足于 LangChain 生态的深厚土壤，为了应对构建新一代智能体应用的挑战而生的。它以一种全新的视角 —— 图（Graph）结构来构建智能体系统，将工作流描绘成一张精巧而强大的有向循环图。这种架构赋予了 AI 智能体充分的灵活性和状态管理能力，使其能够胜任更加复杂和动态的任务。

2.1 LangGraph 简介

与传统的线性流程或树状结构截然不同，LangGraph 采用了状态图结构来设计 AI 智能体的工作流，将 AI 智能体执行任务的过程抽象为一个由节点（Node）和边（Edge）构成的有向循环图（Directed Cyclic Graph，DCG）。这种状态图结构不仅赋予了 LangGraph 框架极大的灵活性，更使其能够有效地构建状态化（Stateful）和多智能体（Multi-agent）的复杂 AI 应用，从而应对传统框架难以企及的挑战。

图 2-1 展示了 LangGraph 核心架构，它由节点（Node）、边（Edge）和状态（State）组成。节点代表工作流中的计算单元，边定义节点之间的流向，状态则用于在节点之间传递和共享信息。

2.1.1 节点

节点是 LangGraph 图中的基本构建块。它们代表了智能体工作流中的一个个独立的计算单元或操作步骤。每个节点都封装了特定的功能逻辑，负责执行特定的任务。LangGraph 的节点形式非常丰富，可以根据不同的应用需求进行灵活选择和组合，常见的节点类型如下所示。

1. 大语言模型调用节点

这是 LangGraph 中最核心的节点形式之一，负责与大语言模型进行交互。通过大语言模型调用节点（LLM Call Node），AI 智能体可以利用大语言模型的强大能力，执行各种自然语言处理任务，例如文本生成、文本理解、语义分析等。开发者可以根据具体需求，选择不同的大语言模型，并配置不同的提示词，以控制大语言模型的行为和输出。

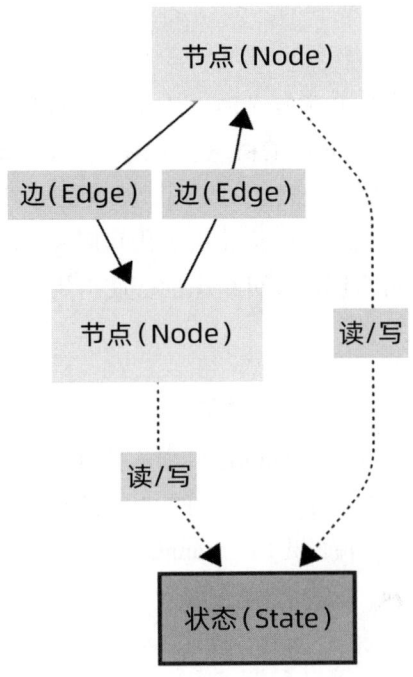

图 2-1 LangGraph 核心架构图

2. 工具调用节点

AI 智能体的能力不仅仅局限于大语言模型本身,还需要能够与外部世界进行交互才能完成更复杂的任务。工具(Tool)就是 AI 智能体与外部世界交互的桥梁。工具调用节点(Tool Call Node)允许 AI 智能体在工作流中调用各种外部工具或 API,执行特定的操作。例如,AI 智能体可以使用搜索引擎工具获取网络信息,使用数据库查询工具访问数据库,使用计算器工具进行数学计算,使用天气 API 查询天气信息,等等。通过工具调用节点,AI 智能体可以扩展自身的能力边界,完成更加多样化和实用的任务。

3. 自定义函数节点

除大语言模型调用和工具调用外,开发者往往还需要在 AI 智能体的工作流中集成自定义的业务逻辑或数据处理逻辑。自定义函数节点(Custom Function Node)允许开发者将任何 Python 函数封装成 LangGraph 的节点,从而方便地将自定义的逻辑融入 AI 智能体的工作流程中。这些自定义函数可以执行各种任务,例如数据预处理、数据清洗、业务规则判断、外部系统集成等。自定义函数节点的灵活性极高,为开发者提供了无限的扩展空间。

4. 子图节点

当 AI 智能体的工作流变得非常复杂时，为了提高代码的模块化和可维护性，LangGraph 引入了子图（Subgraph）的概念。子图节点（Subgraph Node）允许开发者将一组相关的节点和边封装成一个独立的子图，然后在主图中将这个子图作为一个节点来使用。子图可以嵌套使用，用来构建层次化和模块化的复杂 AI 智能体系统。子图节点大大提高了代码的可重用性和可组织性，使构建和维护大型 AI 智能体系统变得更加容易。

2.1.2 边

边在 LangGraph 中定义了节点之间的连接和数据流向。它们决定了 AI 智能体工作流的执行顺序和逻辑。边就像是连接各节点的"管道"，负责将数据从一个节点传递到另一个节点，并控制着工作流的走向。LangGraph 支持多种类型的边，以满足不同的工作流控制需求。

1. 普通边

普通边（Normal Edge）是最基本的边类型，定义了节点之间的直接顺序执行关系。当工作流从一个节点通过普通边连接到另一个节点时，意味着前一个节点执行完成后，会立即执行后一个节点。普通边用于构建线性的、顺序执行的工作流，例如，先执行节点 A，再执行节点 B，然后执行节点 C，依次类推。

2. 条件边

条件边（Conditional Edge）赋予了 LangGraph 工作流动态分支和条件判断的能力。与普通边不同，条件边不是直接连接到下一个节点，而是连接到一个路由函数（Routing Function）。这个路由函数会根据当前的状态（State）或前一个节点的输出，动态地决定下一个要执行的节点。条件边实现了工作流的分支逻辑，例如，如果满足条件 X，则执行节点 B，否则执行节点 C。条件边是构建决策型 AI 智能体的关键，它使 AI 智能体能够根据不同的情况采取不同的行动。

3. 入口点

入口点（Entry Point）定义了 LangGraph 工作流的起始位置，即图的入口节点。当一个工作流开始执行时，会从入口点指定的节点开始。每个 LangGraph 图都必须至少定义一个入口点。入口点通常指向工作流的第一个节点，例如，接收用户输入的节点，或者初始化系统状态的节点。

4. 条件入口点

条件入口点（Conditional Entry Point）是入口点的扩展形式，通过初始条件动态选择起始节点。与固定起始节点的普通入口点不同，条件入口点能够通过路由函数基于初始状态确定工作流程的起始执行节点。这种机制使 LangGraph 能够根据初始条件启动不同的工作流程分支，显著提升了系统的灵活性。

2.1.3 状态

StateGraph 是 LangGraph 框架的核心图管理类。开发者通过其实例构建图结构来定义节点与边的关系，并实现工作流逻辑。在实例化 StateGraph 时，必须预先定义状态（State）的数据结构。状态作为图的全局数据容器，承担着以下关键功能。

（1）上下文信息存储：状态可以记录 AI 智能体的完整交互历史，例如用户对话记录、任务执行进度、中间处理结果等。这构成了 AI 智能体的上下文（Context），使 AI 智能体能够理解对话的语境，记住用户的偏好，跟踪任务的进度，从而实现连贯的对话和持续的任务执行。

（2）节点间数据传递：状态是节点间数据传递的主要机制。每个节点执行完成后将输出写入状态，后续节点可以从状态中读取所需输入。状态就像一个共享的黑板，使不同节点能够协同完成复杂任务。

（3）状态持久化：LangGraph 框架内置的状态持久化（State Persistence）机制，支持将状态保存到外部存储介质中，例如内存、文件、数据库等。状态持久化使智能体应用具备了记忆能力、容错能力和可恢复性。即使应用重启或发生错误，状态也能够被保存和恢复，保证了 AI 智能体应用的可靠性和稳定性。此外，状态持久化还支持时间旅行（Time Travel）功能，开发者可回溯到历史状态并重新执行工作流，便于调试和优化。

（4）多智能体共享：在多智能体场景中，状态空间作为共享信息空间发挥着重要作用。多个智能体可以同时访问和修改同一状态，实现信息共享与任务协同。这种机制使不同智能体能够共同维护全局信息，高效完成复杂协作任务。

虽然状态结构支持任意 Python 对象，但为了提高代码的质量和可维护性，通常建议使用 TypedDict 或 Pydantic BaseModel 来进行明确定义。TypedDict 提供了类型注解的功能，可以定义状态中包含的字段名称和数据类型。Pydantic BaseModel 则提供了更强大的数据验证、序列化/反序列化功能，可以定义默认值、数据约束、自定义校验逻辑等。

总的来说，LangGraph 框架以其图架构、节点和边的灵活组合，以及强大的状态管理机制，为开发者提供了一个构建新一代 AI 智能体系统的理想平台。它不仅能够处理传统的线性工作流，更擅长应对需要复杂状态管理、迭代逻辑和多智能体协作的挑战性场景。LangGraph 的出现，标志着智能体开发进入了一个新的阶段，使开发者能够构建出更智能、更自主、更可靠的 AI 系统，推动各行各业实现革命性的变革。

2.2 LangGraph 与 LangChain 的关系

LangGraph 和 LangChain 虽然都出自 LangChain 团队之手，且在名称上有着明显的关联，但二者在框架定位、设计理念、功能侧重及适用场景上都存在本质区别。理解二者之间的关系和差异，对于开发者选择合适的框架，以及构建更强大的 AI 应用至关重要。

在深入探讨 LangGraph 与 LangChain 的关系之前，有必要先介绍 LangChain 表达式语言（LangChain Expression Language，LCEL）。LCEL 是 LangChain 框架中用于构建链式应用的声明式语法，通过简洁直观的方式连接 LangChain 的各种组件，例如提示、模型、工具等，以构建 LLM 应用流水线。其核心理念在于声明式，开发者只需描述工作流结构和组件连接方式，而无须关注底层执行细节。这使 LCEL 非常适合快速进行原型开发和构建结构清晰、易于维护的 LLM 应用。

LCEL 基于有向无环图（Directed Acyclic Graph，DAG）架构，其中，节点代表工作步骤（例如，LLM 调用、工具使用），边代表数据流向。"有向"意味着数据只能单向流动，从一个节点流向下一个节点；"无环"则意味着工作流中数据不回流。这种架构非常适合构建线性顺序执行的工作流，例如，"数据检索 → 文档摘要 → 答案生成"这样的流水线。LCEL 的优势在于其简洁性、高效性和易于理解的线性流程，是构建从简单到中等复杂度的 LLM 应用的理想选择。

然而，DAG 架构的线性特性在处理复杂动态的工作流中存在局限。在需要状态保持、迭代循环或多智能体协作的场景中，DAG 架构就显得力不从心。例如，在多轮对话智能体或者多智能体协同系统等需要复杂流程控制的场景中，线性的 DAG 架构就难以有效地表达这些非线性的工作流。

LangGraph 的出现正是为了弥补 LCEL 在处理复杂工作流方面的不足。与 LCEL 的 DAG 架构不同，LangGraph 采用了有向循环图架构。DCG 允许在工作流图中存在环路。这意味着数据可以在节点间循环流动，工作流迭代执行，并且根据状态或条件动态回溯。这一架构使 LangGraph 框架能处理复杂的状态化迭代工作流，例如，在构建 ReAct 模式的智能体时，其推理节点和行动节点形成的循环，可以让 AI 智能体在推理和行动之间持续迭代优化解决方案。

　　除了架构上的差异，LangGraph 的另一个重要特点是其独立性。虽然 LangGraph 由 LangChain 团队开发，并且可以很好地与 LangChain 的组件集成，但 LangGraph 实际上可以完全独立于 LangChain 使用。LangGraph 的节点可以是任意的 Python 函数，甚至可以无缝集成其他框架的组件，例如，AutoGen、CrewAI、LlamaIndex 等。开发者可以将这些框架定义的智能体封装成 LangGraph 的节点，在图中与其他节点连接，构建跨框架的多智能体系统。这种高度的灵活性和开放性，使 LangGraph 不仅仅是 LangChain 生态系统的一部分，更是一个通用的智能体工作流编排平台。

　　总而言之，LCEL 和 LangGraph 代表了 LangChain 生态系统中构建 LLM 应用的两种不同范式：LCEL 擅长构建简单线性的流水线应用，基于 DAG 架构，简洁高效；而 LangGraph 则专注处理复杂状态化迭代流程，基于 DCG 架构，灵活强大。开发者可以根据具体场景需求单独选用，或者将二者结合使用，构建更加多样化和更加强大的 AI 应用系统。

　　为了更清晰地展现 LangChain（特别是 LCEL）和 LangGraph 在功能和应用场景上的差异，我们将功能对比信息拆分到表 2-1~ 表 2-3 三个表格中进行展示。

表 2-1　LangChain 和 LangGraph 核心架构与设计理念对比

特性	LangChain (LCEL)	LangGraph
核心架构	基于链（Chain-based），有向无环图（DAG）	基于图（Graph-based），有向循环图（DCG）
设计理念	简化 LLM 应用开发，快速原型开发，线性流程	构建复杂、状态化、多角色的 AI 智能体系统，支持循环和迭代的工作流

表 2-2　LangChain 和 LangGraph 状态管理与工作流对比

特性	LangChain (LCEL)	LangGraph
状态管理	相对简单，主要通过 Memory 组件实现短期记忆，状态管理能力有限	强大，内置状态管理和持久化机制，支持长期记忆、状态回溯、时间旅行、多智能体共享状态等高级功能，状态管理能力强大

特性	LangChain (LCEL)	LangGraph
工作流	线性或分支流程，流程相对固定，DAG 架构，无环	循环流程，流程动态可变，支持迭代、循环、条件判断、动态分支等复杂逻辑，DCG 架构，支持环路
多智能体协作	支持，但相对复杂，需要手动管理智能体之间的通信和协作	内置多智能体协作机制，通过图架构和状态共享，更易于构建复杂的多智能体协作系统，实现智能体之间的协同工作和任务委派

表 2-3 LangChain 与 LangGraph 适用场景与特点对比

特性	LangChain (LCEL)	LangGraph
适用场景	聊天机器人、文档问答、文本摘要、代码生成等，简单流程应用，快速原型开发，轻量级应用	复杂智能体、多智能体系统、自动化工作流编排、需要状态保持、长期记忆、迭代优化和动态决策的应用，构建高可靠性、高复杂度的系统
学习曲线	相对平缓，易于上手，对初学者友好	相对陡峭，需要理解图论、状态管理、并发编程等概念，对开发者技术能力要求更高
框架复杂性	相对简单，框架结构清晰，易于理解和使用	相对复杂，框架功能强大，但学习和使用成本较高
生态系统	庞大而成熟，拥有丰富的组件库、工具和社区支持	相对年轻，生态系统仍在发展中，但发展迅速，与 LangChain 生态深度融合，且可独立使用
核心优势	易用性、快速原型开发、丰富的组件库、线性流程高效执行	强大的状态管理、灵活的工作流控制、构建复杂智能体系统的能力、高可靠性、高扩展性、高灵活性、支持混合框架集成

从协同开发的角度来看，最佳实践是将 LangChain 和 LangGraph 结合使用，充分发挥各自的优势。可以将 LangChain 视为 LangGraph 的"组件库"，利用

LangChain 提供的各种组件，例如模型（Model）、提示（Prompt）、链（Chain）、工具（Tool）等来构建 LangGraph 中的节点。LangChain 丰富的生态和便捷性可以加速 LangGraph 应用的开发过程。而 LangGraph 则提供了一个更高级的框架，用于组织和编排这些组件，构建更复杂的工作流和智能体系统。例如，可以使用 LangChain 的 ChatOpenAI 模型和 PromptTemplate 提示模板来构建 LangGraph 中的 LLM 调用节点，使用 LangChain 的 SerpAPI 工具（一个用于搜索引擎查询的工具）来构建 LangGraph 中的工具调用节点，等等。

在实际项目开发中，框架的选择应该根据具体的应用场景和需求来决定。对于简单的、线性流程的应用，例如简单的问答机器人、文本摘要工具等，LangChain 通常就足够胜任，并且开发效率更高。LangChain 的易用性和快速原型开发能力可以帮助开发者快速搭建应用原型，验证想法。

而对于需要复杂状态管理、多智能体协作或迭代逻辑的应用，例如，复杂的 AI 助手、自动化工作流编排系统、多智能体对话系统、自主导航机器人等，LangGraph 则是更合适的选择。LangGraph 的图结构和强大的状态管理能力可以更好地应对这些复杂场景带来的挑战，从而构建更强大、更可靠、更智能的 AI 系统。

总而言之，LangChain 和 LangGraph 并非互相替代的关系，而是互补共生的关系。LangChain 提供了 LLM 应用开发所需的基础组件和工具，LangGraph 则提供了更高级的架构。开发者可以根据自己的需求灵活选择或组合使用这两个框架。理解 LangChain 和 LangGraph 的功能边界和协同方式，是成为一名优秀的 AI 应用开发者的必备技能。

2.3 基于 LangGraph 实现 ReAct 设计模式

为了帮助大家深入理解 LangGraph 框架的图构建过程，并掌握如何从零开始搭建智能体，在本节中，我们将使用 Qwen 的模型，构建一个能够使用搜索工具查询天气信息的智能体。与之后将介绍的预制 API 不同，这次我们将从最基础的 LangGraph 组件开始，一步步构建 ReAct 智能体的工作流程（如图 2-2 所示），让大家能够清晰地看到图是如何被定义、节点和边是如何被添加和连接的，从而真正理解 LangGraph 的核心原理。

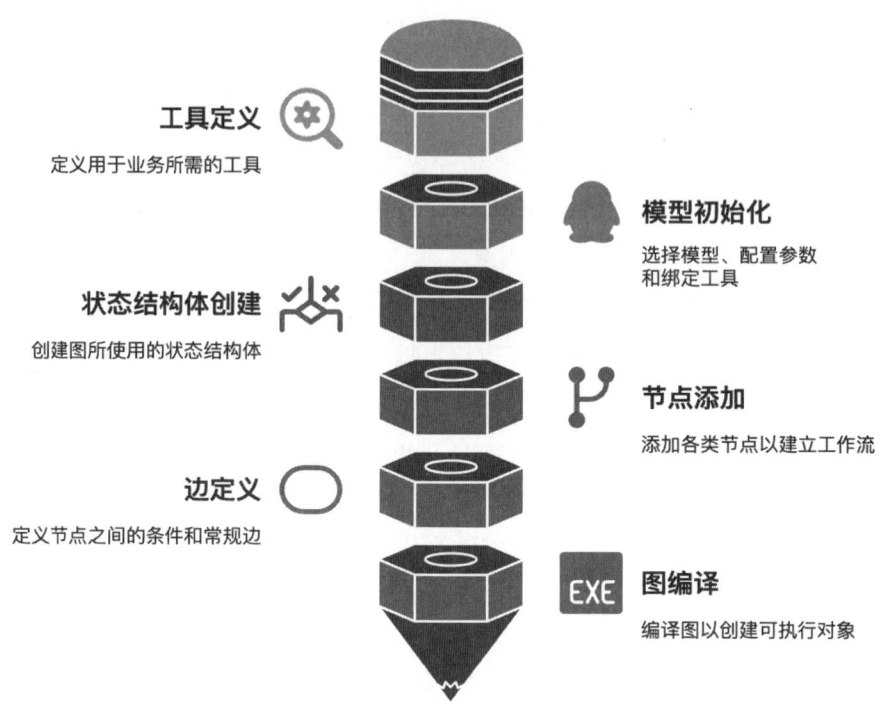

工具定义
定义用于业务所需的工具

模型初始化
选择模型、配置参数和绑定工具

状态结构体创建
创建图所使用的状态结构体

节点添加
添加各类节点以建立工作流

边定义
定义节点之间的条件和常规边

图编译
编译图以创建可执行对象

图 2-2　手工构建 ReAct 智能体工作流程

首先，使用 pip 命令安装必要的 LangGraph 和 LangChain 核心库：

```
pip install langgraph langchain-openai
```

接下来，设置 SiliconCloud API 密钥，并确保将密钥设置为环境变量 OPENAI_API_KEY，同时将 OPENAI_API_BASE 设置为 SiliconCloud 平台的 API 接入地址。

```
export OPENAI_API_KEY="Your API key"
export OPENAI_API_BASE="SiliconCloud platform API access address"
```

也可以使用以下代码自动设置：

```
Python
import os, getpass
def _set_env(var: str):
    if not os.environ.get(var):
        os.environ[var] = getpass.getpass(f"{var}: ")


_set_env("OPENAI_API_KEY")
_set_env("OPENAI_API_BASE")
```

还可以利用 python-dotenv 库来管理环境变量:

```
pip install python-dotenv
```

在当前工作目录下创建一个名为 .env 的文件,并添加以下内容:

```Bash
OPENAI_API_KEY= 您的 API KEY
OPENAI_API_BASE=SiliconCloud 平台 API 的接入地址
```

```Python
from dotenv import load_dotenv

# 加载 .env 文件中的环境变量,请确保 .env 文件位于当前工作目录下
load_dotenv()
```

现在,就可以开始实现 ReAct 智能体:导入必要的 LangGraph 和 LangChain 组件,并定义智能体可以使用的工具——search。此工具用于模拟网页搜索功能,查询城市的天气信息。

示例 2-1: 定义工具和工具节点

```Python
from typing import Literal  # 导入 Literal,用于类型提示
from langchain_openai import ChatOpenAI
from langchain_core.tools import tool  # 导入 tool 装饰器,用于定义工具
from langgraph.graph import END, START, StateGraph, MessageState  #
导入 LangGraph 图构建核心组件: END、START、StateGraph、MessageState
from langgraph.prebuilt import ToolNode  # 导入 ToolNode,用于封装工具
节点


# 定义工具 search,用于模拟网页搜索功能,查询城市的天气信息
@tool
def search(query: str):
    """ 设计网页搜索工具 """
    # 这是一个占位符工具,实际应用中需要替换为真正的搜索功能
    if "sf" in query.lower() or "san francisco" in query.lower():
        return "It's 16 degrees and foggy."
    return "It's 32 degrees and sunny."
tools = [search] # 将 search 工具放入工具列表
tool_node = ToolNode(tools) # 创建 ToolNode,将工具列表封装成 LangGraph
节点
```

在这段代码中，我们定义了 search 工具，并使用 ToolNode 将工具列表 tools 封装成一个 LangGraph 节点 tool_node。ToolNode 是 LangGraph 预置的节点类型，专门用于执行工具调用。它接收工具列表作为输入，并在图执行过程中根据智能体的指令调用相应的工具。

接下来，我们需要初始化语言模型。我们使用 SiliconCloud 平台提供的 Qwen/Qwen2.5-7B-Instruct 模型，并将其配置为能够调用工具。

示例 2-2：初始化语言模型并绑定工具

```Python
# 初始化语言模型，使用 Qwen/Qwen2.5-7B-Instruct 模型，并绑定工具
model = ChatOpenAI(model="Qwen/Qwen2.5-7B-Instruct", temperature=0).
bind_tools(tools)
```

这里 bind_tools(tools) 方法至关重要。它将我们定义的工具列表 tools 绑定到 ChatOpenAI 上，使该对话模型对象知道它可以使用哪些工具，以及如何调用这些工具。

现在，我们开始构建 LangGraph 的工作流。首先，我们需要创建一个 StateGraph 实例。StateGraph 是 LangGraph 中用于构建和管理图的核心类。在创建 StateGraph 实例时，我们需要指定状态的类型。在本例中使用 MessageState 作为状态类型。MessageState 是 LangGraph 预置的状态类型，专门用于处理消息列表，非常适合构建对话型智能体。

示例 2-3：创建状态结构体

```Python
# 定义状态类型为 MessageState，用于处理消息列表
workflow = StateGraph(MessageState)
```

其次，我们需要向图中添加节点。在本例中，我们需要添加两个核心节点。

（1）agent 节点：负责调用语言模型进行推理，决定下一步的行动（是生成回复还是调用工具）。

（2）tools 节点：负责执行工具调用。

添加 agent 节点时，要定义一个 Python 函数 call_model 作为 agent 节点的执行函数。call_model 函数接收当前的状态 state 作为输入，调用语言模型 model 进行推理，并将模型的响应消息添加到状态中。

示例 2-4：添加 agent 节点

```Python
# 定义 agent 节点的执行函数：call_model
def call_model(state):
    messages = state['messages'] # 从状态中获取消息列表
    response = model.invoke(messages) # 调用语言模型 model 进行推理，输
入为消息列表
    return {"messages": [response]} # 将模型响应消息封装成字典返回，键为
messages，值为包含响应消息的列表

# 将 call_model 函数添加到图中，并命名为 agent 节点
workflow.add_node("agent", call_model)
```

在 call_model 函数中，首先从状态 state 中获取消息列表 messages，然后调用已初始化并绑定了工具的语言模型 model 的 invoke() 方法进行推理。将模型生成的响应消息 response 添加为字典 {"messages": [response]} 返回。需要注意的是，这里返回的是字典格式而非直接返回 response，因为 LangGraph 的节点函数要求返回字典格式以更新状态。

接下来添加 tools 节点。我们已经在本节的开头创建了 tool_node 实例，现在只需要将其添加到图中即可。

示例 2-5：添加 tools 节点

```Python
# 将之前创建的 tool_node 实例添加到图中，并命名为 tools 节点
workflow.add_node("tools", tool_node)
```

添加完节点后，我们需要定义图的边，连接各节点，构建工作流。首先，我们需要设置图的入口点，即工作流的起始节点。在本例中，我们希望工作流从 agent 节点开始，因此将 agent 节点设置为图的入口点。

示例 2-6：设置图的入口点

```Python
# 设置图的入口点为 agent 节点，表示工作流从该节点开始执行
workflow.set_entry_point("agent")
```

然后，我们需要定义节点之间的边。在本例中，我们需要定义三种类型的边。

（1）从 agent 节点到 tools 节点的条件边：当 agent 节点的响应消息中包含工具调用指令时，工作流需要流向 tools 节点，执行工具调用。我们需要定义一个条件判

断函数 should_continue 来决定是否继续执行工具调用。

（2）从 agent 节点到 END 的条件边：当 agent 节点的响应消息中不包含工具调用指令时，表示智能体已经生成了最终回复，工作流应该结束。我们需要在 should_continue 函数中判断这种情况，并返回 END，表示工作流结束。

（3）从 tools 节点到 agent 节点的普通边：当 tools 节点执行完工具调用后，工作流应该返回到 agent 节点，让大语言模型根据工具调用的结果，决定下一步的行动（是再次调用工具，还是生成最终回复）。

下面定义条件判断函数 should_continue。

示例 2-7：定义条件判断函数

```Python
# 定义条件判断函数 should_continue，决定下一步执行哪个节点
def should_continue(state):
    messages = state['messages'] # 从状态中获取消息列表
    last_message = messages[-1] # 获取最后一条消息，即 agent 节点的输出消息
    # 如果 agent 节点的输出消息中包含工具调用指令，则流向 tools 节点
    if last_message.tool_calls:
        return "tools"
    # 否则，工作流结束，流向 END
    return END
```

should_continue 函数接收当前的状态 state 作为输入，获取状态中的最后一条消息（agent 节点的输出消息），并检查该消息是否包含工具调用指令 last_message.tool_calls。如果包含工具调用指令，则返回 tools 字符串，表示工作流应该流向 tools 节点；否则，返回 END，表示工作流应该结束。END 是 LangGraph 预定义的特殊值，用于表示工作流的终点。

有了条件判断函数 should_continue，我们就可以添加条件边了。

示例 2-8：添加条件边

```Python
# 添加条件边：从 agent 节点出发，根据 should_continue 函数的返回值，决定流向
tools 节点或 END
workflow.add_conditional_edges(
    agent, # 起始节点为 agent 节点
    should_continue # 条件判断函数为 should_continue
)
```

workflow.add_conditional_edges("agent", should_continue) 方法添加了一条从 agent 节点出发的条件边，并指定 should_continue 函数作为条件判断函数。LangGraph 会在 agent 节点执行完成后，调用 should_continue 函数，根据其返回值来决定下一步工作流的走向。

最后，我们需要添加从 tools 节点到 agent 节点的普通边。这意味着当 tools 节点执行完工具调用后，工作流总是会返回到 agent 节点，让大语言模型根据工具调用的结果，决定下一步的行动。

示例 2-9：添加普通边

```Python
# 添加普通边：从 tools 节点到 agent 节点，表示工具调用完成后，总是返回 agent
节点继续推理
workflow.add_edge("tools", "agent")
```

至此，我们已经完成了 LangGraph 工作流图的构建，包括添加节点、设置入口点和定义边。

在完成图的构建后，我们需要编译图，将其转换为一个可执行的 LangChain Runnable 对象。Runnable 对象可以像 LangChain 中的其他组件一样被调用和执行。

示例 2-10：编译图

```Python
# 编译图，得到可执行的 app 对象
app = workflow.compile()
```

最后，我们可以运行编译后的 app 对象，向其发送用户查询，测试我们构建的 ReAct 智能体。

示例 2-11：运行 ReAct 智能体并处理用户查询

```Python
# 运行智能体应用 App，处理用户查询
final_state = app.invoke({"messages": [{"role": "user", "content":
"What is the weather in San Francisco"}]})
# 打印智能体的最后一条回复消息的内容
print(final_state["messages"][-1].content)
```

运行上述代码，您将会看到智能体的回复：

```Plaintext
```

```
The current weather in San Francisco is 16 degrees and foggy.
```

为了帮助大家更深入地理解 LangGraph 的执行流程，我们来逐步分解一下当运行 app.invoke() 方法时，LangGraph 内部是如何执行的。

（1）LangGraph 将输入消息添加到内部状态，并将状态传递给入口点节点 agent。

（2）agent 节点执行 call_model 函数，调用大语言模型进行推理。

（3）大语言模型返回 AIMessage，LangGraph 将其添加到状态中。

（4）LangGraph 检查 AIMessage 是否包含工具调用指令 tool_calls。

◎ 如果 AIMessage 包含 tool_calls，则根据条件判断函数 should_continue 的判断结果，工作流流向 tools 节点。

  • tools 节点执行，调用相应的工具。

  • tools 节点执行完成后，根据普通边，工作流返回到 agent 节点，重复步骤（2）～（4），进行下一轮推理和工具调用，直到语言模型生成最终回复。

◎ 如果 AIMessage 不包含 tool_calls，则根据条件判断函数 should_continue 的判断结果，工作流流向 END，表示工作流结束。

（5）执行过程到达 END，输出最终状态。在本例中，最终状态包含了对话的所有消息记录，我们从中提取最后一条消息（智能体的回复消息）并打印出来。

通过这个以手工构建图的方式实现的 ReAct 智能体示例，我们初步展示了如何使用 LangGraph 的核心组件构建图、添加节点、定义边、设置入口点，以及编译和运行图。同时，我们也可以了解到，LangGraph 并非仅仅是一个工具，更是一种构建复杂智能体系统的全新思路。它以图结构为核心，赋予了智能体强大的状态管理和工作流控制能力。

在下一章，我们将聚焦于 LangGraph 的核心原语 —— 状态、节点和边，去理解这些基本元素是如何构建起 LangGraph 强大功能的，并学习如何运用流程控制、并行处理、状态持久化等高级技术，真正掌握构建复杂智能体系统的秘诀。

 **思考题**

（1）LangGraph 的核心架构理念是什么？请简要说明该框架如何通过节点、边

和状态构建智能体工作流，并分析这种图结构相比传统线性流程或树状结构的优势。

（2）状态在 LangGraph 中起到何种关键作用？为什么说状态是实现状态化智能体的核心？请具体说明状态在 LangGraph 中的三个主要功能，并举例说明其实际应用价值。

（3）LangChain Expression Language（LCEL）与 LangGraph 在设计和应用上有何本质区别？请从架构类型（DAG 与 DCG）、状态管理、工作流灵活性等维度进行对比，并说明在何种情况下会优先选用 LCEL 或 LangGraph。

（4）有向循环图（DCG）作为 LangGraph 的核心特性，为 AI 智能体开发带来哪些创新可能？请结合多轮对话、迭代优化等具体场景，阐述 DCG 架构的技术优势。

（5）在 ReAct 模式案例中，LangGraph 如何实现推理与行动的循环机制？请解析相关实现代码中节点与边的协作方式，并总结该案例所体现的框架优势。

（6）LangGraph 强调其独立于 LangChain 的特性，这种独立性对开发者有何实际意义？请分析这种设计如何扩展了框架的应用范围，并为开发提供了哪些灵活性。

（7）基于当前 AI 技术发展现状，您认为 LangGraph 最适合解决哪些类型的问题？请列举两个典型应用场景，并简要说明选择理由。

03

第 3 章
LangGraph 的状态图结构

The map is not the territory. —Alfred Korzybski
（地图不是疆域。—— 阿尔弗雷德·科尔日布斯基）

我们习惯于用线性的、因果的视角去理解世界，如同手持一张粗略的地图，在一条条既定的道路上按部就班地前行。然而，真实的疆域远比地图复杂，它充满了未知的岔路、突发的状况，以及无数交织的可能性。 当我们试图构建能够理解、适应并驾驭这个复杂世界的 AI 智能体时，线性的思维模式便显得捉襟见肘。

真正的智能，如同在无垠的疆域中自由探索，它需要在既定的路径之外，拥有自主选择方向的能力，能够在复杂的地形中灵活地规划路线。更重要的是，它需要一张能够动态更新、实时反馈的活地图，而非僵化刻板的指南。

图，正是这样一种"活地图"。它超越了线性结构的局限，以节点和边构建起一个充满可能性的网络，让我们得以描绘智能体系统中那些非线性的、动态的、错综复杂的行为路径。掌握"图"的语言，如同获得一张能够适应任何疆域的活地图。它将赋予我们构建真正自主、智能且能够应对复杂现实世界挑战的 AI 系统的力量。

本章将深入探讨 LangGraph 的状态图结构。首先从核心原语开始，详细解释这些概念的内涵和作用，并通过示例演示如何在 LangGraph 中定义和使用它们；接着研究 LangGraph 提供的流程控制机制，学习如何实现分支逻辑、循环结构，以及更复杂的指令系统以构建能够动态调整行为的智能体；然后探讨并行处理和组合能力，了解如何利用 MapReduce 等设计模式，以及如何使用子图机制来组织和管理复杂的智能体逻辑为构建高效、模块化的 AI 智能体系统奠定基础。

3.1 核心原语

LangGraph 的核心在于其简洁而强大的状态图结构，这一模型的基石由四个核心原语构成：状态（State）、节点（Node）、边（Edge）和命令（Command）。可以将这四个核心原语比作搭建智能体系统的基础模块，只有理解它们的概念及其相互作用方式，才能构建出功能强大的 AI 智能体系统。

3.1.1 状态

在 LangGraph 中，状态是贯穿智能体系统运行始终的核心概念。我们可以将其理解为智能体的"短期记忆""工作记忆"或者"临时共享数据空间"，它承载着智能体在执行过程中产生的各种信息，包括用户输入、中间结果、工具输出、对话历史等，如图 3-1 所示。状态不仅是节点间信息传递的桥梁，也是智能体进行决策和行为调整的重要依据。状态的有效管理，是构建具有上下文感知能力的 AI 智能体的基础。

对话历史
交互的记录

用户输入
智能体接收的
初始数据

工具输出
从外部工具
获得的结果

中间结果
计算过程中的
临时输出

图 3-1 状态在 LangGraph 系统中的主要作用

LangGraph 在状态定义上提供了极大的灵活性，允许开发者根据实际需求选择合适的数据结构。可以使用 Python 标准库中的 typing.TypedDict 定义具有类型提示的字典结构状态；也可以使用 dataclasses 或者 Pydantic 来定义状态模型。TypedDict 适合快速定义简单状态结构，而 dataclasses 和 Pydantic 提供了更强大的数据建模和验证能力。尤其是 Pydantic，它支持运行时数据验证，能确保状态的类型和取值符合预期，这对于构建健壮的 AI 智能体系统至关重要。例如，可以使用 Pydantic 定义状态模型，明确指定字段类型（如字符串、整型）并通过校验器约束字段取值范围。

示例 3-1：使用 TypedDictState 和 PydanticState 定义状态

```Python
from typing_extensions import TypedDict
from pydantic import BaseModel,field_validator

# 使用 TypedDict 定义状态
class TypedDictState(TypedDict):
    user_input: str
    agent_response: str
    tool_output: str

# 使用 Pydantic 定义状态，并进行数据验证
from pydantic import BaseModel,field_validator

class PydanticState(BaseModel):
    user_input: str
    agent_response: str
    tool_output: str
    mood: str = "neutral"  # 默认情绪状态为 neutral

    @field_validator('mood')
    @classmethod
    def validate_mood(cls, value):
        if value not in ["happy", "sad", "neutral"]:
            raise ValueError(" 情绪状态必须是 'happy', 'sad' 或
'neutral'")
        return value
```

在 LangGraph 系统中，状态作为第一个参数传递给每个节点。节点既可以从状态中读取信息，也可以写入新信息，实现节点间的数据共享和状态更新。状态中的键（Key）可视为系统中的一个信息通道，节点通过这些通道进行数据交换。默认情况下，节点返回新的状态值会覆盖之前的状态值。此外，LangGraph 还提供了私有 / 公

共状态、输入／输出状态结构体、状态归约器（State Reducer），以及消息（Message）与 MessageState 等高级机制，以满足更复杂的状态管理需求。

1. 私有状态与公共状态

在构建复杂的智能体系统时，我们常常需要区分公共状态（Public State）和私有状态（Private State）。公共状态指需要在多个节点间共享的信息，是整个图结构中所有节点都可见的"共享数据空间"，如对话历史、用户偏好、最终回复等。私有状态则仅在特定节点内部使用，用于存储中间计算结果、临时变量或者敏感数据。这种区分有助于提高系统的模块化程度和安全性，避免不必要的信息泄露和状态污染，如图 3-2 所示。

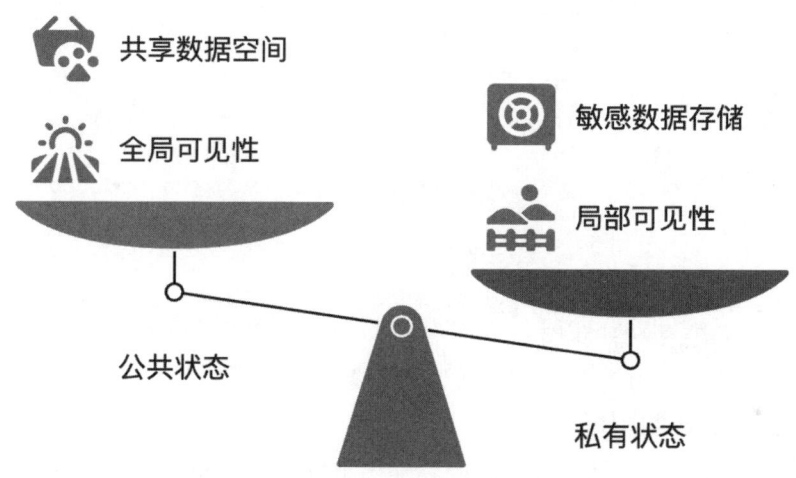

图 3-2 私有状态与公共状态的适用场景

LangGraph 采用多结构体（Schema）机制管理私有状态。我们可以为整个图定义一个全局公共状态结构体（Overall State），用于存储节点间共享信息。同时，我们可以为特定的节点定义其专属私有状态结构体（Private State）。当节点被定义为接收私有状态输入时，LangGraph 会自动处理状态的转换和传递，确保私有状态只在该节点及其后续的流程中可见，不影响公共状态或其他节点。例如，定义 OverallState 存储全局对话信息，同时为工具调用节点定义 ToolState 作为私有状态，包含工具的配置参数、认证信息等不需要在整个图结构中暴露的信息。

示例 3-2：使用多结构体实现私有状态

```Python
from typing_extensions import TypedDict
```

```
# 定义全局的公共状态结构体 Schema
class OverallState(TypedDict):
    user_input: str
    agent_response: str

# 定义节点的私有状态结构体 Schema
class ToolState(TypedDict):
    api_key:str
    tool_config:dict

# 定义一个使用私有状态的节点
def tool_node(state:ToolState) → OverallState:
    # 节点逻辑，例如调用工具 API 并根据 ToolState 中的配置进行操作
    api_client = create_api_client(state['api_key'], state['tool_
config'])
    response = api_client.call_api(state['user_input'])
    return {"agent_response":response} # Return the updated public
state

# Graph 构建代码
builder = StateGraph(OverallState) # 图使用公共状态 OverallState
builder.add_node("tool_node", tool_node) # 添加工具节点
```

2. 输入 / 输出结构体

LangGraph 支持为整个图定义输入 / 输出结构体（Input/Output Schema）。输入结构体定义了调用图时可接受的输入数据结构，限定了图的初始状态输入范围；输出结构体则定义了图执行结束后返回的状态数据结构，明确了图的最终输出包含的信息内容。通过定义输入/输出结构体，我们可以对图的输入和输出进行更严格的类型约束，使图的接口更加清晰和规范，也方便了图与其他系统或组件进行集成。

通常情况下，我们会定义一个完整的内部状态结构体（Internal State），包含图运行过程中所有可能用到的状态键。在此基础上，可以定义更精简的输入结构体和输出结构体作为图的"外部接口"。输入结构体通常是全局状态结构体的子集，仅包含必要的初始输入状态键。输出结构体同样是全局状态结构体的子集，仅包含需要输出的状态键。这种设计既保持了图内部状态的完整性和灵活性，又对外提供了简洁规范的接口。

示例 3-3：定义输入 / 输出结构体

```Python
from typing_extensions import TypedDict

# 定义完整的内部状态结构体
class InternalState(TypedDict):
    user_query: str
    search_results: list[str]
    llm_response: str
    debug_info: str # 内部调试信息，不需要对外暴露

# 定义输入结构体（只包含 user_query)
class InputSchema(TypedDict):
    user_query: str

# 定义输出结构体（只包含 llm_response)
class OutputSchema(TypedDict):
    llm_response: str

# Graph 构建代码，使用 InternalState 作为图的状态结构体

graph = StateGraph(InternalState, input=InputSchema,
output=OutputSchema) # 定义输入 / 输出结构体
```

调用 graph.invoke(input_data) 时，LangGraph 会根据 InputSchema 对 input_data 进行校验，确保其符合定义。执行结束后，LangGraph 会根据 OutputSchema 过滤最终的状态，只返回 OutputSchema 中定义的那些状态键，实现对输出的控制。输入 / 输出结构体为 LangGraph 图结构提供了边界约束和接口抽象，使其更易于集成到更大的系统中，并提高了代码的可维护性和可读性。

3. 状态归约器

状态归约器是 LangGraph 提供的核心机制，用于自定义状态更新逻辑。它特别适用于处理并发子状态更新、复杂数据结构，以及需要特定合并策略的场景，如图 3-3 所示。LangGraph 不仅提供了内置归约函数，还支持自定义归约函数，赋予开发者最大灵活性。

在默认情况下，节点返回的新状态值会覆盖之前的状态值。然而，在某些场景下，这种简单策略可能不适用。例如，当多个节点并行更新同一个状态键时，需要协调并

发状态更新；或者，需要实现累加数值、合并列表、更新对话历史等特定更新逻辑，而不是简单的覆盖。状态归约器就是为解决这些问题而设计的。

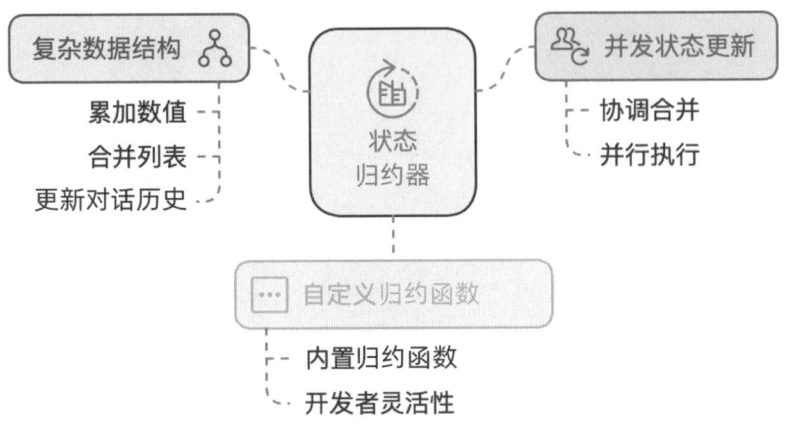

图 3-3 状态归约器的作用

状态归约器是一个定义了新旧状态合并方式的函数。通过 typing.Annotated 类型提示，可以为状态结构体中的每个状态键指定一个归约函数。当多个节点更新同一个状态键时，LangGraph 会调用对应的归约函数，将已有的状态值和新的状态值作为输入，返回合并后的新状态值。LangGraph 内置了常用归约函数，如 operator.add（用于数值累加和列表合并）、langggraph.graph.message.add_messages（用于消息列表的追加和去重）等。当然，我们也可以自定义归约函数，以实现更复杂的状态更新逻辑。

示例 3-4：使用状态归约器

```Python
from typing_extensions import TypedDict, Annotated
from operator import add
from langgraph.graph.message import add_messages
from langchain_core.messages import BaseMessage

# 定义状态 Schema，并为 message_history 键指定 add_messages Reducer
class ChatState(TypedDict):
    message_history: Annotated[list[BaseMessage], add_messages]
    user_intent: str
    tool_output: str

# 在 Graph 构建时，使用 ChatState 作为状态 Schema
builder = StateGraph(ChatState)
```

在上面的例子中,我们为 ChatState 的 message_history 键指定了 add_messages Reducer。当多个节点同时更新 message_history 时,add_messages Reducer 会将新消息追加到已有的消息列表中,而不是直接覆盖。这种声明式的状态更新方式,使我们可以更精细地控制状态演变过程,在处理并发更新、复杂数据结构或者需要特定合并逻辑的场景中尤为重要。

定义自定义状态归约器函数需要创建一个接收两个参数并返回一个值的 Python 函数。

◎ left(已有状态值):归约函数关联的状态键当前值。

◎ right(新状态更新值):节点返回的更新值。

归约函数的核心逻辑就是将 left 和 right 这两个值合并为新值返回,返回值类型需要与状态键类型一致。

例如,对于类型为 list[str] 的状态键 item_list,若需要将新列表追加到已有的列表末尾并去重,则定义如下自定义归约函数。

示例 3-5:自定义归约函数

```Python
def reducer_extend_unique(left: list[str] | None, right: list[str] |
None) → list[str]:
    """
    自定义归约函数,用于合并两个字符串列表,并进行去重
    """
    existing_items = left if left else []  # 如果 left 为 None,则初始化
为空列表
    new_items = right if right else []      # 如果 right 为 None,则初始
化为空列表
    combined_items = existing_items + new_items
    return list(set(combined_items))        # 使用 set 去重并转换为 list
返回
```

在 reducer_extend_unique 函数中,我们首先处理了 left 和 right 可能为 None 的情况,将其初始化为空列表,然后将两个列表合并,使用 set 数据结构进行去重,最后将去重后的结果转换为 list 返回。

定义自定义归约函数后,需要使用 typing.Annotated 将其关联到状态结构体中的

目标状态键。例如，将 reducer_extend_unique Reducer 应用于 ChatState 中的 item_list 状态键，以定义状态结构体。

示例 3-6：在状态结构体中应用自定义归约函数

```Python
from typing_extensions import TypedDict, Annotated

class ChatState(TypedDict):
    message_history: Annotated[list[BaseMessage], add_messages]
    user_intent: str
    tool_output: str
    item_list: Annotated[list[str], reducer_extend_unique] # 应用自定义归约函数
```

这样，当有节点尝试更新 ChatState 中的 item_list 键时，LangGraph 就会自动调用 reducer_extend_unique 函数来进行状态合并，确保 item_list 中的元素是唯一且累计添加的。

4. Message 与 MessageState

在构建对话型 AI 智能体时，对对话历史（Conversation History）的管理至关重要。LangGraph 为此专门引入了 Message（消息）和 MessageState 的概念，针对对话场景优化状态管理。

消息是表示对话轮次中用户输入、AI 模型回复、工具调用等信息的标准数据结构，是构成对话历史的基本单元。LangChain 定义了多种消息类型，以结构化的方式，区分对话中不同参与者的发言和不同性质的信息，具体如下所示。

（1）HumanMessage：代表人类用户的消息，例如用户的自然语言输入、问题、指令等。它是对话的起点，驱动着 AI 智能体系统的运转。例如，"你好""我想预订一张明天去北京的机票""请总结一下刚才的对话内容"，等等。

（2）AIMessage：代表 AI 模型生成的消息，例如模型对用户输入的回复、对话、澄清问题、指令、总结、创作内容等。它是对话的核心内容，体现了智能体的智能水平和对话能力。例如，"您好！有什么我可以帮您？""您想预订哪个时间段的机票呢？""本次对话主要讨论了……""好的，这是为您总结的对话内容：……"，等等。

（3）ToolMessage：代表工具调用结果。例如，"天气查询工具已成功调用，

北京今天天气：晴，24~32 摄氏度" "机票预订工具调用失败，原因：该时间段机票已售罄" "搜索引擎返回了 5 条相关结果，内容如下：……"，等等。

（4）SystemMessage：代表系统发出的消息，通常用于引导 AI 模型的行为，例如设定对话目标，约束回复风格，提供背景知识等。它在对话的幕后发挥作用，影响着 AI 模型的表现。例如，"你是一个专业的客服机器人，请使用友好的语气回复用户" "请基于以下背景知识回答用户问题：……" "本次对话的目标是帮助用户完成机票预订" "请尽可能详细地回复用户，并主动询问用户是否还有其他问题"等。

每种消息类型都结构化地包含了消息内容（content）和元数据，例如消息发送者（name）、消息 ID（id）等。content 属性存储消息的文本内容，是消息的核心信息。元数据则提供了消息的上下文信息和控制信息。这种结构化表示便于管理和操作对话历史，包括追溯对话轮次、清晰地区分用户和 LLM 大模型的发言、准确地追踪工具调用过程，并基于消息类型和内容，进行更精细的对话策略控制（例如，根据用户消息类型判断用户意图，根据工具消息类型判断工具执行状态）。尤其是在使用聊天模型 ChatModel 时，LLM 通常被设计为原生接受一个结构化的消息列表作为输入，并返回一个 AIMessage 作为回复。

MessageState 是 LangGraph 预置的状态结构体，专门简化消息列表的管理。MessageState 本质上是 TypedDict 的子类，预定义 messages 状态键，并且默认应用 add_messages Reducer。

示例 3-7：使用 MessageState 定义状态结构体

```Python
from langgraph.graph import MessageState

class MyChatState(MessageState):
    """
    自定义的 ChatState，继承自 MessageState,
    自动包含 messages 状态键和 add_messages Reducer
    """
    user_intent: str
    tool_output: str
    # 可以添加其他自定义的状态键
```

MessageState 的核心特性在于其开箱即用、强制性且高度优化的消息列表管理机制。

（1）内置 messages 状态键：MessageState 强制预置了 messages 状态键，用于存储对话历史消息列表。开发者无须手动定义，遵循"约定优于配置"的原则，提高开发效率和代码一致性。 messages 是 MessageState 的核心，也是其所有特性的基础。

（2）默认 add_messages Reducer：MessageState 强制为 messages 状态键绑定了 add_messages Reducer，自动将新消息追加到已有的消息列表中，处理消息 ID 的更新和消息去重，深度优化了消息管理的效率和正确性，保证了对话历史消息列表的完整性和一致性。add_messages Reducer 是 MessageState 智能消息管理能力的核心驱动力。

（3）消息序列化与反序列化：add_messages Reducer 还隐式且无缝地集成了消息序列化和反序列化的功能，支持以 JSON 字典格式（例如 { "type": "human", "content": " 你好 " }）传递消息数据，便于状态的持久化和跨组件数据交换。消息序列化与反序列化功能的无缝集成，使 MessageState 具备了良好的跨组件互操作性和状态持久化能力。

（4）可扩展性：作为 TypedDict 子类，MessageState 允许添加任何自定义状态键，如 user_intent、tool_output 等状态键，以满足业务需求。MessageState 在提供强大的消息管理能力的同时，也保持了良好的可扩展性。

因此，MessageState 是构建对话型 LangGraph 应用的理想选择。当然，对于特殊的消息管理需求，或者需要完全自定义状态更新逻辑，LangGraph 也支持完全自定义状态结构体和 Reducer。

5. trim_messages 和 RemoveMessage 在消息状态管理中的应用

在了解 Message 和 MessageState 的基础上，我们可以更深入地探讨 trim_messages 和 RemoveMessage 这两个工具函数在对话历史管理中的具体应用。

（1）trim_messages：该函数主要用于限制消息列表中词元（Token）的总长度，防止对话历史无限增长导致 LLM 处理效率降低和成本增加。在使用 MessageState 时，我们可以在节点内部调用 trim_messages 函数对 state['messages'] 进行修剪，然后将修剪后的消息列表传递给 LLM。这通常在每次调用 LLM 之前进行，以确保 LLM 接收到的消息列表始终保持在合理长度范围内。 trim_messages 通常不与状态归约器直接配合使用，它更多作为一种在节点内部预处理消息的手段。

示例 3-8：在使用 MessageState 的节点中使用 trim_messages

```Python
from langchain_core.messages import trim_messages
```

```
from langgraph.graph import MessageState

def llm_node(state: MessageState):
    message_history = state['messages'] # 直接从 MessageState 中获取消
息列表
    trimmed_messages = trim_messages(
        message_history,
        max_tokens=1000,
        strategy="last",
        token_counter=ChatOpenAI(model="gpt-4o"),
        allow_partial=False
    )
    llm_response = llm.invoke(trimmed_messages)
    return {"messages": [llm_response]} # 将 LLM 响应添加到消息历史 (通
过 add_messages Reducer)
```

（2）RemoveMessage：更准确地说，filter_messages 是基于 RemoveMessage 和 add_messages Reducer 的消息过滤机制，它提供了一种更灵活、更精细的对话历史管理方式。由于 MessageState 已经默认使用了 add_messages Reducer，我们可以很方便地在节点中生成 RemoveMessage 列表，并将其作为状态更新返回，LangGraph 会自动完成对消息的过滤和删除。这种方式充分利用了状态归约器的强大能力，实现了可定制化的消息状态管理。

示例 3-9：过滤消息

```
Python
from langgraph.graph import MessageState
from langchain_core.messages import RemoveMessage

def filter_message_node(state: MessageState): # 节点输入类型为
MessageState
    message_history = state['messages'] # 直接从 MessageState 中获取消
息列表
    messages_to_remove = []
    for message in message_history:
        if should_remove_message(message): # 假设有函数来判断消息是否需
要移除 (例如，移除寒暄语)
            messages_to_remove.append(RemoveMessage(id=message.id))
    return {"messages": messages_to_remove} # 返回 RemoveMessage 列表，
LangGraph 会自动处理
```

3.1.2 节点

节点是 LangGraph 图结构中的基本计算单元。每一个节点都封装了一个独立的执行逻辑，例如调用语言模型、执行工具、进行条件判断，或者仅仅是一个简单的数据处理函数。你可以将节点视为 AI 智能体系统中的"执行器"，它们负责完成具体的任务，并驱动着整个 AI 智能体的运转。

在 LangGraph 中，节点本质上就是一个 Python 函数。这个函数接收当前的状态作为输入，并返回一个新的状态（或者状态的更新部分）作为输出。这种函数式的设计使节点具有良好的可测试性和可复用性，同时让 LangGraph 图结构的定义更加清晰和简洁。

示例 3-10：节点函数的基本结构

```Python
def my_node(state):
    # 从状态中读取数据
    input_data = state.get("some_key")

    # 执行节点执行逻辑（例如调用 LLM、工具等）
    output_data = process_data(input_data)

    # 返回新的状态（或状态的更新部分）
    return {"some_key": output_data, "another_key": new_value}
```

值得注意的是，节点函数不一定要返回完整的状态对象，可以只返回需要更新的状态键值对。LangGraph 会自动将节点返回的更新部分合并到当前状态中。例如，若状态包含了 user_input、agent_response 和 tool_output 三个键，而某个节点只需要更新 agent_response，则该节点函数只需要返回 {"agent_response": new_response} 即可。LangGraph 会自动将 new_response 更新到状态的 agent_response 键，而 user_input 和 tool_output 键的值则保持不变。

LangGraph 的节点类型非常灵活，任何 Python 可调用对象，只要其接受状态作为第一个参数并返回一个字典，都可以作为 LangGraph 的节点。这为开发者提供了极大的自由度，可将 LangChain 的 Chain、Agent、Tool，甚至是简单的 Python 函数，封装成节点，从而充分利用 LangChain 生态系统丰富的资源。例如，将预定义的 LCEL 调用链或者 Runnable 对象封装为节点，负责生成智能体的回复；或者将工具函数封装为节点，让智能体具备调用外部 API 的能力；甚至将简单的条件判断函数封装为节点，实现流程的分支控制。节点的多样性和灵活性使 LangGraph 能够适应各种复杂的智能体系统构建需求。

示例 3-11：一个包含 LLM 节点的 LangGraph 图

```Python
from langgraph.graph import StateGraph, START, END, MessageState
from langchain_core.prompts import ChatPromptTemplate
from langchain_openai import ChatOpenAI

# 定义状态结构体
class ChatState(MessageState): # 使用 ChatState 替代原有的 State, 并继承
自 MessageState
    user_question: str # 保留 user_question 状态键
    llm_response: str   # 保留 llm_response 状态键

# 定义 LLM 节点
def llm_node(state):
    prompt = ChatPromptTemplate.from_messages([
        ("human", "{question}")
    ])
    model = ChatOpenAI(model="Qwen/Qwen2.5-7B-Instruct")
    chain = prompt | model
    response = chain.invoke({"question": state['user_question']}).
content
    return {"llm_response": response}

# 构建图
builder = StateGraph(ChatState) # 使用 ChatState 替代原有的 State
builder.add_node("llm_node", llm_node)
builder.add_edge(START, "llm_node")
builder.add_edge("llm_node", END)
graph = builder.compile()

# 调用图
result = graph.invoke({"user_question": " 你好, LangGraph！"})
print(result)
```

在实际的 AI 智能体系统中，节点执行过程可能会遇到各种瞬时性的错误或异常。例如，当节点调用外部 API（如 LLM API、搜索引擎 API、数据库 API 等）时，可能会遇到网络抖动、服务限流、API 超时等问题，导致 API 调用失败或返回错误。为

了提高 AI 智能体系统的健壮性和稳定性，避免因瞬时错误导致流程中断，LangGraph 提供了节点重试（Node Retries）机制。通过为节点配置重试策略 （Retry Policy），LangGraph 可以在节点执行失败时自动按照预设的策略重试，提高节点容错能力，确保流程平稳运行。

为 LangGraph 节点配置重试策略时，使用 builder.add_node() 方法，要通过 retry 参数传入 RetryPolicy 对象。该对象定义了具体的重试策略，包括重试条件、重试次数、重试间隔、退避策略等。LangGraph 提供了 langgraph.pregel.RetryPolicy 类，用于创建 RetryPolicy 对象。

示例 3-12：为 LangGraph 节点配置重试策略的示例

```Python
import operator
import sqlite3

from typing import Annotated, Sequence
from typing_extensions import TypedDict

from langchain_openai import ChatOpenAI
from langchain_community.utilities import SQLDatabase
from langchain_core.messages import AIMessage, BaseMessage

from langgraph.graph import StateGraph, START, END
from langgraph.types import RetryPolicy  # 导入 RetryPolicy 类

# 定义数据库和模型
db = SQLDatabase.from_uri("sqlite:///:memory:")
model = ChatOpenAI(model="Qwen/Qwen2.5-7B-Instruct")

# 定义图的状态和逻辑节点
class AgentState(TypedDict):
    messages: Annotated[Sequence[BaseMessage], operator.add]

def query_database(state):
    query_result = db.run("SELECT * FROM Artist LIMIT 10;")
    return {"messages": [AIMessage(content=query_result)]}

def call_model(state):
    response = model.invoke(state["messages"])
```

```
    return {"messages": [response]}

# 定义图 builder
builder = StateGraph(AgentState)

# 为 query_database 节点配置重试策略：针对 sqlite3.OperationalError 异常
进行重试
builder.add_node(
    "query_database",
    query_database,
    retry=RetryPolicy(retry_on=sqlite3.OperationalError), # 配置
RetryPolicy, retry_on 参数指定重试条件为 sqlite3.OperationalError 异常
)
# 为 model 节点配置重试策略：最多重试 5 次（默认重试条件）
builder.add_node(
    "model",
    call_model,
    retry=RetryPolicy(max_attempts=5), # 配置 RetryPolicy, max_
attempts 参数指定最大重试次数为 5
)

builder.add_edge(START, "model")
builder.add_edge("model", "query_database")
builder.add_edge("query_database", END)

graph = builder.compile()
```

在示例 3-12 中，我们为 query_database 节点和 model 节点分别配置了不同的重试策略。

（1）query_database 节点配置了 RetryPolicy(retry_on=sqlite3.OperationalError)，其中 retry_on 参数指定了重试条件为 sqlite3.OperationalError 异常。当 query_database 节点执行过程中抛出 sqlite3.OperationalError 异常时，LangGraph 会自动重试，直到节点执行成功（不再抛出 sqlite3.OperationalError 异常）或达到最大重试次数（默认为 3 次）。

retry_on 参数可接受单个异常类或异常类列表，本示例中只针对数据库操作错误 sqlite3.OperationalError 进行重试，其他类型的异常（例如，代码逻辑错误、参数类型错误等）将直接抛出异常。

（2）model 节点配置了 RetryPolicy(max_attempts=5)，未指定 retry_on 参数时采用默认重试条件，即针对绝大多数异常类型都进行重试（具体可参考 RetryPolicy 类的 default_retry_on 函数定义）。当 model 节点执行过程中抛出任何异常时，LangGraph 最多重试 5 次。如果重试 5 次后，节点仍然执行失败，则不再重试，抛出异常。max_attempts 参数用于限制最大重试次数，防止节点无限重试，导致系统资源耗尽。

RetryPolicy 类提供了丰富的参数，用于定制重试策略，以满足不同应用场景的需求。

◎ initial_interval：浮点数，初始重试间隔默认为 0.5s。

◎ backoff_factor：浮点数，重试间隔退避（Backoff）倍数，默认为 2.0。例如，如果 initial_interval=0.5， backoff_factor=2.0，那么第一次重试间隔为 0.5s，第二次重试间隔为 $0.5 \times 2 = 1s$，第三次重试间隔为 $1 \times 2 = 2s$，依次类推，重试间隔呈指数级增长，避免短时间内频繁重试，加剧下游服务的压力。

◎ max_interval：最大重试间隔，默认为 128.0s。即使重试间隔按照退避因子增长，也不会超过 max_interval 的限制，防止重试间隔无限增长导致的长时间等待。

◎ max_attempts：最大重试次数，默认为 3。包括首次执行和后续重试在内，节点总共最多尝试执行 max_attempts 次。超过最大重试次数后，节点将不再重试，直接抛出异常。

◎ jitter：是否在重试间隔时间上添加随机抖动，默认为 True。添加抖动可以避免多个客户端同时在同一时刻重试，造成下游服务的瞬时压力，提高系统的鲁棒性。

◎ retry_on：指定重试的异常类型。可以接受单个异常类或异常类列表。如果不指定 retry_on，则默认针对绝大多数异常类型进行重试（除了如 ValueError、TypeError 等代码逻辑错误和 OSError 等操作系统错误，以及 requests 和 httpx 等 HTTP 请求库的 5×× 服务器错误）。建议根据节点的具体功能和可能遇到的错误类型，精确地设置 retry_on，避免对不应该重试的错误进行不必要的重试，浪费计算资源。

节点重试机制适用于处理瞬时性错误，如下所示。

◎ API 调用错误：网络波动、服务限流、API 超时等导致的 API 调用（如 LLM API、工具 API）失败。

◎ 数据库操作错误：数据库连接超时、数据库繁忙、SQL 执行错误（如 sqlite3. OperationalError）等。

◎ 资源竞争错误：并发访问共享资源（如文件、缓存）时，可能出现的资源竞争错误。

对于代码逻辑错误、参数类型错误、配置错误等不可恢复的错误，不建议使用重试机制，直接抛出异常（Fail-fast）。重试机制应该只针对明确可恢复的错误场景。

通过本节的学习，我们深入了解了 LangGraph 中节点的核心概念和关键特性，包括节点的基本结构、灵活性等，以及重试机制的配置和应用。掌握了这些知识，我们可以在 LangGraph 图中定义各类计算单元，并配置合适的重试策略，构建出功能丰富且健壮稳定的 AI 智能体系统。

3.1.3 边

边在 LangGraph 中负责连接不同节点，定义 AI 智能体系统的执行流程。边决定了在执行完当前节点后下一步应该执行的节点，将独立的节点串联成有机整体，赋予图结构动态执行能力。LangGraph 主要支持两种类型的边：普通边和条件边。理解这两种类型边的特性及应用场景是设计复杂 LangGraph 流程的关键。

普通边定义了节点间固定的、无条件的连接关系，用于构建线性、顺序执行流程。若需要在执行完节点 A 后总是执行节点 B，则可以用 builder.add_edge(start_node, end_node) 在节点 A 和节点 B 之间添加普通边，其中 start_node 为起始节点，end_node 为目标节点。执行时，系统执行完 start_node 后会无条件转移到 end_node。

条件边提供了基于状态动态路由的能力，用于构建分支的、非线性且动态可变的流程。它通过条件函数定义路由逻辑：该函数接收当前状态作为输入，并根据状态内容动态返回下一步要执行的节点名称（字符串）。LangGraph 会根据返回值，使执行路径随状态变化而变化，从而构建出更智能灵活的系统。条件边使用 builder.add_conditional_edges(start_node, conditional_function) 来定义，其中 conditional_function 的返回值必须是图中已定义的节点名称。

条件边的业务应用场景如下所述。

1. 意图识别与技能路由

在智能客服系统中，当用户输入问题后，系统首先通过"意图识别节点"识别用户意图（如查询天气、预订机票、投诉建议等），然后，根据识别出的用户意图，动态跳转到对应的"技能执行节点"（如"查询天气节点""预订机票节点""投诉建议处理节点"等）。这时，"意图识别节点"和"技能执行节点"之间就需要使用条件边来连接，实现基于意图识别的动态路由。

示例 3-13：意图识别与技能路由流程

```Python
def route_to_skill(state): # 条件函数，根据用户意图路由到不同的技能节点
    user_intent = state['user_intent']
    if user_intent == "查询天气":
        return "weather_query_node" # 跳转到查询天气节点
    elif user_intent == "预订机票":
        return "flight_booking_node" # 跳转到预订机票节点
    elif user_intent == "投诉建议":
        return "complaint_suggestion_node" # 跳转到投诉建议处理节点
    else:
        return END # 无法识别意图，结束流程

builder.add_conditional_edges("intent_recognition_node", route_to_
skill) # 意图识别节点 →技能执行节点（条件边）
```

2. 工具选择与结果处理

AI 智能体需根据任务目标动态选择工具。"工具选择节点"根据当前状态决定调用哪个工具，并根据执行结果动态决定后续流程：工具执行成功则进入"结果处理节点"进行分析总结；执行失败则进入"错误处理节点"进行恢复或重试。"工具选择节点"和后续处理节点之间，以及"工具执行节点"和结果/错误处理节点之间，都需要使用条件边来实现动态路由。

示例 3-14：工具选择与结果处理流程

```Python
def route_after_tool_selection(state): # 条件函数，根据工具选择结果路由
    tool_name = state['selected_tool']
    if tool_name == "搜索引擎":
        return "search_tool_node" # 跳转到搜索引擎节点
    elif tool_name == "计算器":
        return "calculator_tool_node" # 跳转到计算器节点
    else:
        return END
```

```
def route_after_tool_execution(state): # 条件函数，根据工具执行结果路由
    tool_status = state['tool_status']
    if tool_status == "成功":
        return "tool_result_processing_node" # 跳转到结果处理节点
    else:
        return "tool_error_handling_node" # 跳转到错误处理节点

builder.add_conditional_edges("tool_selection_node", route_after_
tool_selection) # 工具选择节点 → 工具执行节点（条件边）
builder.add_conditional_edges("tool_execution_node", route_after_
tool_execution) # 工具执行节点 → 结果/错误处理节点（条件边）
```

　　条件边的引入极大地增强了 LangGraph 图结构的灵活性和动态性，使我们可以构建出能够根据不同情况采取相应行为的 AI 智能体系统。例如，可在对话流程中实现意图识别和分支处理；在工具调用场景中，基于执行结果选择后续流程；实现基于智能体自身状态的反思迭代过程。条件边是构建复杂自适应性 AI 智能体系统的关键机制。

　　普通边和条件边各有适用场景：普通边适合构建线性静态流程；条件边适合构建分支动态流程。实际应用中通常需要将普通边和条件边结合使用，既有线性主干流程，也有动态分支流程，从而构建灵活可控的复杂 AI 智能体系统。边的合理设计是 LangGraph 流程编排的核心。

　　通过状态、节点和边这三个核心原语的组合，LangGraph 提供了一种强大而灵活的图计算模型，以构建各种复杂的 AI 智能体系统。状态承载信息，节点执行计算，边定义流程，三者协同构成了 LangGraph 智能体系统的骨架。

3.1.4　命令

　　命令（Command）是 LangGraph 新增的强大工具，允许在单个节点中整合状态更新和流程控制逻辑。一般情况下，节点主要负责状态更新，边控制流程跳转。但在实际应用中，需要节点同时完成这两项功能。命令正是为此设计的，打破了节点和边的传统分工，赋予节点更强的流程控制能力。

　　命令是作为节点的返回值的特殊对象，主要包含以下两个部分。

　　（1）update：状态更新字典，功能与普通节点返回值相同。

　　（2）goto：流程跳转字符串，用于指定下一步执行节点。值必须是图中已定义的节点名称。

使用命令的优势在于将状态更新逻辑和流程控制逻辑紧密结合，使节点功能更内聚强大。在某些场景下，命令能简化图结构定义，提升代码的可读性和可维护性。

使用命令的步骤如下。

（1）从 langgraph.types 模块导入 Command。

（2）节点函数不再直接返回状态更新字典，而是创建一个 Command 对象并返回。在创建 Command 对象时，需要通过 update 参数指定状态更新字典，通过 goto 参数指定下一个节点的名称。

（3）为节点函数添加类型提示（Type Hint），使用 typing.Literal 指定 goto 参数可能跳转到的节点名称列表。

以下是一个使用命令的节点函数示例。

示例 3-15：使用命令的节点函数

```Python
from langgraph.types import Command
from typing import Literal

def my_node(state) -> Command[Literal["node_B", "node_C"]]:
    """ 使用 Command 的节点函数示例 """
    # 节点计算逻辑
    next_node_name = decide_next_node(state) # 根据状态决定下一个节点

    return Command(
        update={"processed_data": result_data}, # 状态更新
        goto=next_node_name                      # 流程跳转指令
    )
```

在该示例中，my_node 函数通过 decide_next_node 函数动态决定跳转到 node_B 或 node_C，同时更新状态中的 processed_data 键。函数返回值类型提示 -> Command[Literal["node_B","node_C"]] 主要起到以下作用。

（1）提升代码可读性：清晰标明节点可能跳转到的目标节点，便于理解流程控制逻辑。

（2）实现图结构的可视化渲染：LangGraph 通过类型提示静态分析潜在执行路径，生成准确的可视化图表，而无须实际运行代码即可理解流程。

（3）辅助类型检查：配合 MyPy 等静态类型检查工具，在代码编写阶段提前发现类型错误，如无效节点名称，或者类型不匹配等问题。

因此，在使用命令时，请务必添加正确的类型提示。这不仅是一种良好的 Python 编程习惯，更是流程可视化和正确执行的重要保障。

命令和条件边都提供了流程的动态路由能力，在实际应用中，可以遵循以下选择原则。

（1）优先使用命令的场景：

◎节点需要同时处理状态更新和流程跳转时；

◎实现多智能体协作中的任务交接行为时；

◎需要表达"处理—交接"的完整逻辑流程时。

（2）优先使用条件边的场景：

◎流程跳转决策逻辑相对独立时；

◎节点主要职责为状态更新时；

◎需要保持"关注点分离"的设计原则时。

（3）必须使用命令的场景：

◎子图节点需要跳转至父图节点时；

◎实现跨图层控制流交接时。

3.2 流程控制：分支与并发

在上一节中，我们了解了 LangGraph 的核心原语：状态、节点、边和命令。有了这些原语，我们就可以构建简单的线性流程。在实际 AI 智能体中，线性流程有明显局限性，例如包括：

（1）无法实现条件判断和动态路径选择。

（2）无法实现并行任务执行。例如，在一个信息检索系统中，我们可能需要同时从多个数据源（如网页搜索、知识库、数据库）并行检索信息，以提高检索效率和覆盖面。线性流程无法满足这种并行需求。

（3）执行效率较低，计算资源利用率不足。

LangGraph 通过分支（Branching）和 并发（Concurrency）机制解决这些问题。通过分支实现条件判断和动态路由；通过并发实现多任务并行执行，充分利用计算资源，提高系统性能。

3.2.1 并行分支：扇出与扇入

LangGraph 实现并行分支的核心机制是扇出（Fan-out）和扇入（Fan-in）。扇出指从一个节点同时触发多个下游节点，使流程并行地向多个方向分支；扇入指将多个并行分支汇聚到一个共同的下游节点，实现并行流程的同步和汇合。通过扇出和扇入的组合，我们可以构建出复杂的并行数据流图，实现高效的并发处理。

1. 扇出

实现扇出的最简单方式是为一个节点添加多个出边，将其同时连接到多个下游节点。当 LangGraph 执行到该节点时，会并发触发所有出边指向的下游节点，使流程从该节点并行地向多个分支扩散，形成扇出的效果，其流程如图 3-4 所示。

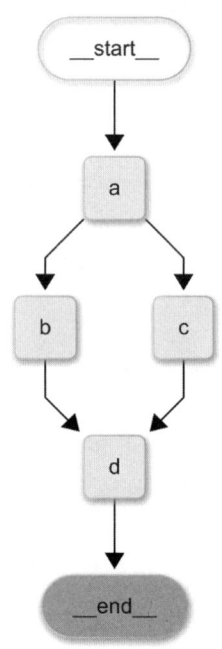

图 3-4 扇出流程图

示例 3-16：扇出的简单实现

```Python
builder = StateGraph(State)
```

```
class ReturnNodeValue: # ReturnNodeValue 节点的定义
    def __init__(self, node_secret: str):
        self._value = node_secret

    def __call__(self, state: State) → Any:
        print(f"Adding {self._value} to {state['aggregate']}")
        return {"aggregate": [self._value]}

# 添加节点 A、B、C、D
builder.add_node("a", ReturnNodeValue("I'm A"))
builder.add_node("b", ReturnNodeValue("I'm B"))
builder.add_node("c", ReturnNodeValue("I'm C"))
builder.add_node("d", ReturnNodeValue("I'm D"))

# 定义流程: 节点 A 扇出到节点 B 和 C, 节点 B 和 C 扇入到节点 D
builder.add_edge(START, "a")
builder.add_edge("a", "b") # 节点 A 出边 1: 指向节点 B
builder.add_edge("a", "c") # 节点 A 出边 2: 指向节点 C
builder.add_edge("b", "d") # 节点 D 入边 1: 来自节点 B
builder.add_edge("c", "d") # 节点 D 入边 2: 来自节点 C
builder.add_edge("d", END) # END 节点
graph = builder.compile()
```

在这个例子中，节点 A 配置了两条出边，分别指向节点 B 和节点 C，实现了从节点 A 到节点 B、节点 C 的扇出。当 LangGraph 执行到节点 A 时，会并发启动节点 B 和节点 C 的执行，而无须等待其中一个节点执行完成。注意，这里是并发执行，并非真正的并行执行，具体差异请参见后续章节。

2. 扇入

扇入是指将多个并行分支汇聚到同一个下游节点的操作。实现扇入时，需为目标节点添加多条入边，使其能够接收多个上游节点的输入。在 LangGraph 中，当执行至扇入节点时，系统会等待所有上游节点完成执行后，才触发该扇入节点的运行，以此实现并行流程的同步汇合。例如在示例 3-16 中，节点 D 作为扇入节点，配置了分别来自节点 B 和节点 C 的两条入边。只有当节点 B 与节点 C 均执行完毕后，节点 D 才会启动执行，从而确保并行分支的正确汇聚。

通过扇出和扇入的灵活组合，我们可以构建出高效的并行数据流图。例如，在

示例 3-16 中，节点 A 的扇出并发执行节点 B 和 节点 C，然后通过节点 D 的扇入汇聚，形成了并行数据流。假设节点 B 和 节点 C 分别需要 3 秒和 5 秒的执行时间，那么串行执行，需要 8 秒；而并行执行仅需 5 秒，效率提升接近一倍。扇出和扇入是构建 LangGraph 并行流程的基本模式。

需要注意的是，并行分支的状态管理会变得更加重要。如果多个并行执行的节点需要更新同一个状态键，就需要特别注意状态更新冲突问题。3.1.1 节介绍的状态归约器机制可以帮助我们安全处理并发状态更新。

示例 3-17：使用状态归约器处理并行分支的状态更新

```Python
import operator
from typing import Annotated

class State(TypedDict):
    aggregate: Annotated[list, operator.add]
```

在示例 3-17 中，我们定义了状态结构体 State，并将 operator.add Reducer 应用到 aggregate 状态键上。operator.add Reducer 的作用是将新的状态值追加到已有的状态值上（如果状态值是列表类型，则进行列表拼接）。当节点 B 和节点 C 并发更新 aggregate 状态键时，operator.add Reducer 会确保每个节点的更新都被正确追加到 aggregate 列表中，避免相互覆盖或丢失，从而解决并行状态更新的冲突问题，保证状态数据的一致性和完整性。在构建 LangGraph 并行分支流程时，合理地使用状态归约器是保证状态管理正确性的关键。

示例 3-18 展示了结合示例 3-16 和 示例 3-17 的完整并行分支流程。

示例 3-18：完整的并行分支流程

```Python
import operator
from typing import Annotated, Any
from typing_extensions import TypedDict
from langgraph.graph import StateGraph, START, END


class State(TypedDict):
    aggregate: Annotated[list, operator.add]
```

```
def a(state: State):
    print(f'Adding "A" to {state["aggregate"]}')
    return {"aggregate": ["A"]}


def b(state: State):
    print(f'Adding "B" to {state["aggregate"]}')
    return {"aggregate": ["B"]}


def c(state: State):
    print(f'Adding "C" to {state["aggregate"]}')
    return {"aggregate": ["C"]}


def d(state: State):
    print(f'Adding "D" to {state["aggregate"]}')
    return {"aggregate": ["D"]}


builder = StateGraph(State)
builder.add_node(a)
builder.add_node(b)
builder.add_node(c)
builder.add_node(d)
builder.add_edge(START, "a")
builder.add_edge("a", "b")
builder.add_edge("a", "c")
builder.add_edge("b", "d")
builder.add_edge("c", "d")
builder.add_edge("d", END)
graph = builder.compile()

graph.invoke({"aggregate": []}, {"configurable": {"thread_id":
"foo"}})
```

执行结果如下：

```
Adding "A" to []
Adding "C" to ['A']
Adding "B" to ['A']
Adding "D" to ['A', 'B', 'C']


{'aggregate': ['A', 'B', 'C', 'D']}
```

从执行结果可见，节点 A 通过扇出机制并发执行节点 B 和节点 C，然后节点 D 通过扇入机制将两个并行分支汇聚起来，形成完整的并行分支流程。

若某分支包含多个步骤（如节点 B 后需执行节点 B_2），则该如何实现呢？

```python
def b_2(state: State):
    print(f'Adding "B_2" to {state["aggregate"]}')
    return {"aggregate": ["B_2"]}

builder = StateGraph(State)
builder.add_node(a)
builder.add_node(b)
builder.add_node(b_2)
builder.add_node(c)
builder.add_node(d)
builder.add_edge(START, "a")
builder.add_edge("a", "b")
builder.add_edge("a", "c")
builder.add_edge("b", "b_2")
builder.add_edge(["b_2", "c"], "d")
builder.add_edge("d", END)
graph = builder.compile()
```

我们可以使用 add_edge(["b_2", "c"], "d") 来强制节点 D 仅在节点 B_2 和节点 C 都执行完成后才会执行。否则，若分别为节点 B_2 和节点 C 添加独立边，就会导致节点 D 执行两次：在节点 B_2 和节点 C 执行完成后都执行（无论哪个节点先执行完成）。

执行结果如下：

```
Adding "A" to []
Adding "C" to ['A']
Adding "B" to ['A']
Adding "B_2" to ['A', 'B', 'C']
Adding "D" to ['A', 'B', 'C', 'B_2']

{'aggregate': ['A', 'B', 'C', 'B_2', 'D']}
```

如果节点扇出不确定，那么可使用 add_conditional_edges 直接添加条件边。

3.2.2　并发而非并行

在前面的讨论中，我们一直使用"并行分支""并行执行"等术语来描述 LangGraph 的流程控制机制。需要明确的是，LangGraph 实现的是并发（Concurrency），而并非真正的并行（Parallelism）。这两个概念既有联系又有区别。

并发和并行的主要区别如下。

（1）并行指同时执行多个独立的任务，通常需要多个物理计算资源（例如，多核 CPU、多台机器）真正地同时运行不同的代码，以缩短总执行时间。例如，分布式计算框架 Apache Pregel 将任务分配到多台机器上并行执行。

（2）并发指在单计算资源（例如，单核 CPU）上"看似同时"执行多个任务，通过时间片轮转或异步 I/O 实现。宏观上，多个任务"同时"运行，微观上 CPU 仍串行执行。其目的是提高系统的响应性和资源利用率，但不一定能缩短总执行时间（甚至可能因为任务切换的开销而略微增加）。

LangGraph 的并发模型基于 Superstep（超步）的概念构建，借鉴自 Google 的分布式计算框架 Pregel，以及其他 BSP Bulk Synchronous Parallel（计算模型）。Superstep 是图执行的基本迭代单元，在每个 Superstep 中，LangGraph 会尽可能地并发执行所有就绪节点（例如，扇出的下游节点，或满足条件可以执行的节点），并将这些节点的状态更新暂存起来。当 Superstep 内的所有节点都执行完成后，会进行全局同步，状态更新并进入下一个 Superstep，直到满足终止条件（例如，到达 END 节点，或达到迭代限制），如图 3-5 所示。

LangGraph Superstep 具有以下关键特性。

（1）并发性：同一个 Superstep 内的多个节点可并发执行，提升流程执行效率。

（2）同步性：每个 Superstep 结束时，都有一个全局的同步点（Synchronization Barrier），保证了状态更新的原子性和一致性。只有当 Superstep 内的所有节点都执行完成后，才会进入下一个 Superstep，这种同步机制简化了并行流程的状态管理。

（3）迭代性：LangGraph 的图执行过程是 Superstep 的迭代过程。每个 Superstep 都在前一个 Superstep 的状态基础上进行计算和更新，直到满足终止条件。这种迭代式的执行方式，使 LangGraph 能够处理复杂、多轮次的智能体工作流。

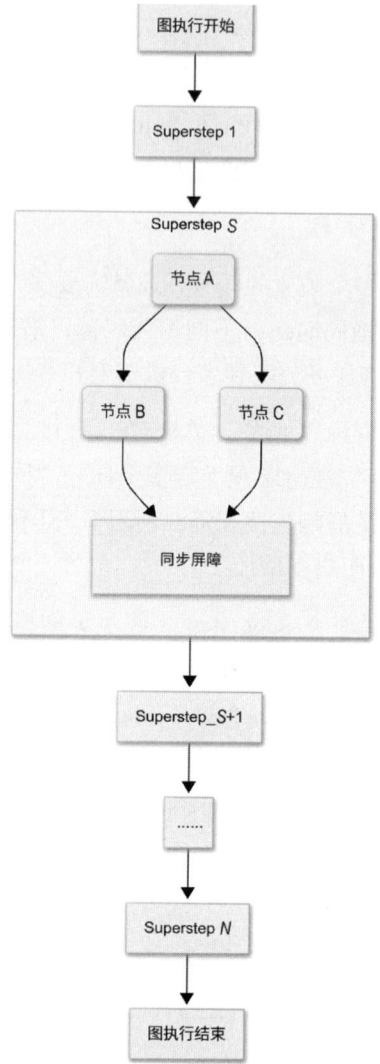

图 3-5 LangGraph Superstep 执行过程

需要再次强调的是，LangGraph Superstep 实现的是并发而非并行。同一个 Superstep 内的节点在单线程、异步非阻塞的环境下并发执行，并非真正地并行运行在多核 CPU 或分布式集群上（与 Apache Pregel 不同）。

3.2.3 递归限制与并行分支

递归限制（Recursion Limit）用于限制 LangGraph 图执行过程中的最大 Superstep 的迭代次数，防止图无限循环执行，耗尽计算资源。递归限制同样适用于并行分支流程，并且需要特别注意以下几点。

（1）递归限制的计数单位是 Superstep，而不是节点。无论一个 Superstep 内部并发执行了多少个节点，都只会计为一次 Superstep 迭代。

（2）在扇出扇入流程中，并发执行的多个节点属于同一个 Superstep，整个流程的 Superstep 迭代次数由执行路径的深度决定，而非并行分支的宽度。

示例 3-19：递归限制是对并行分支流程的限制

```Python
import operator
from typing import Annotated, Any

from typing_extensions import TypedDict

from langgraph.graph import StateGraph, START, END
from langgraph.errors import GraphRecursionError # 导入
GraphRecursionError

class State(TypedDict):
    # operator.add 是状态归约器, 确保状态键 aggregate 为 appendonly 列表
    aggregate: Annotated[list, operator.add]

def node_a(state):
    return {"aggregate": ["I'm A"]}

def node_b(state):
    return {"aggregate": ["I'm B"]}

def node_c(state):
    return {"aggregate": ["I'm C"]}

def node_d(state):
    return {"aggregate": ["I'm D"]}

builder = StateGraph(State)
builder.add_node("a", node_a)
builder.add_edge(START, "a")
builder.add_node("b", node_b)
builder.add_node("c", node_c)
```

```
builder.add_node("d", node_d)
builder.add_edge("a", "b")
builder.add_edge("a", "c")
builder.add_edge("b", "d")
builder.add_edge("c", "d")
builder.add_edge("d", END)
graph = builder.compile()

try:
    # 设置 recursion_limit=3，少于流程正常执行所需的 Superstep 数量
    graph.invoke({"aggregate": []}, {"recursion_limit": 3})
except GraphRecursionError as e: # 捕获 GraphRecursionError 异常
    print(f"GraphRecursionError 异常被成功捕获：{e}")
```

运行以上代码时，GraphRecursionError 异常会被成功捕获，并且输出相应的错误信息，这表明递归限制机制在并行分支流程中仍然有效，能够按照预期限制图执行的最大迭代次数。

在设计包含并行分支的 LangGraph 流程时，需要根据流程的复杂度合理地设置 recursion_limit 参数。如果设置得过低，则可能导致流程在并行分支执行完成前就因为达到限制而中止，抛出 GraphRecursionError 异常。如果 recursion_limit 设置得过高，则可能无法有效防止流程陷入无限循环，造成不必要的计算资源消耗。建议通过实验和调优，根据流程的实际迭代次数和复杂度选择一个合适的 recursion_limit 值。对于包含复杂并行分支、可能存在较深 Superstep 迭代的流程，建议适当提高 recursion_limit 的取值，以确保流程正常执行。

3.3 MapReduce 模式：任务分解与并行处理

在构建复杂 AI 智能体系统时，经常需要处理大规模数据或执行计算密集型任务，如批量处理海量文档、并行生成创意文案、分布式分析用户行为数据等。传统的线性流程往往难以胜任此类任务，效率低下且扩展性差。MapReduce （映射—归约）模式作为经典并行计算模型，为这类问题提供了高效、可扩展的通用解决方案。LangGraph 框架原生支持 MapReduce 模式，可轻松构建 MapReduce 分支，充分利用并行计算的优势，提高 AI 智能体系统的数据处理能力和性能。

3.3.1 MapReduce 模式的核心思想

MapReduce 模式的核心思想是"分而治之"，将复杂的大规模计算任务分解成

两个相互协作的阶段。

（1）Map（映射）阶段："分"的过程。将原始输入数据分割成多个独立子数据集，并将每个子数据集分配给不同的计算节点（在 LangGraph 中，可以理解为不同的节点实例）并行处理。每个计算节点执行相同的"映射"操作，生成中间结果（通常是 Key-Value 键—值对形式）。Map 阶段的关键特点是"并行"和"独立"，每个子任务之间互不干扰，可以最大程度地利用并行计算资源。

（2）Reduce（归约）阶段："治"的过程。聚合 Map 阶段并行生成的多个中间结果，通过"归约"操作，合并成全局最终结果。

Reduce 阶段通常是一个聚合、汇总、筛选、排序的过程，将 Map 阶段的"半成品"组装成"成品"。Reduce 阶段的关键特点是"聚合"和"归纳"，将 Map 阶段并行处理的结果进行有效的整合和提炼，最终得到我们需要的答案或结果。

MapReduce 模式的优势如下所述。

（1）并行处理：分解任务并行执行，显著提高数据处理效率，缩短任务完成时间。

（2）高扩展性：通过增加计算节点来线性扩展计算能力。

（3）容错性：单节点故障不影响整体任务执行。

（4）简化编程模型：开发者只需要关注 Map 和 Reduce 两个阶段的业务逻辑。

MapReduce 模式非常适合可分解成独立子任务且最终结果可被聚合的场景。LangGraph 对 MapReduce 模式的良好支持，使开发者可以充分利用这种强大模型构建高效、智能、可扩展的 AI 智能体系统。

3.3.2　LangGraph 中的 MapReduce 实现

LangGraph 框架通过结合状态、节点、边及 Send API，实现了灵活高效的 MapReduce 模式。构建 MapReduce 流程主要包含以下关键步骤。

1. 定义 Map 阶段的分割节点

分割节点（Splitter Node）负责将原始输入数据分割成多个独立的、规模较小的子数据集，并动态地生成 Send 对象列表。每个 Send 对象对应一个子任务，并指定目标节点和初始状态。

示例 3-20：Map 阶段的分割节点

```Python
from langgraph.constants import Send
```

```
def split_input_data(state: OverallState): # 分割节点函数，输入状态为
OverallState
    input_data = state["large_input_data"] # 从状态中获取大规模输入数据
    sub_datasets = split_large_data(input_data, num_sub_tasks=10) #
将大规模数据分割成 10 个子数据集 (假设 split_large_data 函数实现了分割逻辑)

    send_list = []
    for sub_dataset in sub_datasets: # 遍历每个子数据集
        send_list.append(
            Send("map_node", {"sub_data": sub_dataset}) # 为每个子数
据集创建一个 Send 对象，目标节点为 map_node，子任务状态为 {"sub_data": sub_
dataset}
        )
    return send_list # 返回 Send 对象列表，用于动态路由到多个 Map 节点实例
```

在示例 3-20 中，split_input_data 节点函数首先从状态中获取大规模的输入数据 large_input_data，然后调用 split_large_data 函数（需要开发者自行实现）将大规模数据分割成多个子数据集 sub_datasets。接着，遍历 sub_datasets 列表，为每个 sub_dataset 创建一个 Send 对象。每个 Send 对象都指定了目标节点名称 "map_node"（假设我们后续会定义一个名为 "map_node" 的映射节点），以及处理该子任务的初始状态 {"sub_data":sub_dataset}（将子数据集作为 sub_data 键的值传递给映射节点）。最后，将 Send 对象列表 send_list 作为节点函数的返回值返回。分割节点不进行实际的 Map 计算，它的主要职责是"分发任务"，为后续的映射节点准备好子任务和任务指令。

2. 定义 Map 阶段的映射节点

映射节点（Map Node）负责接收分割节点分发的子任务，并对子任务数据执行实际的"映射"计算，生成中间结果，映射节点独立处理子任务，不依赖其他映射节点的执行结果，输出局部中间结果，用于后续 Reduce 阶段聚合。

示例 3-21：Map 阶段的映射节点

```Python
class MapState(TypedDict): # 定义映射节点的私有状态结构体，用于接收分割节
点传递的子任务数据
    sub_data: Any # 子任务数据类型可以是任意类型

def map_node(state: MapState): # 映射节点函数，输入状态为 MapState
```

```
    sub_data = state["sub_data"] # 从状态中获取子任务数据
    intermediate_result = process_sub_data(sub_data) # 处理子任务数据,
生成中间结果（假设 process_sub_data 函数实现了映射计算逻辑）

    return {"intermediate_result":intermediate_result} # 返回中间结果,
用于后续 Reduce 阶段聚合
```

在示例 3-21 中，我们定义了一个 MapState 状态结构体，用于定义映射节点的输入状态，其中包含了 sub_data 状态键，用于接收分割节点通过 Send 对象传递的子任务数据。map_node 函数接收 MapState 作为输入状态，从状态中获取子任务数据 sub_data，然后调用 process_sub_data 函数（需要开发者自行实现）对子任务数据执行实际的"映射"计算，生成中间结果 intermediate_result。最后，将中间结果封装到状态更新字典 {"intermediate_result":intermediate_result} 中返回。映射节点的核心职责是"数据映射"，将输入的子数据集转换为中间结果，为后续的 Reduce 阶段准备好"原材料"。

3. 定义 Reduce 阶段的归约节点

归约节点（Reduce Node）负责收集 Map 阶段并行生成的多个中间结果，并将这些中间结果进行"归约"操作，合并成最终结果，通常是 MapReduce 流程的"终点"。

示例 3-22：Reduce 阶段的归约节点

```Python
class ReduceState(TypedDict): # 定义归约节点的状态结构体, 用于接收映射节点
输出的中间结果
    intermediate_results: Annotated[list, operator.add] # 使用
operator.add Reducer, 确保中间结果列表为 append-only 列表

def reduce_node(state: ReduceState): # 归约节点函数, 输入状态为
ReduceState
    intermediate_results = state["intermediate_results"] # 从状态中获
取 Map 阶段生成的中间结果列表
    final_result = aggregate_results(intermediate_results) # 聚合中间
结果, 生成最终结果（假设 aggregate_results 函数实现了归约计算逻辑）

    return {"final_result": final_result} #  返回最终结果
```

在示例 3-22 中，我们定义了一个 ReduceState 状态结构体，用于定义归约节点的输入状态，其中包含了 intermediate_results 状态键，用于收集来自多个映射节点实例的中间结果。特别注意的是，我们为 intermediate_results 状态键指定了 operator.add

Reducer。这是非常重要的！因为映射节点是并行执行的，它们会并发地向 intermediate_results 状态键写入中间结果，使用 operator.add Reducer 可以确保所有映射节点的中间结果都被正确地追加到 intermediate_results 列表中，而不会发生数据的覆盖或丢失，保证了中间结果的完整性和一致性，为后续的 Reduce 计算提供可靠的数据基础。

reduce_node 函数接收 ReduceState 作为输入状态，从状态中获取中间结果列表 intermediate_results，然后调用 aggregate_results 函数（需要开发者自行实现）对中间结果列表执行实际的"归约"计算，生成最终结果 final_result。最后，将最终结果封装到状态更新字典 {"final_result":final_result} 中返回。归约节点的核心职责是"结果归约"，将 Map 阶段并行生成的分散的中间结果聚合，提炼成最终的、全局的、有意义的结果，完成 MapReduce 流程的"最后一步"。

4. 连接 MapReduce 流程中的节点和边

定义好 MapReduce 流程中的三个核心节点（分割节点、映射节点、归约节点）之后，我们需要使用 LangGraph 的边，将这些节点连接起来，构建完整的 MapReduce 流程图，如图 3-6 所示。MapReduce 流程的边连接方式是相对固定的，遵循"分割节点 → 映射节点（条件边，使用 Send API）→ 归约节点 → END"的模式。

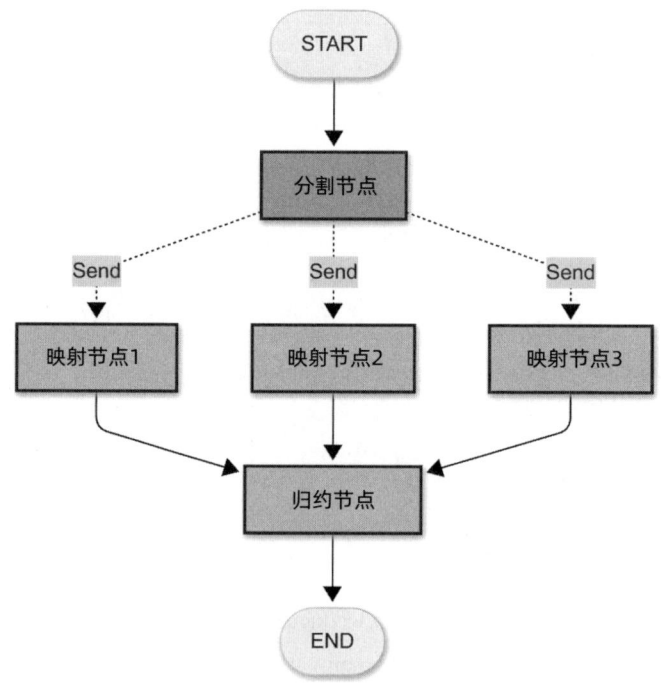

图 3-6 LangGraph MapReduce 流程图（通用模式）

（1）分割节点 → 映射节点（条件边，使用 Send API）：分割节点通过条件边 add_conditional_edges 连接到映射节点，条件边的路由函数就是分割节点本身（例如，示例 3-20 中的 split_input_data 函数）。分割节点生成的 Send 对象列表，会被 LangGraph 自动解析，动态地将每个 Send 对象路由到目标映射节点 "map_node" 的不同实例，并将 Send 对象中包含的状态数据作为映射节点的输入状态传递过去，实现 Map 任务的动态分发和并行执行（扇出）。

示例 3-23：分割节点 → 映射节点的边连接代码

```Python
builder.add_conditional_edges("split_node", split_input_data, ["map_node"]) # 分割节点 → 映射节点（条件边）
```

（2）映射节点 → 归约节点（普通边）：映射节点通过普通边 add_edge 连接到归约节点。当一个映射节点实例执行完成后，会将状态更新（包含中间结果）传递给归约节点。由于映射节点是并行执行的，归约节点会接收到来自多个映射节点实例的状态更新。为了正确地收集和处理这些并发的状态更新，归约节点的输入状态 Schema（如 ReduceState）必须被合理地定义，特别是用于收集中间结果的状态键（如 intermediate_results）必须指定合适的归约函数（如 operator.add Reducer），确保中间结果被正确地聚合到归约节点的状态中（扇入）。

示例 3-24：映射节点 → 归约节点的边连接代码

```Python
builder.add_edge("map_node", "reduce_node") # 映射节点→归约节点（普通边）
```

（3）归约节点 → END（普通边）：归约节点通过普通边 add_edge 连接到 END 节点，标志着 MapReduce 流程的结束。当归约节点执行完成后，整个 MapReduce 流程完成，最终结果（通常存储在归约节点的状态中）可以从 LangGraph 图的 invoke 或 stream 方法的返回值中获取。

通过以上步骤即可完成基本的 LangGraph MapReduce 流程构建。在实际应用中，可根据业务需求灵活地调整和扩展 MapReduce 流程，例如，增加 Map 阶段的节点数量和类型，在 Reduce 阶段之后添加后处理节点，引入错误处理和重试机制，甚至可以嵌套 MapReduce 流程，以构建更复杂、更强大的 AI 智能体系统。LangGraph 提供的 MapReduce 模式为高效处理大规模数据和计算密集型任务，构建高性能、高扩展性的 AI 应用提供了有力支持。

3.3.3 MapReduce 的应用场景

LangGraph 中 MapReduce 有以下典型应用场景。

1. 文档批量处理与分析

对于海量的文档数据（例如，网页内容、新闻报道、研究论文、合同文本等），可以使用 MapReduce 模式进行批量处理和分析，例如批量信息提取（从大量文档中并行提取关键信息，例如人名、地名、组织机构名等）、批量文本摘要（并行生成大量文档的摘要，快速概括文档内容）、批量情感分析（并行分析大量文本的情感倾向，了解用户情感分布），等等。

Map 阶段负责处理单个文档或文档片段，提取局部特征，Reduce 阶段负责汇总所有文档的处理结果，生成全局性的分析报告或结论。

示例：大规模合同文本的关键条款批量提取与风险评估、海量商品评论的情感倾向分析与用户画像构建。

2. 信息并行检索与聚合

在信息检索或问答系统中，用户提出的问题可能需要从多个不同的数据源（例如，网页搜索、知识库、数据库、本地文档）检索相关信息，为了提高检索效率和信息覆盖面，可以使用 MapReduce 模式进行并行检索与聚合。

Map 阶段负责从单个数据源并行检索相关信息，Reduce 阶段负责合并来自不同数据源的检索结果，去重、排序、筛选，生成最终的检索结果。

示例：构建多数据源的联合知识库问答系统，实现全网信息与本地知识的融合检索与问答。

3. 多路对话分支与意图路由

在复杂对话系统中，用户的对话可能根据不同的意图或上下文，需要进入不同的对话分支或技能执行模块。可以使用 MapReduce 模式实现多路对话分支与意图路由。

Map 阶段负责并行探索不同的对话分支（例如，基于不同的意图理解假设，模拟不同的对话路径），Reduce 阶段负责评估不同对话分支的优劣，选择最佳的对话路径或回复策略。

示例：构建具备多意图识别和多技能执行能力的复杂对话机器人，实现更灵活、更智能的对话交互。

4. 多智能体协作与任务分解

在多智能体系统中，复杂的任务可以分解成多个子任务，分配给不同的智能体并行协作完成。可以使用 MapReduce 模式协调多智能体的协作。

Map 阶段负责将总任务分解成多个子任务，并将子任务分配给不同的智能体节点并行执行，Reduce 阶段负责收集和整合各智能体的执行结果，完成总体任务。

示例：构建多人协作的 AI 团队，例如，AI 产品设计团队（由设计师 Agent、工程师 Agent、测试 Agent 并行协作完成产品设计任务）或 AI 研究团队（由文献检索 Agent、实验分析 Agent、报告撰写 Agent 并行协作完成研究项目）。

LangGraph MapReduce 提供了强大的并行处理能力和任务分解机制，使 LangGraph 能够更高效地处理大规模数据、执行复杂计算任务、应对多样化的 AI 应用场景。掌握这一技术将有助于构建更具实用价值的 AI 智能体系统。

3.3.4　MapReduce 的核心 API：Send 函数

Send 函数是 LangGraph 实现动态分支、并行处理，以及 MapReduce 模式的核心机制，负责"动态""按需""一对多"地创建分支任务，并将任务数据分发给不同的节点实例进行并行处理。

Send 函数的基本用法是 Send(node_name, state)，解释如下。

◎ node_name：字符串类型，指定接收任务的目标节点且必须是图中已经定义的节点名称。Send 函数会指示 LangGraph 引擎，将任务动态地路由到名为 node_name 的节点。在 MapReduce 模式中，node_name 通常指向映射节点。

◎ state：字典类型，指定发送给目标节点 node_name 的状态数据（任务数据），可以是任何符合 LangGraph 状态 Schema 的数据，也可以与 LangGraph 图的全局状态 Schema 完全不同，拥有独立的 Schema。Send 函数允许我们为每个并行子任务定制化地传递不同的状态数据，使每个映射节点实例都可以处理不同的子任务数据。在 MapReduce 模式中，state 参数通常用于传递分割后的子数据集。

Send 函数通常应用于分割节点的条件边路由函数中，通过生成 Send 对象列表来描述并行子任务。

LangGraph 引擎会自动解析 Send 对象列表，并根据 Send 对象中指定的目标节点名称 node_name 和状态数据 state，动态地创建和分发并行子任务。Send 函数是 LangGraph 实现"动态扇出"功能的关键。

示例 3-25：Send 函数的基本用法示例

```Python
from langgraph.constants import Send

def continue_to_jokes(state: OverallState):
    # 代码省略
    send_list = [Send("generate_joke", {"subject": s}) for s in
state["subjects"]] # 为每个 subject 创建一个 Send 对象
    return send_list # 返回 Send 对象列表
```

在示例 3-25 中，continue_to_jokes 函数遍历 state["subjects"] 列表中的每个 subject，为每个 subject 创建对应的 Send 对象。每个 Send 对象都指定了目标节点名称 "generate_joke" 及相应的任务数据 {"subject":s}，从而动态生成多个子任务，LangGraph 引擎会自动并行执行这些子任务，完成生成的 Map 阶段。

Send API 的特性如下所述。

（1）动态分支：支持运行时动态完成创建和分发并行子任务，分支数量可以根据输入数据或中间状态动态变化，无须预先在图结构中静态定义。

（2）状态定制：允许为每个子任务定制状态数据，支持独立的结构体设计。

（3）控制流与数据流解耦：通过分离任务生成（由分割节点负责）、任务处理（由映射节点负责）和任务调度（由 LangGraph 引擎负责）的职责，实现更清晰的模块化设计。

这些特性使 Send 函数成为实现 LangGraph MapReduce 模式，以及更复杂的动态分支和并行处理的关键。掌握 Send API 的用法是深入理解 LangGraph 并发处理机制的"必修课"。

3.4 子图机制：模块化与复用设计

在构建复杂 AI 智能体系统时，模块化（Modularity）和复用（Reuse）是关键技术。LangGraph 通过子图（Subgraph）机制提供了强大的模块化和复用能力。

3.4.1 子图的概念与优势

在 LangGraph 中，子图（Subgraph）指嵌套在父图（Parent Graph）内部的图结构，如图 3-7 所示。

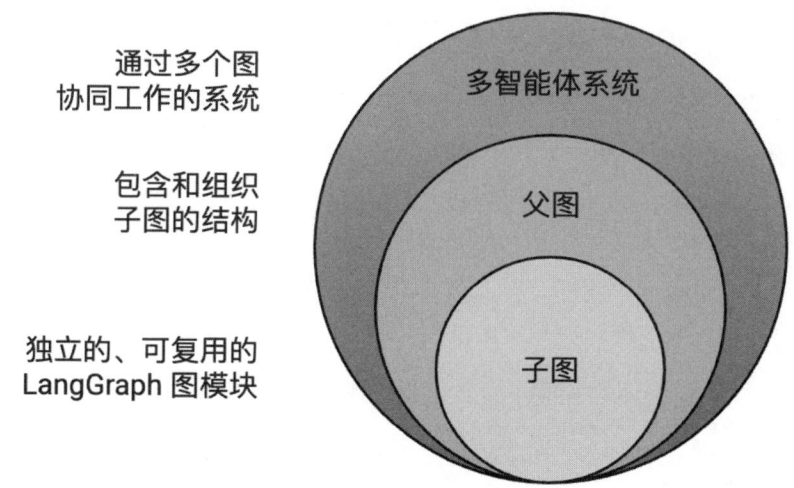

图 3-7 子图的概念示意图

子图机制具有以下核心优势。

1. 模块化设计

将复杂系统分解为多个功能单一的子图模块，每个子图模块都专注于特定子任务。父图负责协调各子图的执行流程，形成完整系统。这种设计有助于降低系统复杂度，提高可维护性。各子图可独立开发测试，提升开发效率。

2. 高复用性

子图作为独立模块可在不同父图中复用。通用功能模块（如文档摘要、信息检索等）只需开发一次，即可在不同应用中重复使用，显著提升代码复用率和开发效率。

3. 状态隔离

子图拥有独立的状态空间，与父图的状态相互隔离。子图节点只能访问自身状态，确保模块间的独立性，提高系统安全性和健壮性。

4. 命名空间管理

采用独立的子图名称，有效避免节点命名冲突，支持构建更复杂的图结构。

5. 复杂性控制

通过层级嵌套的子图设计，将复杂系统分解为多个结构清晰的子系统，使每个模块的复杂度保持在可控范围内，降低整体系统的开发维护难度。

该机制将软件工程的模块化设计思想引入 AI 智能体开发，为构建复杂系统提供了有效的方法论支持。

3.4.2 在 LangGraph 中定义和使用子图

在 LangGraph 中定义和使用子图主要有两种方式。

1. 将已编译的子图作为节点添加到父图中

这是最基础直接的子图调用方式。当父图与子图需要共享状态键（如 "messages" 对话历史状态键），且无须状态转换时，可将已编译的子图（Compiled Graph）作为特殊 "节点" 直接嵌入父图。在此模式下，LangGraph 会自动处理父图与子图间通过共享状态键进行的数据传递与状态更新。

示例 3-26：将已编译的子图作为节点添加到父图中

```Python
# 天气查询子图 subgraph 的定义和编译代码，代码可与第 2 章中示例相同，此处省略

# 定义父图
class ParentState(TypedDict): # 父图的状态结构体
    messages: list # 与子图共享 messages 状态键

builder = StateGraph(ParentState) # 创建父图 StateGraph，指定状态结构体
为 ParentState

# 父图的其他节点定义，例如 node_1、node_2，此处省略
builder.add_node("weather_graph", subgraph) # 将已编译的子图 subgraph
作为节点添加到父图中，节点名为 weather_graph

builder.add_edge("node_1", "weather_graph") # 父图节点 node_1 → 子图节
点 weather_graph（普通边）

graph = builder.compile() # 编译父图
```

在这个例子中，我们首先定义并编译了"天气查询子图"subgraph，然后在父图中通过 builder.add_node("weather_graph", subgraph) 将其添加为节点，命名为"weather_graph"。父图通过 builder.add_edge("node_1", "weather_graph") 添加边，将父图的节点"node_1"连接到"weather_graph"子图节点，实现了父图节点调用子图的功能，父图和子图通过共享的 messages 状态键进行对话消息的传递和交换。这种方式适用于父图和子图之间状态结构体兼容且需要共享状态键的场景，如多智能体系统中共享对话历史的场景。

2. 使用节点函数调用子图并进行状态转换

当父图和子图的状态结构体可能完全不同，没有共享的状态键时，父图不能直接将已编译的子图作为节点添加，而需要创建一个节点函数（Node Function）作为中介，在该节点函数内部"手动"调用子图，并在调用子图之前，将父图状态转换为子图所需的状态格式（输入状态转换）；在子图执行完成后将其输出状态转换回父图状态格式（输出状态转换）。通过节点函数实现父图和子图之间状态的"翻译"和"适配"，使状态结构体完全不同的父图和子图也能够协同工作。

示例 3-27：使用节点函数调用子图并进行状态转换

```Python
# 子图 child_graph 的定义和编译代码，代码可与第 2 章中示例相同，此处省略

# 定义父图
class ParentState(TypedDict): # 父图的状态结构体
    my_key: str # Parent state key: my_key


def call_child_graph(state: ParentState) → ParentState: # 节点函数
call_child_graph，输入和输出状态类型都为 ParentState
    # 状态转换：父图状态→子图状态 (ParentState.my_key → ChildState.
my_child_key)
    child_graph_input = {"my_child_key": state["my_key"]} # 将父图状
态的 my_key 值，赋给子图状态的 my_child_key 键，作为子图的输入状态

    # 调用子图
    child_graph_output = child_graph.invoke(child_graph_input) # 调
用子图 child_graph，输入状态为 child_graph_input

    # 状态转换：子图状态→父图状态 (ChildState.my_child_key →
ParentState.my_key)
```

```
    return {"my_key": child_graph_output["my_child_key"]} # 将子图输
出状态的 my_child_key 值，赋给父图状态的 my_key 键，作为父图的状态更新

builder = StateGraph(ParentState) # 创建父图 StateGraph，指定状态结构体
为 ParentState

# 父图的其他节点定义，例如 parent_1、parent_2，此处省略
builder.add_node("child", call_child_graph) # 将节点函数 call_child_
graph 作为节点添加到父图，节点名为 child

builder.add_edge("parent_1", "child") # 父图节点 parent_1 → 节点函数
call_child_graph（普通边）
# 其他边定义

graph = builder.compile() # 编译父图
```

在这个例子中，父图 ParentState 和子图 ChildState 的状态结构体完全不同，没有共享的状态键。父图通过定义一个节点函数 call_child_graph 来调用子图 child_graph。在 call_child_graph 函数内部，首先将父图的状态 ParentState 转换为子图 child_graph 能够接受的输入状态 ChildState（通过状态转换代码 child_graph_input = {"my_child_key": state["my_key"]} 实现），然后调用子图 child_graph.invoke(child_graph_input) 执行子图，获取子图的输出状态 child_graph_output，最后再将子图的输出状态 child_graph_output 转换回父图能够理解的状态格式 ParentState（通过状态转换代码 return {"my_key": child_graph_output["my_child_key"]} 实现），并作为节点函数的返回值返回。

这种方式更加灵活，可以支持父图和子图之间使用完全不同的状态结构体和状态空间，实现更复杂、更模块化的系统设计。例如，在多智能体 RAG 系统中，父图（例如 Supervisor Agent）可能只需要关注最终的 RAG 报告，而子图（例如 ReAct Agent）可能需要维护详细的对话历史和工具调用记录，父图和子图的状态结构体可以完全不同，这时就需要使用"节点函数 + 状态转换"的方式来调用子图。

选择哪种方式添加和使用子图，主要取决于父图和子图之间状态关系和数据交互需求。

◎ 如果父图和子图需要共享状态键（例如，对话历史 messages 等），并且状态结构体兼容，那么优先选择"将已编译的子图作为节点添加到父图"的方式，

代码更简洁，效率更高。

◎ 如果父图和子图之间没有共享状态键，状态结构体完全不同，或者需要在父图和子图之间进行复杂的状态转换，则必须使用"使用节点函数调用子图，并进行状态转换"的方式，虽然代码相对复杂一些，但灵活性更高，可以支持更复杂的系统设计和模块化需求。

在实际应用中，可以根据业务需求灵活地选择合适的子图使用方式。对于简单的、状态共享的子图场景，优先选择第一种方式以简化代码；对于复杂的、状态隔离或需要状态转换的子图场景，则选择第二种方式以获得更大的灵活性和可定制性。掌握这两种子图使用方式，将有助于我们更有效地利用 LangGraph 的子图机制，构建出模块化、可复用、易于维护和扩展的复杂 AI 智能体系统。

3.5 工具调用：扩展智能体的能力边界

在构建智能体系统的过程中，智能体通过工具调用（Tool Calling）扩展自身的能力边界，完成更复杂、更实用的任务，例如信息检索、数据分析、代码执行，以及与外部世界的交互等。LangGraph 预置了 ToolNode 组件，极大地简化了工具集成和调用的流程。

3.5.1 ToolNode：LangGraph 的工具调用中心

ToolNode 是 LangGraph 框架预置的一个核心组件，专门用于处理工具调用操作。作为 LangGraph 的工具调用中心，ToolNode 接收包含消息列表的状态作为输入，输出包含工具调用结果的状态更新。ToolNode 可以无缝地与支持工具调用的 LLM（例如，OpenAI 的 GPT-4o、Anthropic 的 Claude 3.5 Sonnet 等）集成，接收 LLM 在对话过程中生成的工具调用请求。

ToolNode 内部封装了工具的执行逻辑，可以根据 LLM 的工具调用请求，动态地调度和调用预先注册的工具，并将工具的执行结果返回。ToolNode 支持同步和异步工具调用，并自动处理工具执行过程中的错误（例如，工具不存在、参数校验失败、工具运行时异常）。

ToolNode 会将工具的执行结果封装成 ToolMessage 类型的消息，并将其添加到图的状态（消息历史列表）中，作为状态更新输出。

该组件有以下优势。

（1）简化工具集成：自动处理工具的注册、调度、执行和结果返回等。

（2）原生支持 LangChain 工具：可以直接使用 @tool 装饰器定义的工具，也支持 RunnableTool 等更灵活的工具形式，充分利用 LangChain 生态系统中丰富的工具资源。

（3）内置错误处理机制：自动捕获工具执行异常，并将错误信息以 ToolMessage 的形式返回给模型，使模型能够感知到工具调用失败，并进行自我修正和重试，从而提高 AI 智能体系统的鲁棒性和可靠性（错误处理机制可以灵活配置和自定义）。

（4）兼容 ReAct 设计模式：可以与 create_react_agent 等函数配合使用。

总之，ToolNode 极大简化了工具调用的过程，是构建具备工具调用能力 AI 智能体系统的首选组件。

3.5.2　定义工具：使用 @tool 装饰器

要使用 ToolNode 进行工具调用，首先需要定义可供 LangGraph 智能体调用的工具函数。LangGraph 推荐使用 LangChain 的 @tool 装饰器来定义工具函数。@tool 装饰器可以将普通的 Python 函数快速地转换成 LangChain Tool，并自动生成工具描述信息和参数 Schema，便于 LLM 理解和调用工具。

示例 3-28：使用 @tool 装饰器定义工具函数

```Python
from langchain_core.tools import Tool

@tool # 使用 @tool 装饰器，将 Python 函数转换为 LangChain Tool
def get_weather(location: str): # 定义工具函数 get_weather, location 参数用于接收城市名称
    """ 获取当前天气 """
    if location.lower() in ["sf", "san Francisco"]:# 工具函数的
docstring 会被作为工具的描述信息，提供给 LLM
        return "It's 16 degrees and foggy."
    else:
        return "It's 32 degrees and sunny."

@tool
def get_coolest_cities():
    """ 获取天气最冷的城市名 """
    return "NYC, SF"
```

在示例 3-28 中，我们使用了 @tool 装饰器定义了 get_weather 和 get_coolest_cities 两个工具函数。get_weather 工具函数接收 location 参数（城市名称）查询指定城市的天气信息；get_coolest_cities 工具函数用于获取"最酷城市"列表。工具函数的 docstring 会被 @tool 装饰器自动提取作为工具的描述信息，帮助 LLM 理解工具功能和使用方法。因此，清晰、详细的 docstring 有助于 LLM 正确调用工具。

定义工具有以下关键要素。

（1）@tool 装饰器：必须使用 @tool 装饰器将 Python 函数转换为 LangChain Tool 工具。

（2）清晰详细的 docstring：尽可能使用自然语言清晰详细地描述工具的功能、输入参数和输出结果，以便 LLM 更好地理解。

（3）类型提示：建议为工具函数的参数和返回值添加明确的类型提示（Type Hints），例如，location: str、year: int、→ str、→ list[str] 等。

（4）合理的工具名称：可通过 @tool(" 自定义工具名称 ") 显式指定，应简洁明确，具有描述性，例如，"get_weather_information" "search_wikipedia" 等。

定义好工具函数后，只有将其注册到 ToolNode 组件中才能在 LangGraph 流程中使用。

3.5.3 手动调用 ToolNode

在将 ToolNode 组件集成到 LangGraph 图之前，先学习其手动调用方式，以便更好地理解其工作原理和使用方法。ToolNode 作为一个 LangChain Runnable 对象，可以通过 invoke 方法进行手动调用。该方法接收必须包含 messages 键的字典作为输入。messages 键值为消息列表，列表中的最后一个消息必须是工具调用请求的 AIMessage 类型。ToolNode 会解析 AIMessage 中的 tool_calls 信息，调度执行相应的工具，并将执行结果封装成 ToolMessage 类型的消息返回。

示例 3-29：手动调用 ToolNode（单工具调用）

```
pip install langgraph-prebuilt
```

```Python
from langchain_core.messages import AIMessage
from langgraph.prebuilt import ToolNode
```

```
# 创建 ToolNode 实例，注册工具列表（包含 get_weather 和 get_coolest_
cities 两个工具）
tools = [get_weather, get_coolest_cities]
tool_node = ToolNode(tools)

# 构造包含单个工具调用请求的 AIMessage
message_with_single_tool_call = AIMessage(  # 创建 AIMessage
    content="",  # content 为空字符串，表示该消息主要用于工具调用，不包含文
本内容
    tool_calls=[  # tool_calls 参数，包含工具调用请求列表
        {
            "name": "get_weather",  # 工具名称，必须与注册的工具名称一致
            "args": {"location": "sf"},  # 工具参数，必须与工具函数定义的
参数匹配
            "id": "tool_call_id",  # 工具调用 ID，用于唯一标识工具调用，
可以自定义
            "type": "tool_call",  # 消息类型，固定为 tool_call
        }
    ],
)

# 手动调用 ToolNode，输入为包含 AIMessage 的状态字典
tool_node_output = tool_node.invoke({"messages": [message_with_
single_tool_call]})

print(tool_node_output)  # 打印 ToolNode 的输出结果
```

```Plaintext
{'messages': [ToolMessage(content="It's 16 degrees and foggy.",
name='get_weather', tool_call_id='tool_call_id')]}
```

在示例 3-29 中，我们首先创建 ToolNode 实例 tool_node，并将已定义的工具列表 tools（包含 get_weather 和 get_coolest_cities 两个工具）注册到 ToolNode 中；然后，构造了一个 AIMessage 类型的消息 message_with_single_tool_call，其 tool_calls 参数包含了一个调用 get_weather 工具的请求，并传递参数 {"location":"sf"}；最后调用 tool_node.invoke() 方法，将包含 AIMessage 的状态字典 {"messages": [message_with_single_tool_call]} 作为输入传递给 ToolNode 执行工具调用。

ToolNode 的 invoke 方法返回一个包含了状态更新的字典 {'messages':[...]}，其

中包含了 ToolMessage 类型的消息，该消息记录了工具的执行结果："It's 16 degrees and foggy."、工具名称 name='get_weather'，以及工具调用 ID tool_call_id='tool_call_id'。ToolNode 的输出结果可以直接作为下一步 LLM 的输入，实现基于工具执行结果的迭代对话。

ToolNode 也支持并行工具调用。当 AIMessage 的 tool_calls 参数包含多个工具调用请求时，ToolNode 会并发执行这些工具，并将多个执行结果封装为多个 ToolMessage 类型消息返回。

示例 3-30：手动调用 ToolNode（并行工具调用）

```Python
# 构造包含多个工具调用请求的 AIMessage
message_with_multiple_tool_calls = AIMessage( # 创建 AIMessage
    content="",
    tool_calls=[ # tool_calls 参数，包含多个工具调用请求
        {
            "name": "get_coolest_cities", # 工具 1: get_coolest_cities
            "args": {},
            "id": "tool_call_id_1",
            "type": "tool_call",
        },
        {
            "name": "get_weather", # 工具 2: get_weather
            "args": {"location": "sf"},
            "id": "tool_call_id_2",
            "type": "tool_call",
        },
    ],
)

# 手动调用 ToolNode，输入为包含 AIMessage 的状态字典
tool_node_output = tool_node.invoke({"messages":
[message_with_multiple_tool_calls]})

print(tool_node_output) # 打印 ToolNode 的输出结果
```

```Plaintext
{'messages': [ToolMessage(content='nyc, sf', name='get_coolest_
```

```
cities', tool_call_id='tool_call_id_1'),
            ToolMessage(content="It's 16 degrees and foggy.",
name='get_weather', tool_call_id='tool_call_id_2')]}
```

在示例 3-30 中，message_with_multiple_tool_calls 消息的 tool_calls 参数包含了两个工具调用请求：分别调用 get_coolest_cities 和 get_weather 工具。ToolNode 的 invoke 方法会并发地执行这两个工具，并将执行结果分别封装为两个 ToolMessage 类型的消息返回。输出结果的消息列表包含这两个 ToolMessage，分别对应两个工具的执行结果。通过手动调用 ToolNode，我们可以直观地理解和验证其工具调用和结果返回机制，为后续在 LangGraph 图中集成 ToolNode 组件打下基础。

3.5.4　在 LangGraph 图中使用 ToolNode

理解了 ToolNode 的工作原理和手动调用方法后，即可将其集成到 LangGraph 图中，构建具备工具调用能力的 ReAct 智能体。ToolNode 通常与 LLM 节点和条件路由节点配合使用，构成 ReAct 智能体的基本运行流程。

（1）LLM 节点（Agent Node）：负责接收用户输入和对话历史，调用 LLM 生成智能体行为。如果 LLM 决定调用工具，则会返回包含 tool_calls 的 AIMessage，指示需要调用哪些工具，以及工具的参数；如果 LLM 决定直接回复用户，则会返回不包含 tool_calls 的 AIMessage，指示对话结束，或等待用户进一步输入。

（2）ToolNode（工具节点）：负责接收来自 LLM 节点的工具调用请求，调度和执行相应的工具，并将执行结果封装为 ToolMessage 返回。

（3）条件路由节点（Conditional Edge）：负责根据 LLM 节点的输出结果，动态地决定流程走向。若返回了 tool_calls（指示需要调用工具），则路由到 ToolNode 节点执行工具调用，否则将路由到 END 节点结束对话流程，或等待用户进一步输入。

示例 3-31：在 LangGraph 图中使用 ToolNode 构建 ReAct 智能体

```Python
from langgraph.graph import StateGraph, MessageState, START, END #
导入 MessageState
from langgraph.prebuilt import ToolNode # 导入 ToolNode
from langchain_openai import ChatOpenAI

# get_weather, get_coolest_cities 工具函数的定义，与示例 3-25 相同，此处省略

tools = [get_weather, get_coolest_cities] # 工具列表
```

```
tool_node = ToolNode(tools) # 创建 ToolNode 实例，注册工具列表

model_with_tools = ChatOpenAI(model="Qwen/Qwen2.5-7B-Instruct",
temperature=0).bind_tools(tools) # 绑定工具列表到 LLM

def should_continue(state: MessageState): # 条件路由函数，判断是否继续工
具调用
    messages = state["messages"]
    last_message = messages[-1] # 获取最后一条消息 (LLM 的输出)
    if last_message.tool_calls: # 判断最后一个消息是否包含 tool_calls (工
具调用请求)
        return "tools" # 如果包含 tool_calls，则路由到 tools 节点
(ToolNode)，执行工具调用
    return END # 如果不包含 tool_calls，则路由到 END 节点，结束流程

def call_model(state: MessageState): #LLM 模型节点函数
    messages = state["messages"]
    response = model_with_tools.invoke(messages) # 调用 LLM，生成 AI
消息 (可能包含 tool_calls)
    return {"messages": [response]} # 返回包含 AI 消息的状态更新

workflow = StateGraph(MessageState) # 创建 StateGraph 实例，状态 Schema
为 MessageState

workflow.add_node("agent", call_model) # 添加 LLM 节点，节点名为 agent
workflow.add_node("tools", tool_node) # 添加 ToolNode 节点，节点名为
tools

workflow.add_edge(START, "agent") # 定义从 START 节点到 agent 节点的边（流
程入口）
workflow.add_conditional_edges("agent", should_continue, ["tools",
END]) # 定义条件边，根据 agent 节点的输出，动态路由到 tools 节点或 END 节点
workflow.add_edge("tools","agent") # 定义从 tools 节点到 agent 节点的边
(ReAct 循环)

app = workflow.compile() # 编译 LangGraph 图
```

在示例 3-31 中，我们创建了一个实用的 StateGraph 工作流实例。我们定义了 agent（LLM 节点）和 tools（ToolNode 节点）两个核心节点，以及一个条件路由函

数 should_continue。该函数根据 LLM 节点的输出动态地控制流程的走向，在工具调用（路由到 tools 节点）和结束对话（路由到 END 节点）之间进行选择。通过边连接这些节点，构建了基本的 ReAct 循环。最后，调用 workflow.compile() 方法编译 LangGraph 图，完成 ReAct 循环构建。

此示例展示了使用 ToolNode 构建的 ReAct 智能体能够成功地接收用户输入，调用 get_weather 工具查询天气信息，并基于工具的执行结果生成最终的回复，完成基于工具调用的 ReAct 循环。ToolNode 组件作为工具调度和执行的核心模块，简化了工具集成和 ReAct 智能体构建流程，使开发者能更专注于智能体核心逻辑和业务功能的开发。

3.5.5　处理工具调用错误

ToolNode 组件虽然内置了基础的错误处理机制，能够捕获工具执行的异常，并返回给 LLM，但在某些场景下仍显不足。LLM 本身并不擅长理解和处理工具调用错误，可能会重复犯同样的错误（例如，使用错误的工具参数，调用不存在的工具），或流程阻塞。为了构建健壮的 AI 智能体系统，需要实现更精细的定制化工具调用，错误处理策略主要如下所示。

（1）自定义错误处理节点：当 ToolNode 节点检测到工具调用错误时，可将流程路由到错误处理节点。该节点分析错误原因并采取补救措施，如清理错误信息、修改用户输入、更换模型、重试工具调用或降级处理等。例如，创建"工具参数修正节点"，参数校验错误时自动指导 LLM 修正参数，并重试。

（2）裁剪失败的尝试：对不影响流程核心逻辑的工具调用错误，可以选择"裁剪"或"忽略"，创建专门用于移除失败的工具调用的节点，保持消息历史的简洁，减少模型上下文负担。

（3）模型降级与重试：当错误与当前 LLM 的工具调用能力不足有关（例如，模型无法正确理解工具的描述信息或参数 Schema，导致无法生成符合要求的工具参数）时，可以切换到能力更强、更擅长工具调用的 LLM 进行重试。例如，设置 fallback_agent 节点，当工具调用失败时，使用性能更强的模型重试工具调用。

（4）人机环路机制：对复杂或者需人工判断的错误（例如，用户权限不足、工具 API 调用配额超限、工具返回结果不符合预期等），可引入人机环路机制，将错误交由人工处理。例如，人工修正工具参数，选择其他工具，调整流程策略或直接回复用户。

示例 3-32：自定义工具调用错误处理策略（模型降级 + 清理错误信息）

```python
Python
import json
from typing import Literal

from langchain_core.messages import AIMessage, ToolMessage
from langchain_core.messages.modifier import RemoveMessage

from langgraph.graph import MessageState, StateGraph, END, START
from langchain_core.tools import tool
from langchain_openai import ChatOpenAI
from langchain_core.output_parsers import StrOutputParser
from pydantic import BaseModel, Field

class HaikuRequest(BaseModel):
    topic: list[str] = Field(
        max_items=3,
        min_items=3,
    )

@tool
def master_haiku_generator(request: HaikuRequest):
    """Generates a haiku based on the provided topics."""
    model = ChatOpenAI(model="Qwen/Qwen2-1.5B-Instruct",
temperature=0)
    chain = model | StrOutputParser()
    topics = ", ".join(request.topic)
    haiku = chain.invoke(f"Write a haiku about {topics}")
    return haiku

def call_tool(state: MessageState):
    # 创建工具名称到工具函数的映射字典
    tools_by_name = {master_haiku_generator.name:
master_haiku_generator}
    messages = state["messages"]
    last_message = messages[-1]    # 获取最后一条消息
    output_messages = []
    # 遍历最后一条消息中的所有工具调用
    for tool_call in last_message.tool_calls:
        try:
```

```
            # 根据工具名称找到对应的工具函数并调用，传入参数
            tool_result = tools_by_name[tool_call["name"]].
invoke(tool_call["args"])
            # 将工具调用结果封装为 ToolMessage 添加到输出消息列表
            output_messages.append(
                ToolMessage(
                    content=json.dumps(tool_result),
                    name=tool_call["name"],
                    tool_call_id=tool_call["id"],
                )
            )
        except Exception as e:
            # 若工具调用失败，则捕获异常并返回错误信息
            # 将错误信息封装为 ToolMessage，并在 additional_kwargs 中标记
错误
            output_messages.append(
                ToolMessage(
                    content=str(e),
                    name=tool_call["name"],
                    tool_call_id=tool_call["id"],
                    additional_kwargs={"error": e},   # 在额外参数中存
储错误对象，用于后续错误处理
                )
            )
    return {"messages": output_messages}

# 初始化基础模型（性能较弱的模型）
model = ChatOpenAI(model="Qwen/Qwen2-1.5B-Instruct",
temperature=0)
model_with_tools = model.bind_tools([master_haiku_generator])

# 初始化更强大的模型（用于降级策略）
better_model = ChatOpenAI(model="Qwen/Qwen2.5-7B-Instruct",
temperature=0)
better_model_with_tools =
better_model.bind_tools([master_haiku_generator])

def should_continue(state: MessageState):
    # 决定是否继续工具调用循环或结束流程
    messages = state["messages"]
```

```
    last_message = messages[-1]
    if last_message.tool_calls:  # 若最后一条消息包含工具调用请求
        return "tools"  # 则继续执行工具调用
    return END  # 否则结束流程


def should_fallback(
    state: MessageState,
) → Literal["agent", "remove_failed_tool_call_attempt"]:
    # 决定是否需要转到更强大的模型
    messages = state["messages"]
    # 查找是否有失败的工具调用消息（通过 additional_kwargs 中的 error 标记
识别）
    failed_tool_messages = [
        msg
        for msg in messages
        if isinstance(msg, ToolMessage)
        and msg.additional_kwargs.get("error") is not None
    ]
    if failed_tool_messages:  # 若存在失败的工具调用
        return "remove_failed_tool_call_attempt"  # 则路由到移除失败尝
试的节点
    return "agent"  # 否则继续使用当前模型


def call_model(state: MessageState):
    # 使用基础模型处理消息
    messages = state["messages"]
    response = model_with_tools.invoke(messages)
    return {"messages": [response]}


def remove_failed_tool_call_attempt(state: MessageState):
    # 移除失败的工具调用尝试，清理消息历史
    messages = state["messages"]
    # 从后向前查找最近的 AI 消息索引
    last_ai_message_index = next(
        i
        for i, msg in reversed(list(enumerate(messages)))
        if isinstance(msg, AIMessage)
    )
    # 获取需要移除的消息（从最近的 AI 消息开始的所有消息）
    messages_to_remove = messages[last_ai_message_index:]
```

```
    # 返回移除指令，通过 RemoveMessage 标记需要移除的消息
    return {"messages": [RemoveMessage(id=m.id) for m in messages_
to_remove]}

# 降级策略：使用更强大的模型重试
def call_fallback_model(state: MessageState):
    # 使用更强大的模型处理消息
    messages = state["messages"]
    response = better_model_with_tools.invoke(messages)
    return {"messages": [response]}

# 创建状态图
workflow = StateGraph(MessageState)

# 添加节点
workflow.add_node("agent", call_model)  # 基础模型节点
workflow.add_node("tools", call_tool)  # 工具调用节点
workflow.add_node("remove_failed_tool_call_attempt",
remove_failed_tool_call_attempt)  # 清理失败尝试节点
workflow.add_node("fallback_agent", call_fallback_model)  # 降级模型节
点

# 添加边和条件边
workflow.add_edge(START, "agent")  # 流程从 agent 节点开始
workflow.add_conditional_edges("agent", should_continue, ["tools",
END])  # 根据 should_continue 函数决定是继续工具调用还是结束
# 根据工具调用结果决定是继续使用当前模型还是清理失败尝试
workflow.add_conditional_edges("tools", should_fallback, path_map
= {"agent": "agent", "remove_failed_tool_call_attempt": "remove_
failed_tool_call_attempt"})
workflow.add_edge("remove_failed_tool_call_attempt", "fallback_
agent")  # 清理失败尝试后使用降级模型
workflow.add_edge("fallback_agent", "tools")  # 降级模型生成的工具调用请
求继续由 tools 节点处理

app = workflow.compile()
```

在示例 3-32 中，通过组合使用自定义错误处理节点、裁剪失败尝试、模型降级重试等策略，构建更智能、更健壮的工具调用错误处理机制，提高 AI 智能体系统应对工具调用错误的能力，同时提升用户体验和系统可靠性。在实际应用中，开发者可

以根据具体业务需求灵活地选择和组合使用各种错误处理策略，构建合适的 AI 智能体系统。

3.5.6 从工具中更新图状态

在某些应用场景下，我们不仅需要工具返回结果，还希望工具能够直接更新 LangGraph 图的状态。例如，在客户支持系统中，对话的初始阶段可能需要调用"用户信息查询工具"查询用户的基本信息（例如，用户 ID、用户名、会员等级、历史订单等），并将这些信息保存到图状态，供后续的对话流程使用，从而实现对话的个性化和上下文感知。要实现这一功能，我们需要让工具函数返回 Command 对象，并在 Command 对象中指定需要更新的状态键值对。

示例 3-33：工具函数返回 Command 对象，更新图状态

```Python
from typing_extensions import Annotated, Any

from langchain_core.tools import tool, InjectedToolCallId
from langchain_core.runnables.config import RunnableConfig
from langchain_core.messages import ToolMessage

from langgraph.types import Command
from langgraph.graph import StateGraph, START, END
from langgraph.prebuilt.chat_agent_executor import AgentState
from langgraph.prebuilt import ToolNode



USER_INFO = [ # 用户信息列表 ( 示例数据 )
    {"user_id": "1", "name": "Bob Dylan", "location": "New York,
NY"},
    {"user_id": "2", "name": "Taylor Swift", "location": "Beverly
Hills, CA"},
]

USER_ID_TO_USER_INFO = {info["user_id"]: info for info in USER_INFO}
# 用户 ID → 用户信息字典

class State(AgentState): # 定义图状态结构体，继承自 AgentState，并添加
user_info 状态键
    user_info: dict[str, Any]
```

```
@tool
def lookup_user_info( # 定义工具函数 lookup_user_info
    tool_call_id: Annotated[str, InjectedToolCallId],
    config: RunnableConfig # config 参数，使用 RunnableConfig 类型提示，接收
运行时配置信息
):
    """Use this to look up user information to better assist them
with their questions.""" # 工具描述信息
    user_id = config.get("configurable", {}).get("user_id") # 从 config
参数中获取运行时参数 user_id
    if user_id is None:
        raise ValueError("Please provide user ID")
    if user_id not in USER_ID_TO_USER_INFO:
        raise ValueError(f"User '{user_id}' not found")

    user_info = USER_ID_TO_USER_INFO[user_id] # 根据 user_id 查询用户信
息

    return Command( # 工具函数返回 Command 对象
        update={ # Command 对象包含状态更新指令
            "user_info": user_info, # 更新 user_info 状态键，值为查询到的
用户信息
            "messages": [ # 更新 messages 状态键，添加 ToolMessage
                ToolMessage(
                    "Successfully looked up user information", tool_
call_id=tool_call_id
                )
            ],
        }
    )


# 初始化状态图
graph = StateGraph(State)

# 定义节点
def agent_node(state: State):
    """ 智能体节点，处理用户请求 """
    messages = state["messages"]
    user_info = state.get("user_info", {})
```

```
    # 如果有用户信息，则将其添加到系统消息中
    if user_info:
        system_message = f"You are assisting {user_info['name']} who
lives in {user_info['location']}."
    else:
        system_message = "You are a helpful assistant."

    # 调用模型处理请求
    model = ChatOpenAI(model="Qwerty/Qwen2.5-7B-Instruct",
temperature=0)
    model_with_tools = model.bind_tools([lookup_user_info])
    response = model_with_tools.invoke([{"role": "system",
"content": system_message}] + messages)
    return {"messages": [response]}

def should_use_tools(state: State):
    """ 决定是否使用工具 """
    messages = state["messages"]
    last_message = messages[-1]

    # 检查最后一条消息是否包含工具调用
    if hasattr(last_message, "tool_calls") and last_message.tool_
calls:
        return "tools"
    return "end"

# 使用 ToolNode 简化工具调用逻辑
tools_node = ToolNode([lookup_user_info])

# 添加节点到图中
graph.add_node("agent", agent_node)
graph.add_node("tools", tools_node)

# 添加边和条件边
graph.add_edge(START, "agent")
graph.add_edge("tools", "agent")
graph.add_conditional_edges("agent", should_use_tools, {"tools":
"tools", "end": END})
```

```
# 编译图
agent = graph.compile()

# 调用 ReAct 智能体，通过 config 参数传递运行时参数 user_id
for chunk in agent.stream(
    {"messages": [("human", "Who are you and where is vivo?")]},
    {"configurable": {"user_id": "1"}}, # 通过 config 参数传递运行时参数
user_id="1"
):
    print(chunk)
```

在示例 3-33 中，lookup_user_info 工具函数不再直接返回执行结果（如字符串或字典），而是返回包含了 update 参数的 Command 对象。update 参数是一个字典，用于指定需要更新的图状态。

（1）user_info：更新为查询到的用户信息 user_info，将工具执行结果保存到图状态中供后续节点访问。

（2）messages：添加一个 ToolMessage 类型消息，记录工具执行成功的信息，并关联工具调用 ID tool_call_id。这符合 LangGraph 和 ReAct Agent 最佳实践。

要使 LangGraph 流程能够正确处理 Command 对象，并应用状态更新，则需要注意以下要点。

（1）使用预置组件：必须使用 create_react_agent 或 ToolNode 等 LangGraph 预置组件来构建和执行 ReAct 智能体流程。这些预置组件已经内置了处理 Command 对象的逻辑，能够自动识别和应用状态更新。自定义节点函数需要手动实现相关逻辑，开发复杂度较高。

（2）工具函数必须返回 Command 类型的对象，而不是直接返回执行结果。

（3）Command 对象必须包含 update 参数，否则 LangGraph 无法识别状态更新指令。

（4）Command 对象更新 messages 状态键（可选但推荐）：建议在 Command 对象的 update 参数中更新 messages 消息历史列表，添加 ToolMessage，以保持对话历史的完整性和可追溯性，为后续推理提供更丰富的上下文信息。

3.5.7　向工具传递运行时参数

在某些复杂的 LangGraph 应用场景中，不仅需要从工具中更新图状态，还需要

在运行时，动态地向工具函数传递参数。这些运行时参数不由 LLM 生成，而是由 LangGraph 流程的外部环境或父图流程动态传入。例如，在多用户、多会话的 AI 系统中，每次工具调用时动态地将当前用户的 ID（user_id）传递给工具函数，以便工具函数能访问相应用户的数据或资源。运行时参数与工具函数的普通参数不同，后者由 LLM 生成，前者则由开发者显式指定。

LangGraph 框架提供了两种传递运行时参数的主要方式。

（1）通过 RunnableConfig 的 config 参数传递。

作为 LangChain Runnable 接口的标准机制，可在 graph.invoke() 或 graph. stream() 等调用时传入 config 字典参数。如示例 3-31 所示，工具函数通过 config: RunnableConfig 类型提示接收，并使用 config.get("configurable", {}).get("user_id") 等方式，获取运行时配置信息（例如，user_id）。推荐优先使用这种方式。

（2）使用 Annotated 和 InjectedState 注解。

InjectedState 注解可以标记工具函数的某些参数为"注入参数"，这些参数不会暴露给 LLM 模型，而由 LangChain 框架运行时自动注入。InjectedState 注解通常与 Annotated 类型提示配合使用，用于声明注入参数的类型（例如，Annotated[str, InjectedState] 表示 user_id 参数是一个字符串类型的注入参数）。InjectedState 注解主要用于"隐藏"特定参数，防止 LLM 错误控制，完全由开发者显式地指定和控制。

示例 3-34：使用 Annotated 和 InjectedState 注解传递运行时参数

```Python
from langgraph.prebuilt import ToolNode, InjectedState

class State(AgentState): # 定义图状态结构体，继承自 AgentState，并添加
user_info 状态键
    user_info: dict[str, Any]
    user_id: str

@tool
def lookup_user_info( # 定义工具函数 lookup_user_info
    tool_call_id: Annotated[str, InjectedToolCallId],
    user_id: Annotated[str, InjectedState("user_id")]
):
    """Use this to look up user information to better assist them
with their questions.""" # 工具描述信息
```

```
    if user_id is None:
        raise ValueError("Please provide user ID")
    if user_id not in USER_ID_TO_USER_INFO:
        raise ValueError(f"User '{user_id}' not found")

    user_info = USER_ID_TO_USER_INFO[user_id] # 根据 user_id 查询用户信
息

    return Command( # 工具函数返回 Command 对象
        update={ # Command 对象包含状态更新指令
            "user_info": user_info, # 更新 user_info 状态键，值为查到的用
户信息
            "messages": [ # 更新 messages 状态键，添加 ToolMessage
                ToolMessage(
                    "Successfully looked up user information", tool_
call_id=tool_call_id
                )
            ],
        }
    )

# 图的定义和编译代码和示例 3-31 相同，此处省略

# 调用 ReAct 智能体，通过 config 参数传递运行时参数 user_id
for chunk in agent.stream(
    # 通过 user_id 状态键传递运行时参数
    {"messages": [("human", "Who am i and where do i live?")],
"user_id": "1"},
):
    print(chunk)
```

在示例 3-34 中，我们修改了 lookup_user_info 工具函数的定义，为其添加了 user_id: Annotated[str, InjectedState("user_id")] 参数，使用 Annotated 和 InjectedState 注解将 user_id 参数标记为"注入参数"。这样，在流程运行时，LangGraph 框架会自动从状态结构体中提取 user_id 的值并注入 lookup_user_info 工具函数的 user_id 参数中，模型无须在工具调用请求中生成 user_id 值。

在实际应用中，可根据业务需求灵活选择运行时参数传递方式。大多数场景使用 RunnableConfig 的 config 参数就可满足需求。如果需要更精细的参数控制和隐藏某些

参数，则可考虑使用 Annotated 和 InjectedState 注解。

3.6 图的可视化

随着 LangGraph 流程变得越来越复杂，特别是引入子图（Subgraph）机制后，仅通过代码理解流程结构和执行逻辑变得越来越困难。图的可视化（Graph Visualization）成为重要辅助工具。通过直观展示流程的整体结构、节点连接关系，以及数据流动，可更高效地设计、调试和维护复杂的 AI 智能体系统。LangGraph 框架提供了多种内置的图可视化方法，可以满足不同场景下的可视化需求。

3.6.1 Mermaid 语法

Mermaid 是一种流行的文本描述语言，用于快速创建流程图、时序图、甘特图等各类图表。LangGraph 内置了将 Graph 对象转换为 Mermaid 语法的功能。通过调用 graph.get_graph().draw_mermaid() 方法，可获取当前 LangGraph 图结构的 Mermaid 文本描述。该 Mermaid 文本可粘贴到任何支持 Mermaid 语法的在线编辑器（例如，Mermaid Live Editor）或 Markdown 编辑器中，实时渲染出清晰的流程图。Mermaid 语法具有轻量级、跨平台、易于编辑和分享等优势，无须额外依赖库，可直接在浏览器或 Markdown 文档中查看编辑图表。

示例 3-35：获取 Mermaid 语法描述

```Python
# 图的定义和编译代码，此处省略

mermaid_syntax = graph.get_graph().draw_mermaid() # 调用 draw_
mermaid() 方法获取 Mermaid 语法描述
print(mermaid_syntax) # 打印 Mermaid 语法描述
```

运行示例 3-35，会在控制台打印出一段用 Mermaid 语法的文本。

示例 3-36：draw_mermaid() 方法输出的 Mermaid 语法描述

```Plaintext
%%{init: {'flowchart': {'curve': 'linear'}}}%%
graph TD;
    __start__([<p>__start__</p>]):::first
    node_a(node_a)
    node_b(node_b)
```

```
node_c(node_c)
node_d(node_d)
__end__([<p>__end__</p>]):::last
__start__ --→ node_a;
node_a --→ node_b;
node_a --→ node_c;
node_b --→ node_d;
node_c --→ node_d;
node_d --→ __end__;
classDef default fill:#f2f0ff,line-height:1.2
classDef first fill-opacity:0
classDef last fill:#bfb6fc
```

将以上 Mermaid 语法复制粘贴到 Mermaid Live Editor 中，即可实时渲染出 LangGraph 流程图，便于直观地查看和分析图结构。

3.6.2　PNG 图片

除了 Mermaid 语法，LangGraph 还支持将 Graph 对象直接渲染成 PNG 图片，方便在 Notebook、网页或 Markdown 文档中直接嵌入和展示图表。LangGraph 提供了三种 PNG 图片渲染方式，可以根据实际需求选择合适的方式。

1. 使用 Mermaid.ink API（默认）

graph.get_graph().draw_mermaid_png() 方法默认使用 Mermaid.ink API 进行 PNG 图片渲染。Mermaid.ink 是一个在线 Mermaid 图表渲染服务，无须在本地安装任何额外的依赖库，只需要联网即可使用，非常方便快捷，推荐作为默认的 PNG 渲染方式。

示例 3-37：使用 Mermaid.ink API 渲染 PNG 图片

```Python
from IPython.display import Image,Display
from langchain_core.runnables.graph import MermaidDrawMethod

# 图的定义和编译代码，此处省略

png_bytes =
graph.get_graph().draw_mermaid_png(draw_method=MermaidDrawMethod.
API) # 使用 MermaidDrawMethod.API 指定使用 Mermaid.ink API 渲染
display(Image(png_bytes)) # 在 Notebook 中显示 PNG 图片
```

运行示例 3-37，会在 Jupyter Notebook 中直接显示渲染好的 LangGraph 流程图 PNG 图片，如图 3-8 所示。

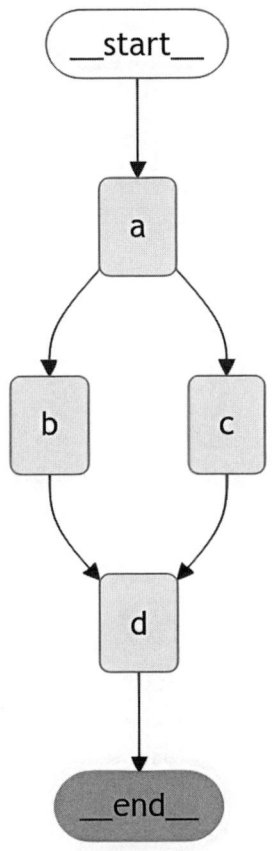

图 3-8　使用 Mermaid.ink API 渲染出的 LangGraph 流程图 PNG 图片

2. 使用 Mermaid 和 Pyppeteer

graph.get_graph().draw_mermaid_png(draw_method=MermaidDrawMethod.PYP PETEER) 方法支持使用 Mermaid 和 Pyppeteer 库在本地进行 PNG 图片渲染。

Pyppeteer 作为 Python 版本的 Puppeteer 库，可通过 Chromium/Chrome 浏览器实现 Web 页面的自动化操作（含页面截图功能）。使用这种方法渲染，需要在本地安装 pyppeteer 和 nest_asyncio 库（用于在 Jupyter Notebook 中运行异步函数），并且首次运行时，要安装 Chromium 浏览器（如果本地没有安装）。这种方法的优点是渲染速度较快，不依赖外部 API，支持离线使用，并提供更多 Mermaid 的高级定制化选项

（如曲线风格、节点颜色、标签换行、背景色、边距等）。

示例 3-38：使用 Mermaid 和 Pyppeteer 库渲染 PNG 图片

```
pip install pyppeteer nest_asyncio
```

```python
python
import random
from typing import Annotated, Literal

from typing_extensions import TypedDict

from langgraph.graph import StateGraph, START, END
from langgraph.graph.message import add_messages


class State(TypedDict):
    messages: Annotated[list, add_messages]


class MyNode:
    def __init__(self, name: str):
        self.name = name

    def __call__(self, state: State):
        return {"messages": [("assistant", f"Called node {self.
name}")]}


def route(state) → Literal["entry_node", "__end__"]:
    if len(state["messages"]) > 10:
        return "__end__"
    return "entry_node"


def add_fractal_nodes(builder, current_node, level, max_level):
    if level > max_level:
        return

    # 定义在此层级创建的节点数量
```

```
    num_nodes = random.randint(1, 3)
    for i in range(num_nodes):
        nm = ["A", "B", "C"][i]
        node_name = f"node_{current_node}_{nm}"
        builder.add_node(node_name, MyNode(node_name))
        builder.add_edge(current_node, node_name)
        # 创建更多层级的随机节点
        r = random.random()
        if r > 0.2 and level + 1 < max_level:
            add_fractal_nodes(builder, node_name, level + 1, max_
level)
        elif r > 0.05:
            builder.add_conditional_edges(node_name, route, node_
name)
        else:
            # 把节点连接到终点
            builder.add_edge(node_name, "__end__")

def build_fractal_graph(max_level: int):
    builder = StateGraph(State)
    entry_point = "entry_node"
    builder.add_node(entry_point, MyNode(entry_point))
    builder.add_edge(START, entry_point)

    add_fractal_nodes(builder, entry_point, 1, max_level)

    # 可选：把入口节点也直接连接到终点
    builder.add_edge(entry_point, END)

    return builder.compile()

app = build_fractal_graph(3)
```

```
Python
from IPython.display import Image, display
from langchain_core.runnables.graph import CurveStyle,
MermaidDrawMethod, NodeStyles
import nest_asyncio
```

```
# 修复 asyncio 运行时错误
nest_asyncio.apply()

png_bytes = app.get_graph().draw_mermaid_png( # 使用 draw_mermaid_
png()方法渲染 PNG 图片
    draw_method=MermaidDrawMethod.PYPPETEER, # 指定使用
MermaidDrawMethod.PYPPETEER，使用 Mermaid + Pyppeteer 渲染
    curve_style=CurveStyle.LINEAR, #  设置曲线风格为线性
    node_colors=NodeStyles(first="#ffdfba", last="#baffc9",
default="#fad7de"), # 自定义节点颜色
    wrap_label_n_words=9, # 设置节点标签自动换行，每行最多 9 个单词
    output_file_path=None, # 不输出到文件
    background_color="white", # 设置背景色为白色
    padding=10, # 设置边距为 10 像素
)
display(Image(png_bytes)) # 在 Notebook 中显示 PNG 图片
```

运行示例 3-38，会在 Notebook 中直接显示渲染好的 LangGraph 流程图 PNG 图片，并且使用了自定义的曲线风格、节点颜色、标签换行等高级定制化选项，使图表更加美观和易读，如图 3-9 所示。

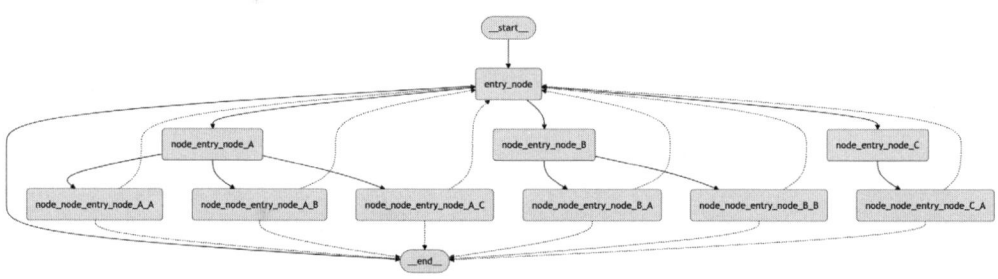

图 3-9　使用 Mermaid 和 Pyppeteer 渲染出的 LangGraph 流程图 PNG 图片

3. 使用 Graphviz

graph.get_graph().draw_png() 方法可以使用 Graphviz 库在本地进行 PNG 图片渲染。Graphviz 是一个功能强大的开源图表可视化工具包，能生成专业级的渲染效果，但配置和安装相对复杂，需要安装 Graphviz 库和 pygraphviz 库，并且可能需要安装 Graphviz 软件（依赖操作系统环境）。优点是渲染效果最为精细和专业，支持更多高级的图表布局和样式定制，适用于对图表美观度和定制化要求较高的场景。

示例 3-39：使用 Graphviz 库渲染 PNG 图片

```Bash
pip install pygraphviz
```

```Python
from IPython.display import Image, display

png_bytes = app.get_graph().draw_png() # 使用 draw_png() 方法，默认使用
Graphviz 库渲染 PNG 图片
display(Image(png_bytes)) # 在 Notebook 中显示 PNG 图片
```

运行示例 3-39，会在 Jupyter Notebook 中直接显示渲染好的 LangGraph 流程图 PNG 图片，如图 3-10 所示，Graphviz 渲染的图表通常具有更专业的布局和样式，例如，节点形状更丰富，边的路由更智能，整体视觉效果更精细。

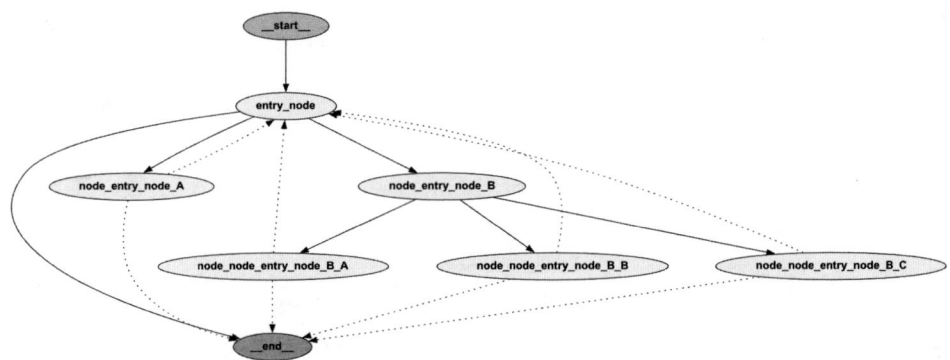

图 3-10 使用 Graphviz 渲染出的 LangGraph 流程图 PNG 图片

在实际应用中，可以根据具体需求和偏好，选择合适的 PNG 渲染方式，如表 3-1 所示。对于快速原型开发和简单可视化，推荐使用默认的 Mermaid.ink API 方式，简单方便，无须额外配置；对于需要本地离线渲染，或需要定制化图表样式的场景，可以选择 Mermaid + Pyppeteer 方式；对于对图表美观度和专业性要求极高的场景，可以尝试 Graphviz 方式，但需要投入更多的时间和精力进行配置和学习。

表 3-1 三种 PNG 渲染方式对比

渲染方式	优点	缺点	依赖安装	适用场景
Mermaid.ink API	最简单易用，无须本地安装任何依赖，跨平台，轻量级	需要联网，渲染速度可能受网速影响，定制化选项较少	无	快速原型开发，对图表美观度要求不高，网络环境良好
Mermaid+Pyppeteer	渲染速度快，离线可用，定制化选项丰富，本地渲染，安全性较高	首次运行需要下载 Chromium 浏览器，需要安装 pyppeteer 库和 nest_asyncio 库，配置相对复杂	Pyppeteer，nest_asyncio（和 Chromium 浏览器）	需要本地离线渲染，需要定制化图表样式，对渲染速度有要求，网络环境不稳定或受限
Graphviz	渲染效果最专业，布局和样式高度可定制，本地渲染，功能强大	配置和安装复杂，需要安装 Graphviz 库和 Pygraphviz 库，可能需要安装 Graphviz 软件	Graphviz，Pygraphviz 软件（可选，依赖操作系统环境）	对图表美观度和专业性要求极高，需要深度定制化图表，例如，出版物、技术文档、正式 PPT

3.6.3 X-Ray 子图可视化

对于包含子图（Subgraph）的 LangGraph 流程，默认的可视化方法可能仅显示父图的顶层结构，而隐藏了子图的内部细节。为深入理解复杂嵌套图结构，LangGraph 提供了 X-Ray 子图可视化功能，可穿透子图的封装展示其内部结构，特别适用于分析多智能体系统等层级化结构。

启用 X-Ray 子图可视化需要在调用 graph.get_graph() 方法时设置 xray 参数：

◎ xray=True： 完全展开所有层级的子图，展现最完整的图结构细节，适用于代码审查、架构设计及深度调试等场景。

◎ xray=<depth>： 按指定深度展开子图，若 xray=1，则只展开第一层子图，xray=2 表示展开前两层子图，依次类推，可在复杂度和细节之间取得平衡，适用于系统架构概览、模块间关系分析等场景。

示例 3-40：使用 X-Ray 子图进行可视化的示例

```Python
from IPython.display import Image, display

# 包含子图的 graph 的定义和编译代码，此处省略

# 使用 X-Ray 子图可视化，完全展开所有层级子图
png_bytes_xray_full =
graph.get_graph(xray=True).draw_mermaid_png() # 设置 xray=True，完全展
开子图
display(Image(png_bytes_xray_full)) # 显示完全展开的子图可视化图表

# 使用 X-Ray 子图可视化，展开深度为 2 的子图
png_bytes_xray_depth_2 =
graph.get_graph(xray=2).draw_mermaid_png() # 设置 xray=2，展开深度为 2
的子图
display(Image(png_bytes_xray_depth_2)) # 显示展开深度为 2 的子图可视化图表
```

运行示例 3-40，会分别生成完全展开子图和展开深度为 2 的子图的 PNG 图片，并在 Jupyter Notebook 中显示出来，如图 3-11 所示。

使用 X-Ray 子图可视化功能，有助于深入理解系统的内部结构和运行机制，提高系统设计、开发、调试和维护的效率和质量。

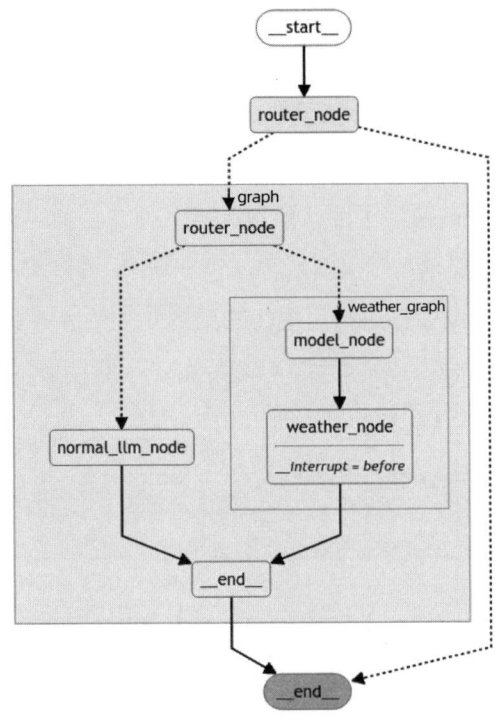

图 3-11　展开深度为 2 的子图

💡 **思考题**

（1）LangGraph 的核心设计思想是什么？请结合"地图与疆域"的比喻，说明其采用图计算模型作为基础架构的原因，并分析这种架构与线性流程或树状结构的本质差异，以及所体现的设计目标。

（2）状态在 LangGraph 中具有何种核心作用？请通过"智能体记忆"等比喻解释状态管理的重要性，并基于对话系统等三个应用场景具体说明状态管理的实际应用方式。

（3）请简要说明节点和边在 LangGraph 中的功能，分析二者如何协同构建 AI 智能体系统的行为流程与决策逻辑。

（4）请对比普通边与条件边的特性及适用场景，举例说明各自的使用条件，并讨论条件边为流程控制带来的灵活性。

（5）状态归约器解决了什么问题？请说明默认 Reducer 与自定义 Reducer 的区

别，并分析其在并行分支场景中的重要性。

（6）消息和 MessageState 的设计目标是什么？请结合对话历史管理工具，说明其在对话应用中的优势。

（7）如何理解 LangGraph 的并发模型？请解释 Superstep 的概念及其节点并发执行机制，并比较其与分布式计算框架的异同。

（8）Command 对象的核心价值是什么？请对比其与条件边在流程控制方面的特点，分析各自的适用场景。

（9）子图机制带来哪些优势？请结合多智能体系统说明其如何提升开发效率，并列举主要的子图调用方式及其适用场景。

（10）请总结 LangGraph 状态图结构的核心优势，分析其最适合解决的 AI 问题类型及未来发展前景。

第 4 章
AI 智能体的交互体验

The human touch is that touch of life that shines upon reality. —R.A. Salvatore

（人性的温暖，点亮现实的生命之光。—— R.A. 萨尔瓦托雷）

当科技的洪流奔涌向前时，我们是否曾驻足思考，技术的终极意义究竟是什么？技术并非冰冷的效率至上，亦非无情的全盘替代。真正的技术之光，在于它与人类智慧的交织、与情感温度的融合。它应如同一首交响乐，AI 的理性精密与人类的灵感直觉，共同谱写出和谐而动人的乐章。在人与 AI 的协奏中，我们追求的不仅是功能的实现，更是体验的升华，是让技术充满人性的温度，最终照亮更美好的现实图景。

在 AI 技术快速发展的当下，用户体验已成为 AI 应用成败的关键。用户不仅期望 AI 智能体具备高度智能，更追求流畅、自然且富有记忆力的交互体验。本章将深入探讨 LangGraph 框架如何通过三大核心机制提升 AI 智能体的用户体验：流式处理技术，克服 LLM 固有延迟，实现实时反馈，提升交互的即时性和流畅感；持久化机制赋予智能体"记忆力"，实现跨会话状态保持、断点续传、时间旅行调试等高级功能；人机环路协作，实现人工监督，确保 AI 智能体更符合人类价值观，构建更可信赖的 AI 系统。

4.1 流式处理

在 AI 智能体领域，用户体验至关重要。无论智能体的推理能力多么复杂或功能多么强大，若其响应缓慢，则难以满足用户的期望。现代用户已经习惯数字交互的即时性。他们同样期望 AI 智能体敏捷响应，实时提供反馈并展示进度。这对于对话式智能体或需要实时生成文本、代码等内容的应用来说尤其重要。大语言模型（LLM）和复杂人工智能工作流中固有的延迟问题，对实现期望的响应水平构成重大挑战。完整的输出需要长时间等待，这可能会导致用户感到沮丧、放弃，并认为 AI 智能体运行缓慢或不可靠。

流式处理技术能克服延迟问题，显著提高 AI 智能体的感知响应速度。流式处理不是等待整个输出生成完毕后再显示给用户，而是允许以分块的方式逐步交付信息。这种即时反馈循环创造了一种实时交互感，让用户在智能体生成完整响应的过程中保持参与。例如，聊天机器人逐字显示回复，模仿人类对话，或者报告生成智能体实时显示已完成部分，都体现了流式处理如何将耗时过程转变为动态体验。

LangGraph 在架构设计阶段就将流式处理列为核心功能之一，如图 4-1 所示，它提供了多种不同的流式处理模式，分别针对不同用例及监控需求而优化。这些模式使开发者能够利用实时数据流，涵盖从高级状态更新到细粒度 LLM 词元流等各个层面。本节将深入探讨值流、更新流、自定义流、消息流和调试流等流式处理模式。

需要特别说明的是，一个包含子图的图需要流式传输输出，就必须在父图的 .stream() 或 .astream() 方法中指定 subgraphs=True，否则，子图的输出不会被流式传输。

```Python
for chunk in graph.stream(inputs, stream_mode="values",
subgraphs=True):
    print(chunk)
```

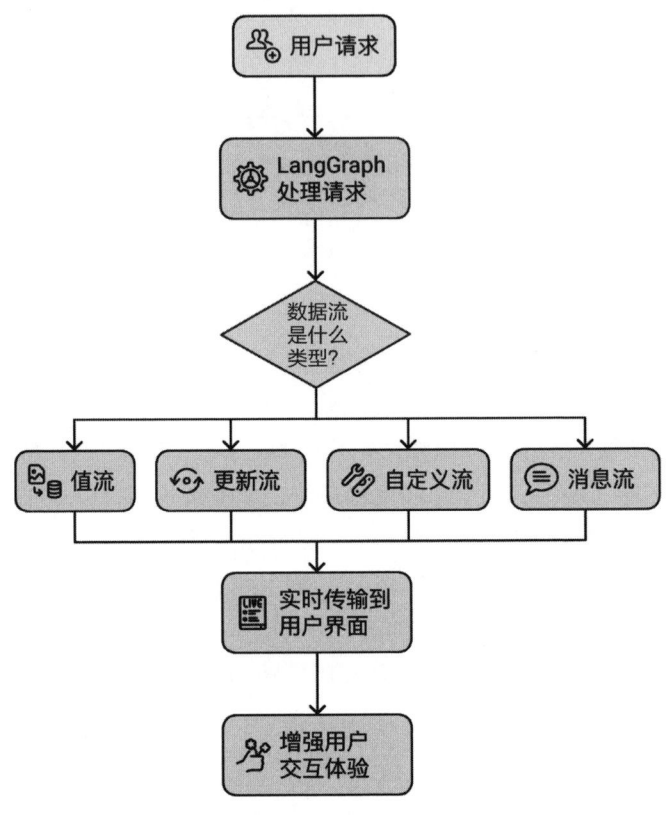

图 4-1 流式处理

4.1.1 流式处理模式

LangGraph 通过 .stream() 和 .astream() 方法提供多样化的流式处理模式，使开发者能够选择在图执行期间流式传输的数据类型和粒度。这些方法有同步和异步两种形式，为不同应用程序架构的流式处理集成提供了灵活性。stream_mode 参数是关键配置项，接受一个字符串或字符串列表来指定所需的流式处理行为。主要的流式处理模式说明如下。

1. 值流

值流模式在每个步骤后流式传输图的完整状态，提供图执行的高级视图。具体来说，在 LangGraph 中每个节点或超级步骤执行完毕后，包含所有已定义的状态变量及其当前值的整个状态对象会作为一个完整的数据块在流中发出。此模式对于调试和理解图的整体进展特别有价值。通过观察状态如何逐步演变，开发者可以深入了解其 LangGraph 应用程序中的数据转换和决策逻辑。尽管值流模式可能显得过于冗长而不适合直接面向用户显示，但它非常适用于构建内部监控仪表板或日志记录系统，以跟踪智能体的内部状态转换过程。

让我们通过一个简单的 LangGraph 示例来进一步理解这一模式：该示例旨在优化用户提供的主题，并围绕该主题生成笑话。

示例 4-1：一个简单的笑话生成图

```Python
from typing import TypedDict
from langgraph.graph import StateGraph, START

class State(TypedDict):
    topic: str
    joke: str

def refine_topic(state: State):
    return {"topic": state["topic"] + " and cats"}

def generate_joke(state: State):
    return {"joke": f"This is a joke about {state['topic']}"}

graph = (
    StateGraph(State)
    .add_node(refine_topic)
    .add_node(generate_joke)
    .add_edge(START, "refine_topic")
    .add_edge("refine_topic", "generate_joke")
    .compile()
)
```

当我们以 stream_mode="values" 执行此图时，可以观察到在每个节点执行完毕后，图的完整状态都被流式传输。

示例 4-2：使用 stream_mode="values" 执行图的输出

```Python
for chunk in graph.stream(
    {"topic": "ice cream"},
    stream_mode="values",
):
    print(chunk)
```

```Plaintext
{'topic': 'ice cream'}
{'topic': 'ice cream and cats'}
{'topic': 'ice cream and cats', 'joke': 'This is a joke about ice
cream and cats'}
```

输出结果显示，第一个数据块仅包含初始状态的"topic"。第二个数据块反映了 refine_topic 节点执行后的状态，其中"topic"已被更新。最后一个数据块显示了 generate_joke 节点执行后的完整状态，此时状态中同时包含了"topic"和"joke"两个字段。这种逐步展示完整状态的方式，正是值流模式的核心特点。

2. 更新流

与值流模式相比，更新流模式提供了更集中和简洁的信息流。更新流模式不会流式传输整个状态，而是仅传输每个节点对状态所做的特定更新。开发者将会收到键值对流，其中键是生成更新的节点名称，值是包含该节点修改状态变量的字典。此模式对于向用户界面提供增量进度更新特别有用。例如，显示多阶段智能体工作流当前执行的步骤，或者突出显示每个阶段生成的特定数据。更新流模式相比值流模式更加简洁，直接反映图中每个单独节点的输出内容。

以同样的笑话生成程序为例，观察使用 stream_mode="updates" 的输出。

示例 4-3：使用 stream_mode="updates" 执行图的输出

```Python
for chunk in graph.stream(
    {"topic": "ice cream"},
    stream_mode="updates",
):
    print(chunk)
```

```Plaintext
{'refine_topic': {'topic': 'ice cream and cats'}}
{'generate_joke': {'joke': 'This is a joke about ice cream and
cats'}}
```

这里的输出结果更加精简，仅显示每个节点关联的更新内容。refine_topic 更新显示了 topic 的更改，generate_joke 节点更新显示了新生成的 joke。此模式有效地隔离并仅呈现每个步骤中发生的更改，使其成为实现针对性、渐进式 UI 更新的理想选择。

3. 自定义流

自定义流模式提供了极致的灵活性，允许开发者从其 LangGraph 节点内部流式传输任意数据。这是通过 StreamWriter 对象实现的，该对象可以在任何节点函数中访问。节点在执行过程中随时使用 StreamWriter 将任意类型的数据发送到流中。这种模式非常适合流式传输进度更新、中间结果或任何其他与用户体验或监控需求相关的自定义信息。例如，在工具调用智能体中，实时传输工具调用结果；或者在数据处理管道中即时展示已处理数据块的预览。自定义流模式为需要定制化流式处理的场景提供了理想解决方案。

以下示例通过修改 generate_joke 节点，使用 StreamWriter 在返回笑话前发送自定义消息。

示例 4-4：修改 generate_joke 节点以使用 StreamWriter

```Python
from langgraph.types import StreamWriter

def generate_joke(state: State, writer: StreamWriter):
    writer({"custom_key": "Writing custom data while generating a
joke"})
    return {"joke": f"This is a joke about {state['topic']}"}

graph = (
    StateGraph(State)
    .add_node(refine_topic)
    .add_node(generate_joke)
    .add_edge(START, "refine_topic")
    .add_edge("refine_topic", "generate_joke")
    .compile()
)
```

示例 4-5：使用 stream_mode="custom" 执行图的输出

```Python
for chunk in graph.stream(
    {"topic": "ice cream"},
    stream_mode="custom",
):
    print(chunk)
```

```Plaintext
{'custom_key': 'Writing custom data whitle generating a joke'}
```

如示例 4-5 所示，通过 StreamWriter 成功接收了自定义字典。此模式支持将任何相关信息嵌入数据流中，高度适配特定应用场景需求。当与工具结合使用时，自定义流模式在提供复杂智能体行为实时洞察方面展现出更强大的能力。

4. 消息流

对于涉及 LLM 交互的应用程序，尤其是对话式智能体，消息流模式具有重要价值。此模式流式传输 LangGraph 中 LLM 生成的单个词元（Token）及其相关元数据。这种词元级流式处理实现最细粒度的实时反馈，为聊天机器人等文本生成应用程序实现"打字效果"界面。此外，与每个词元数据块还附带包括有关 LangGraph 步骤、LLM 调用节点信息及相关标签的元数据，支持对词元流进行细粒度的过滤和控制。消息流模式对于创建真正具有交互性和迅速响应能力的体验至关重要。

以下示例通过增强笑话生成图来观察消息流模式的输出效果。

示例 4-6：使用 stream_mode="messages" 执行图的输出

```Python
from langchain_openai import ChatOpenAI

llm = ChatOpenAI(model="Qwen/Qwen2.5-7B-Instruct")

def generate_joke(state: State):
    llm_response = llm.invoke(
        [{"role": "user", "content": f"Generate a joke about
{state['topic']}"}]
    )
    return {"joke": llm_response.content}

graph = (
    StateGraph(State)
    .add_node(refine_topic)
    .add_node(generate_joke)
    .add_edge(START, "refine_topic")
    .add_edge("refine_topic", "generate_joke")
    .compile()
)
```

```
for message_chunk, metadata in graph.stream(
    {"topic": "ice cream"},
    stream_mode="messages",
):
    if message_chunk.content:
        print(message_chunk.content, end="|", flush=True)
```

```Plaintext
Why| did| the| cat| decide| to| open| an| ice| cream| par|lor|?

|Because| it| wanted| to| serve| "|p|urr|-f|ect|"| sco|ops|!|
```

输出结果显示，系统现在以单个词元为单位持续传输生成的笑话内容，支持逐字甚至逐字符的实时显示效果。随每个词元一同传输的 metadata 字典提供了宝贵的上下文信息。

5. 调试流

调试流模式专为需要全面监控 LangGraph 执行过程的开发者设计。该模式会流式传输包含丰富调试信息的事件流，在图执行的每个步骤提供详细数据，涵盖任务调度、执行结果、错误信息及状态转换等关键事件。调试流模式虽然因其技术性和信息密度较高而不适合直接面向用户展示，但在开发调试阶段和需要深度监控的场景中为开发者提供了不可或缺的分析工具，特别有助于进行性能优化和复杂行为分析。

以下是通过调试流模式运行笑话生成图时的输出示例。

示例 4-7：使用 stream_mode="debug" 执行图的输出

```Python
for chunk in graph.stream(
    {"topic": "ice cream"},
    stream_mode="debug",
):
    print(chunk)
```

```Plaintext
{'type': 'task', 'timestamp': '2025-02-26T07:45:52.636290+00:00',
'step': 1, 'payload': {'id': 'd384a92a-43d2-21b1-8225-dc94d479b294',
'name': 'refine_topic', 'input': {'topic': 'ice cream'}, 'triggers':
```

```
['start:refine_topic']}}
{'type': 'task_result', 'timestamp': '2025-02-
26T07:45:52.637832+00:00', 'step': 1, 'payload': {'id': 'd384a92a-
43d2-21b1-8225-dc94d479b294', 'name': 'refine_topic', 'error': None,
'result': [('topic', 'ice cream and cats')], 'interrupts': []}}
{'type': 'task', 'timestamp': '2025-02-26T07:45:52.638017+00:00',
'step': 2, 'payload': {'id': 'db973322-8424-d3de-0ea2-3298a529e186',
'name': 'generate_joke', 'input': {'topic': 'ice cream and cats'},
'triggers': ['refine_topic']}}
{'type': 'task_result', 'timestamp': '2025-02-
26T07:45:53.414816+00:00', 'step': 2, 'payload': {'id': 'db973322-
8424-d3de-0ea2-3298a529e186', 'name': 'generate_joke', 'error':
None, 'result': [('joke', 'Why did the cat stop at the ice cream
shop?\n\nBecause he wanted to see if they had tuna-flavored ice
cream!')], 'interrupts': []}}
```

输出结果为 JSON 格式的字典数据流，每个字典都代表图中执行过程中的不同事件。'type': 'task' 事件指示节点执行的开始，而 'type': 'task_result' 事件显示结果。每个事件中的 'payload' 字段包含详细信息，如节点名称、输入、触发条件和执行结果等。分析此详细流对于理解复杂的图行为、定位潜在问题非常有用。

6. 组合流式处理模式

LangGraph 支持同时组合多种流式处理模式，通过将流模式字符串列表传递给 stream_mode 参数，开发者可以接收包含多种模式数据的交错流。组合模式时，流式处理输出将变为 (stream_mode, data) 元组，其中 stream_mode 指示数据类型，data 是该模式的实际流式内容。此功能支持更丰富的监控和用户反馈场景，例如同时查看高级状态更新和细粒度的 LLM 词元流。

以下示例为笑话生成图组合更新流和自定义流模式。

示例 4-8：组合流式处理模式的输出

```Python
from langgraph.types import StreamWriter


def generate_joke(state: State, writer: StreamWriter):
    writer({"custom_key": "Writing custom data while generating a
joke"})
    return {"joke": f"This is a joke about {state['topic']}"}
```

```
graph = (
    StateGraph(State)
    .add_node(refine_topic)
    .add_node(generate_joke)
    .add_edge(START, "refine_topic")
    .add_edge("refine_topic", "generate_joke")
    .compile()
)

for stream_mode, chunk in graph.stream(
    {"topic": "ice cream"},
    stream_mode=["updates", "custom"],
):
    print(f"Stream mode: {stream_mode}")
    print(chunk)
    print("\n")
```

```
Plaintext
Stream mode: updates
{'refine_topic': {'topic': 'ice cream and cats'}}

Stream mode: custom
{'custom_key': 'Writing custom data while generating a joke'}

Stream mode: updates
{'generate_joke': {'joke': 'This is a joke about ice cream and
cats'}}
```

　　此示例的输出结果包含多个元组。每个元组都明确标出 stream_mode（updates 或 custom）及其对应的数据块。这种结构化输出方式便于处理不同类型的流式处理信息，以构建全面的实时监控和用户反馈系统。例如，将便于 messages 消息流模式与其他模式组合使用，可以同时实现面向用户界面的逐词元输出显示和用于日志记录或调试的高级别状态更新。

　　LangGraph 流式处理模式总结如表 4-1 所示。

表 4-1 LangGraph 流式处理模式总结

流式处理模式	描述	用例
值流	流式传输每个步骤后图的完整状态	调试，监控图的整体状态演变，构建内部监控仪表板
更新流	流式传输每个节点对状态进行的更新	UI 进度更新，突出显示每个步骤的数据变化，逐步展示智能体工作流程
自定义流	允许节点使用 StreamWriter 流式传输任意自定义数据	流式传输中间结果，工具输出，定制化进度信息，灵活满足各种应用场景
消息流	流式传输 LLM 生成的词元及相关元数据，适用于聊天模型	聊天机器人"打字效果"，实时展示 LLM 生成内容，构建交互式对话体验
调试流	流式传输详细的调试事件，包含任务调度、结果、错误等信息	深入故障排除，性能分析，理解图执行细节，开发和高级监控阶段的利器

4.1.2 事件流式处理

除了 .stream() 和 .astream() 提供的基于模式的流式处理，LangGraph 还提供了 .astream_events() 方法，用于访问图中执行期间发生的较低级别事件流。此方法适用于捕获节点内部事件，便于开发者更精细地了解图的内部工作原理。.astream_events() 与 LangChain 对象中标准的事件流式处理接口一致，使其符合 LangChain 生态系统开发者的使用习惯。

.astream_events() 输出的每个事件都是一个字典，其中包含以下关键字段。

（1）event：事件类型（例如，on_chain_start, on_chat_model_stream, on_chain_end），事件的完整列表可参考 LangChain 文档。

（2）name：与事件关联的名称，通常指示发出事件的组件（例如，图事件为 LangGraph，节点事件为节点名称，LLM 事件为模型名称）。

（3）data：事件的有效负载，包含事件类型的数据。例如，on_chat_model_ stream 事件的 data 字段中包含流式传输的词元块。

事件触发机制如下。

（1）节点执行：开始执行时触发 on_chain_start，执行期间触发 on_chain_stream （适用于流式处理 Runnable），执行完成时触发 on_chain_end。节点事件的 name 字段包含节点名称。

（2）图执行：图开始时发出 on_chain_start，每次节点执行后发出 on_chain_ stream，图完成时发出 on_chain_end。图事件的 name 字段包含 LangGraph。

（3）状态通道写入：状态变量更新会触发 on_chain_start 和 on_chain_end 事件。

（4）内部节点事件：节点内部生成的事件，例如，LLM 事件 on_chat_model_ start，on_chat_model_stream，on_chat_model_end 或工具事件，也会出现在 .astream_ events() 流的输出中。

以下示例是使用 .astream_events() 输出一个包含单个 LLM 调用节点的简化图。

示例 4-9：使用 .astream_events() 执行图的输出

```Python
from langchain_openai import ChatOpenAI
from langgraph.graph import StateGraph, MessageState, START, END

model = ChatOpenAI(model="Qwen/Qwen2.5-7B-Instruct")

def call_model(state: MessageState):
    response = model.invoke(state['messages'])
    return {"messages": response}

workflow = StateGraph(MessageState)
workflow.add_node(call_model)
workflow.add_edge(START, "call_model")
workflow.add_edge("call_model", END)
app = workflow.compile()

inputs = [{"role": "user", "content": "hi!"}]
async for event in app.astream_events({"messages": inputs},
```

```
version="v1"):
    kind = event["event"]
    print(f"{kind}: {event['name']}")
```

运行此代码将产生类似于以下的输出：

```
Plaintext
on_chain_start: LangGraph
on_chain_start: __start__
on_chain_start: _write
on_chain_end: _write
on_chain_start: _write
on_chain_end: _write
on_chain_stream: __start__
on_chain_end: __start__
on_chain_start: call_model
on_chat_model_start: ChatOpenAI
on_chat_model_stream: ChatOpenAI
on_chat_model_stream: ChatOpenAI
on_chat_model_stream: ChatOpenAI
on_chat_model_stream: ChatOpenAI
on_chat_model_stream: ChatOpenAI
on_chat_model_stream: ChatOpenAI
on_chat_model_stream: ChatOpenAI
on_chat_model_stream: ChatOpenAI
on_chat_model_stream: ChatOpenAI
on_chat_model_stream: ChatOpenAI
on_chat_model_end: ChatOpenAI
on_chain_start: _write
on_chain_end: _write
on_chain_stream: call_model
on_chain_end: call_model
on_chain_stream: LangGraph
on_chain_end: LangGraph
```

此输出结果展示了图操作的完整执行顺序，具体如表 4-2 所示。从图初始化阶段（on_chain_start: LangGraph）开始，经过输入处理（__start__ 节点），继而执行 call_model 节点。在 call_model 节点执行过程中，我们看到了 LLM 调用事件序列（包括 on_chat_model_start、每个词元的 on_chat_model_stream、on_chat_model_end）。

最后，该过程以通道写入（ChannelWrite）、节点完成（on_chain_end: call_model）和图完成（on_chain_end: LangGraph）结束。.astream_events() 方法提供了对整个执行流程的精细化跟踪，这对于高级调试和理解 LangGraph 运行生命周期具有重要价值。

表 4-2 .astream_events() 关键事件类型及其数据内容

事件类型（event）	名称（name）	数据内容（data）	描述
on_chain_start	LangGraph 或节点名称（node_name）或 ChannelWrite<node_name, channel_name>	input（对于图和节点），key 和 value（对于 ChannelWrite），以及其他运行元数据（run_id、tags、metadata 等）	表示图、节点或通道写入操作的开始
on_chain_end	LangGraph 或节点名称（node_name）或 ChannelWrite<node_name, channel_name>	output（对于图和节点），key 和 value（对于 ChannelWrite），以及其他运行元数据（run_id、tags、metadata 等）	表示图、节点或通道写入操作的结束
on_chain_stream	LangGraph 或节点名称（node_name）	chunk（通常是状态更新的字典）和其他运行元数据（run_id、tags、metadata 等）	在节点或图的执行过程中，流式传输的数据块，通常用于 .stream() 方法的输出
on_chat_model_start	模型名称（例如 ChatOpenAI）	llm（调用的 LLM 实例），messages（发送给模型的聊天消息列表），以及其他运行元数据（run_id、tags、metadata 等）	表示聊天模型调用的开始

事件类型 （event）	名称（name）	数据内容（data）	描述
on_chat_ model_ stream	模型名称（例如 ChatOpenAI）	chunk(AIMessageChunk 对象，包含部分内 容），以及其他运行元 数据（run_id、tags、 metadata 等）	表示来自聊天 模型的流式词 元块，用于实 现实时"打 字效果"
on_chat_ model_ end	模型名称（例如 ChatOpenAI）	response（完整的 ChatResult 对象），以 及其他运行元数据（run_ id、tags、metadata 等）	表示聊天模型 调用的结束， 包含完整的模 型响应
Channel Write <node_ name, channel_ name>	ChannelWrite <node_name, channel_name>	key 和 value（写入通 道的状态键和值），以 及其他运行元数据（run_ id、tags、metadata 等）	表示状态通道 的写入操作， 用于跟踪状态 更新

4.1.3 LangGraph 流式处理的底层原理

LangGraph 提供的无缝流式处理功能并非抽象概念，而是建立在成熟的网络技术基础之上，这些技术支持高效的实时数据传输。了解这些底层机制有助于开发者更好地了解流式处理的工作原理，并有效地利用它。LangGraph 流式处理实现的核心技术包括分块数据传输和服务器发送事件（Server-Sent Event，SSE）。

1. 分块数据传输：分片交付数据

以互联网下载大文件为例：传统方式下，浏览器需要预先获知整个文件大小才能开始下载；而通过分块数据传输技术，服务器可以直接以较小的"块"为单位发送文件片段，无须预先声明总数据量。这个过程可以形象地比喻为面包店在切面包时逐片递送给顾客，而不是等待整个面包全部切完后再一次性交付。

在 HTTP 中，分块数据传输编码允许服务器以一系列数据块的形式发送响应。服务器在每个数据块可用时发送，客户端（如浏览器或使用 graph.stream() 的 Python

脚本）则负责将这些数据块组装起来以重建完整的数据流。LangGraph 利用此原理避免在发送前在内存中缓冲整个输出。每当图中节点完成部分处理或 LLM 生成新词元时，LangGraph 会立即将数据打包成块并发送到数据流中。这种"即时交付"机制是实现流式处理快速响应的基础。

这种分块数据传输方法对于服务器和客户端来说都是高效的。服务器不需要分配大型缓冲区来保存整个响应，客户端则可以更早地开始处理和显示数据，从而显著提升用户体验，尤其对于长时间运行的 AI 智能体操作而言效果更为明显。

2．服务器发送事件：实时推送通信

为了实现数据块从 LangGraph 后端到应用程序的实时传输，LangGraph 通常采用服务器发送事件或类似的基于推送的通信模式。SSE 是一种 Web 标准，它使服务器能够与客户端建立持久的单向连接，并在新数据可用时主动推送到客户端。

SSE 可视为 LangGraph 应用程序向客户端"广播"更新的专用通道。一旦客户端发起流式处理请求（如调用 graph.stream()），就会建立 SSE 连接。然后，LangGraph 使用此连接将各类数据块（包括状态更新、自定义消息或 LLM 词元）作为 SSE 事件推送到客户端。客户端侦听此连接，实时接收事件并更新用户界面或执行其他操作。

要注意的是，底层推送机制除 SSE 外，也可能使用其他技术（如纯 HTTP 流式处理或 WebSockets），具体取决于特定的 LangGraph 部署环境和所选的通信协议。但是，其核心概念保持不变：建立持久连接，使 LangGraph 能够在生成数据块时主动推送到客户端。

通过理解这些技术基础，开发者可以更好地理解 LangGraph 流式处理实现的高效性和优雅性，从而构建出真正具有交互性和快速响应能力的应用程序。

流式处理绝非 LangGraph 中的可选功能，而是构建用户友好且响应迅速的 AI 智能体的基础架构。通过实施流式处理，开发者能够将原本耗时的人工智能处理流程转化为引人入胜的实时交互体验，从而显著提升用户满意度。LangGraph 通过丰富的 stream_mode 选项和底层的 .astream_events() 方法，提供了一系列可定制化的流式处理解决方案，以满足不同应用场景的特定需求。

4.2　持久化

在上一节中，我们探讨了流式处理如何提升 AI 智能体实时响应能力，重点关注用户即时反馈和交互体验。然而，真正强大且以用户为中心的 AI 智能体不仅需要速度，

还需要有连续性。用户期望 AI 智能体能够记住过往交互，跨多个会话保持上下文，并能优雅地从中断或错误中恢复。这正是持久化技术的价值所在。LangGraph 通过内置的存档点系统实现持久化，使 AI 智能体能够维持交互状态，从而支持一系列对构建实用且引人入胜的 AI 智能体至关重要的高级功能。

一个每次交互后都会遗忘，或遇到错误就丢失进度的智能体不仅令人沮丧，功能上也存在严重局限。持久化机制通过保存和恢复智能体内部状态来解决这些问题。该机制会定期捕获 LangGraph 中所有已定义状态变量的值，并将其存储在持久化存储后端，使 AI 智能体能够"记忆"过往交互、当前进度乃至对话细节，从而提供更连贯、更具上下文感知能力的用户体验。

LangGraph 的持久化基于线程（Thread）和存档点（Checkpoint）两大概念之上。线程代表图的独立执行上下文或会话，由 thread_id 唯一标识。存档点本质上是图在执行的不同阶段的状态快照，由可插拔的存档点器（Checkpointer）管理。

本节将深入探讨线程和存档点如何协同工作以提供连续性并实现高级智能体功能。

4.2.1　线程和存档点的概念

线程和存档点是构建 LangGraph 持久化机制的基石，能够跨交互和会话持久保存和恢复智能体状态。

在 LangGraph 框架中，线程代表图的独立执行上下文。可以将其理解为特定对话历史记录或工作流程执行的专属实例。每个线程都通过唯一的 thread_id 进行标识，开发者在调用支持持久化的 LangGraph 时必须提供该标识符。这个 thread_id 作为命名空间，确保每个执行过程关联的存档点和状态数据与其他执行实例保持隔离。这种隔离机制对于处理并发用户交互或管理同一 LangGraph 应用中的多个独立工作流程具有关键作用。

当启动支持持久化的 LangGraph 运行时，必须在 configurable 配置部分明确指定 thread_id 参数。

示例 4-10：在调用 LangGraph 时在 config 中传递 thread_id

```Python
config = {"configurable": {"thread_id": "user_conversation_123"}}
```

存档点器使用此 thread_id 来组织和存储此执行过程的专属存档点。同一对话或工作流中的后续交互应重复使用相同的 thread_id，以保持连续性并访问持久化状态。

如要开启新的独立对话或工作流，只需使用不同的唯一 thread_id。这种线程级隔离对于构建多用户应用程序和管理复杂的智能体工作流至关重要，能解决不同执行上下文的独立性问题。

LangGraph 中的存档点是图在特定时间点的状态快照。当启用持久化功能时，LangGraph 会在图执行的每个 Superstep 后自动创建这些快照。Superstep 通常对应图中一个或多个节点的执行，然后由控制流逻辑确定下一步。每个存档点都会完整捕获图的当前状态，包括所有已定义状态通道的值。此状态被封装在 StateSnapshot 对象中，该对象包含以下关键组成部分。

◎ config：与此存档点关联的配置，包括 thread_id 和唯一的 checkpoint_id。

◎ metadata：与存档点关联的元数据，包括执行步骤、存档点来源，以及写入操作的上下文信息。

◎ values：包含存档点创建时所有状态通道值的字典。这是持久化的核心状态数据。

◎ next：指示在图流程中计划执行的下一个节点的元组。

◎ tasks：由 PregelTask 对象组成的元组，提供关于下一步任务的详细信息，包括任务 ID、节点名称，以及可能出现的错误或中断记录。

这些 StateSnapshot 对象由存档点器存储在持久化存储后端中，并与 thread_id 关联。LangGraph 自动处理存档点过程，在每个 Superstep 后创建新的存档点。这确保了智能体状态的定期备份，从而实现状态的恢复、重放和检查。通过检索和加载这些存档点，LangGraph 可以从先前保存的状态开始"回溯"或"恢复"智能体，从而支持诸如记忆保持和时间旅行等高级特性。

重要的是，要理解 LangGraph 的持久化功能，特别是存档点，主要支持的是 AI 智能体的短期记忆。这种短期记忆使 AI 智能体在单个对话线程或工作流执行范围内保留和利用信息。每个存档点都记录了 AI 智能体在特定步骤的即时工作状态，使其能够连贯地继续执行当前任务。这种"短期"特性对于维持单个交互中的上下文、用户输入，以及实现预期结果所需的中间结果保存至关重要。

4.2.2　存档点器的实现

LangGraph 的持久化机制设计灵活，能适配各种存储基础设施。这种灵活性是通过由 BaseCheckpointSaver 类定义的存档点器接口实现的。LangGraph 提供了多种内置存档点器实现，每种实现基于不同的存储后端，使开发者能根据应用程序需求和部署环境选择最合适的实现方案。

1.MemorySaver：内存存档点器

MemorySaver 是最基础的存档点器实现，顾名思义，它将所有存档点数据保存在应用程序的内存中。这种实现方案非常快速且易于设置，非常适用于实验、开发及不需要跨应用程序重启持久化的场景。但是，由于数据仅存储在内存中，所以 MemorySaver 不适用于生产环境。因为在生产环境中，数据持久化和跨应用程序关闭的持久化至关重要。如果应用程序重启或崩溃，那么使用 MemorySaver 存储的数据将会丢失。

示例 4-11：使用 MemorySaver 编译具有持久化的 LangGraph

```Python
from langgraph.checkpoint.memory import MemorySaver
checkpointer = MemorySaver()
graph = builder.compile(checkpointer=checkpointer)
```

MemorySaver 适用于以下场景。

◎ 原型设计和开发：快速添加持久化以测试和实验 LangGraph 功能。

◎ 学习和教程：演示持久化概念，而无须设置外部数据库。

◎ 短期应用程序：不需要超出当前应用程序生命周期的数据持久化的应用程序。

2. SqliteSaver：基于文件的持久化

SqliteSaver 利用 SQLite 数据库提供基于文件的持久化方案。SQLite 是一种轻量级、独立的数据库引擎，将数据存储在单个文件中。这使 SqliteSaver 成为需要持久化到磁盘但不需要成熟数据库服务器的可扩展性或复杂性的应用程序的良好选择。它适用于单用户应用程序、本地部署，以及只需要简单基于文件的持久化解决方案的场景。SqliteSaver 提供跨应用程序重启的持久化，比 MemorySaver 更适合本地用例。

使用 SqliteSaver 要先单独安装 langgraph-checkpoint-sqlite 包：

```Bash
pip install langgraph-checkpoint-sqlite
```

再实例化并使用它。

示例 4-12：使用 SqliteSaver 编译具有持久化的 LangGraph

```Python
import sqlite3
from langgraph.checkpoint.sqlite import SqliteSaver

conn = sqlite3.connect("checkpoints.sqlite")
checkpointer = SqliteSaver(conn)
```

SqliteSaver 适用于以下场景。

◎ 本地应用程序：需要状态持久化的桌面应用程序或命令行工具。

◎ 小规模部署：并发性和数据量均有限的应用程序。

◎ 开发和测试：提供基于文件的持久化，便于进行更真实的测试。

3. PostgresSaver：生产级持久化

对于需要健壮、可扩展持久化的生产环境应用，LangGraph 提供了 PostgresSaver。此存档点器利用强大且广泛使用的 PostgreSQL 关系数据库。PostgreSQL 以其可靠性、可扩展性及对并发访问的支持而闻名，这使 PostgresSaver 成为高流量、生产级 AI 智能体的理想选择。它提供了一个强大的持久化后端，能满足苛刻的工作负载需求。

使用 PostgresSaver 要先安装 langgraph-checkpoint-postgres 包。

```Bash
pip install psycopg psycopg-pool langgraph-checkpoint-postgres
```

再配置 PostgreSQL 数据库并为 PostgresSaver 提供连接 URI。

示例 4-13：使用 PostgresSaver 编译具有持久化的 LangGraph

```Python
from langgraph.checkpoint.postgres import PostgresSaver

db_uri = "postgresql://postgres:postgres@localhost:5442/
postgres?sslmode=disable" # 替换为实际 PostgreSQL 连接 URI

with
PostgresSaver.from_conn_string(db_uri) as
checkpointer:
```

```
# 注意：第一次使用 checkpointer 时需要调用 setup()
checkpointer.setup()

config = {"configurable": {"thread_id": "1"}}
graph = builder.compile(checkpointer=checkpointer)
```

PostgresSaver 专为以下场景设计。

◎ 生产环境：需要高可靠性和可扩展性的生产级应用部署。

◎ 多用户应用程序：支持多用户或智能体的并发访问。

◎ 云部署：与基于云的 PostgreSQL 服务集成，以实现可扩展的持久化方案。

4. MongoDBSaver：文档数据库持久化

MongoDBSaver 依托主流 NoSQL 文档数据库 MongoDB 提供持久化服务。MongoDB 凭借灵活性高、可扩展性强及处理海量非结构化数据的能力广受认可，因此 MongoDBSaver 尤其适用于采用文档型数据库，且对可扩展性和数据存储灵活性有需求的应用场景。

使用 MongoDBSaver 要先安装 langgraph-checkpoint-mongodb 包。

```
Bash
pip install pymongo langgraph-checkpoint-mongodb
```

然后，使用连接字符串或预先存在的 MongoDB 客户端配置 MongoDBSaver。

示例 4-14：使用 MongoDBSaver 编译具有持久化的 LangGraph

```
Python
from langgraph.checkpoint.mongodb import MongoDBSaver

DB_URI = "mongodb://localhost:27017/" # 替换为实际 MongoDB 连接
        URI
with
MongoDBSaver.from_conn_string(DB_URI)
as checkpointer:
    graph =
builder.compile(checkpointer=checkpointer)
```

MongoDBSaver 适用于以下场景。

◎ 可扩展应用程序：需要水平扩展并处理大型数据集的应用程序。

◎ 以文档为中心的数据模型：图状态自然映射到面向文档的数据模型的应用程序。

◎ 现代应用程序堆栈：与基于 MongoDB 的应用程序架构集成。

存档点器实现总结如表 4-3 所示。

表 4-3 存档点器实现总结

存档点器名称	存储后端	优点	缺点	用例
MemorySaver	内存	快速、易于设置	不适用于生产环境	原型设计和开发
SqliteSaver	SQLite	轻量级、跨平台	不适合高流量场景	本地应用程序
PostgresSaver	PostgreSQL	可靠、可扩展	需要数据库服务器	生产环境
MongoDBSaver	MongoDB	灵活、可扩展	需要文档数据库	现代应用程序

4.2.3 持久化的实际应用

1. 对话记忆

持久化的核心优势之一是支持对话记忆功能，具体流程如图 4-2 所示。通过存档点保存对话历史记录（通常存储在状态的 messages 通道中），LangGraph 智能体可以"记住"过往的对话回合。这使得智能体能够实现上下文感知的对话，回顾交互的早期部分，理解用户先前表达的偏好，并在多个回合中保持连贯的对话流程。若没有持久化，则每次与对话式智能体的交互都将从头开始，导致用户体验碎片化且令人沮丧。持久化确保智能体可以像人类一样进行有意义的多回合对话。

这种由 LangGraph 持久化实现的对话记忆，实际上是一种短期对话记忆。智能体会记住当前对话中的内容，因为消息历史记录和相关状态会在每个回合通过存档点器保存。这种短期记忆对于维持基本的对话连贯性和响应性至关重要。

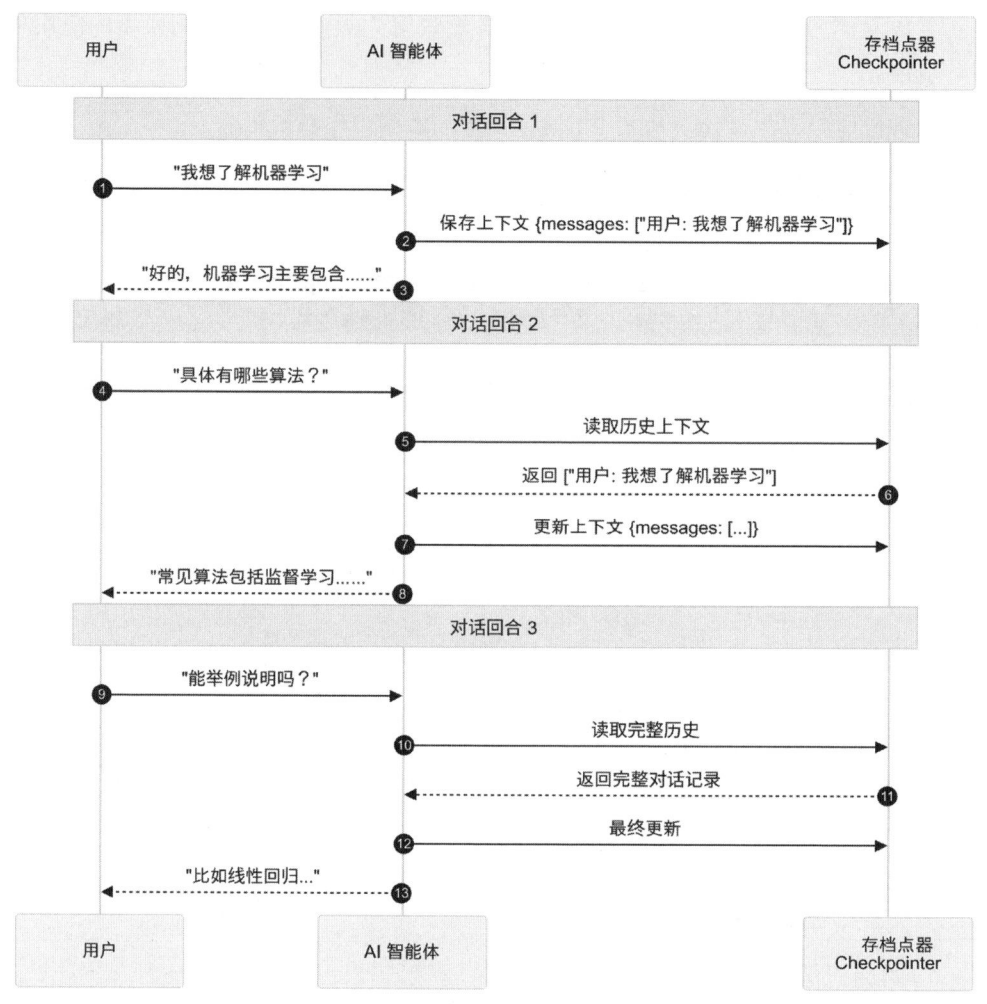

图 4-2　对话记忆

2.人机环路工作流

持久化机制在 LangGraph 中对于实现人机环路工作流（如图 4-3 所示）至关重要。这些工作流需要在智能体执行的各阶段引入人工干预，以实现批准、反馈或直接的状态编辑。持久化支持图执行的无缝中断和恢复，允许人工操作员检查存档点处的智能体状态、做出决策、提供输入或修改状态，然后指示图从该点继续执行。

此功能对于构建需要人工监督、质量保证或处理复杂或不确定情况（需要人工判断）的智能体至关重要。诸如断点、动态中断和状态编辑等功能都依赖存档点器提供的底层持久化机制实现。

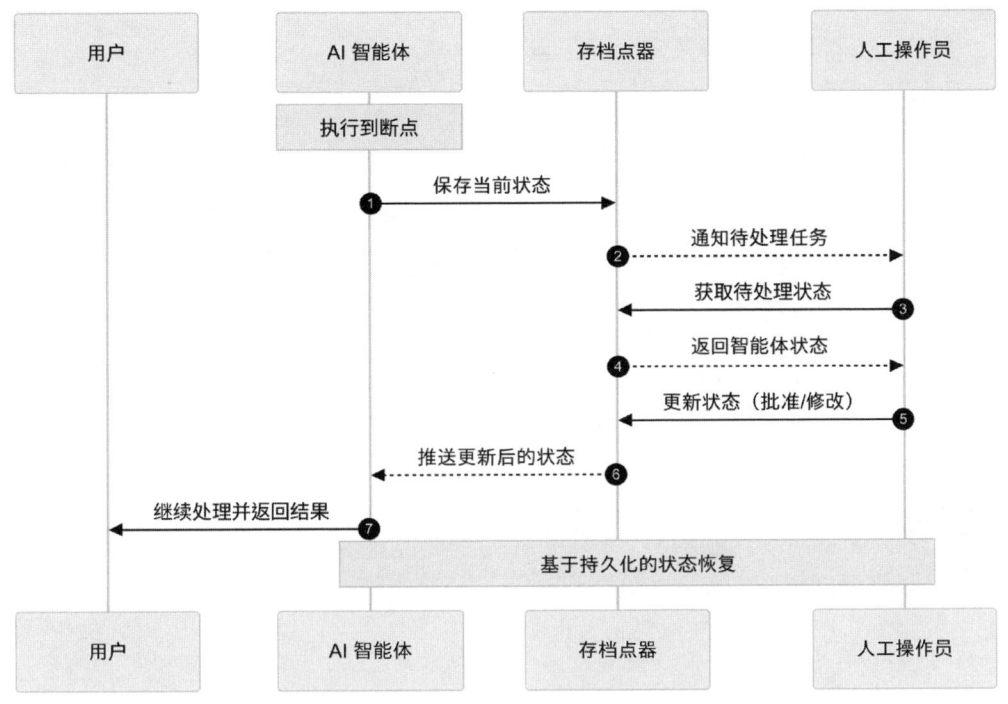

图 4-3　人机环路工作流

3. 时间旅行调试和分支

LangGraph 的持久化机制在支持时间旅行方面展现了其强大能力，为高级开发和调试工作提供重要支持。时间旅行在此能指导并查看 LangGraph 执行的历史状态，使开发者能检查过去的决策、从特定点重放执行过程，甚至分支执行路径以探索替代结果。这一功能显著提升开发效率，使调试工作更高效，实验更加便捷，同时深化对复杂智能体行为的整体理解。

时间旅行的基础是浏览执行历史记录的能力。在 config 中提供 thread_id 时，graph.get_state(config) 方法会返回指定线程的当前状态。graph.get_state_history(config) 方法会返回按时间顺序排列的 StateSnapshot 对象列表。此列表记录指定线程的完整执行历史，最新状态快照排在最前。

示例 4-15：使用 graph.get_state_history 浏览执行历史记录

```Python
from typing import TypedDict
from langgraph.graph import StateGraph, START
```

```python
from langchain_openai import ChatOpenAI
from langgraph.checkpoint.memory import MemorySaver

class State(TypedDict):
    topic: str
    joke: str

llm = ChatOpenAI(model="Qwen/Qwen2.5-7B-Instruct")

def refine_topic(state: State):
    return {"topic": state["topic"] + " and cats"}

def generate_joke(state: State):
    llm_response = llm.invoke(
        [{"role": "user", "content": f"Generate a joke about
{state['topic']}"}]
    )
    return {"joke": llm_response.content}

graph = (
    StateGraph(State)
    .add_node(refine_topic)
    .add_node(generate_joke)
    .add_edge(START, "refine_topic")
    .add_edge("refine_topic", "generate_joke")
    .compile(checkpointer=MemorySaver())
)

config = {"configurable": {"thread_id": "my_thread_1"}}
for chunk in graph.stream(
    {"topic": "ice cream"},
    config=config,
    stream_mode="updates",
):
    print(chunk)

print(graph.get_state(config).values)

state_history = list(graph.get_state_history(config))
for snapshot in state_history:
```

```
    print(f" 存档点 ID:
    {snapshot.config['configurable']['checkpoint_id']}")
    print(f" 步骤元数据 : {snapshot.metadata}")
    print(f" 父图状态值 : {snapshot.values}")
    print(f" 下一个节点 : {snapshot.next}")
    print("=" * 20)
```

Plaintext
{'refine_topic': {'topic': 'ice cream and cats'}}
{'generate_joke': {'joke': 'Why did the cat refuse to have ice
cream?\n\nBecause it was too groovy for feline taste!'}}
{'topic': 'ice cream and cats', 'joke': 'Why did the cat refuse to
have ice cream?\n\nBecause it was too groovy for feline taste!'}

存档点 ID: 1eff421e-1dc8-6fc8-8002-ccde396cf517
步骤元数据 : {'source': 'loop', 'writes': {'generate_joke': {'joke':
'Why did the cat refuse to have ice cream?\n\nBecause it was too
groovy for feline taste!'}}, 'thread_id': 'my_thread_1', 'step': 2,
'parents': {}}
父图状态值 : {'topic': 'ice cream and cats', 'joke': 'Why did the cat
refuse to have ice cream?\n\nBecause it was too groovy for feline
taste!'}
下一个节点 : ()
====================
存档点 ID: 1eff421e-1181-61d4-8001-66729b7e8e39
步骤元数据 : {'source': 'loop', 'writes': {'refine_topic': {'topic':
'ice cream and cats'}}, 'thread_id': 'my_thread_1', 'step': 1,
'parents': {}}
父图状态值 : {'topic': 'ice cream and cats'}
下一个节点 : ('generate_joke',)
====================
存档点 ID: 1eff421e-117d-63fe-8000-b40a75b49623
步骤元数据 : {'source': 'loop', 'writes': None, 'thread_id': 'my_
thread_1', 'step': 0, 'parents': {}}
父图状态值 : {'topic': 'ice cream'}
下一个节点 : ('refine_topic',)
====================
存档点 ID: 1eff421e-1175-68ca-bfff-120cefffe984
步骤元数据 : {'source': 'input', 'writes': {'__start__': {'topic':
'ice cream'}}, 'thread_id': 'my_thread_1', 'step': -1, 'parents': {}}

```
父图状态值：{}
下一个节点：('__start__',)
====================
```

LangGraph 的持久化机制不仅支持查看历史状态，更实现了真正的时间旅行功能。开发者可以在调用 graph.stream() 或 graph.invoke() 时，通过在 config 参数中指定特定的 checkpoint_id 指示系统回溯到该存档点记录的状态，并从此处重新开始执行图流程。

LangGraph 能够智能识别哪些步骤在指定 checkpoint_id 存档点前就已经执行过。系统会从存档点开始创建新的执行分支，即使某些步骤之前已经执行过，在新的分支中仍会完整重演后续所有步骤。

示例 4-16：使用 graph.stream(..., checkpoint_id=...) 重放执行

```Python
# 假设来自先前示例的 state_history
checkpoint_to_replay = state_history[2] # 让我们从历史记录中的第 3 个存
档点重放
replay_config = checkpoint_to_replay.config

for event in graph.stream(None, replay_config, stream_mode="values"):
    print(event)
```

```Plaintext
{'topic': 'ice cream'}
{'topic': 'ice cream and cats'}
{'topic': 'ice cream and cats', 'joke': 'Why did the cat wear a
coat while eating ice cream?\n\nBecause she knew the cold front was
coming, and she wanted to stay fluffy!'}
```

重放功能为调试工作提供强大支持。如果在图执行期间遇到意外行为或错误，则可以先使用 get_state_history() 识别问题发生前的状态快照，再从该存档点重放数据，检查智能体的执行步骤，隔离问题节点或决策点，并在受控环境中重现错误。这种由重放功能支持的迭代调试，相比在实时端到端执行调试要高效得多。

时间旅行功能不仅限于重放历史执行，还可以通过分支来探索替代执行路径。分支允许开发者从历史存档点分叉，修改该点的智能体状态，然后从修改后的状态恢复执行。这会在执行历史记录中创建一个"分支"，使开发者可以探索不同的方案或测试状态修改的影响，保持原始执行流程不变。

　　分支功能通过 graph.update_state(config, values) 方法实现。只需提供包含历史状态的 checkpoint_id 的 config，以及包含所需修改状态的 values 字典，即可创建一个新的分支存档点。这个新的存档点会继承原始存档点的执行上下文和元数据，还会合并状态更新。

示例 4-17：使用 graph.update_state(..., values) 从存档点分支执行

```Python
checkpoint_to_branch = state_history[1] # 让我们从历史记录中的第 2 个存档
点创建分支
branch_config = checkpoint_to_branch.config

# 创建一个新存档点，使用相同的 checkpoint_id 来更新存档状态
new_branch = graph.update_state(
    branch_config,
    {"topic": "ice cream and dogs"}
)

# 恢复图的执行，它现在将使用分支的存档点
for event in graph.stream(None, new_branch, stream_mode="values"):
    print(event)
```

```Plaintext
{'topic': 'ice cream and dogs'}
{'topic': 'ice cream and dogs', 'joke': 'Why did the ice cream dog
refuse the bone Because he heard it was a hot dog, not a cold one!'}
```

　　LangGraph 支持对子图的状态管理。子图虽然嵌套在父图内部，但本质上仍然是独立的 LangGraph 图，拥有独立的状态和执行上下文。在父图中，开发者可以通过 LangGraph 提供的 API，灵活地访问和管理子图的内部状态，实现更精细的流程控制和人机交互。

　　LangGraph 提供了以下几种主要的子图状态管理和访问方式。

　　（1）获取子图状态快照。

　　在父图中使用 graph.get_state(config, subgraphs=True) 方法获取包括父图和所有子图的完整状态快照。其中，subgraphs=True 指示 LangGraph 引擎返回父图和所有子图的状态信息。graph.get_state() 方法会返回一个 StateSnapshot 对象，包含了父图的当前状态值 values，以及所有处于 "Pending（挂起）" 状态的子图任务 tasks。对于

每个子图任务 task，task.state 属性都包含了该子图的状态快照（State Snapshot），因此，开发者可从父图中逐层访问嵌套子图的状态。

示例 4-18：获取子图状态快照（代码片段）

```Python
state = graph.get_state(config, subgraphs=True) # 获取包含子图状态的完整
状态快照

print("Grandparent State:")
print(state.values) # 打印父图的状态值
print("--------------")
print("Parent Graph State:")
print(state.tasks[0].state.values) # 访问第一个子图任务，打印其状态值
print("--------------")
print("Subgraph State:")
print(state.tasks[0].state.tasks[0].state.values) # 访问第一个子图任务
的第一个子任务，打印其状态值
```

上面的示例可以逐层深入访问嵌套子图的状态信息，例如 state.tasks[0].state.tasks[0].state.values 可以获取孙子图（Grandchild Subgraph）的状态值。获取子图状态快照是在父图中管理和访问子图状态的基础，也是实现后续子图状态更新、流程控制和人机交互的关键。

（2）更新子图状态。

在父图中使用 graph.update_state(config, updates) 方法更新指定子图的状态值。更新时需要将子图的 config 作为第一个参数传入，指明目标子图，updates 参数则指定要更新的状态键值对。

示例 4-19：更新子图状态

```Python
# 更新子图状态：修改子图状态中的 city 状态键的值为 la
graph.update_state(state.tasks[0].state.config, {"city": "la"}) # 将
子图状态的 config 作为第一个参数传入，updates 参数指定要更新的状态键值对
{"city": "la"}
```

此示例演示了如何获取子图 weather_graph 的状态快照 state，将 state.tasks[0].state.config 作为 config 参数，{"city":"la"} 作为 updates 参数，将子图中的"city"状态值从"sf"修改为"la"。更新子图状态是实现人机环路交互和流程干预的重要手段，

允许在父图执行过程中根据用户反馈或外部信息动态调整子图行为参数。

（3）以子图节点身份更新状态。

除了直接更新子图状态，LangGraph 还支持"以子图节点身份"更新状态，模拟子图节点执行完成后的状态更新效果。调用 graph.update_state() 方法时，除了传入子图的 config 参数，还需要通过 as_node 参数指定要模拟的子图节点名称。

示例 4-20：以子图节点身份更新状态

```Python
# 以子图 weather_graph 的 weather_node 节点身份更新状态
graph.update_state(
    state.tasks[0].state.config, # 将子图状态的 config 作为 graph.
update_state() 的 config 参数传入
    {"messages": [{"role": "assistant", "content": "rainy"}]}, #
updates 参数指定"虚假的"天气查询结果
    as_node="weather_node", # 指定要模拟的子图节点名称为 weather_node
)
```

此示例通过 as_node="weather_node" 参数，模拟了 weather_node 节点执行后返回 rainy 天气查询结果的状态更新效果。这种方式实现了更精细的子图状态控制，允许在父图中精确模拟子图内部的节点行为和状态变化，支持高级流程干预和定制需求。

这种在任何图嵌套级别有选择性地分支和修改状态的能力，是微调智能体行为、实验不同的子图特定参数，以及创建高度适应性 AI 智能体系统的基础。

LangGraph 持久化提供的时间旅行功能有以下优势。

◎ 更短的调试周期：通过重放与分支集中检查，可快速定位并复现问题，从而缩短调试时长。

◎ 迭代开发：支持测试更改而无须重新运行。

◎ 增强行为理解：通过浏览历史记录和逐步执行过去的操作，开发者能更深入地理解 AI 智能体的工作原理、决策过程和状态转换。

◎ 增强实验能力：支持受控实验，包括状态修改和替代输入，从而推动更具探索性和数据驱动的开发过程。

需要强调的是，时间旅行功能完全基于持久化机制实现。如果没有保存和检索存档点的能力，浏览历史记录、重放执行和分支执行路径将无法实现。持久化为捕获和保存智能体在不同时间点的状态提供了必要的基础，使时间旅行成为现实。存档点器作为持久化引擎，支撑着所有时间旅行操作，确保历史状态得到可靠存储并可随时访问，以支持调试、分析和实验。

4.3 人机环路协作

虽然自动化是 AI 智能体的核心优势，但在处理复杂或敏感场景时，完全自主的运行模式并不总是最佳选择，有时甚至不可行。人机环路（Human In The Loop， HITL）提供了一种有效范式，将 AI 智能体的优势与人类用户不可替代的判断力和监督力相结合，如图 4-4 所示。LangGraph 框架深度集成了人机环路机制，使开发者能够构建兼具智能、协作性和透明性的 AI 智能体系统。通过在智能体工作流中合理引入人工输入环节，我们可以创建更可靠、更值得信赖且更符合用户需求和道德考量的 AI 智能体系统。

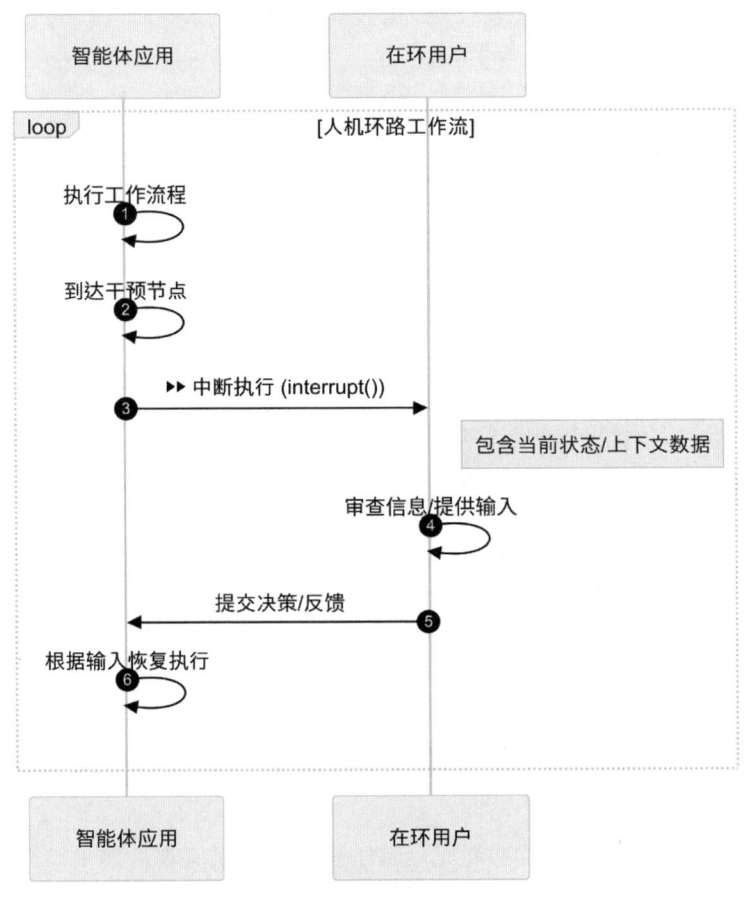

图 4-4 人机环路协作

如果一个 AI 智能体要做出关键决策、处理敏感操作（如金融交易或数据修改）或生成需要人工验证的内容（如法律文档或营销文案），那么全自动操作可能风险过高或根本不符合实际需求。人机环路工作流通过在执行过程中设置存档点来解决这一问题，在这些存档点中引入人工审查、批准或反馈。这种协作方法不仅提高了 AI 智能体输出的可靠性和准确性，还增强了用户对 AI 系统的信任感和控制力。

人机环路工作流的核心在于 interrupt() 函数，它允许开发者在指定的节点暂停图执行，向人类用户呈现相关信息，然后根据人工输入决定后续执行流程。本节将探讨 LangGraph 中人机环路协作的各方面，包括实用的设计模式、实现技术，以及将人类智能与 AI 智能体工作流融合的好处。我们将首先讨论静态断点这一基础执行暂停的机制，再探索更高级的人机环路设计模式。

4.3.1 静态断点：定义固定的人工干预点

通过静态断点将人工干预点引入智能体工作流中，是一种很直接的实施人机环路的方法。静态断点在图编译时通过 graph.compile() 方法的 interrupt_before 和 interrupt_after 参数进行定义。这些参数允许开发者指定节点名称，在这些节点处图执行将自动暂停，从而在工作流中创建固定的人工交互点。

interrupt_before 参数接收节点名称列表。当节点名称包含在此列表中时，图执行将在进入并执行指定节点之前暂停。这适用于需要在执行特定节点的逻辑之前检查图的状态和预期操作的场景。例如，执行 API 调用、执行数据库写入或生成潜在敏感内容之前暂停执行。

当图的执行由于 interrupt_before 断点而暂停时，LangGraph 会发出 Interrupt 信号，并保存当前图状态的存档点，执行将保持暂停状态，直到显式使用 Command 恢复执行。

示例 4-21：使用 interrupt_before 设置静态断点

```Python
# 编译图，在 action 节点之前设置断点，当图执行到达 action 节点时，它将暂停
graph = graph_builder.compile(interrupt_before=["action"],
checkpointer=MemorySaver())

# 编译图，在 assistant 节点之后设置断点，当图执行完成 assistant 节点时，它将
暂停
graph = graph_builder.compile(interrupt_after=["assistant"],
checkpointer=MemorySaver())
```

相应地，interrupt_after 参数同样接收节点名称列表。当节点名称包含在 interrupt_after 列表中的时候，图执行将在指定节点完成执行之后、继续执行下一个节点之前自动暂停。这适用于审查节点执行输出，以及在节点逻辑应用之后的状态更改的场景，例如，在 LLM 调用后暂停执行，以审查生成的内容，或在工具执行后检查工具输出，然后再让智能体做出进一步的决策。与 interrupt_before 类似，interrupt_after 在触发断点时也发出 Interrupt 信号并保存图状态的存档点，从而暂停执行，直到显式使用 Command 恢复执行。

使用 interrupt_before 和 interrupt_after 定义的静态断点提供了一种基本但有效的人工干预机制，特别适用于以下场景。

◎ 简单审批步骤：在特定节点前后快速添加人工审查关卡。

◎ 开发时调试：在开发阶段检查中间状态和输出。

◎ 演示教学：用于演示人机环路概念的基本实现方式。

需要注意的是，静态断点在需要动态判断干预时机的场景下灵活性不足。对于更复杂、需根据运行时条件决定干预时机的需求，interrupt() 函数能实现更灵活、上下文感知的人机环路工作流程。

4.3.2　人机环路的核心设计模式：基于操作的干预

LangGraph 中的人机环路工作流通常围绕三种基本类型的人工操作构建：审批、编辑图状态和输入提供。这些操作代表了人类与 AI 智能体交互和指导的主要方式，每种操作在增强控制、准确性和用户体验方面都具有独特的作用。

1. 审批：验证智能体决策

审批工作流旨在在 AI 智能体执行关键或不可逆操作之前引入人工监督。当智能体即将执行具有重大影响的操作时，此模式尤其重要，例如触发外部流程的 API 调用、执行数据库修改或进行金融交易。通过预先设置人工审批步骤，可以确保人工审查员检查智能体的预期操作、评估其适当性并明确授权执行。这为可能产生重大影响的场景增加了至关重要的安全控制层。

以金融投资 AI 智能体为例，在下达交易指令前，AI 智能体可以暂停执行，并将建议的交易详情（例如，证券、数量、价格等）呈现给人工财务顾问以供审查和批准。只有在获得明确的人工批准后，AI 智能体才会继续执行交易。这一审批步骤有效降低了因算法错误或市场异常导致财务损失的风险。

在 LangGraph 中实现审批工作流通常包括以下步骤。

（1）在关键操作节点前插入一个"人工审批节点"。

（2）在审批节点中使用 interrupt() 函数暂停执行，并向用户展示相关信息。

（3）提供"批准"或"拒绝"的操作选项。

（4）使用 Command 对象的 resume 参数将人工输入传递回 LangGraph。若批准，则继续执行关键操作；若被拒绝，则图可能会采取替代路径（如修改操作或中止工作流）。

示例 4-22：使用 interrupt() 函数的"人工审批节点"以及基于人工输入（批准 / 拒绝）的路由逻辑

```Python
from typing import Literal, TypedDict
from langgraph.graph import StateGraph
from langgraph.types import interrupt, Command
from langgraph.checkpoint.memory import MemorySaver

# 定义状态类型
class State(TypedDict):
    topic: str
    proposed_action_details: str

# 定义节点函数
def propose_action(state: State) → State:
    """ 提出一个需要人工审批的操作 """
    return {
        **state,
        "proposed_action_details": f" 基于主题 '{state['topic']}' 的操作提议 "
    }

def human_approval_node(state: State) → Command[Literal["execute_action", "revise_action"]]:
    """ 在执行关键行动前请求人工审批 """
    approval_request = interrupt(
        {
            "question": "Approve the execution of the following
```

```
action?",
            "action_details": state["proposed_action_details"] # 待
审批操作的详情
        }
    )

    if approval_request["user_response"] == "approve": # 用户批准
        return Command(goto="execute_action") # 路由到执行操作的节点
    else: # 用户拒绝
        return Command(goto="revise_action") # 路由到修改操作的节点

def execute_action(state: State) → State:
    """ 执行已批准的操作 """
    return {
        **state,
        "proposed_action_details": f" 已执行操作 :
{state['proposed_action_details']}"
    }

def revise_action(state: State) → State:
    """ 修改被拒绝的操作 """
    return {
        **state,
        "proposed_action_details": f" 修改后的操作 : {state['proposed_
action_details']} ( 已调整 )"
    }

# 构建图
graph_builder = StateGraph(State)

# 添加节点
graph_builder.add_node("node_proposing_action", propose_action)
graph_builder.add_node("human_approval", human_approval_node)
graph_builder.add_node("execute_action", execute_action)
graph_builder.add_node("revise_action", revise_action)

# 添加边
graph_builder.add_edge("node_proposing_action", "human_approval")
graph_builder.add_edge("revise_action", "human_approval")  # 修改后再
```

发布审批请求

```python
# 设置入口节点
graph_builder.set_entry_point("node_proposing_action")

# 编译图
graph = graph_builder.compile(checkpointer=MemorySaver())

# 执行图
config = {"configurable": {"thread_id": "approval_thread"}}
graph.invoke({"topic": "重要决策"}, config=config)
print(graph.get_state(config))

# 恢复图执行，拒绝提议
graph.invoke(Command(resume={"user_response": "deny"}), config=config)
print(graph.get_state(config))

# 恢复图执行，批准提议
graph.invoke(Command(resume={"user_response": "approve"}),
config=config)
print(graph.get_state(config))
```

```
Plaintext
StateSnapshot(values={'topic': '重要决策', 'proposed_action_
details': "基于主题 '重要决策' 的操作提议"}, next=('human_approval',),
config={'configurable': {'thread_id': 'approval_thread', 'checkpoint_
ns': '', 'checkpoint_id': '1eff42ca-29dc-6f4c-8001-66dbd6e70224'}},
metadata={'source': 'loop', 'writes': {'node_proposing_action':
{'topic': '重要决策', 'proposed_action_details': "基于主题 '重要决策'
的操作提议"}}, 'thread_id': 'approval_thread', 'step': 1, 'parents':
{}}, created_at='2025-02-26T10:30:01.576414+00:00', parent_
config={'configurable': {'thread_id': 'approval_thread', 'checkpoint_
ns': '', 'checkpoint_id': '1eff42ca-29d7-6bfa-8000-a148bfae03f0'}},
tasks=(PregelTask(id='f6e7c3af-0cff-9945-d00b-e3fb5d15925d',
name='human_approval', path=('__pregel_pull', 'human_approval'),
error=None, interrupts=(Interrupt(value={'question': 'Approve
execution of the following action?', 'action_details': "基于主题 '重
要决策' 的操作提议"}, resumable=True, ns=['human_approval:f6e7c3af-
0cff-9945-d00b-e3fb5d15925d'], when='during'),), state=None,
```

```
result=None),))

StateSnapshot(values={'topic': '重要决策', 'proposed_action_
details': "修改后的操作：基于主题 '重要决策' 的操作提议（已调整）"},
next=('human_approval',), config={'configurable': {'thread_id':
'approval_thread', 'checkpoint_ns': '', 'checkpoint_id': '1eff42ca-
29e7-6870-8003-1929a21d6bdd'}}, metadata={'source': 'loop',
'writes': {'revise_action': {'topic': '重要决策', 'proposed_
action_details': "修改后的操作：基于主题 '重要决策' 的操作提议（已
调整）"}}, 'thread_id': 'approval_thread', 'step': 3, 'parents':
{}}, created_at='2025-02-26T10:30:01.580749+00:00', parent_
config={'configurable': {'thread_id': 'approval_thread', 'checkpoint_
ns': '', 'checkpoint_id': '1eff42ca-29e5-667e-8002-5f69c84b3239'}},
tasks=(PregelTask(id='e7b35b25-523b-1bcf-19a7-24462a6c7b92',
name='human_approval', path=('__pregel_pull', 'human_approval'),
error=None, interrupts=(Interrupt(value={'question': 'Approve
execution of the following action?', 'action_details': "修改后的操作：
基于主题 '重要决策' 的操作提议（已调整）"}, resumable=True, ns=['human_
approval:e7b35b25-523b-1bcf-19a7-24462a6c7b92'], when='during'),),
state=None, result=None),))

StateSnapshot(values={'topic': '重要决策', 'proposed_action_
details': "已执行操作：修改后的操作：基于主题 '重要决策' 的操作提议（已
调整）"}, next=(), config={'configurable': {'thread_id': 'approval_
thread', 'checkpoint_ns': '', 'checkpoint_id': '1eff42ca-29ef-
6ef8-8005-28e2ad9857c5'}}, metadata={'source': 'loop', 'writes':
{'execute_action': {'topic': '重要决策', 'proposed_action_details':
"已执行操作：修改后的操作：基于主题 '重要决策' 的操作提议（已调整）"}},
'thread_id': 'approval_thread', 'step': 5, 'parents': {}}, created_
at='2025-02-26T10:30:01.584194+00:00', parent_config={'configurable':
{'thread_id': 'approval_thread', 'checkpoint_ns': '', 'checkpoint_
id': '1eff42ca-29ee-613e-8004-9cbcf10864a9'}}, tasks=())
```

示例 4-22 对应的 Mermaid 流程图，如图 4-5 所示。

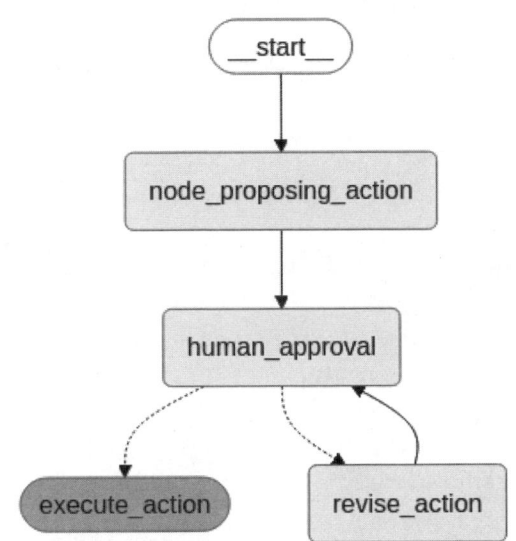

图 4-5 示例 4-22 对应的 Mermaid 流程图

interrupts 结构体的更多说明可参见 4.3.3 节。

2. 编辑图状态：纠正和优化智能体行为

编辑图状态工作流允许人工用户通过审查和修改 AI 智能体的内部状态来直接干预其执行过程。这对于纠正错误、优化智能体行为或在运行时提供额外的上下文或约束特别有用。通过增加"编辑智能体思维"的功能，开发者可以精细地控制执行流程，并将 AI 智能体引导至期望的结果，尤其是在初始轨迹偏离预期的情况下。

以 AI 智能体生成长文档摘要为例，智能体可能会生成事实准确但遗漏了关键细节的摘要。工作流会在生成初始摘要后暂停编辑，将其呈现给人工编辑，并允许编辑直接修改摘要文本。智能体恢复执行时，将编辑后的摘要合并到后续流程中，例如将其作为回答问题的上下文。

在 LangGraph 中实现状态编辑通常涉及以下步骤。

（1）在需要审查的位置插入"人工编辑节点"。

（2）在编辑节点中使用 interrupt() 函数暂停执行，并将相关的状态变量（或派生信息）呈现给用户审查。

（3）提供便于直接编辑状态信息的用户界面。

（4）在恢复执行时，使用人工编辑的值更新图状态。通过带有 update 参数的

Command 对象，将人工编辑后的状态注入回 LangGraph。

示例 4-23：使用 interrupt() 函数的"人工编辑节点"以及使用人工编辑的值更新图状态

```python
Python
from langgraph.types import Interrupt, Command

def human_editing_node(state: State):
    """ 对于已创建的内容申请人工审核 """
    current_summary = state["generated_summary"]
    edited_summary = Interrupt(
        {
            "task": "Review and edit the generated summary.",
            "current_summary": current_summary
        }
    )

    return {
        "generated_summary": edited_summary # 使用人工编辑的摘要更新状态
    }

# 图定义
graph_builder.add_node("human_editing", human_editing_node)
graph_builder.add_edge("node_generating_summary", "human_editing")


# 在图 human_editing_node 处中断后
edited_text_from_human = get_user_edited_summary_from_ui() # 从用户界
面获取编辑后的摘要

# 恢复图执行，使用编辑后的摘要更新状态
graph.invoke(
    Command(resume={"edited_text": edited_text_from_human}), # 将编辑
后的文本作为恢复值传递
    config=thread_config
)
```

3. 输入提供：指导对话和收集上下文

输入提供工作流通过人工交互收集 AI 智能体有效执行操作所需的额外信息或上

下文。这种模式适用于对话式智能体或需要澄清需求的工作流，以及需要获取用户偏好或现实世界数据的工作流。通过在关键点请求人工输入，可以引导对话、消除歧义并确保智能体获得生成准确响应所需的必要信息。

以旅行计划 AI 智能体为例说明。AI 智能体最初可能会询问用户目的地和旅行日期等基本信息。如果用户请求含糊不清（如"明年夏天我想去欧洲"），那么 AI 智能体会触发输入提供工作流进行澄清，询问用户诸如"您对欧洲的哪个地区感兴趣？"或"您正在寻找哪种旅行体验？"等问题。用户的回答为 AI 智能体提供了优化旅行建议所需的关键上下文。

输入提供工作流程具体如下所述。

（1）在需要用户澄清或额外信息的位置插入"人工输入节点"。

（2）在输入节点中使用 interrupt() 函数暂停执行，并将具体问题或信息请求呈现给用户。

（3）提供专门的用户界面，允许人工输入。

（4）在恢复执行时，使用人工提供的输入更新图状态。通过 Command 对象的 resume 参数，将人工输入传回 LangGraph。

示例 4-24：使用 interrupt() 函数的"人工输入节点"以及使用人工输入的值更新图状态

```Python
from langgraph.types import Interrupt, Command

def human_input_node(state: State):
    """ 请求人工审核的节点 """
    user_location = interrupt(
        "To help me find the best travel options, could you please
specify which part of Europe you'are interested in?"
    )

    return {
        "user_location": user_location # 使用用户提供的位置更新状态
    }


# 图定义
```

```
graph_builder.add_node("human_input", human_input_node)
graph_builder.add_edge("node_initial_request", "human_input")



# 在图 human_input_node 处中断后
user_provided_location = get_user_input_from_ui() # 从用户界面获取用户
的位置输入

# 恢复图执行，传入用户提供的位置
graph.invoke(
    Command(resume=user_provided_location), # 将用户位置作为恢复值传递
    config=thread_config
)
```

4.3.3　interrupt() 函数的技术细节

interrupt() 函数是 LangGraph 实现人机环路工作流的核心机制，能够在策略节点暂停图执行，向用户呈现信息，并根据人工输入无缝恢复执行。理解 interrupt() 的技术细节及其与 Command 对象的交互，对设计和实现高效的人机环路工作流至关重要。

当在 LangGraph 节点中调用 interrupt() 函数时，将触发以下关键操作。

（1）图执行暂停：执行流程在调用 interrupt() 函数的代码位置立即暂停。至关重要的是，在显式使用 Command 恢复执行之前，当前节点或后续节点中的代码都不会继续执行。智能体的工作流完全停止，等待外部人工干预。

（2）发出中断信号：LangGraph 发出结构化 Interrupt 信号（在使用 .stream() 或 .astream() 时可作为流输出的一部分访问）。此信号携带着恢复工作流所需的基本信息，包含以下内容。

◎ value: 调用 interrupt() 时定义的有效负载。它可以是任何 JSON 可序列化的值，例如，问题、要审查的文本、操作建议或相关状态数据。此值用于通知人类用户并指导其输入。

◎ resumable=True：明确表示图执行可以从此暂停点恢复。对于由 interrupt() 函数创建的中断，此标志始终为 True，表明其在人机环路工作流中的作用。

◎ ns：作为图中特定中断实例的唯一标识符，由 LangGraph 的引擎使用，以管理恢复过程，尤其是在处理嵌套图或复杂工作流中的多个中断时，确保正确路由恢复。

◎ when='during'：表示中断发生在图执行过程中（当前 interrupt() 函数调用仅产生此类型中断）。

（3）图状态存档点保存：为了实现恢复，LangGraph 会暂停，并自动创建完整的图状态存档点。此存档点包含中断时刻所有状态变量和执行上下文的快照，并保存到持久化存储后端，确保在暂停期间不会丢失任何进度。与此图状态存档点关联的 checkpoint_id 会被包含在 Interrupt 信号的命名空间中，从而将暂停链接到持久化状态。

（4）控制权返回给用户：在发出 Interrupt 信号并保存存档点状态后，LangGraph 会将控制权交还给调用图执行的用户或应用程序代码（例如，调用 graph.stream() 或 graph.invoke() 的代码）。当使用 .stream() 或 .astream() 时，Interrupt 信号将作为数据流的一部分产生，应用程序检测暂停并提取 value 有效负载，并在用户界面中呈现给人类用户，等待人工输入。

要在中断之后恢复图执行，必须使用与中断运行相同的 thread_id 再次调用图，但需要提供 Command 对象作为输入。

Command 对象中的参数 resume 值将作为 interrupt() 调用在节点中（在其中触发中断）的返回值。这种机制允许将人工输入注入回 LangGraph 执行流程，使 AI 智能体能够根据人工指导继续处理。

需要注意的是，在中断后恢复执行时，图执行会从调用 interrupt() 的节点的开头重新开始。该节点内 interrupt() 调用之前的所有代码，都将重新执行。因此，必须将任何具有副作用的代码（如 API 调用、数据库写入等）放在 interrupt() 调用之后，以避免在恢复时意外地重新执行这些操作。

虽然 interrupt() 函数为人机环路工作流提供了强大而灵活的机制，但开发者应注意以下几个常见陷阱，以确保在 LangGraph 中实现正确而健壮的人机环路工作流。

1. 常见陷阱之一：忘记配置存档点器

最基本的陷阱之一是在编译图时忘记配置存档点器。interrupt() 函数完全依赖 LangGraph 的持久化机制来保存暂停执行时的图状态。如果在 graph.compile() 期间未提供存档点器的情况下编译图，则 interrupt() 函数将无法按预期工作，并可能导致运行时错误或不可预测的行为。图将无法在中断点保存其状态，因此，恢复将是不可能的。

解决方案：始终确保在编译任何使用 interrupt() 函数的 LangGraph 时提供有效的存档点器实例（例如，MemorySaver、SqliteSaver、PostgresSaver、MongoDBSaver）。

```Python
# 正确：使用存档点器编译图
graph = graph_builder.compile(checkpointer=MemorySaver())

# 不正确：在没有存档点器的情况下编译图，interrupt() 将无法正常工作
graph_correct = graph_builder.compile() # 缺少存档点器!
```

2. 常见陷阱之二：不正确的 thread_id 管理

人机环路工作流本质上依赖线程的概念，以维护不同对话或工作流执行的独立执行上下文和持久状态。常见的错误是不正确地管理 thread_id，尤其是在恢复中断执行时。如果使用与中断运行时不同的 thread_id 恢复图，那么 LangGraph 将无法找到正确的存档点，导致恢复失败。同样，如果在多回合对话的整个生命周期中未持续传递正确的 thread_id，那么可能会丢失上下文和持久化。

解决方案：

◎ 确保在单个对话线程或工作流执行中的所有交互中始终使用相同的 thread_id。存储并重用为给定用户会话生成的初始 thread_id。

◎ 恢复中断的图时，请注意不要随意创建新的 thread_id。当使用 Command 恢复时，传递与中断执行关联的原始 thread_config。

3. 常见陷阱之三：恢复时 Command 对象结构不正确

Command 对象是恢复中断的 LangGraph 执行并将人工输入传递回工作流的指定机制。使用结构不正确的 Command 对象是一个常见的陷阱。最常见的错误是错误配置或省略 resume 参数、为其提供错误的数据类型或在 resume 中错误地嵌套数据。

解决方案：

◎ 在中断后恢复图执行时，必须使用带有 resume 参数的 Command 对象；确保传递给 Command(resume=value) 的值的数据类型和结构与 human_node 函数期望接收的 interrupt() 返回值的类型和结构相匹配。请参阅节点代码以确定预期的数据格式。

◎ 在调试时，仔细检查 .stream() 或 .astream() 发出的 Interrupt 信号，其 value 字段通常提供有关 resume 值的预期格式的线索。

4. 常见陷阱之四：节点外部状态突变

update_state() 方法和 Command 对象的 update 参数虽然可用于修改图状态，但在

节点状态突变是一个常见错误，尤其是在人机环路工作流中。状态突变，特别是与中断恢复机制结合使用时，可能导致在并发或异步应用程序中出现竞争条件、状态不一致等不可预测的行为。

解决方案：

◎ 图状态的修改应主要在 LangGraph 节点函数内部进行。

◎ 当需要从外部修改状态（如人机环路场景）时，应使用 graph.update_state() 方法或 Command 对象的 update 参数，以确保状态更新已被正确同步并集成到 LangGraph 执行流程中。

◎ 不应依赖全局变量或外部副作用直接修改图状态。这种做法会破坏 LangGraph 提供的受控状态管理，并可能引发难以调试的问题。

5. 常见陷阱之五：多重中断节点的复杂性

在单个节点内使用多个 interrupt() 调用，虽然有助于实现诸如验证人工输入之类的模式，但如果处理不当，则会引入复杂性和潜在问题。恢复值与节点内 interrupt() 函数调用之间的索引匹配关系对节点代码结构的修改很敏感。

解决方案：

◎ 若节点包含多个 interrupt() 调用，则应避免在执行之间动态添加、删除或重新排序这些调用。要尽可能保持节点的静态结构。

◎ 修改包含多个 interrupt() 调用的节点时，务必注意任何可能影响 interrupt() 调用的顺序或数量的更改，以免破坏索引恢复值匹配。

◎ 对于需要动态中断处理的复杂场景，建议将节点逻辑重构为多个较小节点，每个节点都有单个 interrupt() 调用，并通过条件边连接。这可以提高代码清晰度并减少索引相关问题风险。

4.3.4 人机协作是构建信任和控制的关键

人机环路工作流不仅仅是 AI 智能体的后备机制，更是一种强大的设计范式，可以实现更协作、更透明和以用户为中心的 AI 应用开发。interrupt() 函数提供了一种灵活且符合工程学原理的方式，支持在关键决策点进行人工干预。

通过采用人机环路工作流，开发者可以构建具备以下特性的 AI 智能体。

◎ 更可靠：人工监督降低了错误风险，确保关键任务执行的准确性。

◎ 更值得信赖：透明度和人工控制增强了用户对 AI 系统的信任基础。

◎ 更具适应性：人工输入使智能体能够处理模棱两可的情况、适应不断变化的需求并从人工反馈中学习。

◎ 更以用户为中心：人机环路工作流实现了更具交互性和协作性的用户体验，并在需要时确保人工主导权。

无论是用于批准敏感操作、编辑生成的内容，还是收集澄清信息，人机环路工作流都是 LangGraph 开发者工具包中的宝贵工具。掌握这些模式使开发者能够构建不仅智能且自动化，而且及时响应人工指导和监督的 AI 智能体。

人机环路的三种操作如表 4-4 所示。

表 4-4　人机环路的三种操作

人机环路操作	描述	LangGraph 实现技术	主要优势
审批	人工验证并授权智能体在执行前提出的操作	专用节点中的 interrupt() 函数，基于用户响应进行路由	增强安全性，降低意外或有害操作的风险
编辑图状态	人工审查并修改智能体的内部状态，以纠正错误或优化行为	专用节点中的 interrupt() 函数，带有人工编辑状态的 Command(resume=...)	精细控制，纠正智能体的错误降低，提高输出质量
输入提供	智能体显式请求并收集来自人类用户的澄清信息或上下文	专用节点中的 interrupt() 函数，带有用户输入的 Command(resume=...)	指导对话，消除歧义，更丰富的上下文理解

 思考题

（1）值流、更新流和消息流三种模式各自的优势和劣势是什么？哪种模式最适合提供即时反馈，为什么？

（2）自定义流模式适合但值流和更新流模式无法满足需求的场景及具体数据是

什么？

（3）除了流式传输 LLM 词元，.astream_events() 方法还适用于哪些高级调试和监控场景？请举例说明，并解释您将如何利用不同事件类型中的数据和元数据。

（4）生产环境中的高流量 AI 智能体适合用哪种存档点器。MemorySaver、SqliteSaver、PostgresSaver、MongoDBSaver 各自的优缺点是什么？

（5）StateSnapshot 对象中包含的 config、metadata、values、next 和 tasks 属性在时间旅行调试和分支执行工作流中分别扮演什么角色？请详细解释。

（6）在调试 LangGraph 智能体时，重放执行路径和分支执行路径分别适用于哪些场景？请说明它们的优势和局限性。在什么情况适合选择重放而不是分支，反之亦然？

（7）人机环路工作流在提高 AI 智能体可靠性和可信度的同时，可能引发哪些伦理问题？例如，过度依赖人工审批可能会对智能体的自主性和效率产生什么影响？

（8）撰写法律文件的 AI 助手中在哪些关键步骤中插入人工审批节点至关重要？在审批节点中适合向人类用户呈现哪些信息以供审查？

第 5 章
AI 智能体的记忆系统

Memory is the mother of all wisdom. —Aeschylus
（记忆是所有智慧的母亲。—— 古希腊剧作家埃斯库罗斯）

　　正如古希腊先哲所言，智慧之源，溯其本初，实乃记忆之涓流汇聚而成。于 AI 智能体而言，亦是如此。若其系统之中，知识无所依傍，经验转瞬即逝，则所谓智能，亦不过是空中楼阁，无根之浮萍。唯有记忆之根深植，方能孕育出洞察之花，结出智慧之果。AI 智能体之智识，非凭空而生，乃是对过往交互之沉淀，对经验教训之反思，在不断累积与融汇中，方能臻于至境。

在 AI 智能体持续发展的进程中，我们深刻认识到赋予其类人记忆能力是构建真正智能实用系统的关键所在。正如人类依靠记忆理解世界、积累经验并维持连贯对话，AI 智能体同样需要记忆系统来超越简单反应式交互，实现更高级的智能水平和用户体验。本章将系统阐述 AI 智能体记忆体系的核心概念与实践方法，揭示如何运用 LangGraph 框架为智能体赋予持久的知识储备与情境感知能力。

5.1　短期记忆与长期记忆

要创建真正智能且实用的 AI 智能体，关键在于为其配备能够模仿人类认知特性的记忆系统。正如人类利用短期记忆和长期记忆来进行有效的互动和学习一样，AI 智能体也同样需要利用记忆来演进，如图 5-1 所示。本节将探讨 LangGraph 框架中短期记忆和长期记忆的作用及其在构建 AI 智能体中的协同效应。

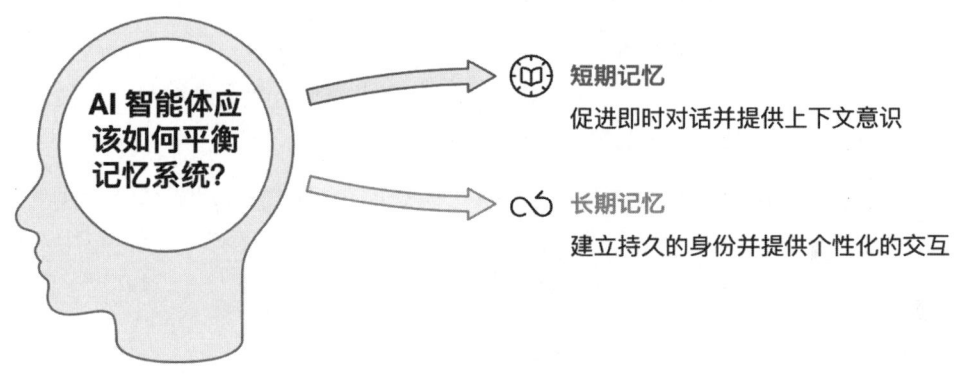

图 5-1　短期记忆和长期记忆

短期记忆与长期记忆的共存必要性源于智能交互的多维特性。试想，如果 AI 智能体只能记住刚发生的对话，或者不加区分地记住所有信息而忽视当前交流重点，那么都将导致对话效果大打折扣。这两种极端情况都无法实现有效的智能交互。

短期记忆的核心价值在于保障对话的即时性。它使 AI 智能体能够专注于当前对话情境，准确理解用户输入的细微差别，并维持对话的连贯性。缺乏短期记忆将导致每轮对话彼此割裂，丧失上下文关联。

长期记忆则提供了持续发展的基础。它使 AI 智能体能够突破单次交互的局限，建立稳定的身份特征，从历史经验中持续学习，最终提供日益个性化和精准的服务。没有长期记忆的智能体将停滞不前，难以与用户建立深度互动关系。

因此，一个完善的 AI 智能体记忆架构需要采取差异化策略，通过短期记忆和长期记忆的有机结合，既保障即时对话的流畅性，又实现智能体能力的持续进化。

5.1.1 短期记忆：维持对话的连贯性

短期记忆（Short-Term Memory）是 AI 智能体实现连贯性对话的基础架构。它使智能体能够在完整对话过程中维持上下文理解能力。从本质上说，短期记忆构成了智能体在特定对话期间的"工作上下文"，其核心功能是动态保存和更新与当前交互直接相关的信息，主要包括以下关键要素。

◎ 对话历史记录：按时间顺序完整记录用户与智能体之间交换的所有消息，为交互过程提供即时历史轨迹。

◎ 当前任务上下文：明确记录用户当前目标的详细参数和要求，包括智能体正在处理的具体任务及其相关参数或约束条件。

◎ 用户意图（会话特定）：智能体对用户在本次对话中所表达需求和目标的动态理解，这一理解会随着对话轮次不断深化和完善。

◎ 中间结果（会话特定）：在对话过程中生成的临时数据和输出，包括计算中间值、检索结果或工具输出等即时处理所需的信息。

在 LangGraph 框架中，对话历史记录作为短期记忆的核心组成部分，通常通过状态管理系统进行维护。典型的 AgentState 结构会包含专门用于存储进行中对话的 messages 列表，以此实现短期记忆功能。

示例 5-1：在 LangGraph 中通过对话历史记录管理短期记忆

```Python
from typing import TypedDict, List, Dict, Any
from langchain_core.messages import BaseMessage, HumanMessage,
AIMessage

class AgentState(TypedDict):
    messages: List[BaseMessage] # 消息列表，作为对话历史记录
    intermediate_results: Dict[str, Any] # 短期记忆中的其他数据
```

向此历史记录添加新消息，无论是来自用户还是 AI 智能体，都只需在图执行期间更新 AgentState 中的 messages 列表即可。

示例 5-2：在 LangGraph 中通过中间结果管理短期记忆

```python
def add_user_message(state: AgentState, user_message: str) →
Dict[str, List[BaseMessage]]:
    """ 向对话历史记录添加用户消息 """
    new_message = HumanMessage(content=user_message)
    return {"messages": state["messages"] + [new_message]}

def add_ai_message(state: AgentState, ai_response: str) → Dict[str,
List[BaseMessage]]:
    """ 向对话历史记录添加 AI 响应 """
    new_message = AIMessage(content=ai_response)
    return {"messages": state["messages"] + [new_message]}
```

随着对话时间的延长，有效管理短期记忆变得至关重要。LLM 上下文窗口的限制使得我们需要采取以下优化技术来防止性能下降、延迟增加，以及记录对话成本上升等问题。

1. 截断

保持时效性最直接的方法是截断对话历史记录，丢弃较旧的消息，以确保上下文窗口在可接受的限制范围内。然而，截断必须谨慎进行，以避免丢失必要的对话语境。

对于处理词元的截断，LangChain 提供了一个名为 trim_messages 的实用程序。它采用了一种更精细的方法，同时尊重词元限制和消息类型约束，如示例 5-3 所示。

示例 5-3：在 LangGraph 中通过截断管理短期记忆

```python
import
from langchain_core.messages import trim_messages
from langchain_openai import ChatOpenAI

def truncate_history(state: AgentState, max_messages: int) →
Dict[str, List[BaseMessage]]:
    """ 截断对话历史记录，仅保留最近的消息 """
    truncated_messages = state["messages"][-max_messages:]
    return {"messages": truncated_messages}

def trim_message_history_by_token(state: AgentState, max_tokens:
int) → Dict[str, List[BaseMessage]]:
    """ 使用 LangChain 的 trim_messages 根据词元计数修剪消息历史记录 """
```

```
    trimmed_messages = trim_messages(
        state["messages"],
        strategy="last", # 保留最后 <= max_tokens 个词元
        token_counter=ChatOpenAI(model="gpt-4o"), # 根据模型调整
        max_tokens=max_tokens,
        start_on="human", # 大多数聊天模型期望聊天历史记录以 HumanMessage
或 SystemMessage 后跟 HumanMessage 开头
        end_on=("human", "tool"), # 大多数聊天模型期望聊天历史记录以
HumanMessage 或 ToolMessage 结尾
        include_system=True, # 通常希望保留系统消息（如果它存在于原始历史
记录中）。系统消息对模型有特殊指令
    )
    return {"messages": trimmed_messages}
```

2. 摘要

通过使用 LLM 将对话历史记录浓缩为语义上的精华，显著降低了词元数量，同时保留了核心的语境信息。

示例 5-4：在 LangGraph 中有选择性地保留和管理短期记忆

```Python
from langchain_core.prompts import ChatPromptTemplate
from langchain_core.output_parsers import StrOutputParser
from langchain_core.runnables import Chain
from langchain_openai import ChatOpenAI


def summarize_history(state: AgentState, llm) → Dict[str,
List[BaseMessage]]:
    """ 使用 LLM 总结对话历史记录 """
    messages = state["messages"]
    prompt = ChatPromptTemplate.from_template(" 总结以下对话以供参
考 :\n{conversation}")
    conversation_string = "\n".join([f"{m.role}: {m.content}" for m
in messages])
    summarization_chain = prompt | llm | StrOutputParser() # 确保
llm 已被正确定义
    summary = summarization_chain.invoke({"conversation":
conversation_string})

    # 将历史记录替换为摘要和最新的用户消息
    summary_message = AIMessage(content=summary)
```

```
    last_human_message = [m for m in messages if m.type == "human"]
 [-1] if any(m.type == "human" for m in messages) else None
    new_messages = [summary_message]
    if last_human_message:
        new_messages.append(last_human_message)

    return {"messages": new_messages}
```

还可以有选择性地仅保留对话中最关键的信息片段，以最有效地保留关键语境和最大限度地减少词元使用，但这需要更复杂的逻辑来确定消息的显著性和相关性。

在 LangGraph 中处理短期记忆时需特别注意：记忆的更新与截断操作必须谨慎执行，以避免丢失关键上下文信息。具体的记忆处理策略应根据实际应用需求进行调整，既可采用示例中展示的 LangChain 作为辅助工具，也可选择其他 LLM 开发框架（如 OpenAI SDK 或 Anthropic SDK 等）。需要强调的是，LangGraph 框架本身与 LangChain 并不存在强制绑定关系。

5.1.2　长期记忆：实现跨会话

长期记忆（Long-Term Memory）使 AI 智能体突破单次对话的局限，构建持久的知识体系，实现跨会话学习能力，最终提供真正个性化的用户体验。长期记忆不仅是简单的信息存储，更是构建具备以下核心能力的智能系统的基础。

◎ 深度个性化体验：跨会话记忆用户偏好、交互历史和细粒度上下文，打造定制化服务。

◎ 持续学习进化：通过积累的知识持续优化技能，基于历史交互动态调整行为。

◎ 身份一致性维护：在所有交互中保持稳定可识别的角色特征，建立用户信任。

◎ 持久关系培养：促进超越单次交流的深度互动体验。

受人类记忆模型的启发，AI 智能体的长期记忆可以有效地分为三种相互关联的类型。

◎ 语义记忆（Semantic Memory）—— 结构化知识库，存储概念、关系等事实性知识。包括用户资料、产品目录、领域知识等。

◎ 情景记忆（Episodic Memory）—— 自传式记录，存储智能体历史互动、经验和事件，支持特定对话回溯，从过去的成功和失败中学习，并基于历史数据改进策略。

◎ 程序记忆（Procedural Memory）—— 技能知识库，存储核心系统提示、其底层代码和算法，以及任何已学习的有效互动和任务执行的最佳实践。

为了充分利用长期记忆，要精心设计提示结构。以下代码演示了如何基于 YAML 的提示整合这三类记忆并创建具有情境感知能力的 AI 智能体。

```
YAML
- role: system
  content: |
      你是一个乐于助人的 AI 助手，名叫 AssistantBot。

      ## 语义记忆: 用户资料
      {semantic_memory_retrieval(user_id)}

      ## 程序记忆: 指令
      在每次互动中遵循以下准则:
      1. 始终保持礼貌和专业。
      2. 利用来自语义记忆的用户资料来个性化响应。
      3. 利用来自先前对话（情景记忆）的示例来提供具有情境感知的帮助。
      4. 如果用户询问你的名字，请介绍自己为 AssistantBot。

- role: user
  content: |
      ## 情景记忆: 相关的过去互动
      以下是与该用户先前对话的一些示例，这些示例可能有所帮助:
      {episodic_memory_retrieval(user_id, query="relevant past
interactions")}

      ## 当前查询: 用户输入
      {user_input}
```

具体解释如下。

（1）系统角色（YAML 列表项第一项）为每次互动提供基础框架，定义智能体的持久身份、知识库和核心操作规则。

◎ 智能体身份定义：明确身份定位（如名为 AssistantBot 的 AI 助手）。

◎ 语义记忆集成：通过占位符 {semantic_memory_retrieval(user_id)} 注入特定于用户的知识，可能包含如偏好、购买历史记录、过去的支持问题等详细信息。

◎ 程序记忆嵌入：以指令集形式编码操作规范，指导交互风格与记忆使用方式。

（2）用户角色（YAML 列表项第二项）注入于特定语境：用户消息提供动态交互上下文，补充系统消息的静态基础。

◎ 情景记忆占位符：通过 {episodic_memory_retrieval(user_id,query="relevant past interactions")} 占位符回忆过去相关对话片段。运行时替换为相关历史交互片段，确保返回与当前对话最相关的历史数据。

```YAML
- user: " 什么是 Transformer 架构？ "
  assistant: "Transformer 架构是一种神经网络架构……"
  relevance_score: 0.8
- user: " 你能帮我调试我的 Python 代码吗？ "
  assistant: " 请提供代码片段和错误消息……"
  relevance_score: 0.9
```

◎ 当前用户查询占位符：{user_input} 占位符表示用户的即时消息或查询。

以下是对应前述提示的完整 YAML 提示示例：

```YAML
- role: system
  content: |
你是一个乐于助人的 AI 助手，名叫 AssistantBot。
## 语义记忆：用户资料
{ "name" : "Alice" , "location" : "San Francisco" , "preferred_language" : "Python" , "expertise" : [ "Data Science" , "Machine Learning" ]}
## 程序记忆：指令
在每次互动中遵循以下准则：
1. 始终保持礼貌和专业。
2. 利用来自语义记忆的用户资料来进行个性化响应。
3. 利用来自先前对话（情景记忆）的示例来提供具有情境感知的帮助。
4. 如果用户询问你的名字，请介绍自己为 AssistantBot。

- role: user
  content: |
## 情景记忆：相关的过去互动
以下是与该用户先前对话的一些示例，这些示例可能有所帮助：
- user: "什么是 Transformer 架构？ "
assistant: "Transformer 架构是一种神经网络架构……"
```

```
relevance_score: 0.8
- user: "你能帮我调试我的 Python 代码吗？"
assistant: "请提供代码片段和错误消息……"
relevance_score: 0.9

## 当前查询: 用户输入
我遇到了 Python 脚本问题。它没有运行。你能帮忙吗？
```

短期记忆和长期记忆在 AI 智能体中不是孤立的，而是协同运作的有机体。短期记忆负责管理即时对话流程，为智能体提供处理每轮对话所需的临时存储空间；长期记忆提供持久的知识库、历史语境和行为准则。二者相互配合，共同实现交互的丰富性、个性化塑造、一致性保持，以及智能体的持续优化。高效的 AI 智能体架构只有通过这种精心设计的协同机制，才能创造出真正智能且实用的对话体验。

5.2 记忆存储

在明确长期记忆对实现持久化、个性化 AI 智能体的关键作用之后，我们将探讨其在 LangGraph 中的实现机制。本节将深入探讨 LangGraph 记忆存储系统——这是一个多功能抽象层，旨在管理 AI 智能体的持久化跨线程知识。本节内容包括不同类型存储配置方法，信息存储机制，以及如何通过检索和利用存储的知识来提升 AI 智能体的行为表现。

5.2.1 记忆存储的基本操作

本节将介绍 LangGraph 记忆存储的基本操作，重点介绍 InMemoryStore 实现和 BaseStore 接口的核心功能。

InMemoryStore 将数据存储在内存中，具有快速访问和设置简易的特点。

使用 InMemoryStore 实例化记忆存储，只需导入并初始化该类。

示例 5-5：使用 InMemoryStore 实例化记忆存储

```Python
from langgraph.store.memory import InMemoryStore

in_memory_store = InMemoryStore()
```

虽然 InMemoryStore 适用于初期开发和原型设计，但 LangGraph 的架构设计已为未来集成更强大、持久的存储解决方案做好准备。基于统一的 BaseStore 接口，后续实现将支持无缝迁移至生产级数据库，而无须大幅修改现有代码（具体实现方法将在 5.2.3 节详述）。

LangGraph 的记忆存储以 BaseStore 类及其实现为基础，为长期记忆管理提供了抽象层支持。作为开源且可扩展的持久化键值存储接口，它能让开发者根据自身特定需求选择适配的存储后端 —— 从开发阶段适用的轻量级内存解决方案，到生产环境所需的高性能数据库均可覆盖，同时确保记忆管理 API 的一致性。

put 方法是实现信息存储的基础操作，需要提供以下三个核心参数。

（1）命名空间（元组）。

功能：作为记忆的逻辑分组机制，类比文件系统中的文件夹。

格式：采用元组定义，支持分层组织结构。

命名规范：建议包含用户标识符和记忆类别，如 ("user_123","chat_history")。

（2）键（字符串）。

功能：命名空间内记忆条目的唯一标识符。

命名建议：应具备描述性和易检索性。

生成方式：推荐使用 Python 的 uuid 库生成通用唯一标识符。

（3）值（字典）。

格式要求：必须为 Python 字典对象。

优势：支持结构化数据和元数据存储。

应用示例：用户资料可存储为包含姓名、偏好等键值对的字典。

以下示例演示了如何使用 put 方法将用户的姓名保存到 InMemoryStore 中。

示例 5-6：使用 put 方法保存记忆

```Python
import uuid
from langgraph.store.memory import InMemoryStore

in_memory_store = InMemoryStore()

# 定义用户特定数据的命名空间
user_id = "example_user"
```

```
namespace_for_user_data = (user_id, "user_info")

# 为记忆条目生成唯一键
memory_key = str(uuid.uuid4())

# 创建一个字典来保存用户姓名作为记忆值
memory_value = {"user_name": "Example User"}

# 使用 put 将记忆存储在 InMemoryStore 中
in_memory_store.put(namespace_for_user_data, memory_key, memory_
value)

print(f" 记忆已保存，键为 {memory_key}，命名空间为 {namespace_for_user_
data}")
```

```
Plaintext
记忆已保存，键为 7a0a8443-59da-4c74-88a2-55c20ec09884，命名空间为
('example_user', 'user_info')
```

此示例说明了记忆存储的核心流程：首先定义一个命名空间来组织记忆，然后生成一个唯一键来标识记忆，创建字典来保存记忆内容（例如，用户名），最后使用 put 方法将此信息存储在 InMemoryStore 中。

同时，LangGraph 提供了两种主要方法从存储中检索记忆：search 和 get，每种方法都针对不同的检索场景进行了优化。

（1）search(namespace, query=None, filter=None, limit=None, index_name="default", **kwargs)。

功能：在指定命名空间内实现灵活记忆检索。

参数说明如下。

◎ namespace（元组）：必需的参数，指定检索目标命名空间。

◎ query（可选字符串）：启用语义搜索功能（需预先配置索引）。

◎ filter（可选字典）：基于记忆值字典的键值对过滤。

◎ limit（可选整数）：限制返回结果数量。

◎ index_name（字符串）：指定语义搜索索引（默认为 default）。

◎ **kwargs：支持传递后端特定参数。

特点：支持语义搜索、内容过滤等高级检索功能。

（2）get(namespace, key)。

功能：基于精确键值的直接记忆检索。

参数说明如下。

◎ namespace（元组）：目标记忆命名空间。

◎ key（字符串）：目标记忆唯一键。

特点：针对已知记忆的高效精准检索。

示例 5-7：使用 search 和 get 检索记忆

```Python
# 假设 in_memory_store、namespace_for_user_data 和 memory_key 已定义

# 检索 user_info 命名空间中的所有记忆（没有查询或过滤器）
all_user_memories = in_memory_store.search(namespace_for_user_data)
print("命名空间中的所有用户记忆：")
for record in all_user_memories:
    print(record.dict()) # 打印 MemoryRecord 字典表示

# 使用 get 通过键检索记忆
retrieved_memory_record = in_memory_store.get(namespace_for_user_
data, memory_key)
print(f"\n 使用键 '{memory_key}' 检索到的记忆：")
print(retrieved_memory_record.dict()) # 打印 MemoryRecord 字典表示
```

```Plaintext
命名空间中的所有用户记忆：
{'namespace': ['example_user', 'user_info'], 'key': '7a0a8443-59da-
4c74-88a2-55c20ec09884', 'value': {'user_name': 'Example User'},
'created_at': '2025-02-26T12:32:57.136094+00:00', 'updated_at':
'2025-02-26T12:32:57.136100+00:00', 'score': None}

使用键 7a0a8443-59da-4c74-88a2-55c20ec09884 检索到的记忆：
{'namespace': ['example_user', 'user_info'], 'key': '7a0a8443-59da-
4c74-88a2-55c20ec09884', 'value': {'user_name': 'Example User'},
'created_at': '2025-02-26T12:32:57.136094+00:00', 'updated_at':
```

```
'2025-02-26T12:32:57.136100+00:00'}
```

5.2.2　通过语义搜索增强记忆检索

LangGraph 记忆存储的语义搜索功能显著提升了记忆检索的有效性，使 AI 智能体能够基于语义相似性而非简单的关键词匹配来检索信息。这种机制通过向量嵌入技术实现，能够捕捉文本的深层语义特征，从而获得更符合语境的检索结果。

语义搜索的核心优势如下所述。

（1）突破传统关键词检索的局限性，有效处理同义词、近义词和概念相关但表述不同的内容。

（2）利用向量嵌入技术将文本转换为数值表示，通过计算向量间的相似度（如余弦相似度）确定语义相关性。

（3）实现概念层面的信息关联，例如将"附近有什么好吃的餐馆"与"当地美食推荐"等表述不同但语义相近的内容进行关联。

在 InMemoryStore 中启用语义搜索时需要进行索引配置。

（1）基本配置参数。

◎ embed 函数：处理从文本到向量嵌入的转换，支持各类嵌入模型（如 OpenAI、Cohere 等）。

◎ dims 参数：指定嵌入向量的维度，必须与所用嵌入模型的输出维度一致。

（2）可选配置参数。

◎ fields 参数：指定记忆字典中需要索引的特定字段（默认索引整个字典）。

以下配置示例将展示如何集成硅基流动平台上提供的 BAAI BGE-M3 文本向量化模型实现语义搜索功能。

示例 5-8：使用 BGE-M3 向量化模型配置 InMemoryStore 以进行语义搜索

```Python
from langchain.embeddings import OpenAIEmbeddings
from langgraph.store.memory import InMemoryStore

# 初始化 BGE-M3 向量化模型
embeddings = OpenAIEmbeddings(model="BAAI/bge-m3")  # 或其他向量化模型
```

```
# 使用语义搜索索引配置 InMemoryStore
store_with_semantic_search = InMemoryStore(
    index={
        "embed": embeddings.embed_documents,
        "dims": 1024, # BGE-M3 的向量维度
        "fields": ["memory_content"] # 仅向量化 memory_content 字段（可
选）
    }
)
```

在此示例中，我们使用 OpenAIEmbeddings 模型的 embed_documents 方法作为嵌入函数，并设置 dims=1024 以匹配 BGE-M3 向量化模型的输出维度。通过指定 fields=["memory_content"] 参数，我们限定仅对记忆字典中 memory_content 键对应的内容进行嵌入和索引处理。

配置隐语义索引的 InMemoryStore 后，所有通过 put 方法保存的记忆都将自动建立索引。索引过程在 put 操作时自动完成，开发者无须额外干预。put 方法支持通过 index 参数来灵活控制索引行为。

◎ index=True（默认设置）：使用存储的默认索引配置对记忆进行索引。

◎ index=False：仅存储记忆内容而不建立隐语义索引，适用于系统元数据等不需要语义检索的场景。

◎ index=[...fields]：为特定 put 操作指定自定义索引字段，实现精细化的索引控制。

以下示例将具体展示如何在启用语义搜索的存储中执行记忆保存操作。

示例 5-9：使用 put 执行记忆保存

```
Python
# 假设 store_with_semantic_search 已使用 IndexConfig 初始化

# 保存将为语义搜索索引的记忆（默认行为）
store_with_semantic_search.put(
    ("user_789", "food_memories"),
    "memory_1",
    {"memory_content": " 我真的很喜欢辛辣的印度咖喱。"},
)
```

```
# 保存另一个记忆，显式禁用此条目的索引
store_with_semantic_search.put(
    ("user_789", "system_metadata"),
    "memory_2",
    {"memory_content": "用户入职已完成。", "status": "completed"},
    index=False,  # 禁用此记忆的索引
)

# 保存一个记忆，覆盖默认索引字段并仅索引 context
store_with_semantic_search.put(
    ("user_789", "restaurant_reviews"),
    "memory_3",
    {"memory_content": "服务很慢，但食物很好。", "context": "对 'The
Italian Place' 餐厅的评论"},
    index=["context"]  # 仅索引 context 字段
)
```

执行语义搜索时，可通过 search 方法传入 query 字符串参数实现。该方法的工作流程包含三个关键步骤。

（1）向量生成：使用 IndexConfig 配置的嵌入函数将查询文本转换为向量表示。

（2）相似度计算：采用余弦相似度等度量方法，计算查询向量与命名空间内所有已索引记忆向量的相似程度。

（3）结果排序：根据相似度评分对记忆进行排序，返回前 limit 个最相关的检索结果对象。返回的每个检索结果对象均包含 score 属性，用于表示该检索与查询的语义相似度评分。

以下示例将展示如何执行与食物主题相关的语义记忆检索。

示例 5-10：使用 search 执行语义记忆检索

```Python
# 假设 store_with_semantic_search 已初始化并且记忆已保存

# 语义搜索食物偏好
search_query = "该用户喜欢哪种食物？"
semantic_memory_results = store_with_semantic_search.search(
    ("user_789", "food_memories"), query=search_query, limit=2
)
```

```
print("查询的语义搜索结果: ", search_query)
for record in semantic_memory_results:
    print(f"记忆键: {record.key}, 相似度评分: {record.score}")
    print(f"记忆内容: {record.value}")
    print("=" * 30)
```

```
Plaintext
查询的语义搜索结果: 该用户喜欢哪种食物?
记忆键: memory_1, 相似度评分: 0.3914929762045983
记忆内容: {'memory_content': '我真的很喜欢辛辣的印度咖喱。'}
==============================
```

该代码示例展示了语义搜索的实际应用。通过定义与食物偏好相关的 search_query,并将其与命名空间参数及结果数量限制(limit=2)一同传入 search 方法,系统将返回与语义相关的记忆结果。代码遍历返回的 MemoryRecord 对象,输出每个匹配记忆的键值、相似度评分及具体内容。其中 score 属性量化反映了记忆与查询的语义关联程度,为结果相关性评估提供客观依据。

语义搜索技术通过理解查询的深层含义(而非表面关键词),实现了概念层面的信息检索,为智能体系统带来三大核心优势。

(1)检索精度提升:获取更多与语境相关的记忆,使智能体响应更精准有效。

(2)用户体验优化:准确理解多样化表述的隐含需求,提供个性化服务。

(3)智能水平进阶:基于广谱语义知识进行类人推理,展现更自然的对话能力。

这项技术使 LangGraph 智能体突破传统关键词匹配的局限,充分利用向量嵌入蕴含的丰富语义信息,在记忆检索效能和整体智能表现上实现质的飞跃。

5.2.3 构建自定义记忆存储

LangGraph 的 InMemoryStore 虽然为开发和基础场景提供了便利,但其记忆存储架构的真正优势在于出色的可扩展性。针对生产环境部署、专业应用开发或特色数据库集成等需求,开发者可以通过继承抽象基类 BaseStore 来实现自定义记忆存储,从而精准满足各类智能体系统的独特需求。

在实现支持语义搜索的自定义 BaseStore 时,正确处理 IndexConfig 配置并与向量数据库 / 索引库集成是关键所在。具体实现要点包括:

（1）索引配置处理。

◎存储初始化时需内部保存 IndexConfig 参数（嵌入函数、维度、索引字段等）。

◎实现嵌入函数与维度参数的校验机制。

（2）数据存储时的索引处理。

◎在 put/aput 方法中自动生成向量嵌入（当 index 参数不为 False 时）。

◎优先使用 put 调用指定的字段，其次采用 默认字段。

◎将生成的嵌入向量存入专用索引结构（向量数据库或内存索引）。

（3）语义搜索实现。

◎在 search/asearch 方法中处理 query 参数时自动触发语义搜索流程。

◎使用配置的嵌入函数将查询文本转换为向量。

◎执行向量相似度计算并排序结果（如余弦相似度）。

◎返回带相似度评分的检索结果对象列表。

开发者可根据实际需求选择集成专业向量数据库（如 Milvus、Pinecone）或实现轻量级内存索引。自定义 BaseStore 实现的主要优势包括：

（1）数据库集成灵活性。

◎ 支持对接各类数据库系统（PostgreSQL/MongoDB 等）。

◎ 复用现有数据基础设施。

（2）搜索功能扩展。

◎ 实现混合搜索策略。

◎支持自定义过滤和排序算法。

◎开发领域特定的检索逻辑。

（3）功能增强空间。

◎ 添加批量导入接口。

◎实现记忆生命周期管理。

◎集成数据分析能力。

下面示例将通过实现 TextFileStore 具体说明自定义存储的实现方法。

示例 5-11：自定义 TextFileStore 的示例用法

```Python
from langgraph.store.base import BaseStore, Item, SearchItem, Op,
Result, IndexConfig, NamespacePath
from typing import Optional, Union, Literal, Any, Iterable, List
import json, os, uuid, datetime

class TextFileStore(BaseStore): # 继承 BaseStore

    def __init__(self, base_dir: str):
        self.base_dir = base_dir # 存储文件的基本目录

    def put(self, namespace: NamespacePath, key: str, value:
dict[str, Any], index: Optional[Union[Literal[False], list[str]]] =
None) → None:
        """ 将值保存到 namespace/key.json 中的文本文件 """
        namespace_path = os.path.join(self.base_dir, *namespace) #
创建命名空间路径
        os.makedirs(namespace_path, exist_ok=True) # 确保命名空间目录
存在
        file_path = os.path.join(namespace_path, f"{key}.json") # 键
的文件路径
        with open(file_path, 'w') as f:
            json.dump(value, f) # 将值作为 JSON 保存到文件

    def get(self, namespace: NamespacePath, key: str) →
Optional[Item]:
        """ 从文本文件中检索值，返回 Item 或 None（如果未找到）"""
        file_path = os.path.join(self.base_dir, *namespace, f"{key}.
json")
        if not os.path.exists(file_path): # 检查文件是否存在
            return None
        with open(file_path, 'r') as f:
            value = json.load(f) # 从文件加载 JSON
        created_at = datetime.datetime.fromtimestamp(os.path.
getctime(file_path), tz=datetime.timezone.utc) # 从文件元数据中获取创建
时间和更新时间
        updated_at = datetime.datetime.fromtimestamp(os.path.
getmtime(file_path), tz=datetime.timezone.utc)
        return Item(namespace=namespace, key=key, value=value,
```

```
created_at=created_at, updated_at=updated_at) # 返回 Item 对象

    # 实现其他抽象方法, 如 search、delete、batch、alist_namespaces 等
    # 为简单起见, 异步方法 (如 aput、aget、asearch、adelete、alist_
namespaces) 也需要实现, 以获得完整的存储

# 自定义 TextFileStore 的示例用法
file_store = TextFileStore(base_dir="./my_filestore")
file_store.put(("user_data",), "user_profile_1", {"name": " 自定义存储用
户 ", "preference": "files"})
retrieved_item = file_store.get(("user_data",), "user_profile_1")
if retrieved_item:
    print(f" 检索到的条目: {retrieved_item.value}")
```

此示例展示了自定义 TextFileStore 的基本结构。完整的实现除此之外还需要实现 BaseStore 的所有抽象方法，支持同步和异步版本，并处理错误条件和边缘情况。此示例仅为开发者理解如何通过扩展 BaseStore 创建定制化记忆存储解决方案提供一个基础框架。

5.3 记忆系统的实际应用

在系统阐述短期记忆与长期记忆的核心概念，并深入解析 LangGraph 记忆存储机制后，我们将聚焦实际应用场景。本节重点探讨记忆系统如何显著增强 AI 智能体的功能表现，针对每个典型用例，我们将详细说明记忆应用价值分析、概念性代码示例，以及实际集成实施方案。其中，我们会特别关注记忆数据更新时机选择、信息提取技术，以及如何通过 TrustCall 机制提升记忆数据提取的可靠性。

5.3.1 个性化推荐

长期记忆最具价值的应用场景之一是实现个性化服务。通过持续记录用户偏好、兴趣点及历史交互数据，AI 智能体能够提供精准定制的推荐内容，从而显著提升用户参与度与满意度。以下示例主要依托语义记忆实现用户画像和偏好的跨会话持久化存储。

示例 5-12：个性化推荐的示例用法

```
Python
import json
```

```python
from langchain_core.messages import AIMessage, HumanMessage
from langchain_core.prompts import ChatPromptTemplate
from langchain_core.runnables import RunnableConfig
from langchain_openai import ChatOpenAI

from langgraph.graph import END, START, StateGraph, MessageState
from langgraph.store.memory import BaseStore, InMemoryStore

# 假设 fetch_product_recommendations、format_recommendation_message、
UserProfile 已在其他地方定义

recommendation_prompt = ChatPromptTemplate.from_messages([
    ("system", "你是一个乐于助人的推荐引擎。根据用户资料，提供个性化的产品推荐。"),
    ("human", "{user_profile_summary}")
])
recommendation_chain = recommendation_prompt |
ChatOpenAI(model="Qwen/Qwen2.5-7B-Instruct") |  (lambda x:
{"messages": [AIMessage(content=x.content)]})

def recommend_products(state: MessageState, config: RunnableConfig,
store: BaseStore):
    """ 根据用户存储的偏好向用户推荐产品 """
    user_id = config["configurable"]["user_id"]
    namespace = ("user_profiles", user_id)
    user_profile_record = store.get(namespace, "profile")
    user_profile = user_profile_record.value if user_profile_record
else {}

    user_profile_summary =
format_user_profile_summary(user_profile) # 用于格式化提示的用户资料字典的函数

    # 调用推荐链
    result = recommendation_chain.invoke({"user_profile_summary":
user_profile_summary})
    return result

def format_user_profile_summary(user_profile: dict) → str:
    """ 将用户资料字典格式化为字符串以进行提示注入 """
    name = user_profile.get("preferred_name", "用户")
```

```
    categories = ", ".join(user_profile.get("preferred_product_
categories", ["产品"]))
    return f"用户名为 {name}。他们偏好的产品类别是: {categories}。"


def extract_preference_updates(state: MessageState) → dict:
    """从最新的用户消息中提取用户偏好更新"""
    latest_message_content = state["messages"][-2].content
    # 示例: 使用 LLM 提取偏好, 替换为实际的提取逻辑
    extraction_prompt = ChatPromptTemplate.from_messages([
        ("system", "从用户消息中提取用户的产品类别偏好。以 JSON 字典形式返
回, 外层不要包裹'''json''', 键为 'preferred_product_categories', 值为
类别列表。如果没有表达偏好, 则返回一个空字典。"),
        ("human", "{user_message}")
    ])
    extraction_chain = extraction_prompt | ChatOpenAI(model="Qwen/
Qwen2.5-7B-Instruct") # 如果需要结构化输出, 则请替换为合适的链

    preferences_json = extraction_chain.invoke({"user_message":
latest_message_content})
    try:
        preferences = json.loads(preferences_json.content) # 假设 LLM
返回 JSON 字符串
        return preferences
    except json.JSONDecodeError:
        return {} # 如果提取失败, 则返回空字典


def update_user_profile_node(state: MessageState, config:
RunnableConfig, store: BaseStore):
    """在当前会话中触发的记忆存储中更新用户资料"""
    user_id = config["configurable"]["user_id"]
    namespace = ("user_profiles", user_id)
    user_profile_record = store.get(namespace, "profile")
    user_profile = user_profile_record.value if user_profile_record
else {}

    preference_updates = extract_preference_updates(state) # 从当前轮
次提取偏好

    updated_profile = user_profile.copy() # 创建副本以避免修改原始字典
```

```
    if "preferred_product_categories" in preference_updates: # 合并或
更新偏好
        updated_profile["preferred_product_categories"] =
list(set(updated_profile.get("preferred_product_categories", []) +
preference_updates["preferred_product_categories"])) # 示例：合并列表

    store.put(namespace, "profile", updated_profile) # 保存更新后的资料

    return {} # 节点应返回字典


memory_store = InMemoryStore()

builder = StateGraph(MessageState)
builder.add_node("recommend_products", recommend_products)
builder.add_node("update_profile", update_user_profile_node) # 更新资料
的节点
builder.add_edge(START, "recommend_products")
builder.add_edge("recommend_products", "update_profile") # 在推荐后更
新资料
builder.add_edge("update_profile", END)

graph = builder.compile(store=memory_store)

# 初始化用户资料
user_id = "user_123"
memory_store.put(
    ("user_profiles", user_id),
    "profile",
    {
        "preferred_name": "张三",
        "preferred_product_categories": ["电子产品", "书籍"]
    }
)

# 执行图：第一次交互（获取推荐）
config = {"configurable": {"user_id": user_id}}
result = graph.invoke({"messages": [HumanMessage(content="你好")]},
config=config)
print("初始推荐:")
```

```
print(result["messages"][-1].content)
print("=" * 50)

# 模拟用户表达新的偏好
user_message = " 我最近对户外装备和运动鞋很感兴趣。"
result = graph.invoke(
    {"messages": result["messages"] +
[HumanMessage(content=user_message)]},
    config=config
)

# 检查更新后的用户资料
updated_profile = memory_store.get(("user_profiles", user_id),
"profile").value
print(" 更新后的用户资料 :")
print(json.dumps(updated_profile, ensure_ascii=False, indent=2))
print("=" * 50)

# 再次获取推荐，应该包含新的偏好
result = graph.invoke({"messages": [HumanMessage(content=" 我又来
了 ")]}, config=config)
print(" 基于更新后资料的推荐 :")
print(result["messages"][-1].content)
```

```Plaintext
初始推荐 :
根据您提供的信息，我为用户名为张三的用户推荐以下产品。

电子产品 :
1. 无线耳机 : 例如 WF-1000XM4 等，它们可以连接至各种电子设备，无论是在工作还是
娱乐时使用都能提供出色的声音效果和主动降噪功能。
2. 智能手表 : 例如 Apple Watch Series 7，智能手表不仅能追踪健康数据，还能接听
电话、控制音乐，兼容多种应用。
3. 平板电脑 : 如 iPad mini6 等，轻薄便携的设计可以满足您日常娱乐、学习和工作的
需求。

书籍 :
1. 自助励志类 : 例如《原则》《富爸爸，穷爸爸》等，可以帮助您在工作、学习和生活
中制定并实现个人目标。
2. 科普知识类 : 例如《人类简史》《未来简史》等，通过预测未来的发展趋势，帮助您
```

更好地应对未来挑战。

3．小说类：例如《三体》《红楼梦》等，增添生活乐趣，丰富个人精神世界。

希望我的推荐能够符合张三的需求。如果您有其他特定的偏好或要求，请随时告诉我。
===
更新后的用户资料：

```
{
    "preferred_name": "张三",
    "preferred_product_categories": [
        "运动鞋",
        "户外装备",
        "电子产品",
        "书籍"
    ]
}
```

===
基于更新后资料的推荐，根据您的喜好，我为您推荐了以下产品。

1．运动鞋：斯凯奇减肥跑步鞋，专为减肥人群量身定做，弹性好、舒适，穿它多跑几圈，轻松瘦下好几斤。

2．户外装备：华为 Northstar 家用露营睡袋，专为户外运动开发，双层设计，防潮透气，提高舒适度，环保材料。

3．电子产品：新品华为 HUAWEIP40 Pro 手机，搭载了华为自家的麒麟 9000 处理器，性能足够强大的同时有 4000 毫安大电池。

4．书籍：《Running：一个跑步爱好者的热血故事》，这本书是作者个人真实经历的展现，记录了作者学习跑步、成为更好的运动员的成长经历，同时深入探讨了跑步带来的心理和生理上的变化。

希望你能喜欢这些建议！

该示例代码的核心实现逻辑包含以下关键设计要素。

（1）记忆更新时机控制。

update_user_profile_node 节点被策略性地放置在 recommend_products 节点之后，形成即时更新机制。这种设计确保在生成推荐后立即更新用户资料，使同一对话线程的后续交互能够基于最新偏好进行决策。

（2）智能信息提取实现。

extract_preference_updates(state) 函数展示了 LLM 在信息提取中的应用。

◎输入：当前对话状态（state）。

◎处理：采用 ChatPromptTemplate 指导 LLM 解析最新用户消息。

◎输出：结构化提取产品类别偏好（JSON 格式，键为 preferred_product_categories）。

◎容错机制：包含 JSON 解析异常处理，支持扩展更健壮的提取逻辑（如函数调用）。

（3）资料更新工作流。

update_user_profile_node 执行完整的资料更新流程：

◎检索：获取现有用户资料。

◎提取：调用 extract_preference_updates() 获取当前轮次偏好更新。

◎合并：将新偏好与现有资料智能融合。

◎持久化：通过 store.put() 将更新后的资料存入记忆存储。

5.3.2　多步骤的情境化任务

对于需要引导用户完成多步骤任务或复杂工作流的 AI 智能体来说，记忆至关重要。短期记忆在跟踪任务的当前阶段、记住先前步骤中的用户输入，以及在整个过程中保持语境方面起着至关重要的作用。长期记忆可用于存储模板或成功的任务完成示例，以指导 AI 智能体的行为。

示例 5-13：情境化任务完成的示例用法

```Python
# 假设 book_flight_api、format_flight_confirmation、extract_departure_
city_from_message、extract_arrival_city_from_message 已定义

def book_flight(state: MessageState, config: RunnableConfig):
    """ 引导用户完成航班预订流程，记住任务状态中的预订详细信息 """

    task_state = state.get("flight_booking_state", {}) # 从短期记忆中
检索任务状态

    if not task_state.get("departure_city"):
        response = model.invoke([HumanMessage(content="您想从哪里出发?
")]+state["messages"])
        return {"messages": response, "flight_booking_state":
{"departure_city": "pending"}} # 在短期记忆中更新任务状态，将 departure_
```

```
city 标记为 pending

    elif task_state.get("departure_city") == "pending" and not task_
state.get("arrival_city"):
        departure_city = extract_departure_city_from_
message(state["messages"][-1].content) # 从用户消息中提取信息
        if departure_city: # 确保提取成功
            response = model.invoke([HumanMessage(content=f" 您要从
{departure_city} 飞往哪里？ ")]+state["messages"])
            return {"messages": response, "flight_booking_state":
{"departure_city": departure_city, "arrival_city": "pending"}} # 更
新短期记忆
        else: # 处理提取失败：再次提示
            response = model.invoke([HumanMessage(content=" 抱歉，我没
有听清您的出发城市。您能换一种说法吗？ ")]+state["messages"])
            return {"messages": response} # 重新提示，任务状态保持不变

    elif task_state.get("arrival_city") == "pending":
        arrival_city = extract_arrival_city_from_
message(state["messages"][-1].content) # 提取到达城市
        if arrival_city: # 确保提取成功
            flight_details = book_flight_api(
                departure_city=task_state["departure_city"],
                arrival_city=arrival_city
            ) # API 调用
            confirmation_message = format_flight_confirmation(flight_
details)
            response = model.invoke([HumanMessage(content=confirmation_
message)]+state["messages"])
            return {"messages": response, "flight_booking_state": {}}
# 任务完成时清除任务状态
        else: # 处理提取失败：再次提示
            response = model.invoke([HumanMessage(content=" 抱歉，我没
有听清您的到达城市。您能换一种说法吗？ ")]+state["messages"])
            return {"messages": response} # 重新提示，任务状态保持不变

    # 启动预订流程的初始提示
    response = model.invoke([HumanMessage(content="让我们为您预订航班。
您要从哪里起飞？ ")]+state["messages"])
    return {"messages": response, "flight_booking_state": {"departure_
```

```
city": "pending"}} # 在短期记忆中初始化任务状态

builder = StateGraph(MessageState)
builder.add_node("book_flight", book_flight)
builder.add_edge(START, "book_flight")
# ... (图定义的其余部分)
```

该示例的核心实现逻辑包含以下关键设计要素。

（1）记忆更新机制：book_flight 节点函数在任务每个步骤完成后立即更新短期记忆中的任务状态，确保分步工作流程中智能体能准确记录当前进度和后续步骤。

（2）信息提取实现：extract_departure_city_from_message(message_content) 和 extract_arrival_city_from_message(message_content) 作为提取函数，有两种提取方法。

◎ 正则表达式：适用于结构化 / 可预测的输入格式。

◎ LLM 提示工程：处理自然语言输入的复杂情况。

（3）容错处理：包含输入模糊情况的异常处理，支持用户重新输入提示，以增强流程的健壮性。

5.3.3 TrustCall：信息提取和记忆更新

LangGraph 与 TrustCall 的无缝集成为记忆管理提供了更可靠的解决方案。传统手动提取对话信息并更新智能体记忆的方式很复杂且容易出错，而 TrustCall 这一由 LangChain 团队开发的开源库，通过模式驱动的信息提取机制有效解决了这些问题。

TrustCall 的核心价值体现在以下方面。

◎ 结构化数据提取简化：支持从 LLM 输出中高效提取符合预定义模式（Pydantic 模型 /JSON Schema）的结构化数据，确保记忆数据的类型安全与一致性。

◎ 严格模式强制执行：利用 LLM 工具调用机制强制输出符合预定义模式的结构化数据，显著减少传统字符串解析方法导致的格式错误。

◎ 增量更新优化：采用 JSON Patch 操作实现局部模式更新，支持非破坏性的记忆数据修改，提升用户画像等场景下的更新效率。

◎ 系统可靠性增强：通过模式驱动的方法提升记忆操作的可信度，确保数据结构的可预测性和一致性。

图 5-2 将具体展示 TrustCall 的核心工作流程。

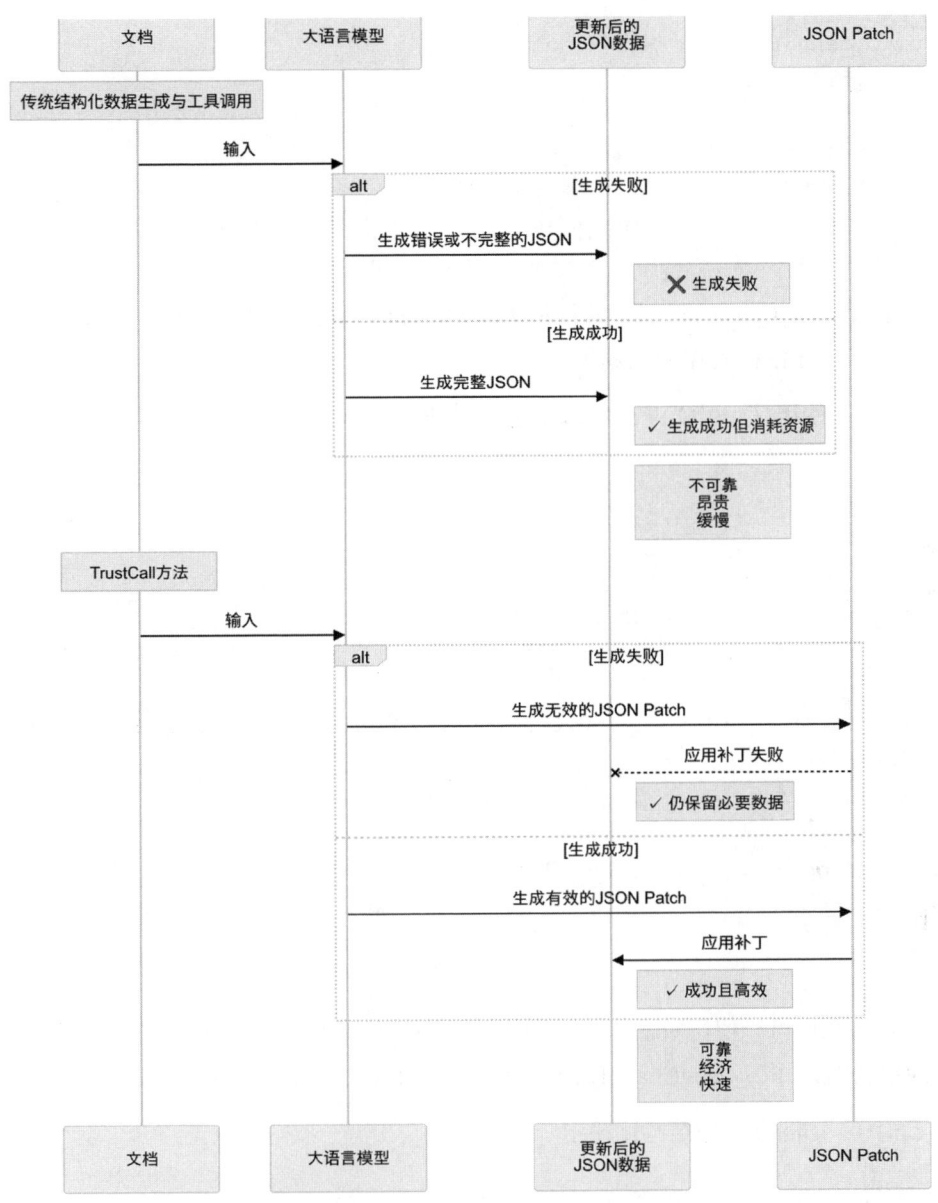

图 5-2 TrustCall 的核心工作流程

以下示例说明 TrustCall 从对话中提取用户资料信息（包括姓名和兴趣），并使用 Pydantic 模式对其进行结构化。

示例 5-14：构建一个 TrustCall 可用的数据结构

```
Python
```

```python
from pydantic import BaseModel, Field
from typing import List

class UserProfile(BaseModel):
    """ 具有类型化字段的用户资料模式 """
    user_name: str = Field(description=" 用户的首选姓名 ")
    interests: List[str] = Field(description=" 用户兴趣列表 ")
```

初始化 LangChain 聊天模型并使用 create_extractor() 创建 TrustCall 提取器，将模型和 UserProfile 模式作为工具传递。

示例 5-15：使用 TrustCall 进行基本信息提取

```bash
Bash
pip install -U trustcall
```

```python
Python
from trustcall import create_extractor
from langchain_openai import ChatOpenAI

model = ChatOpenAI(model="Qwen/Qwen2.5-7B-Instruct", temperature=0)
# 初始化 LLM
trustcall_extractor = create_extractor(
    model,
    tools=[UserProfile], # 将 Pydantic 模式作为工具传递
    tool_choice="UserProfile" # 强制 TrustCall 使用 UserProfile 工具进行
输出
)
```

现在，我们可以使用对话和指令调用 trustcall_extractor 以提取用户资料，这里以一个简单的对话作为 LangChain HumanMessage 和 AIMessage 对象的列表。

示例 5-16：访问提取的结构化输出

```python
Python
from langchain_core.messages import HumanMessage, AIMessage,
SystemMessage

conversation = [
    HumanMessage(content=" 嗨，我是 Alice。"),
    AIMessage(content=" 很高兴认识你，Alice！ "),
    HumanMessage(content=" 我的爱好包括远足和阅读科幻小说。")
```

```
]

instruction_prompt = " 从以下对话中提取用户资料。"

result = trustcall_extractor.invoke({"messages":
[SystemMessage(content=instruction_prompt)] + conversation})
```

trustcall_extractor.invoke() 方法返回一个字典，其中包含从 responses 键中提取的结构化输出。我们可以访问提取的 UserProfile 对象及其属性。

```Python
extracted_profile = result["responses"][0] # 访问提取的 UserProfile 对象
print(extracted_profile)
```

```Plaintext
user_name='Alice' interests=[' 远足 ', ' 阅读科幻小说 ']
```

该示例展示了 TrustCall 在结构化信息提取中的基本工作流程。TrustCall 通过封装 LLM 提示构造与响应解析的复杂性，使开发者能够直接使用符合预定义模式的 Python 对象，大幅简化了 LangGraph 智能体中的记忆更新操作。

这些应用场景充分证明了记忆系统对 AI 智能体的变革性影响。通过系统性地整合短期记忆与长期记忆机制，并借助 TrustCall 等工具实现高效模式管理，开发者能够构建出具备深度情境感知能力、个性化交互体验、持续学习进化机制和主动辅助功能的 AI 智能体系统。

记忆系统绝非简单附加组件，而是构建真正智能化、高交互性 AI 智能体的核心基础架构，使智能体能够与用户建立持久的互动关系。

5.4 LangMem

在系统阐述 AI 智能体记忆理论基础，并全面解析 LangGraph 记忆存储架构后，本节将详细介绍如何运用 LangChain 团队最新推出的 LangMem 工具库，将先进的记忆管理功能无缝集成至 LangGraph 智能体。

5.4.1 LangMem 的核心组件

LangMem 是一个经过深思熟虑设计的双层架构，包括功能核心层和有状态集成层，如图 5-3 所示。

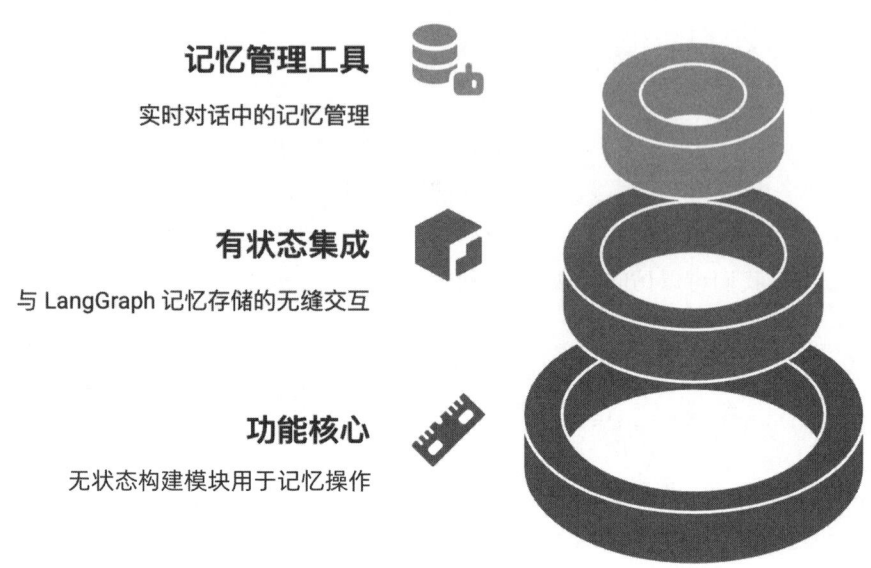

记忆管理工具
实时对话中的记忆管理

有状态集成
与 LangGraph 记忆存储的无缝交互

功能核心
无状态构建模块用于记忆操作

图 5-3　LangMem 的核心组件

（1）功能核心层：记忆转换原语。

该层提供一组无状态的功能性构建模块，支持开发者设计复杂的记忆操作流程，具有高模块化和可测试性的特点。核心原语包括：

◎记忆管理器（create_memory_manager）：实现长期记忆的提取与更新逻辑抽象，使开发者能够专注记忆内容的处理策略，而无须关注底层存储实现细节。

◎提示优化器（create_prompt_optimizer/create_multi_prompt_optimizer）：提供多种优化策略，持续改进智能体的程序记忆质量，确保核心指令随使用场景动态优化。

（2）有状态集成层：LangGraph 记忆实现。

在功能核心层之上构建的高阶集成组件，提供与 LangGraph 记忆存储深度整合的有状态服务。

◎存储管理器（create_memory_store_manager）：自动化处理记忆的持久化存储与检索，抽象化底层存储管理复杂度，使开发者聚焦于业务逻辑设计。

◎ 记忆管理工具有两种。

• create_manage_memory_tool：支持智能体在对话过程中实时更新长期记忆。

• create_search_memory_tool：实现记忆库的实时查询检索。

5.4.2 LangMem 应用实例

以下为使用 LangMem 构建记忆增强型智能体的实际示例，重点涵盖短期记忆和长期记忆的实现技术，以及高效的记忆更新技术。

在编码前，请确保已正确设置以下环境：

```
pip install -U langmem
```

LangMem 支持在会话期间动态更新和利用记忆。

通过 create_manage_memory_tool 实现用户指定信息的持久化的存储。例如，用户指令："记住我每周五下午 3 点有团队会议"，AI 智能体便会将这一信息存储到长期记忆中，以便后续调用。

通过 create_search_memory_tool 实现情境化信息检索。例如，用户询问"我今天有哪些任务？"，AI 智能体可以从记忆中检索出所有相关的任务信息，并给出精准的答复。

以下是使用记忆工具配置 ReAct 智能体的代码片段。

示例 5-17：使用记忆工具配置 ReAct 智能体

```Python
from langgraph.prebuilt import create_react_agent
from langgraph.store.memory import InMemoryStore
from langmem import create_manage_memory_tool,
create_search_memory_tool

# 创建具有记忆功能的智能体
agent = create_react_agent(
    "openai:Qwen/Qwen2.5-7B-Instruct", # 选择 LLM
    tools=[
        # 为智能体配备工具以在"热路径"中管理自己的记忆
        create_manage_memory_tool(namespace=("memories",)), # 用于创
建、更新、删除记忆的工具
        create_search_memory_tool(namespace=("memories",)), # 用于搜
索现有记忆的工具
    ],
    store=InMemoryStore(), # 提供记忆存储以实现持久化
)
```

```
# 执行示例：使用智能体进行简单对话
response = agent.invoke({"messages": [HumanMessage(content=" 请记住我
喜欢编程。")]})
print(" 智能体响应 :", response["messages"][-1].content)

# 检索记忆以验证存储
search_result = agent.invoke({"messages": [HumanMessage(content=" 回
忆一下我喜欢什么？")]})
print(" 记忆检索结果 :", search_result["messages"][-1].content)
```

```
Plaintext
智能体响应：我已经记住了你对编程的喜爱。如果有任何关于编程的问题，都可以问我哦！
记忆检索结果：根据我的记录，您提到您喜欢编程。如果您还有其他方面的兴趣或喜好，
也可以告诉我哦！
```

在此示例中，我们使用 create_react_agent 创建了一个智能体，并为其配备了两个记忆工具：create_manage_memory_tool 和 create_search_memory_tool。这些工具均配置了命名空间（"memories"），作为记忆容器。InMemoryStore 本身已初始化，具有用于语义搜索的索引功能。

为了确保智能体不仅记住而且可以学习和改进，LangMem 的提示优化实用程序提供了一种强大的机制，用于自动改进程序记忆。想象一下，一个 AI 写作助手需要不断磨炼其写作风格。通过 create_prompt_optimizer 建立反馈循环，实现互动分析、写作风格优化点识别（如语气、清晰度、简洁性等），并自动更新其系统提示（其核心程序记忆）以整合这些学习成果。

以下示例展示如何为这样的写作助手实现提示优化。

示例 5-18：实现提示优化

```Python
from langmem import create_prompt_optimizer

optimizer = create_prompt_optimizer(
    "openai:Qwen/Qwen2.5-7B-Instruct", # 选择 LLM 以进行优化
    kind="prompt_memory", # 选择成功案例优化策略
    config={"max_reflection_steps": 5, "min_reflection_steps": 1}, #
配置优化行为
)
```

```python
# 带有反馈的示例对话轨迹
trajectories = [
    # 没有标注的对话（仅对话内容）
    (
        [
            {"role": "user", "content": "请告诉我 Python 的优点"},
            {"role": "assistant", "content": "Python 是一种易于学习和使
用的编程语言……"},
            {"role": "user", "content": "能详细说说它的库支持吗？"},
        ],
        None,
    ),
    # 带有反馈的对话
    (
        [
            {"role": "user", "content": "Python 有哪些流行的库？"},
            {
                "role": "assistant",
                "content": "Python 有许多流行的库，如 NumPy、Pandas 等",
            },
        ],
        {
            "score": 0.8,
            "comment": "可以增加库的应用场景和更多细节",
        },
    ),
    # 标注内容可以是不同类型的，例如编辑或修订原内容
    (
        [
            {"role": "user", "content": "Python 和 Java 相比如何？"},
            {"role": "assistant", "content": "Python 和 Java 在语法和应
用领域上有许多不同……"},
        ],
        {"revised": "Python 和 Java 在语法、性能和应用领域上各有优劣……"},
    ),
]

# 定义写作助手的初始系统提示
initial_prompt = "您是一位乐于助人的写作助手"
```

```
# 调用优化器以根据训练数据改进初始提示
optimized_prompt = optimizer.invoke(
    {"trajectories": trajectories, "prompt": initial_prompt} # 提供轨
迹和要优化的初始提示
)


print(optimized_prompt) # 输出优化的提示
```

Plaintext
您是一位乐于助人的写作助手。请确保您的回答详细且具有针对性，能够满足用户的需求。对于技术问题，尽量提供具体的例子和应用场景。

5.4.3　LangMem 关键函数解析

本节将详解 LangMem 关键函数。

1.create_memory_manager 函数解析

此函数是 LangMem 功能 API 的核心，用于创建记忆管理器 Runnable，以实现无状态记忆提取和更新。关键参数如下所示。

◎ model(str | BaseChatModel)：指定记忆管理器要使用的 LLM，可以是模型名称字符串或初始化的 LangChain BaseChatModel 实例。

◎ schemas(Optional[Union[type[str],list[type[BaseModel]],list[dict]]])：定义提取记忆模式支持以下三个值。

· None（默认值）：非结构化字符串记忆。

· Pydantic BaseModel：定义具有类型化字段的结构化记忆。

· List[Pydantic BaseModel]：结构化记忆集合。

◎ instructions(str)：指导记忆提取和更新过程的 LLM 指令。

◎ enable_inserts(bool)：一个布尔标志，控制是否允许新增记忆（默认为 True 值）。

◎ enable_deletes(bool)：控制是否允许删除记忆。

◎ enable_updates(bool)：控制是否运行更新记忆。

2.create_prompt_optimizer 函数解析

该函数用于创建提示优化器，实现自动提示改进功能。其关键参数如下所示。

◎ model (str | BaseChatModel)：指定用于提示优化的 LLM。建议选择功能强大

的 LLM , 优化效果直接依赖底层模型的推理能力。

◎ kind (Literal["gradient","metaprompt","prompt_memory"]): 选择优化策略, 具体如下所示。

- gradient: 基于梯度的方法, 通过多轮反思迭代改进提示, 优化计算量。

- metaprompt: 利用元学习技术直接生成提示更新, 在优化效果和计算效率之间取得平衡。

- prompt_memory: 利用历史成功模式指导提示改进, 提供更简单且具有情境感知能力的优化方法。

◎ config (Optional[dict]): 允许进行特定于策略的配置, 微调优化过程参数, 例如, 控制反思步骤的数量、调整元提示指令等。

3.create_manage_memory_tool 函数解析

此函数创建 manage_memory 工具, 用于操作长期记忆。关键参数如下所示。

◎ namespace (tuple[str, ...] | str): 定义记忆存储的命名空间。命名空间对于组织记忆和确保数据隔离至关重要 (例如, 按用户、按智能体、按应用程序)。此参数接受字符串元组作为分层命名空间, 或接受单个字符串作为平面命名空间。

◎ instructions (str): 提供 LLM 智能体使用此工具的指导说明, 应清晰简洁。

◎ schema (type): 指定由此工具管理记忆模式, 支持使用 Python str、Pydantic BaseModel 和 JSON 模式。

◎ actions_permitted (tuple[Literal["create", "update", "delete"], ...]): 控制允许执行的操作, 包括 "create" "update" "delete" 记忆。也可以限制这些操作以创建更受控的记忆管理工作流。

◎ store (Optional[BaseStore]): 可显式指定该工具要使用的 BaseStore 实例。未指定时, 该工具将默认使用在 LangGraph 中配置的 BaseStore, 确保与应用程序无缝集成。

4.create_search_memory_tool 函数解析

此函数用于创建 search_memory 工具, 使智能体能够查询其长期记忆。关键参数如下所示。

◎ namespace (tuple[str, ...] | str)：定义要搜索的命名空间。建议与 create_manage_memory_tool 使用的命名空间匹配，以确保智能体可以搜索其正在管理的相同记忆空间。

◎ instructions (str)：提供使用此工具的指导说明。要求指令清晰明确。

- response_format (Literal["content","content_and_artifact"])：控制搜索结果响应的格式。

- content(默认值)：仅返回记忆内容，为对话智能体提供简洁且用户友好的输出。

◎ content_and_artifact：返回一个元组，其中包含 content 和原始检索结果对象，适用于需要返回记忆属性的高级场景。

◎ store(Optional[BaseStore])：显式指定 BaseStore 实例。未指定时，该工具将默认为使用在 LangGraph 环境中配置的 BaseStore。

5.5　记忆系统设计的重要考量

为 AI 智能体选择最佳记忆方法需要仔细权衡不同的因素，考虑短期记忆与长期记忆的细微差别，以及可用的各种 LangMem 工具。以下是关键设计注意事项。

◎ 选择正确的记忆类型：根据 AI 智能体的预期功能，仔细选择适当的记忆类型（语义记忆、情景记忆、程序记忆），参见 5.1.2 节。语义记忆擅长存储事实知识，情景记忆捕获经验学习，程序记忆控制智能体行为和指令。要有策略性地结合这些记忆类型，以创建与智能体目标相符的整体记忆架构。

◎ 优化记忆更新时机：确定"热路径"或"后台"记忆更新是否适合 AI 智能体的响应能力和处理约束要求。"热路径"更新提供实时语境，但会引入延迟，而"后台"更新提供更快的响应速度，但记忆反应存在延迟。

◎ 设计有效的信息提取策略：实施稳健而准确的信息提取机制，以填充智能体的记忆，参见 5.3 节。利用 LLM、正则表达式、NER 模型和 TrustCall 等工具从用户互动中提取结构化数据，确保数据完整性和相关性，以实现有效的记忆利用。

◎ 平衡记忆范围和持久化：仔细考虑智能体记忆的范围和持久化。参见 5.2.1 节，利用命名空间来有逻辑地组织记忆（例如，按用户、组织或主题），并选择适当的存储后端（例如，用于开发的 InMemoryStore、用于生产的 AsyncPostgresStore），以确保长期记忆的数据持久化和可扩展性。

◎ 优先考虑用户隐私和数据安全：在实施持久化记忆时，始终优先考虑用户隐私和数据安全，确保遵守相关的数据隐私法规，实施安全的存储和访问控制机制，并为用户提供适当的透明度和对其存储信息的控制权，以建立信任和负责任的 AI 实践。

构建真正智能的、记忆感知的 AI 智能体是一个迭代过程。可考虑以下步骤，以进一步改进记忆系统。

◎ 继续试验语义记忆、情景记忆和程序记忆，探索其细致的应用，并根据智能体日益复杂的任务需求定制智能体的记忆架构。

◎ 深入研究 TrustCall 以进行基于模式的记忆管理，并研究不同的检索策略、过滤技术，以及管理自定义存储内长期知识演化的方法。

◎ 探索生产就绪的、基于数据库的存储技术，以构建能够处理真实世界应用程序需求的可扩展且健壮的记忆系统。

◎ 试验 LangMem 提供的不同提示优化技术和配置，突破自动化智能体自我改进和对话改进的界限。

通过持续优化记忆系统，可以开发出具备持续学习能力、个性化交互体验和安全可靠特性的新一代智能体，推动 AI 技术的创新发展。

 思考题

（1）在构建 AI 智能体时，为什么要同时考虑短期记忆和长期记忆？如果只侧重于其中一种记忆，可能会对智能体的性能和用户体验产生什么影响？请举例说明。

（2）针对不同的 AI 智能体应用场景（例如，客户服务、内容创作、个人助手），你认为哪种类型的长期记忆（语义记忆、情景记忆、程序记忆）最为关键？为什么？请为每种记忆类型设想一个具体的应用场景。

（3）InMemoryStore 作为 LangGraph 的默认记忆存储方案，在哪些开发阶段或应用场景下是合适的选择？它的局限性是什么？在什么情况下应该考虑使用或构建更持久化的存储方案？

（4）语义搜索如何显著增强 AI 智能体的记忆检索能力？与传统的关键词搜索相比，其优势体现在哪些方面？在实际应用中，实现高效且准确的语义搜索可能面临哪些挑战？

（5）为什么 LangGraph 允许开发者构建自定义的 BaseStore 实现？在哪些情况下，使用 InMemoryStore 或其他预构建的存储方案可能不足以满足需求而需要自定义存储方案？请设想一个需要自定义 Memory Store 的具体场景。

（6）TrustCall 库旨在解决记忆管理的哪些痛点？它在处理结构化记忆（例如，用户资料、记忆集合）的创建和更新方面，相比于传统方法有哪些优势？

（7）假设您正在构建一个具备持久化存储用户偏好、能够根据用户反馈改进其对话风格，并能让用户在对话过程中显式管理其记忆的 AI 助手，会如何选择和组合 LangMem 提供的 create_memory_manager、create_memory_store_manager、create_manage_memory_tool、create_search_memory_tool 和 create_prompt_optimizer 等关键函数？请详细说明选择依据和设计思路。

（8）除了本章中讨论的个性化推荐、情境化任务完成、反馈学习和主动帮助，还有哪些 AI 智能体应用场景可以从有效的记忆系统中获益？请具体描述之。

第 6 章
LangGraph 的核心 API

Give us the tools, and we will finish the job. —Winston Churchil
（给我们工具，我们将完成任务。—— 温斯顿·丘吉尔）

犹如一位技艺精湛的工匠，面对纷繁复杂的造物，所需的并非仅是蛮力，而是那手中握持的、与任务精准契合的工具。在构建 AI 智能体的道路上，框架赋予我们多种途径，如同百川汇流，殊途同归。关键在于洞悉每条路径的特性，权衡利弊，最终选取那条最能释放创造力、最能达成目标的通途。这不仅是技术的抉择，更是对自身愿景与能力的深刻审视，是通往卓越 AI 智能体构建的至关重要的第一步。

第 6 章将深入探索 LangGraph 框架的核心 API 体系。作为构建生产级 AI 智能体应用的基础设施，LangGraph 提供了多样化的 API，以满足不同开发场景和开发者需求。本章将系统解析这些 API 的设计理念和应用场景，帮助开发者选择最适合的工具方案。

我们将从 create_react_agent 这个预构建 API 开始。它犹如一个"快速启动"按钮，让开发者能够以最少的代码量，迅速搭建起一个功能完备的 ReAct 智能体。对于那些希望快速验证概念、构建原型或者应用场景与标准 ReAct 设计模式高度契合的项目而言，create_react_agent 无疑是理想之选。

随后，我们将深入剖析 Functional API。这个 API 以函数为中心，通过简洁的装饰器 @entrypoint 和 @task，将 LangGraph 的核心功能——持久化、内存、人机环路和流式传输——无缝融入开发者熟悉的 Python 函数式编程范式中。Functional API 在易用性、代码简洁性和功能性之间取得了精妙的平衡，特别适合那些偏好函数式编程风格，并希望在不牺牲 LangGraph 强大特性的前提下，实现快速迭代和敏捷开发的开发者。

为了提供更全面的视角，本章还将介绍 Graph API，即 LangGraph 的核心 API。Graph API 以其强大的灵活性和对工作流执行流程的精细控制力而著称，通过显式地定义节点和边，开发者可以构建任意复杂度的智能体架构，充分释放 LangGraph 的潜力。虽然 Graph API 的学习曲线相对陡峭，但对于构建高度定制化、可扩展且需要复杂状态管理和控制流的 AI 智能体系统而言，它是不可或缺的工具。

6.1 create_react_agent

LangGraph 作为 AI 智能体开发框架，在灵活性和功能性方面展现出独特优势。该框架不仅支持高度定制化的智能体架构开发，同时为快速原型设计和开发者入门提供了便捷工具。其中，create_react_agent 函数作为预构建组件，实现了 ReAct（推理—行动）模式的快速部署，显著降低了开发门槛。本节将演示 create_react_agent 的核心功能、自定义选项，以及如何在更广泛的 LangChain 生态系统中无缝集成。

6.1.1 create_react_agent 的核心功能和参数

LangGraph 框架中的 create_react_agent 函数为开发者提供了快速构建 ReAct 智能体的标准化方案。该函数通过自动化生成底层图结构，显著简化了智能体开发流程。其主要参数配置如下所述。

基本参数有两个。

（1）model：指定语言模型，通常是使用 LangChain 定义的 ChatModel 对话模型对象。建议根据性能需求和成本预算选择合适的 LLM。

（2）tools：定义 LangChain 工具列表，包括基础工具（计算器 / 搜索引擎）、复杂集成工具（数据库 /API 连接），确定智能体可执行的操作。

除了这些核心参数，create_react_agent 还提供了几个可选参数，可以实现进一步的自定义。

（1）prompt：定义系统提示，默认为优化过的 ReAct 专用提示，也可以自定义以调整响应风格、设定特定角色、注入领域知识。

（2）response_format：定义输出格式，包括 Pydantic 模型，能自动校验输出格式，适合需要严格数据结构的集成的应用场景。

（3）checkpointer：提供状态持久化方案，以维护对话上下文，实现跨会话记忆、保持连贯对话。

（4）interrupt_before/interrupt_after：提供人机协作控制点，通过指定节点名称列表，开发者可以暂停执行，以进行安全审查、质量校验或修改。

以下是一个基础实现示例（天气查询智能体）。

```
pip install langchain-openai langgraph langgraph-prebuilt
```

示例 6-1：create_react_agent 的基础用法

```Python
from langchain_openai import ChatOpenAI
from langgraph.prebuilt import create_react_agent

# 初始化语言模型
model = ChatOpenAI(model="Qwen/Qwen3-8B",
temperature=0)

# 定义一个简单的工具来获取天气信息
def get_weather(city: str):
    """Use this tool to get the weather information for a city."""
    if city.lower() == "nyc":
        return "It might be cloudy in New York."
    elif city.lower() == "sf":
        return "It's always sunny in San Francisco."
    else:
```

```
        return "Unable to get the weather information for this
city."

tools = [get_weather]

# 创建 ReAct 智能体
graph = create_react_agent(model, tools=tools)

# 调用智能体
inputs = {"messages": [("user", "How's the weather in sf?")]}
response = graph.invoke(inputs)
print(response['messages'][-1].content)
```

```Plaintext
Plaintext
The weather in San Francisco is always sunny.
```

此示例演示了使用 create_react_agent 构建功能性 ReAct 智能体的最小可行配置。开发者只需提供语言模型和工具列表就可以快速创建一个天气查询智能体。

在后续章节中，我们将深入探讨 create_react_agent 提供的自定义选项，例如，prompt、checkpointer、interrupt_before 和 response_format 等参数以构建更专业的 AI 智能体系统。

6.1.2 自定义选项

create_react_agent 不仅提供了开箱即用的 ReAct 智能体构建能力，更通过多层次的可定制性满足不同场景需求。该函数支持从基础行为到高级功能的全面定制，主要包含以下维度。

1. 自定义系统提示

create_react_agent 的 prompt 参数允许开发者覆盖默认的系统提示，并注入自定义指令，以指导智能体的行为。这是一种基本的自定义技术，可用于塑造智能体的个性、响应风格和整体表现。可以指示智能体以特定语言回复，采用特定语调（如专业、幽默或简洁），或为其提供额外的背景信息或约束条件。假设希望 ReAct 智能体专门以中文回复，则可通过向 prompt 参数提供"请以中文回复"的系统提示来轻松实现此目标。

示例 6-2：使用 prompt 参数设置自定义系统提示以进行中文回复

```Python
Python
```

```
from langchain_openai import ChatOpenAI
from langgraph.prebuilt import create_react_agent

# 定义模型和工具（与之前相同）

# 定义用于中文回复的自定义系统提示
chinese_prompt = "Respond in Chinese"

# 使用自定义提示创建 ReAct 智能体
graph_chinese = create_react_agent(model, tools=tools,
prompt=chinese_prompt)

# 示例调用
inputs = {"messages": [("user", "How's the weather in NYC?")]}
response_chinese = graph_chinese.invoke(inputs)
print(response_chinese['messages'][-1].content)
```

```
Plaintext
纽约的天气是多云。
```

通过设置 prompt=chinese_prompt，所有响应都将以中文生成。这证明了此参数对智能体输出的直接控制。

2. 添加对话记忆

对于需要在多轮对话中维护上下文的应用程序，整合记忆功能至关重要。create_react_agent 通过 checkpointer 参数简化了这一过程：开发者只需提供一个 LangGraph Checkpointer 实例，即可让智能体跨由唯一 thread_id 标识的对话线程持久化状态（包括消息历史记录）。LangGraph 提供了多种存档点器实现，例如适用于开发和测试场景的内存存储型 MemorySaver，以及适用于生产环境的 SQLiteSaver。

以下示例演示了如何向 ReAct 智能体添加内存聊天记忆功能。

示例 6-3：使用 checkpointer 参数向智能体添加内存聊天记忆功能

```
Python
from langchain_openai import ChatOpenAI
from langgraph.prebuilt import create_react_agent
from langgraph.checkpoint.memory import MemorySaver

# 定义模型和工具（与之前相同）
```

```
# 初始化内存存档点
memory = MemorySaver()

# 创建具有记忆功能的 ReAct 智能体
graph_with_memory = create_react_agent(model, tools=tools,
checkpointer=memory)

# 首次交互
config = {"configurable": {"thread_id": "user_thread_1"}}  # 唯一线程
ID
inputs_1 = {"messages": [("user", "How's the weather in sf?")]}
response_1 = graph_with_memory.invoke(inputs_1, config=config)
print(response_1['messages'][-1].content)

# 同一线程中的第二次交互：智能体记住上下文
inputs_2 = {"messages": [("user", "How is chicago?")]}
response_2 = graph_with_memory.invoke(inputs_2, config=config)
print(response_2['messages'][-1].content)
```

```
Plaintext
The weather in San Francisco is always sunny.

I'm sorry, but I couldn't retrieve the weather information for
Chicago.
```

在此示例中，MemorySaver() 用于创建基于内存的存档点。通过将此存档点传递给 checkpointer 参数，并在同一对话的每次交互中通过 config 字典提供一致的 thread_id，AI 智能体不仅能保留对话历史记录，而且可以根据上下文对后续问题做出响应，如关于另一个城市的第二次交互所示。选择合适的 Checkpointer 实现对于生产应用程序至关重要，以确保 LangGraph 智能体的记忆管理既可靠又可扩展。

3. 整合人机环路工作流

对于需要人工监督的应用场景，create_react_agent 通过 interrupt_before 参数支持人机环路工作流。该参数允许开发者指定需要暂停执行的节点列表（在 ReAct 智能体中通常设为 ["tools"]），从而在关键操作前设置断点，实现人工审查和操作修改。

要注意的是，这必须配合 Checkpointer 使用，以确保中断期间状态持久化。以下示例演示了如何启用在工具调用之前暂停的人机环路工作流。

示例 6-4：使用 interrupt_before 和 checkpointer 来启用人机环路工作流

```Python
from langchain_openai import ChatOpenAI
from langgraph.prebuilt import create_react_agent
from langgraph.checkpoint.memory import MemorySaver

# 定义模型、工具（与之前相同）

# 初始化内存存档点
memory = MemorySaver()

# 创建启用人机环路的 ReAct 智能体，在工具之前中断
graph_hitl = create_react_agent(model, tools=tools, interrupt_
before=["tools"], checkpointer=memory)

# 首次交互：智能体将在工具调用之前暂停
config_hitl = {"configurable": {"thread_id": "user_thread_hitl"}}
inputs_hitl = {"messages": [("user", "How's the weather in sf?")]}
stream = graph_hitl.stream(inputs_hitl, config=config_hitl, stream_
mode="values")
for output in stream:
    print(output)  # 打印流输出以观察智能体的状态

# 此时，智能体已暂停。人工可以使用 graph_hitl.get_state(config_hitl) 检查状态，
# 并可以在继续之前修改工具调用，使用 graph_hitl.stream(None, config_hitl,
stream_mode="values")
```

```Plaintext
{'messages': [HumanMessage(content="How's the weather in sf?",
additional_kwargs={}, response_metadata={}, id='bc9ad32a-266d-4500-
b510-1cfd04e88c32')]}
{'messages': [HumanMessage(content="How's the weather in sf?",
additional_kwargs={}, response_metadata={}, id='bc9ad32a-266d-4500-
b510-1cfd04e88c32'), AIMessage(content=", additional_kwargs={'tool_
calls': [{'id': '0195469b8235397115039fffaf1ced9e', 'function':
{'arguments': '{"city": "sf"}', 'name': 'get_weather'}, 'type':
'function'}], 'refusal': None}, response_metadata={'token_usage':
{'completion_tokens': 9, 'prompt_tokens': 158, 'total_tokens':
167, 'completion_tokens_details': None, 'prompt_tokens_details':
None}, 'model_name': 'THUDM/glm-4-9b-chat', 'system_fingerprint': ",
```

'finish_reason': 'tool_calls', 'logprobs': None}, id='run-897221f4-40a3-40b7-9ffb-27bf6beb665f-0', tool_calls=[{'name': 'get_weather', 'args': {'city': 'sf'}, 'id': '0195469b8235397115039fffaf1ced9e', 'type': 'tool_call'}], usage_metadata={'input_tokens': 158, 'output_tokens': 9, 'total_tokens': 167, 'input_token_details': {}, 'output_token_details': {}})])

在此示例中，interrupt_before=["tools"] 参数配置使智能体在执行任何工具调用前自动暂停。当第一次交互完成后，系统将进入等待状态，此时人工操作员可以审查智能体状态，重点检查拟执行工具调用的合理性，执行必要干预，例如，修改工具调用参数，完全阻止工具执行，确认后继续智能体运行。

通过该机制，开发者可在保持 AI 智能体自动化优势的同时，嵌入必要的人工监督环节，实现人机协同的最佳平衡。

4. 返回结构化输出

在许多应用场景中，需要智能体以结构化的格式返回响应，以便程序化解析和处理输出。create_react_agent 通过 response_format 参数简化了结构化输出的生成过程。开发者只需提供 Pydantic 模型作为此参数的值，即可指示 AI 智能体在 ReAct 循环结束时进行额外的 LLM 调用，将最终响应根据指定模式格式化。这确保了输出符合预定义的结构，有助于与其他需要结构化数据的系统或应用程序无缝集成。以下示例演示了如何配置 create_react_agent，使其以 WeatherResponse 格式返回天气信息。

示例 6-5：通过 response_format 参数，利用 Pydantic 模型实现结构化输出

```Python
from langchain_openai import ChatOpenAI
from langgraph.prebuilt import create_react_agent
from pydantic import BaseModel, Field

# 定义模型、工具（与之前相同）
# 由于硅基流动平台的部分模型暂不支持原生结构化输出，本例推荐使用 OpenAI 原生
模型进行测试

# 定义结构化输出的 Pydantic 模型
class WeatherResponse(BaseModel):
    """Respond with a weather description."""
    conditions: str = Field(description="weather conditions")

# 创建启用结构化输出的 ReAct 智能体
```

```
graph_structured = create_react_agent(model, tools=tools, response_
format=WeatherResponse)

# 示例调用
inputs_structured = {"messages": [("user", "How's the weather in
sf?")]}
response_structured = graph_structured.invoke(inputs_structured)
print(response_structured["structured_response"]) # 访问结构化响应
```

通过设置 response_format=WeatherResponse，智能体将以 WeatherResponse 对象的形式返回最终答案，该对象可以通过输出字典中的 structured_response 键访问。其中，conditions 字段将包含智能体提取并根据模式格式化的天气信息。这种结构化输出机制不仅可以确保输出符合预定义格式，便于系统间数据交互，可直接对接 API，无缝接入数据库系统，兼容数据分析管道，还可以通过 (prompt, schema) 元组配置自定义格式化提示，实现更精细的输出控制。

5. 启用长期记忆功能

虽然通过 checkpointer 参数实现的对话记忆使智能体能够在单个交互线程中维护上下文，但真正的长期记忆涉及跨多个会话和长时间持续存储与检索信息的能力。create_react_agent 本身并不直接提供长期语义记忆功能，但其提供了必要的基础和可扩展性，可以将长期记忆功能集成到 ReAct 智能体中。

实现长期记忆通常需要借助外部存储解决方案，例如向量数据库或知识图谱，以存储并有效检索与智能体的任务和用户交互相关的信息。其中，基于向量嵌入的语义搜索是使智能体能够根据含义和上下文（而非简单的关键字匹配）检索相关记忆的关键技术。

基于 create_react_agent 的智能体添加长期记忆功能的步骤如下所示。

（1）选择持久化记忆存储：选择一个合适的记忆存储（例如 InMemoryStore、PostgresStore）来存储智能体记忆。

（2）创建记忆管理工具：存储记忆工具向长期记忆添加新信息；检索记忆工具基于语义相似性查询记忆。

（3）将记忆工具加入 create_react_agent 的 tools 列表中。

（4）修改智能体的提示（可选）：指导 AI 智能体使用记忆工具的时机和方式。

（5）可选记忆注入提示：自动检索相关记忆，并将其注入 LLM 的上下文。

create_react_agent 灵活的架构和工具集成功能使其成为构建具有长期记忆的智能体的理想起点。通过将 create_react_agent 与自定义构建的记忆管理工具和持久化存储解决方案相结合，可以创建具有持续学习能力的 ReAct 智能体，实现更个性化、上下文感知和有效的 AI 助手。具体实现方法可参考 5.4.2 节。

6.1.3　create_react_agent 的应用

create_react_agent 不仅是一个独立工具，更是深度集成于 LangChain 生态系统的重要组件。它与 LangChain 其他模块的协同工作体现在以下方面。

（1）直接支持 ChatOpenAI 等 LangChain 对话模型对象，兼容 LangChain 工具库，既可使用现成工具，也支持自定义工具开发。

（2）具有开发体验优势，LangChain 开发者可快速上手，沿用熟悉的开发模式，保持 LangChain 的灵活度。

（3）原生集成 LangSmith 平台，可实现执行流程可视化，中间步骤检查，进行性能监控与优化，问题诊断与调试。

create_react_agent 封装 ReAct 核心逻辑，简化图构建过程，进行快速原型开发，还支持对话记忆，实现长期记忆，提供人机环路、结构化输出，适合新手入门学习，构建从简单信息检索到复杂交互等各种 AI 智能体系统。

该组件作为连接 LangGraph 执行引擎与 LangChain 生态的桥梁，既保留了底层框架的强大能力，又提供了符合开发者习惯的接口规范，形成了完整的智能体开发生态。

create_react_agent 的参数总结，如表 6-1 所示。

表 6-1　create_react_agent 的参数总结

参数名称	类型	描述	是否可选
model	langchain.chat_models.base.BaseChatModel	用于智能体推理和决策的 LangChain 聊天模型	必需
tools	List[langchain_core.tools.BaseTool]	智能体可以使用的 LangChain 工具列表，用于与外部世界交互或访问特定信息	必需

续表

参数名称	类型	描述	是否可选
prompt	Union[str, Callable]	自定义系统提示，用于指导 AI 智能体的行为和角色。可以是字符串或接受状态并返回提示的可调用对象	可选
response_ format	Union[BaseModel, Tuple[str, BaseModel]]	结构化输出的格式。可以是 Pydantic 模型，也可以是包含自定义提示和 Pydantic 模型的元组，用于最终的结构化输出生成步骤	可选
checkpointer	langgraph. checkpoint.base. Checkpointer	LangGraph 存档点实例，用于在对话线程中实现状态持久化和对话记忆	可选
interrupt_ before/ interrupt_ after	List[str]	节点名称列表，指定 AI 智能体执行应暂停的节点，以实现人机环路工作流。通常设置为 ["tools"]，即在 ReAct 智能体工具调用前暂停	可选
store	langgraph.store. base.BaseStore	内存存储实例，用于集成长期记忆功能。通过 prompt 参数或工具注入。请注意，store 参数本身不是 create_ react_agent 的直接参数，而是通过其他可定制参数集成	可选

　　虽然 create_react_agent 在快速原型设计和简化 ReAct 智能体开发方面表现出色，但 LangGraph 的真正优势在于其能够创建完全自定义智能体架构。对于需要高度定制智能体行为、偏离标准 ReAct 设计模式或对智能体执行流程进行细粒度控制的场景，使用 LangGraph 的较低级别 API 从头开始构建智能体是更好的选择。然而，对于许多常见的智能体任务 —— 尤其是在初始探索与开发阶段，create_react_agent 提供了一条高效捷径，能够加速从概念到落地的进程。

6.2 Functional API

在深入探讨 Functional API 之前，为了更好地理解其设计理念和优势，我们有必要先回顾一下 LangGraph 的 Graph API。正如本书之前介绍的那样，Graph API 是一种基于图的编程范例，允许开发者通过显式定义节点和边来构建复杂的 AI 工作流。StateGraph 作为 Graph API 的核心组件，提供了用于编排节点执行流程并管理状态转换的框架。StateGraph 支持创建有向无环图，其中节点代表工作流中的各步骤（例如，LLM 调用、工具使用、数据处理），而边则定义了节点间的依赖关系和执行顺序。Graph API 的强大之处在于其灵活性和对复杂工作流的精细控制能力，非常适合构建具有复杂分支、并行处理和状态管理的 AI 智能体系统。

然而，LangChain 团队认识到，并非所有 AI 应用程序都适合图编程模型。许多开发者更习惯传统命令式编程范式。为了弥合这一差距并扩大 LangGraph 的适用范围，LangChain 推出了 Functional API。

6.2.1 Functional API 的优势

Functional API 的设计初衷源于对开发者体验的深入思考。虽然 Graph API 在构建复杂智能体架构方面具有无可比拟的灵活性和控制力，但其图编程范式对于习惯命令式或函数式编程的开发者来说存在较高的入门门槛。Functional API 正是为了满足这类开发者的需求而诞生的，它提供了更加平缓的 LangGraph 学习路径。

Functional API 的主要优势包括以下五个方面。

1. 降低学习门槛

◎为不熟悉图编程的开发者提供更友好的入门方式。

◎通过抽象图定义细节，让开发者专注业务逻辑。

◎使用熟悉的 Python 函数和控制流构建工作流。

◎显著减轻认知负担，加快应用开发速度。

2. 渐进式集成

◎支持在现有 Python 代码库中逐步引入 LangGraph 功能。

◎无须大规模重构为图结构。

◎通过装饰器增强现有函数，添加持久化等特性。

3. 提升开发效率

◎简化工作流构建和迭代流程。

◎特别优化线性流程的开发体验。

◎减少样板代码，加速原型设计。

◎支持快速实验和优化 AI 应用。

4. 范式互补性

◎与 Graph API 形成互补关系而非替代关系。

◎共享相同的底层运行时引擎。

◎支持在单一应用中混合使用两种范式。

◎复杂组件仍可使用 Graph API。

◎简单工作流适合 Functional API。

◎为不同场景提供最佳工具选择。

5. 核心功能民主化

◎确保人机协作机制、状态持久化、记忆管理和流式处理等关键功能对各类开发者开放。

◎ 降低高级功能的使用门槛。

◎ 促进更广泛 AI 应用的智能化升级。

Functional API 从根本上扩展了 LangGraph 的适用边界，使其强大能力能够服务更广泛的开发者群体，同时保持对编程范式选择的灵活性，让开发者可以根据项目需求和个人专长选择最适合的开发方式。

6.2.2 核心组件：@entrypoint 和 @task

Functional API 的构建基于两个基本装饰器：@entrypoint 和 @task。这些装饰器以函数为中心的方式定义和编排工作流的构建块。

1. @entrypoint：定义工作流边界和入口点

@entrypoint 装饰器用于将 Python 函数标记为 LangGraph 工作流的执行入口点。负责封装工作流的整体逻辑并管理其执行流程，包括处理长时间运行的任务、支持持久化和人机环路中断。

当函数被 @entrypoint 装饰后，LangGraph 会将其转换为一个 Pregel 对象实例，该实例提供以下方法，用于实时获取处理进度、基于存档点恢复工作流，以及持久化支持。

◎ invoke()：同步执行工作流。

◎ ainvoke()：异步执行工作流。

◎ stream()：同步流式处理。

◎ astream()：异步流式处理。

@entrypoint 装饰器通过 checkpointer 参数提供自动状态保存 / 恢复、工作流中断续接等功能。其输入 / 输出必须支持 JSON 可序列化，以确保状态持久化和可靠性。

可注入参数（仅关键字参数）如下所示。

◎ previous: Any = None：访问前次执行状态。

◎ store: BaseStore：长期记忆存储接口。

◎ writer: StreamWriter：自定义数据流写入。

◎ config: RunnableConfig：运行时配置访问。

典型定义示例如下。

示例 6-6：@entrypoint 定义

```Python
from langgraph.func import entrypoint
from langgraph.checkpoint.memory import MemorySaver
from langgraph.store.memory import InMemoryStore, BaseStore
from langgraph.types import StreamWriter
from langchain_core.runnables import RunnableConfig
from typing import Any

store = InMemoryStore()
checkpointer = MemorySaver()

@entrypoint(checkpointer=checkpointer, store=store)
def my_workflow(
    user_input: dict, # 输入参数
    *,
    previous: Any = None, # 用于先前状态的可注入参数
```

```
    store: BaseStore,      # 用于长期内存存储的可注入参数
    writer: StreamWriter,  # 用于自定义流写入器的可注入参数
    config: RunnableConfig # 用于运行时配置的可注入参数
) → str:
    """ 一个复杂的演示入口点参数的工作流 """
    api_key_from_config = config["configurable"].get("api_version")
# 访问 kwargs
    writer(f" 工作流 '{config["metadata"]["thread_id"]}' 以 API 版本启
动: {api_key_from_config}")

    # 使用注入参数的工作流逻辑
    return f" 工作流处理的输入: {user_input}"

# 示例调用
config = {"configurable": {"thread_id": "complex_workflow_1"}}
result = my_workflow.invoke({"message": "Hello"}, config)
print(result)
```

```
Plaintext
工作流处理的输入: {'message': 'Hello'}
```

def my_workflow(...) → str: 定义了工作流函数 my_workflow,接受 user_input: dict 作为输入,并使用类型提示 → str 声明返回值为字符串类型。

可注入参数说明如下。

（1） previous: Any = None。

功能：访问工作流先前状态。

用途：实现短期记忆功能。

（2） store: BaseStore。

功能：长期内存存储接口。

用途：持久化数据存取。

（3） writer: StreamWriter。

功能：自定义数据流写入。

用途：实时数据流传输。

（4）config: RunnableConfig。

功能：运行时配置访问。

用途：获取执行环境参数。

配置参数访问示例：api_key_from_config = config["configurable"].get("api_version") 通过 config["configurable"] 字典获取 @entrypoint 装饰器传递的自定义参数。

工作流配置示例：config = {"configurable": {"thread_id": "complex_workflow_1"}} 指定工作流实例标识。对于有状态工作流（使用 checkpointer 时），thread_id 用于隔离不同实例的状态。

该示例展示了 @entrypoint 装饰器的参数使用方式，以及如何在装饰函数中访问各类可注入参数，充分体现了 Functional API 通过简洁的装饰器语法实现高级工作流功能的能力。

2. @task：封装工作单元

@task 装饰器用于定义 LangGraph 工作流中的各工作单元。它的调用返回结果是一个 Python 的 Future 对象。

@task 的详细参数如下。

◎ name：(Optional[str])。

- 描述：标识任务。主要用于 LangSmith 中的日志记录和跟踪，有助于在执行跟踪中识别任务并监视工作流进度。

- 默认值：装饰函数的名称。

- 示例：name="fetch_weather_data"。

◎ retry: (Optional[RetryPolicy])。

- 描述：故障重试策略定义。例如，最大重试次数和重试条件（例如，特定异常类型）。

- 默认值：None。默认情况下不执行自动重试。

- 示例：retry=RetryPolicy(max_attempts=3, retry_on=ValueError)，在 ValueError 异常时最多重试 3 次。

◎ kwargs：(Any)。

- 描述：预留扩展参数并保留字段，无实际功能。

- 默认值：None。

@task 装饰函数的函数签名要求如下。

◎ 第一个参数（输入）：必须接受至少一个位置参数作为任务输入数据。

◎ 不支持注入参数：如 previous、store、writer 或 config，在入口点工作流的上下文中运行，并接收来自入口点的输入数据。

◎ JSON 可序列化输出：@task 函数的返回值必须是 JSON 可序列化的，以确保存档点正常。

示例 6-7：@task 定义

```Python
from langgraph.func import task
from langgraph.types import RetryPolicy

retry_policy = RetryPolicy(max_attempts=2, retry_on=TimeoutError)

@task(name="api_data_fetcher", retry=retry_policy)
def fetch_api_data(api_endpoint: str) → dict:
    """ 从带有重试策略的 API 端点获取数据的任务 """
    import time, random
    time.sleep(random.random()) # 模拟网络延迟
    if random.random() < 0.3: # 模拟 30% 的超时概率
        raise TimeoutError("API 请求超时 ")
    return {"status": "success", "data": f" 来自 {api_endpoint} 的数据 "}

# 在入口点内调用任务的示例
@entrypoint(checkpointer=MemorySaver())
def data_processing_workflow(endpoint_url: str) → dict:
    """ 调用 fetch_api_data 任务的工作流 """
    api_result = fetch_api_data(api_endpoint=endpoint_url).result()
    return {"workflow_result": " 数据已处理 ", "api_response": api_result}

config = {"configurable": {"thread_id": "task_params_workflow_1"}}
result = data_processing_workflow.invoke("https://api.example.com/data", config)
print(result)
```

```Plaintext
{'workflow_result': ' 数据已处理 ', 'api_response': {'status':
'success', 'data': ' 来自 https://api.example.com/data 的数据 '}}
```

◎ retry_policy = RetryPolicy(max_attempts=2, retry_on=TimeoutError) 创建了一个 RetryPolicy 实例，配置为在发生 TimeoutError 时最多重试 2 次。

◎ @task(name="api_data_fetcher", retry=retry_policy) 使用 @task 装饰器定义任务。其中，name="api_data_fetcher" 为任务指定了一个名称，便于在 LangSmith 跟踪中标识此任务。

◎ retry=retry_policy 将之前定义的 retry_policy 应用于此任务。这意味着如果 fetch_api_data 函数抛出 TimeoutError，LangGraph 运行时将自动重试该任务最多两次。

◎ def fetch_api_data(api_endpoint: str) → dict 定义了实际的任务函数 fetch_api_data。它接受 api_endpoint: str 作为输入，并使用类型提示→ dict 注释了返回值类型为字典。

◎ time.sleep(random.random()) 和 if random.random() < 0.3: raise TimeoutError（"API 请求超时"）用于模拟网络延迟和 API 请求可能超时的场景，以便演示重试策略的效果。在实际应用中，fetch_api_data 函数将执行真正的 API 调用。

◎ @entrypoint(checkpointer=MemorySaver()) def data_processing_workflow(endpoint_url: str) → dict 定义了一个名为 data_processing_workflow 的入口点，并配置了 MemorySaver 存档点。此入口点函数演示了如何在工作流中调用 @task 函数。

◎ api_result = fetch_api_data(api_endpoint=endpoint_url).result() 在 data_processing_workflow 入口点内调用 fetch_api_data 任务。.result() 方法用于同步等待任务完成并获取其结果。如果 fetch_api_data 任务失败（抛出 TimeoutError），那么 LangGraph 运行时将根据配置的 retry_policy 自动重试该任务。

此示例说明了如何定义具有自定义名称和重试策略的 @task，展示了 @task 装饰器提供的参数选项，以及如何在工作流中使用重试策略来提高应用程序的鲁棒性。

6.2.3　使用 Functional API 构建和执行工作流

使用 Functional API 构建工作流涉及定义 @entrypoint 和 @task 函数，然后在

@entrypoint 函数中编排它们的执行。在 @entrypoint 函数中使用标准 Python 构造的控制流隐式地定义了工作流的结构。

1. 定义工作流逻辑

工作流逻辑主要在 @entrypoint 装饰函数的正文中定义。此函数编排 @task 函数的执行，并使用标准 Python 控制流（例如，if、for、while 语句）来确定工作流的路径。

在 @entrypoint 函数中，我们可以完成以下任务。

◎ 调用 @task 函数：调用 @task 函数以执行各工作单元。请记住，调用 @task 函数会立即返回类似 Future 的对象，而不是结果本身。

◎ 检索任务结果：要获取 @task 的结果，请使用 .result() 方法进行同步检索，或使用 await 进行异步检索。使用 .result() 时，工作流执行将阻塞，直到任务完成并且其结果可用。

◎ 实现控制流：使用 Python 的条件语句（if、elif、else）和循环（for、while）基于工作流输入、任务结果或其他条件来控制任务执行的顺序。这定义了工作流的动态路径。

◎ 处理人机环路：在 @task 函数中加入 interrupt() 函数，以暂停工作流执行并在工作流中的特定点请求人工输入。

◎ 管理状态（短期记忆）：利用 previous 可注入参数和 entrypoint.final() 来管理短期记忆，以及同一线程工作流调用的状态持久化。

◎ 与长期记忆交互：store 可注入参数，用于持久化内存存储交互，以进行长期内存操作，例如存储用户首选项或检索历史数据。

◎ 流式传输自定义数据：使用 writer 可注入参数从工作流中流式传输自定义数据事件，从而实现实时监控和用户反馈。

◎ 返回最终结果：@entrypoint 函数应返回工作流的最终结果。此输出将在工作流执行完成后可供调用方使用。或者，使用 entrypoint.final() 将返回值与保存在存档点中以供下次调用的值分离。

为了说明 @entrypoint 中的工作流逻辑，请参见以下示例，其中包含了控制流和任务调用。

示例 6-8：包含控制流和任务调用的工作流逻辑

```Python
```

```
from langgraph.func import entrypoint, task
from langgraph.checkpoint.memory import MemorySaver

@task
def is_even(number: int) → bool:
    """ 检查数字是否为偶数的任务 """
    return number % 2 == 0

@task
def multiply_by_two(number: int) → int:
    """ 将数字乘以 2 的任务 """
    return number * 2

@entrypoint(checkpointer=MemorySaver())
def number_workflow(input_number: int) → int:
    """ 根据数字是奇数还是偶数处理数字的工作流 """
    if is_even(input_number).result():
        result = multiply_by_two(input_number).result()
        return result
    else:
        return input_number # 若为奇数，则返回原始数字

config = {"configurable": {"thread_id": "workflow_3"}}
print(number_workflow.invoke(4, config)) # 输出：8（偶数，已相乘）
print(number_workflow.invoke(5, config)) # 输出：5（奇数，直接返回）
```

◎ @task def is_even(number: int) → bool 和 @task def multiply_by_two(number: int) → int 定义了两个简单的 @task 函数，分别用于检查数字是否为偶数和将数字乘以 2。

◎ @entrypoint(checkpointer=MemorySaver()) def number_workflow(input_number: int) → int 定义了名为 number_workflow 的入口点，并配置了 MemorySaver 存档点。

◎ if is_even(input_number).result() 和 result = multiply_by_two(input_number).result() 在 number_workflow 入口点内调用 is_even 任务并使用 .result() 方法同步等待其结果。基于 is_even 任务的布尔结果，工作流逻辑会分支。

此示例演示了如何在 Functional API 工作流中使用控制流（if/else 语句）和任务调用来构建条件逻辑。工作流的行为会随 is_even 任务的结果而动态变化。这展示了

Functional API 的灵活性。

2. 执行工作流

定义 @entrypoint 函数后，可以使用 invoke、ainvoke、stream 和 astream 方法执行它，类似于 LangChain Runnable 对象的执行方式。

◎ invoke(input, config=None)：同步执行工作流，阻塞直到完成并返回最终结果。

◎ ainvoke(input, config=None)：异步执行工作流，返回可等待以获取最终结果的协程。

◎ stream(input, config=None, stream_mode=["updates"])：执行工作流并按发生顺序流式传输更新。stream_mode 参数指定要流式传输的数据类型（例如，updates 表示工作流进度，messages 表示 LLM 词元，custom 表示自定义数据事件）。返回生成器，该生成器产生流式数据块。

◎ astream(input, config=None, stream_mode=["updates"])：stream 的异步版本，返回异步生成器。

示例 6-9：使用 invoke 同步执行工作流

```Python
config = {"configurable": {"thread_id": "workflow_4"}}
result = my_workflow.invoke("Synchronous Input", config)
print(f"同步结果：{result}")
```

此代码段演示了如何使用 .invoke() 方法以同步方式执行 Functional API 工作流。同步执行适用于需要立即获得工作流结果的场景，例如，在命令行界面或脚本中运行工作流。执行工作流时，通常需要提供 config 字典。config 字典对于指定 thread_id 至关重要。因为 LangGraph 使用 thread_id 来管理不同工作流实例的持久化和状态。对于具有长期内存的工作流，config 字典还可以用于传递特定于用户的标识符或其他上下文信息。

◎ config = {"configurable": {"thread_id": "workflow_4"}}：配置对象，指定工作流执行的 thread_id 为 "workflow_4"。

◎ result = my_workflow.invoke("Synchronous Input", config)：使用 .invoke() 方法同步调用 my_workflow 入口点。"Synchronous Input" 字符串作为输入传递给工作流。执行将阻塞，直到工作流完成执行并返回最终结果。

示例 6-10：使用 stream 流式执行工作流

```Python
config = {"configurable": {"thread_id": "workflow_5"}}
for chunk in my_workflow.stream("Streaming Input", config, stream_
mode=["updates"]):
    print(f" 流式块：{chunk}")
```

此代码段演示了如何使用 .stream() 方法流式执行 Functional API 工作流。流式执行适用于需要向用户提供实时反馈或处理长时间运行工作流的场景。通过订阅不同的流（例如，updates messages 和 custom），可以接收不同类型的流式数据。

◎ config = {"configurable": {"thread_id": "workflow_5"}} 配置对象，指定工作流执行的 thread_id 为 workflow_5。

◎ for chunk in my_workflow.stream("Streaming Input", config, stream_mode=["updates"]) 使用 .stream() 方法以流式方式执行 my_workflow 入口点。Streaming Input 字符串作为输入传递给工作流。

◎ stream_mode=["updates"] 指定只流式传输 updates 流。updates 流通常包含有关工作流执行进度的信息，例如，已完成的任务和中间结果。

对于人机环路工作流，在 interrupt() 之后恢复是通过再次调用 stream、invoke 或 ainvoke 方法来实现的，但需要同时提供 Command 对象作为输入。Command 对象封装了 resume 值，该值是从人工收集的数据，并且是继续从中断点开始的工作流执行所需的数据。可以使用 None 输入和相同的 thread_id 调用入口点在错误发生后尝试恢复工作流。

示例 6-11：使用 Command 对象恢复工作流

```Python
from langgraph.types import Command

config = {"configurable": {"thread_id": "workflow_6"}}
# 假设工作流在 human_feedback 任务中中断

# 通过人工输入的内容来恢复工作流
resume_command = Command(resume="Human provided input")
for chunk in graph.stream(resume_command, config): # 假设 graph 是具有中断的工作流
    print(f" 恢复流式块：{chunk}")
```

此代码段演示了如何使用 Command 对象和 .stream() 方法恢复 Functional API 工作流的执行，该工作流之前已在人机环路场景中被 interrupt() 函数中断。恢复机制允许工作流在中断后从断点处继续执行，并用了人工提供的输入或其他恢复数据。

◎ config = {"configurable": {"thread_id": "workflow_6"}} 配置对象，指定工作流恢复执行的 thread_id。重要的是，线程 ID 与中断的工作流实例的线程 ID 相同。

◎ resume_command = Command(resume="Human provided input") 创建了一个 Command 对象，用于封装恢复命令。

◎ resume="Human provided input" 中的 resume 参数指定了在中断点处需要给工作流提供的恢复数据。在本例中，假设中断发生在 human_feedback 任务处，并且需要人工输入数据作为恢复数据。

◎ for chunk in graph.stream(resume_command, config) 使用 .stream() 方法恢复之前中断的工作流。resume_command 对象作为输入传递给 .stream() 方法，以指示这是一个恢复操作并提供恢复数据。

6.2.4 与 LangChain 和 LangSmith 集成

与 Graph API 一样，Functional API 与 LangChain 生态系统深度集成。使用 Functional API 构建的工作流可无缝地利用 LangChain 的各类模型和工具对象实现。这确保了兼容性，并允许开发者在 Functional API 范例中利用他们现有的 LangChain 知识和组件。

此外，使用 Functional API 创建的工作流还受益于 LangSmith 集成。LangSmith 为 Functional API 工作流提供跟踪、调试和监视的功能，就像为 Graph API 工作流提供这些功能一样。执行跟踪（包括任务输入、输出和中间步骤）可以被记录到 LangSmith 中，便于调试、性能分析和迭代工作流改进。这种可观测性对于使用 Functional API 构建可靠且可用于生产的 AI 应用程序至关重要。

为了进一步强调 LangChain 集成，请考虑此示例。该示例在 @task 中使用了 LangChain 的 ChatOpenAI 对话模型。

示例 6-12：在 Functional API 工作流中使用 LangChain LLM 集成

```Python
from langchain_openai import ChatOpenAI
from langgraph.func import task, entrypoint
from langgraph.checkpoint.memory import MemorySaver
```

```
llm = ChatOpenAI(model="Qwen/Qwen3-8B")

@task
def generate_response(user_query: str) → str:
    """ 生成使用 LangChain LLM 的响应的任务 """
    response = llm.invoke(user_query).content
    return response

@entrypoint(checkpointer=MemorySaver())
def chatbot_workflow(query: str) → str:
    """ 使用 LangChain LLM 的简单聊天机器人工作流 """
    agent_response = generate_response(query).result()
    return agent_response

config = {"configurable": {"thread_id": "chatbot_1"}}
response = chatbot_workflow.invoke(" 你好，你好吗？ ", config)
print(f" 聊天机器人响应：{response}")
```

此示例清楚地表明，Functional API 工作流可以轻松地与 LangChain 组件集成。通过将 LangChain LLM 封装在 @task 函数中，开发者可以利用 LangGraph 的持久化、可观测性和其他功能来构建由 LangChain 提供支持的 AI 应用程序。图 6-1 则展示了 Functional API 在 LangSmith 中的可视化表现。

◎ llm = ChatOpenAI(model="Qwen/Qwen3-8B") 初始化一个 LangChain ChatOpenAI 对话模型实例。这演示了 Functional API 工作流与 LangChain 组件的无缝集成。

◎ @task def generate_response(user_query: str) → str 定义了一个 @task 函数 generate_response，它接受 user_query: str 作为输入，并使用 LangChain LLM 生成文本响应。

◎ response = llm.invoke(user_query).content 在 generate_response 任务内部，调用 LangChain ChatModel 的 .invoke() 方法来根据用户查询生成响应。.content 属性用于提取 LLM 响应的文本内容。

◎ @entrypoint(checkpointer=MemorySaver()) def chatbot_workflow(query: str) → str 定义了一个名为 chatbot_workflow 的入口点，并配置了 MemorySaver 存档点。此工作流旨在创建一个简单的聊天机器人。

图 6-1 Functional API 在 LangSmith 中的可视化表现

6.2.5 常见工作流模式

Functional API 支持多种常见的工作流模式。了解这些模式可以帮助开发者有效地利用 API 并构建强大的 AI 智能体系统。

1. 任务的并行执行

@task 函数的异步特性天然支持并行执行。开发者可在 @entrypoint 函数中：

◎对于异步工作流：使用 asyncio.gather 并发多个 @task 调用。

◎对于同步工作流：顺序调用各 future 对象的 .result() 方法。

这种并行机制特别适合 I/O 密集型任务（如调用 LLM API），能显著提升工作流性能。

示例 6-13：在 Functional API 工作流中实现任务的并行执行

```
import
from langgraph.func import task, entrypoint
from langgraph.checkpoint.memory import MemorySaver


@task
def task_one(item):
    """模拟任务一"""
    return f"任务一处理：{item}"


@task
def task_two(item):
```

```
    """ 模拟任务二 """
    return f" 任务二处理：{item}"

@entrypoint(checkpointer=MemorySaver())
def parallel_workflow(items: list) → list:
    """ 演示并行任务执行的工作流 """
    future = [task_one(item) for item in items] # 并行启动任务
    results_task_one = [f.result() for f in futures] # 等待 task_one
结果

    future = [task_two(item) for item in items] # 并行启动任务
    results_task_two = [f.result() for f in futures] # 等待 task_two
结果

    return {"task_one_results": results_task_one, "task_two_
results": results_task_two}


config = {"configurable": {"thread_id": "parallel_workflow_1"}}
items_to_process = ["item_a", "item_b", "item_c"]
parallel_results = parallel_workflow.invoke(items_to_process, config)
print(parallel_results)
```

```Plaintext
{'task_one_results': [' 任务一处理：item_a', ' 任务一处理：item_b', ' 任
务一处理：item_c'], 'task_two_results': [' 任务二处理：item_a', ' 任务
二处理：item_b', ' 任务二处理：item_c']}
```

Functional API 通过 @task 和 @entrypoint 装饰器实现高效的并行任务处理。示例中定义了两个任务函数 task_one 和 task_two 来模拟不同的处理步骤。工作流入口 parallel_workflow 使用 MemorySaver 存档点机制，通过列表推导式并发启动多个 @task 调用：首先生成 task_one 的 future 对象列表实现非阻塞并行执行，随后通过遍历 future 对象列表并调用 .result() 方法同步等待所有任务完成；接着以相同模式并行执行 task_two。

这一示例充分发挥了 Functional API 的异步优势，特别适合需要顺序执行多个并行阶段的 I/O 密集型场景（如批量调用 LLM API），通过 future 对象的非阻塞特性和显式结果同步机制，既能实现任务并行化提升吞吐量，又能确保阶段间的执行顺序和

依赖关系。整个流程展现了如何优雅地协调并发执行与结果同步，为构建高性能 AI 工作流提供了标准化范式。

2. 调用子图和其他入口点

Functional API 与 Graph API 具有天然的互操作性，开发者可以根据实际需求灵活选择或混合使用这两种编程范式。在系统架构层面，这两种 API 能够实现深度整合：既可以在 @entrypoint 函数中直接调用 Graph API 构建的工作流，也可以在 Graph 工作流中嵌入 Functional API 模块。这种双向调用机制为工作流设计提供了极大的灵活性——开发者可采用 Graph API 构建复杂的多节点业务流程，同时利用 Functional API 实现轻量级的任务编排逻辑。值得注意的是，系统还支持 @entrypoint 函数之间的相互调用，以及从 @task 中触发其他 @entrypoint 工作流，这种分层调用结构不仅实现了业务逻辑的模块化封装，更形成了可递归组合的工作流体系。

示例 6-14：在 Functional API 中调用子图

```Python
from langgraph.func import entrypoint, task
from langgraph.checkpoint.memory import MemorySaver


@entrypoint(checkpointer=MemorySaver())
def inner_workflow(input_value: str) → str:
    """ 内部工作流 """
    return f" 内部工作流处理 : {input_value}"


@entrypoint(checkpointer=MemorySaver()) # 父工作流，将重用存档点
def outer_workflow(input_value: str) → dict:
    """ 调用内部工作流的外部工作流 """
    inner_result = inner_workflow.invoke(input_value) # 调用内部工作流
    return {"outer_input": input_value, "inner_result": inner_
result}


config = {"configurable": {"thread_id": "outer_workflow_1"}}
result = outer_workflow.invoke("Outer Input", config)
print(result)
```

```Plaintext
{'outer_input': 'Outer Input', 'inner_result': ' 内部工作流处理 : Outer
Input'}
```

在示例中定义了两个层级的工作流：inner_workflow 作为基础处理单元；outer_workflow 作为组合控制器。这种设计具有三个主要特点。

（1）存档点继承机制。当 outer_workflow 调用 inner_workflow 时，被调用的工作流会自动继承调用方的存档点配置，包括 MemorySaver 存储和 thread_id。这种设计确保了跨工作流的状态一致性，同时避免了重复配置。

（2）显式调用语法。通过 .invoke() 方法实现的显式调用（如 inner_workflow.invoke(input_value)），既保持了调用语法的清晰度，又明确了工作流边界。这种设计比隐式调用更有利于调试和状态追踪。

（3）组合式架构支持原子工作流的多次复用、多层级的业务抽象、可独立测试的组件单元。

这种嵌套结构特别适合需要分阶段状态管理的复杂业务场景，例如：

◎需要保存中间结果的 LLM 链式调用；

◎分步骤执行的批处理任务；

◎ 带故障恢复机制的长时间运行流程。

通过合理运用工作流组合和嵌套，开发者可以构建出既能保持组件独立性，又能实现复杂业务协同的 AI 应用架构。

3. 流式传输自定义数据

@entrypoint 函数中的 writer 参数支持在工作流执行期间流式传输自定义数据事件。这对于向用户提供实时反馈、记录工作流进度或与监视系统集成非常有用。可将任何 JSON 可序列化数据写入 writer，这些数据将作为工作流输出的一部分进行流式传输，从而使客户端可订阅自定义数据流。

示例 6-15：在 Functional API 中演示自定义数据流式传输

```Python
from langgraph.func import entrypoint, task
from langgraph.checkpoint.memory import MemorySaver
from langgraph.types import StreamWriter

@entrypoint(checkpointer=MemorySaver())
def streaming_workflow(input_data: str, writer: StreamWriter) →
str:
    """ 演示自定义数据流式传输的工作流 """
```

```
    writer(" 工作流开始处理输入……")  # 自定义流数据
    result = f" 已处理 : {input_data}"
    writer(" 工作流处理完成。")  # 更多自定义流数据
    return result

config = {"configurable": {"thread_id": "streaming_workflow_1"}}
for chunk in streaming_workflow.stream("Example Input", config,
stream_mode=["custom", "updates"]):
    print(f" 流式块 : {chunk}")
```

```Plaintext
流式块 : ('custom', ' 工作流开始处理输入……')
流式块 : ('custom', ' 工作流处理完成。')
流式块 : ('updates', {'streaming_workflow': ' 已处理 : Example Input'})
```

在定义 streaming_workflow 入口点函数时，通过 checkpointer=MemorySaver() 配置了内存存档点机制。该函数的参数列表中包含一个特殊的 writer 参数，其类型标注为 StreamWriter。需要注意的是，只有当参数名称确认为 writer 且类型标注严格为 StreamWriter 时，LangGraph 运行时才会自动注入 StreamWriter 实例。

在函数实现中，可以通过调用 writer 函数将自定义数据流式传输到自定义流中，例如输出工作流开始和结束的提示信息。这种方式支持多次调用，能够实现多批次数据的流式传输。当以流模式执行工作流时，可以通过 stream_mode 参数指定需要订阅的数据流类型，包括自定义流和状态更新流。执行过程中，系统会按顺序返回包含各类数据的混合数据块。

此示例展示了如何利用 Functional API 实现自定义数据的流式传输功能。通过在入口点函数中声明 writer 参数并在适当位置调用其方法，开发者可以方便地将自定义数据实时推送给客户端，从而为系统监控和用户交互提供更丰富的实时反馈能力。

4. 实现重试策略

对于可能出现瞬时性故障的任务，@task 装饰器提供了完善的重试机制支持。用户可以根据实际需求配置不同的重试策略，包括指数退避、固定延迟等多种方式，并灵活设定触发自动重试的特定条件。这一功能显著提升了工作流系统的可靠性和容错能力，有效避免了因临时性问题导致的流程中断，确保任务能够顺利完成。

示例 6-16：在 Functional API 中实现重试策略

```Python
```

```
from langgraph.func import task, entrypoint
from langgraph.checkpoint.memory import MemorySaver
from langgraph.types import RetryPolicy

retry_policy = RetryPolicy(max_attempts=3, retry_on=ValueError) # 在
ValueError 时重试

@task(retry=retry_policy)
def unreliable_task() → str:
    """ 可能失败并且需要重试的任务 """
    import random
    if random.random() < 0.7: # 模拟 70% 的失败率
        raise ValueError(" 任务失败 !")
    return " 任务成功 "

@entrypoint(checkpointer=MemorySaver())
def retry_workflow(input: str) → str:
    """ 在任务上使用重试策略的工作流 """
    result = unreliable_task().result()
    return result

config = {"configurable": {"thread_id": "retry_workflow_1"}}
try:
    result = retry_workflow.invoke("Test input", config)
    print(f" 工作流结果 : {result}")
except ValueError as e:
    print(f" 工作流在重试后失败 : {e}")
```

在任务重试机制的实现中，RetryPolicy 实例可配置为在特定异常发生时自动重试。例如，retry_policy = RetryPolicy(max_attempts=3, retry_on=ValueError) 表示：当任务抛出 ValueError 异常时，系统将最多重试 3 次。其中 max_attempts 参数指定最大重试次数，retry_on 参数定义触发重试的异常类型。此外，RetryPolicy 还支持更复杂的重试条件配置，包括多种异常类型组合或自定义谓词函数。

通过 @task(retry=retry_policy) 装饰器，开发者可以将配置好的重试策略应用到具体任务函数。例如，在 unreliable_task 函数中，可以使用随机数模拟 70% 的失败概率：当 random.random() 小于 0.7 时抛出 ValueError 异常。工作流入口函数应当使用 try...except 块捕获可能的异常，确保即使在最大重试次数后任务仍然失败时，系统也能妥善处理。

此示例展示了 Functional API 通过 @task 装饰器的 retry 参数提供的高效重试策略。此重试策略显著提升了工作流的鲁棒性，使其能够自动处理瞬时性错误，同时避免了复杂的错误处理代码。

5. 管理状态和内存

Functional API 提供了完善的短期和长期内存管理机制，使开发者能够构建具有状态感知能力的 AI 智能体。

在短期内存管理方面，系统通过 previous 参数维护线程内的对话上下文，配合 entrypoint.final() 方法实现当前会话的状态处理。

长期内存管理则通过 store 可注入参数实现，结合 LangGraph Store 的持久化存储能力，支持跨线程或会话的数据保存与读取。

示例 6-17：在 Functional API 中实现短期记忆

```Python
from langgraph.func import entrypoint
from langgraph.checkpoint.memory import MemorySaver
from typing import Any

@entrypoint(checkpointer=MemorySaver())
def counter_workflow(increment: int, *, previous: Any = None) →
entrypoint.final[int, int]:
    """ 使用先前状态维护计数器的工作流 """
    current_count = previous or 0
    new_count = current_count + increment
    return entrypoint.final(value=current_count, save=new_count) # 返
回 prev, 保存 new

config = {"configurable": {"thread_id": "counter_workflow_1"}}
print(counter_workflow.invoke(1, config)) # 输出: 0（返回先前的计数）
print(counter_workflow.invoke(2, config)) # 输出: 1（返回先前的计数）
print(counter_workflow.invoke(3, config)) # 输出: 3（返回先前的计数）
```

counter_workflow 入口点函数通过 @entrypoint(checkpointer=MemorySaver()) 装饰器定义，并配置了 MemorySaver 存档点。该函数签名包含以下两个关键部分。

（1） increment: int 作为输入参数。

（2） previous: Any = None 作为可注入参数，用于获取工作流前次状态。

函数返回类型标注为 → entrypoint.final[int, int]，其中：

◎ 第一个 int 表示返回给调用方的值。

◎第二个 int 表示需要保存到存档点的状态值。

函数内部实现逻辑如下：

（1）current_count = previous or 0 实现状态初始化：

◎ 首次调用时 previous 为 None，current_count 初始化为 0。

◎后续调用时 current_count 取 previous 注入值。

（2）new_count = current_count + increment 计算新状态值。

（3）return entrypoint.final(value=previous, save=new_count) 返回结果：

◎ value=previous 确保每次返回前次状态值。

◎ save=new_count 将更新后的值保存为下次调用的初始状态。

三次调用过程具体如下。

（1）首次调用 counter_workflow.invoke(1, config)：

◎ previous=None → current_count=0。

◎ new_count=0+1=1。

◎ 返回 value=0，保存 save=1。

（2）第二次调用 counter_workflow.invoke(2, config)：

◎ previous=1 → current_count=1 。

◎ new_count=1+2=3。

◎ 返回 value=1，保存 save=3。

（3）第三次调用 counter_workflow.invoke(3, config)：

◎ previous=3 → current_count=3。

◎ new_count=3+3=6。

◎返回 value=3，保存 save=6。

此示例完整展示了 Functional API 通过 previous 参数和 entrypoint.final 类型实现的状态管理机制，使工作流能够跨多次执行维护上下文信息。

对于长期内存，这里给大家提供一个概念代码片段作为参考。

示例 6-18：在 Functional API 中实现长期记忆

```Python
from langgraph.func import entrypoint, task
from langgraph.checkpoint.memory import MemorySaver
from langgraph.store.memory import InMemoryStore
from langgraph.store.base import BaseStore


store = InMemoryStore() # 长期内存存储


@task
def retrieve_user_preferences(user_id: str, store: BaseStore):
    """ 从长期内存中检索用户偏好的任务 """
    preferences = store.get(("user_preferences", user_id),
"preferences") # 命名空间键
    return preferences


@entrypoint(checkpointer=MemorySaver(), store=store) # 注入存储
def personalized_workflow(user_id: str, query: str, store:
BaseStore):
    """ 访问长期记忆的工作流 """
    user_prefs = retrieve_user_preferences(user_id, store).result()
    # 在工作流逻辑中使用 user_prefs
    return f" 为用户 {user_id} 个性化的工作流，偏好：{user_prefs}"
```

store = InMemoryStore() 创建了一个 InMemoryStore 实例，用作长期内存存储。在实际应用中，建议使用更持久的存储解决方案，如向量数据库或关系数据库。

- @task def retrieve_user_preferences(user_id: str, store: BaseStore) 定义了一个 @task 函数，用于获取用户偏好数据。

- store: BaseStore：函数签名中包含了 store: BaseStore 参数。虽然 @task 函数本身不直接支持可注入参数，但可以通过调用它的 @entrypoint 函数传递 store 参数。

- preferences = store.get(("user_preferences", user_id), "preferences"): 使用 store.get() 方法从长期内存存储中检索用户偏好数据。

- @entrypoint(checkpointer=MemorySaver(), store=store) def personalized_ workflow(user_id: str, query: str, store: BaseStore)：定义了个性化工作流的入口点。

此概念代码片段概述了 Functional API 如何支持长期内存集成。通过在 @entrypoint 装饰器中配置 store 参数，并在入口点函数和任务函数中访问 store 可注入参数，实现跨工作流实例和用户会话持久化。

6.2.6 常见陷阱

使用 Functional API 时需注意常见陷阱并遵循最佳实践，以确保 LangGraph 应用的稳健性和效率。关键决策点在于确定逻辑应封装在 @task 中还是直接在 @entrypoint 函数中实现。虽然小型工作流可直接在 @entrypoint 中编码，但 @task 为复杂生产级应用提供显著优势。

建议在以下场景使用 @task。

◎ 涉及 I/O 绑定或耗时操作时，如网络请求（API 调用、数据库查询、LLM 调用）或大量计算任务，应使用 @task。这允许 LangGraph 异步执行这些操作，提高工作流并发性和响应能力。@task 还能确保这些长时间运行的操作得到正确存档点，对工作流恢复和人机环路场景至关重要。

◎ 操作可能遇到瞬时故障，如网络故障、API 超时、速率限制等时，应将其封装在 @task 中并使用 retry 参数，实现自动重试以增强工作流鲁棒性。

◎ 需要存档点和恢复功能时，如希望操作结果被可靠保存并在工作流恢复时重用（例如人机环路中断或系统故障后），应使用 @task。只有 @task 结果会自动执行存档。

◎ 需要可观察性和跟踪时，将操作包装在 @task 函数中，可使它们在 LangSmith 中被单独跟踪。这种细粒度可观察性对调试、性能监视和了解工作流执行流程非常宝贵。

◎ 要求确定性工作流执行时，如人机环路等场景，应将可能不确定的操作（如 API 调用、随机数生成、时间敏感逻辑）封装在 @task 函数中，确保恢复工作流将遵循相同步骤序列并检索先前计算结果。

以下情况可谨慎在 @entrypoint 中使用直接代码：

◎ 逻辑简单且纯粹是计算性时，如非常简单的 CPU 绑定操作，保证快速可靠且不涉及任何 I/O 或潜在故障，可考虑直接在 @entrypoint 中实现。但即使逻辑简单，通常也建议使用 @task 以保持一致性和面向未来。

◎ 用于控制流和编排时，@entrypoint 函数本身旨在编排工作流逻辑，包括条件语句、循环和调用 @task 函数。可在 @entrypoint 中使用直接代码实现这些编排目的。

示例 6-19：不正确的工作流——API 调用不在 @task 中

```Python
from langgraph.func import entrypoint
from langgraph.checkpoint.memory import MemorySaver
import requests


@entrypoint(checkpointer=MemorySaver())
def weather_workflow(city_name: str) → str:
    """ 不正确的工作流——API 调用不在 @task 中 """
    api_url = f"https://weather-api.example.com/weather?city={city_name}"
    response = requests.get(api_url) # 直接 API 调用：潜在的陷阱
    weather_data = response.json()
    return f" 城市 {city_name} 的天气: {weather_data['condition']}"
```

示例 6-20：正确的工作流——API 调用在 @task 中

```Python
from langgraph.func import entrypoint, task
from langgraph.checkpoint.memory import MemorySaver
import requests


@task()
def get_weather_data(api_url: str) → dict:
    """ 从 API 获取天气数据的任务 """
    response = requests.get(api_url)
    response.raise_for_status() # 为错误的响应引发 HTTPError（4xx 或 5xx）
    return response.json()


@entrypoint(checkpointer=MemorySaver())
def weather_workflow(city_name: str) → str:
    """ 正确的工作流: API 调用在 @task 中 """
    api_url = f"https://weather-api.example.com/weather?city={city_name}"
```

```
    weather_data = get_weather_data(api_url).result() # API 调用现在
是一个任务
    return f" 城市 {city_name} 的天气: {weather_data['condition']}"
```

在代码实现中，不正确的示例是直接将 requests.get() 调用放在 @entrypoint 函数内部，这种做法存在三个主要问题。

◎存档点缺失：工作流中断后恢复时，API 调用会被重复执行，可能导致重复请求和数据不一致。

◎容错能力缺失：对于因网络故障导致工作流失败的场景，缺乏自动重试机制。

◎可观测性受限：LangSmith 无法单独跟踪 API 调用，增加调试难度。

正确示例是将 API 调用封装在 @task 装饰的 get_weather_data 函数中，这解决了上述问题。

需要注意的是，@entrypoint 和 @task 的输入 / 输出必须是 JSON 可序列化的，推荐使用 Python 原生类型或 Pydantic 模型，以避免序列化错误。

文件操作、邮件发送等具有副作用的操作必须封装在 @task 中，确保工作流恢复时的确定性行为，防止副作用被重复执行

6.2.7 Functional API 与 Graph API 的比较

Functional API 与 Graph API 的比较如表 6-2 所示。

表 6-2 Functional API 与 Graph API 的比较

功能	Functional API	Graph API (StateGraph)
控制流	隐式，由 Python 函数结构定义	显式，由图节点和边定义
状态管理	隐式，函数作用域, previous 参数	显式，State 对象，reducers
存档点	在 @entrypoint 执行后，任务结果更新	在每个 Superstep（节点执行）之后
可视化	不直接支持	图可视化随时可用
代码风格	以函数为中心，命令式 / 函数式	以图为中心，声明式
复杂性处理	适用于更简单、线性的工作流	非常适合复杂、分支和并行工作流
最佳用例	快速原型设计，更简单的工作流，与现有代码集成	复杂的智能体架构，多智能体系统，需要细粒度控制的工作流

何时选择 Functional API：

◎ 快速原型验证与概念测试。

◎ 处理线性或简单分支逻辑的工作流。

◎ 现有代码库的渐进式改造场景。

◎ 偏好标准 Python 控制流的开发模式。

◎ 不需要可视化辅助的调试或理解的场景。

何时选择 Graph API：

◎ 构建多智能体协同系统。

◎ 实现复杂状态机与决策树。

◎ 需要精确控制执行路径的流程。

◎ 涉及多方组件交互的分布式工作流。

◎ 依赖可视化调试的复杂架构。

重要提示：两种 API 都构建在相同的 LangGraph 运行时之上，并且可以在同一应用程序中一起使用。开发者可以根据项目需求选择最适合的 API，将 Functional API 的简洁性与 Graph API 的表达能力结合起来，以满足不同场景的需求。

总之，Functional API 通过提供以函数为中心的替代方案，扩展了 LangGraph 的可访问性和吸引力，使开发者能够使用更熟悉和直观的编程范例来更好地应用 LangGraph 的核心功能——持久化、内存、人机环路和流式传输。无论是快速原型设计、集成现有代码库，还是偏好基于函数的工作流设计方法，Functional API 都提供了强大而灵活的工具集。

同时，Graph API 则为复杂智能体架构、多智能体系统和需要细粒度控制的工作流提供了更强大的支持。通过可视化工作流和声明式定义，Graph API 在调试和复杂场景中表现出色。

通过同时提供 Functional API 和 Graph API，LangGraph 确保开发者可以选择最符合其技能、项目需求和开发风格的范例，从而推动更多创新，并促进 LangGraph 在构建下一代 AI 应用程序中的广泛应用。

6.3 API 的选择

本节设计了一个简易的决策树，如图 6-2 所示，以帮助开发者选择合适的 API，之后还会通过真实场景的用例来说明在不同情况下如何做出最佳选择。

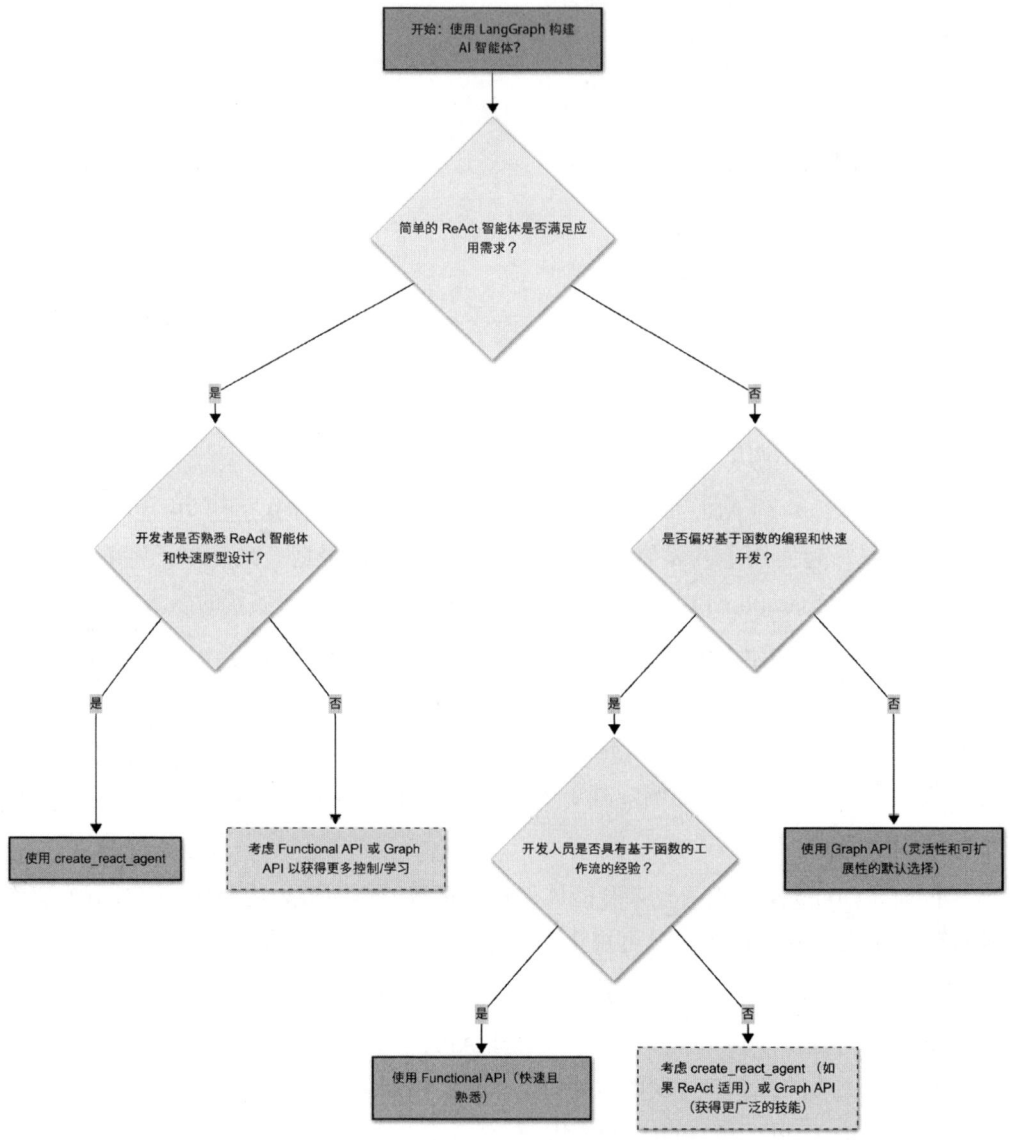

图 6-2 LangGraph API 选择决策树

6.3.1 LangGraph API 选择决策树

此决策树旨在指导开发者根据其项目需求和偏好选择最合适的 LangGraph API。下面将分解每个决策点及其背后的原理。

1. 开始：使用 LangGraph 构建 AI 智能体

这是决策流程的初始阶段。假设开发者计划使用 LangGraph 框架构建 AI 智能体，现需评估并选择最适合项目需求的 API 接口方案。

2. 简单的 ReAct 智能体是否满足应用需求

"是"分支：使用 create_react_agent。

分析：create_react_agent 作为预置解决方案，通过封装 ReAct 模式有效减少了样板代码和配置时间，支持快速原型开发和功能型 ReAct 智能体部署。该 API 特别适用于开发效率优先且标准 ReAct 架构能够满足需求的场景。

副分支：使用 Functional API 或 Graph API —— 若开发者对 ReAct 模式了解有限，同时希望深入掌握 LangGraph 框架核心机制，可直接选用功能更完备的 Functional API 或 Graph API 进行开发。

"否"分支：进入下一个决策点。

3. 是否偏好基于函数的编程和快速开发

"是"分支：使用 Functional API。

分析：Functional API 在易用性和功能性之间实现了平衡。该接口既支持使用 LangGraph 核心功能（包括状态持久化、记忆管理、人机交互和流式处理），又能通过标准 Python 函数和控制流进行开发。相较于 Graph API，Functional API 减少了冗余代码，显著提升了中等复杂度工作流的开发效率。这一设计特别适合偏好函数式编程、不采用图结构开发模式的开发者群体。

"否"分支：使用 Graph API（灵活性和可扩展性的默认选择）。

分析：Graph API 作为构建 LangGraph 应用程序的通用范式，虽然初期学习曲线较为陡峭，但提供了最强大的功能支持。即便当前需求相对简单，选择 Graph API 也能为未来可能增长的复杂性或需求变更预留充足的扩展空间。当应用场景没有明确指向 create_react_agent 或 Functional API 时，Graph API 可作为稳健的默认选择方案。

6.3.2 API 选择的案例分析

本节尝试用更贴近现实场景的案例，说明 API 的选择。

LangGraph 实战：构建新一代 AI 智能体系统

案例一：简单的天气信息聊天机器人

场景：开发一个基于天气工具的聊天机器人，用于查询多个预定义城市的天气信息。

API 选择（对于经验丰富的开发者——ReAct 专家）：create_react_agent。

理由：对于 ReAct 专家来说，create_react_agent 是最快捷和最容易的方式。他们已经了解 ReAct 模式，并且可以利用 create_react_agent 快速部署聊天机器人，而无须深入研究 Functional API 或 Graph API 的复杂性。

API 选择（对于 LangGraph 新手开发者——没有 ReAct 经验）：Functional API。

理由：刚接触 LangGraph 但对 Python 函数感到舒适的开发者可能会选择 Functional API 作为起点。它允许他们在构建功能性聊天机器人的同时，以更熟悉的编程风格学习 LangGraph 概念，然后再尝试更复杂的 Graph API。对于想要了解底层机制的初学者来说，create_react_agent 似乎像个"黑匣子"。

案例二：电子商务平台的复杂客户服务智能体

场景：开发一个客户服务智能体，它可以处理多轮对话，将查询路由到不同的部门，将复杂的问题升级到人工智能体，访问产品知识库，处理订单，并与 CRM 系统集成。

API 选择（对于经验丰富的开发者——Graph API 专家）：Graph API。

理由：经验丰富的开发者自然会为这种复杂的应用程序而选择 Graph API。他们可以利用自己的专业知识，使用 Graph API 的强大功能设计高度定制和可扩展的智能体架构。

API 选择（对于中级开发者——有 Functional API 经验）：Graph API，需要投入时间学习。

理由：具有 Functional API 经验但刚接触 Graph API 的开发者仍然可能会为此复杂应用程序选择 Graph API，因为他们认识到 Graph API 对于处理复杂的需求是必不可少的。

案例三：带有人工审核和批准的博客文章草稿生成器

场景：创建一个工具，用于生成博客文章草稿，暂停以进行人工审核和编辑，然后在人工批准后最终确定文章。

API 选择（对于经验丰富的开发者——Functional API 专家）：Functional API。

理由：熟悉 Functional API 的开发者能够运用函数和 interrupt 机制高效构建该应用程序，充分发挥现有技能实现快速开发。针对此类应用场景，Functional API 在功能完备性与实现简洁性之间实现了理想平衡，其基于函数式的开发范式与内容创作及审核的线性流程特性高度契合。

API 选择（对于 LangGraph 新手和初级开发者）：若可接受简化的 ReAct 类行为，可选用 create_react_agent；若以学习为目的，则推荐 Functional API。

理由：刚接触 LangGraph 的初级开发者往往会优先选择 create_react_agent，因其操作简便；但如果希望深入了解 LangGraph 并构建更具定制化的工作流（例如人机环路），Functional API 会是更优的学习路径。

案例四：个性化电影推荐系统

场景：构建一个推荐系统，该系统根据长期用户偏好、实时观看历史记录和复杂的排名算法提供个性化的电影推荐。

API 选择（无论开发者经验如何）：Graph API。

理由：由于个性化推荐系统固有的复杂性，Graph API 几乎总是最合适的选择。Graph API 的灵活性和控制力对于构建健壮且可用于生产的推荐引擎至关重要。

案例五：自动化数据提取和转换管道

场景：开发一个管道，用于从多个来源提取数据，执行数据验证和清理，将数据转换为所需的格式，并将其加载到数据仓库中。

API 选择（对于中级开发者——熟悉 Python 脚本）：Functional API。

理由：熟悉 Python 脚本和基于函数的编程的开发者可以使用 Functional API 有效地构建此管道。数据管道的线性性质与 Functional API 的优势非常吻合。

 思考题

（1）create_react_agent 最适合哪些实际应用场景？请举例说明，并解释为什么在这些场景下，使用预构建的 ReAct 智能体比从头开始构建或使用 Functional API 更有效。

（2）Functional API 相对于 Graph API 的主要优势是什么？对于一个已经熟悉函数式编程的开发者来说，Functional API 的哪些特性会特别吸引他们？

（3）在 Functional API 中，@entrypoint 和 @task 装饰器分别扮演什么角色？请解释它们如何协同构建一个完整的 LangGraph 工作流，并阐释为什么这种职责分离是有益的。

（4）如何使用 Functional API 实现人机环路功能？请详细描述 interrupt() 函数在 Functional API 工作流中的作用，并说明如何恢复被中断的工作流。

（5）Functional API 如何处理工作流的状态管理和记忆？请比较和对比 Functional API 中短期记忆和长期记忆的实现方式和应用场景。

（6）Functional API 支持哪些类型的流式数据？请解释 StreamWriter 可注入参数的作用，并设想一个流式传输自定义数据特别重要的实际应用场景。

（7）在哪些情况下，即使项目需求相对简单，选择 Graph API 而不是 Functional API 仍然可能是更明智的长期投资？请从可扩展性、灵活性和可维护性等方面进行分析。

（8）为什么将 I/O 操作、耗时任务和可能失败的操作封装在 @task 函数中，而不是直接在 @entrypoint 函数中编写这些代码？请从存档点、重试和可观测性等方面解释原因。

（9）如果您的团队主要由习惯于命令式编程的开发者组成，并且时间紧迫，您会推荐使用哪种 API？如果团队成员对图数据库和声明式编程有丰富经验，您的建议又会如何变化？请解释您的理由。

（10）设想一个混合使用 Functional API 和 Graph API 的应用场景，并解释其优势。

第 7 章
AI 智能体系统的架构设计与模式应用

Form follows function. —Louis Sullivan
（形式追随功能。——路易斯·沙利文）

当我们审视万物之灵巧与繁复，不禁会思考，究竟是什么力量在驱动着秩序的诞生？是无序的混沌孕育出偶然的精妙，还是深藏于造物之初的某种内在法则，在默默指引着形态的生成？如同建筑师运筹帷幄，于图纸之上勾勒出高楼广厦的轮廓，又如乐章大师挥斥方遒，在五线谱间谱写出荡气回肠的旋律，一切伟大的创造，莫不始于对结构的深思熟虑。

若无框架的约束，纵有千钧之力，亦难成擎天之势；若无模式的指引，纵有万丈才情，亦恐迷失于芜杂。故而，探寻那潜在的秩序，构筑那精巧的框架，方能驾驭复杂，化腐朽为神奇，最终抵达那超越表象，直抵本质的至境。

　　在本章中，我们将深入探索构建复杂、高效且可扩展的 AI 智能体系统的核心要素：架构设计与模式应用。随着 AI 智能体能力的不断提升，其处理的任务也日益复杂。如同城市规划需要蓝图、软件开发需要架构设计，构建强大的 AI 智能体系统同样需要精心设计的架构作为支撑。本章旨在为开发者提供一张蓝图，描绘出在 LangGraph 框架下构建各种智能体系统的关键架构模式，涵盖从基础的工作流编排到更高级的多智能体协作，再到前瞻性的情境感知智能体设计等内容。

7.1　常见工作流

　　Anthropic 的研究突出了工作流（Workflow）和智能体（Agent）之间的一个关键区别，即工作流指 LLM 和相关工具通过显式预定义的代码路径进行编排的系统。这意味着操作序列、工具或 LLM 调用的条件以及整体任务执行流程都由开发者预先确定。相反，Anthropic 概念中的真正智能体具有更高程度的自主性。它们指的是由 LLM 动态指导自身流程的系统，能够实时决策工具的使用及实现目标所需的步骤。这类智能体始终掌控任务的执行过程，会根据输入和环境反馈调整方法，而非严格遵循预设路径。Anthropic 所识别和阐明的这些工作流模式，为在 LangGraph 中构建复杂的 AI 智能体系统提供了宝贵的框架。工作流和智能体之间的主要差异如图 7-1 所示。

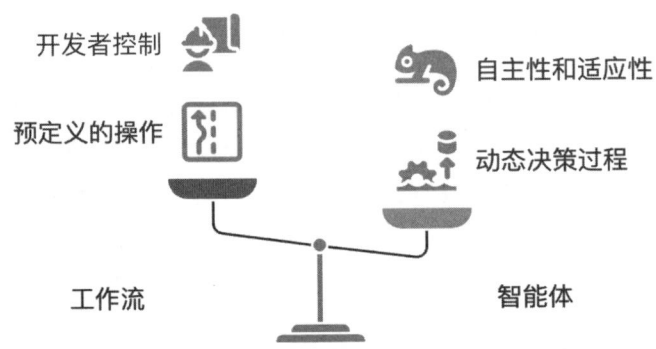

图 7-1　工作流和智能体之间的主要差异

　　在 LangGraph 框架中，工作流通过其状态图架构得以优雅实现，使开发者能够以可视化与编程两种方式定义系统各组件间的信息流和控制流。借助 LangGraph，开发者可使用持久化、流式传输、调试等强大功能，同时保持智能体系统结构的清晰与可管理性。本节将要探讨的工作流，基于 Anthropic 识别的常见模式，代表了使用 LangGraph 构建智能体系统的有效策略。这些模式构成了一套工具包，能满足各类 AI 应用程序的需求，为任务分解、复杂性管理及 LLM 输出质量提升提供了多元策略。

7.1.1　工作流的基础构建模块：增强型 LLM

在深入研究特定的工作流模式之前，特别重要的是了解构建这些智能体系统所依据的基础构建模块：增强型 LLM（如图 7-2 所示）。正如 Anthropic 在其对智能体构建模式的分析中强调的那样 —— 现代 LLM，尤其是那些为智能体系统相关任务设计的 LLM，不仅仅是独立的模型，更能通过一系列增强功能与世界互动，并执行超越简单文本生成的复杂任务。这些增强功能对于启用我们即将讨论的工作流和智能体至关重要。其中，核心增强功能通常如下所述。

◎ 检索（Retrieval）：此功能允许 LLM 访问和整合外部信息，例如知识库、数据库或互联网。检索增强功能确保 LLM 的响应不限于其预训练数据，而是可以基于最新的和相关的信息。这对于需要事实准确性或访问特定数据的任务至关重要。

◎ 工具（Tool）：使用工具可以使 LLM 能够与外部系统交互并在现实世界中执行操作。工具可以是从简单的函数（例如，计算器或日期检索器）到复杂的 API（可以与数据库交互、发送电子邮件或控制外部设备）。使用工具的能力使 LLM 能够超越被动信息处理，成为能够完成任务的主动智能体。

◎ 记忆（Memory）：记忆机制允许 LLM 保留和利用来自过去交互或工作流步骤的信息。记忆的范围，从短期的对话记忆（有助于在正在进行的对话中保持上下文）到长期的记忆系统（使智能体能够随着时间的推移学习和适应）。记忆对于构建有状态的智能体系统至关重要，因为这些系统需要维护上下文并建立在过去的经验之上。

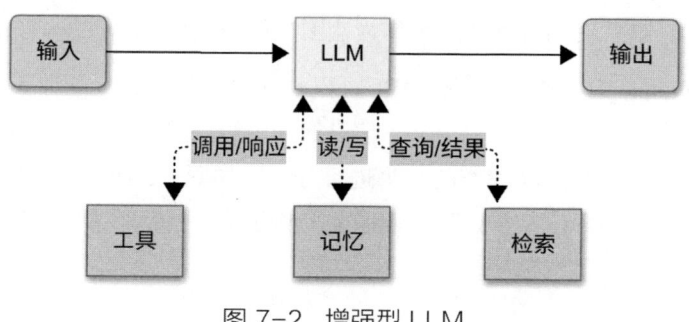

图 7-2　增强型 LLM

这些增强功能与核心 LLM 协同工作，构成了构建复杂工作流和智能体的基础。我们在探索每种工作流模式时，请记住，它们都以不同的方式利用这些增强功能来实现特定功能。在 LangGraph 中，这些增强功能很容易与 LLM 集成，使开发者能够轻松构建可以检索信息、使用工具和维护记忆的智能体系统。以下工作流模式演示了如何编排这些增强型 LLM 功能以创建有效的智能体系统。

7.1.2 提示链

提示链（Prompt Chain）是一种基本的工作流模式，专注于将复杂任务分解为一系列更简单、相互关联的步骤。在这种工作流中，利用增强型 LLM 的核心功能，一个 LLM 调用的输出成为后续调用的输入，从而创建一系列处理阶段。这种顺序性质允许整个调用链以更受控和审慎的方式解决问题，尤其是在任务本身包含多个方面的时候。提示链的一个关键方面是在中间阶段引入程序化检查的能力，通常称为"门控"（Gate）。门控充当质量控制存档点，确保流程保持在正轨上，并且中间输出符合预定义的标准。例如，在增强型 LLM 生成文档的初始草稿后，可以实施门控来检查特定的关键字或文体元素，然后继续进行下一个阶段。

提示链的主要优势在于，它能够通过简化每个增强型 LLM 调用来提高准确性。通过将复杂任务分解为更小、更易于管理的子任务，每个增强型 LLM 调用都会获得更集中且更明确的提示。这可以提高每个步骤的输出的可靠性和质量，最终有助于获得更强大和更准确的结果。提示链特别适合将一个任务自然而清晰地划分为顺序子任务的情况。比如，生成营销文案，然后将其翻译成多种语言。第一步可以是使用增强型 LLM 创建引人注目的英文营销文案。此步骤的输出，即英文营销文案，成为第二步的输入。第二步可以是一系列增强型 LLM 调用，每个调用都将英文营销文案翻译成不同的目标语言。比如，采用提示链编写详细文档，首先使用增强型 LLM 生成文档大纲，然后实施门控来检查大纲是否满足特定要求（例如，关键主题的覆盖范围、逻辑流程等），最后使用批准的大纲作为蓝图，供增强型 LLM 编写详细文档。

在 LangGraph 中，使用 Graph API 可以轻松实现提示链。提示链中的每个步骤都被表示为图中的一个节点，边定义了信息的顺序流。条件边可用于实现"门控"功能，允许工作流根据程序化检查的结果进行分支（如图 7-3 所示）。LangGraph 中的 Functional API 也提供了一种表达提示链的直观方式，允许通过以代码为中心的方式定义工作流步骤及其执行顺序。

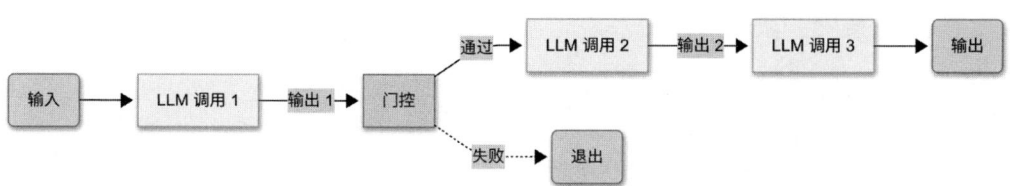

图 7-3 提示链工作流的可视化表示

示例 7-1：基于 Graph API 的提示链工作流实现

```python
from typing_extensions import TypedDict

from langchain_openai import ChatOpenAI
from langgraph.graph import StateGraph, START, END


# 使用 TypedDict 定义图状态，用于类型提示和状态管理
class State(TypedDict):
    topic: str
    joke: str
    improved_joke: str
    final_joke: str

# 配置模型
llm = ChatOpenAI(model="Qwen/Qwen2.5-7B-Instruct")

# 图中的节点，每个节点代表提示链中的一个步骤
def generate_joke(state: State):
    """ 第一个 LLM 调用，根据主题生成初始笑话 """
    msg = llm.invoke(f" 写一个关于 {state['topic']} 的简短笑话 ") # 使用
状态中的主题调用 LLM
    return {"joke": msg.content} # 返回生成的笑话，更新状态中的 joke 键


def check_punchline(state: State):
    """ 门控函数，检查笑话中是否有妙语 """
    # 简单检查 —— 笑话中是否包含 "?" 或 "!"
    if "?" in state["joke"] or "!" in state["joke"]:
        return "Fail" # 笑话未能通过妙语检查
    return "Pass" # 笑话通过妙语检查


def improve_joke(state: State):
    """ 第二个 LLM 调用，通过添加文字游戏来改进笑话 """
```

```
    msg = llm.invoke(f"通过添加文字游戏使这个笑话更有趣: {state['joke']}")
# 调用 LLM 以改进笑话
    return {"improved_joke": msg.content} # 返回改进后的笑话, 更新状态中
的 improved_joke


def polish_joke(state: State):
    """ 第三个 LLM 调用, 用于最终润色, 添加令人惊讶的转折 """
    msg = llm.invoke(f"为这个笑话添加一个令人惊讶的转折: {state['improved_
joke']}") # 调用 LLM 以润色笑话
    return {"final_joke": msg.content} # 返回润色后的笑话, 更新状态中的
final_joke


# 使用 StateGraph 构建工作流, 使用定义的状态进行初始化
workflow = StateGraph(State)


# 将节点添加到工作流图中, 将它们与定义的函数关联起来
workflow.add_node("generate_joke", generate_joke)
workflow.add_node("improve_joke", improve_joke)
workflow.add_node("polish_joke", polish_joke)


# 定义边以连接节点并建立工作流序列
workflow.add_edge(START, "generate_joke") # 将开始节点连接到 generate_
joke 节点
workflow.add_conditional_edges(
    "generate_joke", check_punchline, {"Fail": "improve_joke",
"Pass": END} # generate_joke 之后的条件边, 基于 check_punchline 输出
)
workflow.add_edge("improve_joke", "polish_joke") # 将 improve_joke 节
点连接到 polish_joke 节点
workflow.add_edge("polish_joke",END) # 将 polish_joke 节点连接到结束节点


# 将工作流图编译为可执行链
chain = workflow.compile()


# 使用初始状态 (主题: cats) 调用编译链
state = chain.invoke({"topic": "cats"})
print(" 初始笑话: ")
print(state["joke"])


if "improved_joke" in state: # 检查 improved_joke 是否存在于状态中, 指示
```

妙语检查失败
```
    print(" 改进后的笑话: ")
    print(state["improved_joke"])
    print(" 最终笑话: ")
    print(state["final_joke"])
```

初始笑话:
当然可以, 这里有一个关于猫的简短笑话:

为什么猫咪总是穿雨衣去钓鱼?

因为它们听说这样能 "喵" 出不一样的 "鱼" !

示例 7-2: 基于 Functional API 的提示链工作流实现

```
from langchain_openai import ChatOpenAI
from langgraph.func import entrypoint, task

llm = ChatOpenAI(model="Qwen/Qwen2.5-7B-Instruct")

# 使用 @task 装饰器定义的任务, 代表工作流中的步骤
@task
def generate_joke(topic: str):
    """ 第一个 LLM 调用, 生成初始笑话 """
    msg = llm.invoke(f" 写一个关于 {topic} 的简短笑话 ") # 调用 LLM 以根
据主题生成笑话
    return msg.content # 返回生成的笑话


def check_punchline(joke: str):
    """ 门控函数, 检查笑话中是否有妙语 """
    # 简单检查 —— 笑话中是否包含 "?" 或 "!"
    if "?" in a joke or "!" in joke:
        return "Fail" # 笑话未能通过妙语检查
    return "Pass" # 笑话通过妙语检查

@task
def improve_joke(joke: str):
    """ 第二个 LLM 调用, 改进笑话 """
    msg = llm.invoke(f" 通过添加文字游戏使这个笑话更有趣: {joke}") # 调用
LLM 以改进笑话
    return msg.content # 返回改进后的笑话
```

```
@task
def polish_joke(joke: str):
    """ 第三个 LLM 调用，用于最终润色 """
    msg = llm.invoke(f" 为这个笑话添加一个令人惊讶的转折: {joke}")  # 调用
LLM 以润色笑话
    return msg.content  # 返回润色后的笑话


# 入口点装饰函数使用 Functional API 定义工作流
@entrypoint()
def workflow(topic: str):
    original_joke = generate_joke(topic).result()  # 执行 generate_
joke 任务
    if check_punchline(original_joke) == "Pass":  # 基于 check_punchline
输出的条件进行检查
        return original_joke  # 如果妙语检查通过，则返回初始笑话

    improved_joke = improve_joke(original_joke).result()  # 如果妙语检
查失败，则执行 improve_joke 任务
    return polish_joke(improved_joke).result()  # 执行 polish_joke 任
务并返回最终结果


# 调用工作流并且流式传输每个步骤的更新
state = workflow.invoke("cats")
print(state)
```

当然可以！这是一个关于猫咪的简短笑话：

为什么猫咪不在 Facebook 上? 因为它 already has nine lives（已经有九条命了）。

7.1.3 路由

路由（Routing）工作流旨在通过对输入进行分类并将其定向到专门的下游任务来处理各种输入。对于需要处理各种输入类型的复杂应用程序来说，此模式尤其有价值，每种输入类型都需要不同的处理方法。路由背后的核心思想是实施决策步骤，通常由增强型 LLM 本身或更传统的分类模型提供支持，该步骤分析输入数据并确定最合适的后续处理路径。这允许关注点分离，从而可以为每种输入类型开发更集中、更优化的流程和提示。若没有路由，尝试为所有输入类型优化单一的、单片的工作流则

可能会导致妥协，并导致不同类别任务之间的性能欠佳。

路由工作流的成功取决于分类步骤的准确性。如果输入分类错误，那么它们可能会被定向到不合适的处理路径，从而产生不正确或令人不满意的结果。例如，在客户服务应用程序中，路由可用于区分各种类型的客户查询。一般咨询、退款请求和技术支持都可以被路由到专用的下游流程和提示，并可能被路由到不同的工具集。其中，一般咨询可能由更简单的 FAQ 检索系统处理；退款请求可能会触发涉及订单历史记录查找和退款处理工具的工作流；技术支持可能会被定向到更专业的技术支持智能体。

路由的另一个作用是优化成本和速度。根据复杂性或紧迫性对传入的请求进行分类，比如将简单的或常见的请求路由到更小、更快、更具成本效益的模型，如 Gemini Flash、Claude 3.5 Haiku，而将复杂的或不寻常的请求定向到功能更强大但可能更昂贵的模型，如 Gemini Pro、Claude 3.5 Sonnet。这种智能的资源分配可显著提升整个系统的效率和成本效益。

在 LangGraph 中，实现路由涉及定义一个执行分类的路由器节点和一组后续节点，每个节点处理特定类型的输入。然后，使用条件边根据分类结果将工作流从路由器节点定向到适当的下游节点（如图 7-4 所示）。LangGraph 中的 Graph API 和 Functional API 都为构建路由工作流提供了灵活的机制，允许开发者选择最适合其应用程序需求和编码风格的方法。

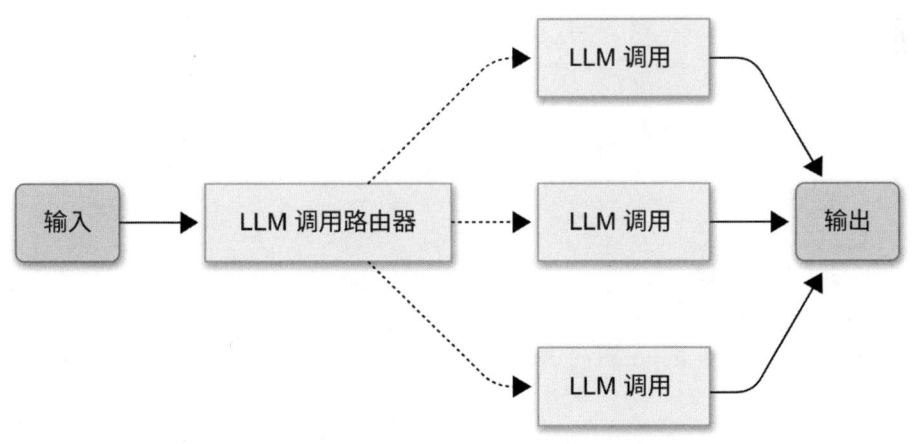

图 7-4 路由工作流的可视化表示

示例 7-3：基于 Graph API 的路由工作流实现

```
import json
```

```
from langchain_core.messages import HumanMessage, SystemMessage
from langchain_openai import ChatOpenAI
from langgraph.graph import StateGraph, START, END


llm = ChatOpenAI(model="Qwen/Qwen2.5-7B-Instruct")

# 路由工作流的状态定义
class State(TypedDict):
    input: str
    decision: str
    output: str

# 图中的节点，每个节点处理特定的路由（story, joke, poem）
def llm_call_1(state: State):
    """写一个故事"""
    result = llm.invoke(state["input"]) # 调用 LLM 以根据输入写一个故事
    return {"output": result.content} # 返回故事，更新状态中的 output

def llm_call_2(state: State):
    """写一个笑话"""
    result = llm.invoke(state["input"]) # 调用 LLM 以根据输入写一个笑话
    return {"output": result.content} # 返回笑话，更新状态中的 output

def llm_call_3(state: State):
    """写一首诗歌"""
    result = llm.invoke(state["input"]) # 调用 LLM 以根据输入写一首诗歌
    return {"output": result.content} # 返回诗歌，更新状态中的 output

def llm_call_router(state: State):
    """使用结构化输出将输入路由到适当的节点"""
    # 使用结构化输出调用增强型 LLM，以充当路由逻辑
    model = ChatOpenAI(model="Qwen/Qwen2.5-7B-Instruct",
model_kwargs={ "response_format": { "type": "json_object" } })
    ai_msg = model.invoke(
        [
            SystemMessage(
                content="You are a router that directs user input to
the appropriate handler. Return a JSON object with a 'step' key and
one of these values: 'story', 'joke', or 'poem'. For example: {'step':
```

```
'joke'}" # 路由 LLM 的系统消息
        ),
        HumanMessage(content=state["input"]), # 用户输入消息
    ]
)
decision = json.loads(ai_msg.content)
return {"decision": decision["step"]} # 返回路由决策, 更新状态中的
decision

# 条件边函数, 根据决策路由到适当的节点
def route_decision(state: State):
    # 根据状态中的 decision, 返回要访问的下一个节点的名称
    if state["decision"] == "story":
        return "llm_call_1"
    elif state["decision"] == "joke":
        return "llm_call_2"
    elif state["decision"] == "poem":
        return "llm_call_3"

# 使用 StateGraph 构建路由工作流
router_builder = StateGraph(State)

# 将节点添加到图中
router_builder.add_node("llm_call_1", llm_call_1)
router_builder.add_node("llm_call_2", llm_call_2)
router_builder.add_node("llm_call_3", llm_call_3)
router_builder.add_node("llm_call_router", llm_call_router)

# 定义边以连接节点并建立路由逻辑
router_builder.add_edge(START, "llm_call_router") # 将开始节点连接到路
由器节点
router_builder.add_conditional_edges(
    "llm_call_router",
    route_decision,
    { # 由 route_decision 返回的名称: 要访问的下一个节点的名称
        "llm_call_1": "llm_call_1",
        "llm_call_2": "llm_call_2",
        "llm_call_3": "llm_call_3",
    },
) # 从路由器节点到专用节点的条件边, 基于路由决策
```

```
router_builder.add_edge("llm_call_1", END) # 将专用节点连接到结束节点
router_builder.add_edge("llm_call_2", END)
router_builder.add_edge("llm_call_3", END)

# 编译路由工作流图
router_workflow = router_builder.compile()

# 使用示例输入调用路由工作流
state = router_workflow.invoke({"input": "给我写一个关于猫的笑话"})
print(state["output"])
```

示例 7-4：基于 Functional API 的路由工作流实现

```
import json

from langchain_openai import ChatOpenAI
from langchain_core.messages import HumanMessage, SystemMessage
from langgraph.func import entrypoint, task

llm = ChatOpenAI(model="Qwen/Qwen2.5-7B-Instruct")

@task
def llm_call_1(input: str):
    """写一个故事"""
    result = llm.invoke(input) # 调用 LLM 以根据输入写一个故事
    return result.content # 返回故事

@task
def llm_call_2(input: str):
    """写一个笑话"""
    result = llm.invoke(input) # 调用 LLM 以根据输入写一个笑话
    return result.content # 返回笑话

@task
def llm_call_3(input: str):
    """写一首诗歌"""
    result = llm.invoke(input) # 调用 LLM 以根据输入写一首诗歌
    return result.content # 返回诗歌

def llm_call_router(input: str):
    """使用结构化输出将输入路由到适当的节点"""
```

```python
    # 使用结构化输出调用增强型 LLM, 以充当路由逻辑
    model = ChatOpenAI(model="Qwen/Qwen2.5-7B-Instruct",
model_kwargs={ "response_format": { "type": "json_object" } })
    ai_msg = model.invoke(
        [
            SystemMessage(
                content="You are a router that directs user input to
the appropriate handler. Return a JSON object with a 'step' key and
one of these values: 'story', 'joke', or 'poem'. For example: {'step':
'joke'}" # 路由 LLM 的系统消息
            ),
            HumanMessage(content=input), # 用户输入消息
        ]
    )
    decision = json.loads(ai_msg.content)
    return {"decision": decision["step"]} # 返回路由决策, 更新状态中的
decision

# 入口点装饰函数定义路由工作流
@entrypoint()
def router_workflow(input: str):
    next_step = llm_call_router(input)["decision"] # 获取路由决策的
decision 值
    llm_call = None # 初始化 llm_call 变量

    if next_step == "story": # 基于路由决策的条件路由
        llm_call = llm_call_1 # 如果路由是 story, 则分配 llm_call_1 任务
    elif next_step == "joke":
        llm_call = llm_call_2 # 如果路由是 joke, 则分配 llm_call_2 任务
    elif next_step == "poem":
        llm_call = llm_call_3 # 如果路由是 poem, 则分配 llm_call_3 任务

    if llm_call is None:
        raise ValueError(f"Invalid routing decision: {next_step}")

    return llm_call(input) # 执行选定的 LLM 调用任务并返回结果

# 调用路由工作流并流式传输每个步骤的更新
for step in router_workflow.stream("给我写一个关于猫的笑话",
stream_mode="updates"):
```

```
    print(step)
    print("\n")
```

7.1.4 并行化

并行化（Parallelization）是 Anthropic 的智能体系统分析中的一种工作流模式，它利用增强型 LLM 同时处理任务不同的方面能力。并行化不是按顺序处理任务，而是允许同时进行 LLM 调用，其输出以编程的方式聚合。这体现在两个主要的变体中：分段（Sectioning）和投票（Voting）。分段涉及将一个任务分解为可以并行执行的独立子任务，每个子任务都由单独的增强型 LLM 调用处理，然后将结果组合起来形成最终的输出。投票涉及多次运行相同的任务，通常使用略有不同的提示或配置，以获得不同的输出，然后聚合这些输出，通常通过投票或共识机制来获得更稳健和更可靠的结果。

并行化的主要好处是可以提高效率，尤其是在子任务真正独立并且可以被并发处理而没有显著的相互依赖性的情况下。并行化还可以带来置信度更高的结果，尤其是在多种视角或尝试有益的情况下。对于涉及多个考虑因素或标准的复杂任务，并行化可能特别有效。与其用众多约束条件压倒单个增强型 LLM 调用，不如让每个考虑因素都由专用的 LLM 调用来处理，从而可以集中精力处理每个特定方面。例如，在 AI 系统中构建护栏可以从并行化中受益。一个增强型 LLM 实例可以理解用户查询的主要意图，而另一个实例可以并行筛选相同的查询，以查找不当的内容或请求，并可能使用专门的内容分析工具。这种分段方法通常比让单个 LLM 调用同时处理核心响应生成和护栏检查更有效。同样，在 LLM 性能的自动评估中，可以采用并行化方法同时评估模型输出的不同方面。每个增强型 LLM 调用都可以负责评估模型性能的特定维度，例如事实准确性、连贯性或风格，并且可以聚合结果以提供全面的评估分数。在投票变体中，考虑审查代码以查找漏洞的任务，可以并行执行多个增强型 LLM 调用，每个调用都使用略有不同的提示，或者从不同的漏洞检测角度来审查同一段代码。如果其中几个调用都标记了潜在问题，则会增加对发现结果的信心。同样，评估一段内容是否不当可以通过投票来完成，使用多个增强型 LLM 调用来评估不当内容的不同方面，或者使用不同的阈值来标记内容。

LangGraph 通过其图结构促进并行化，它允许开发者定义可以从单个起点并发（Concurrency）执行的多个节点；但是如果要实现真正的并行（Parallelization）执行，则需要开发者在节点中通过代码来实现。来自这些并发节点的输出随后可以在后续节点中聚合（如图 7-5 所示）。LangGraph 中的 Graph API 自然支持在工作流中创建并发分支，而 Functional API 支持使用异步操作进行并发任务的执行。

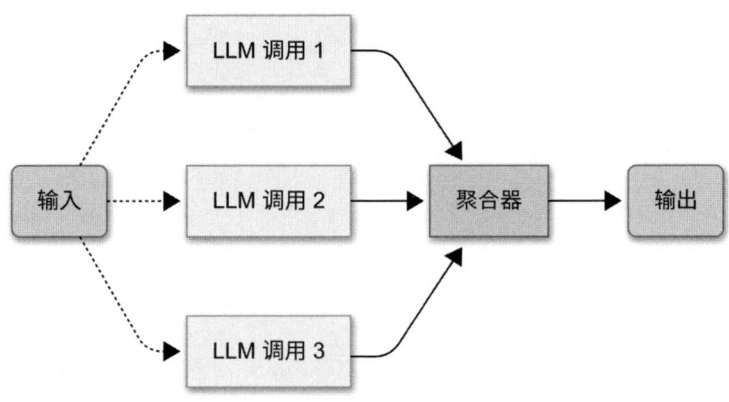

图 7-5 并行化工作流的可视化表示

示例 7-5：基于 Graph API 的并行化工作流实现

```python
from typing_extensions import TypedDict
from langchain_openai import ChatOpenAI
from langgraph.graph import StateGraph, START, END


# 并行化工作流的图状态定义
class State(TypedDict):
    topic: str
    joke: str
    story: str
    poem: str
    combined_output: str


llm = ChatOpenAI(model="Qwerty/Qwen2.5-7B-Instruct")


# 图中的节点，每个节点并发生成不同类型的内容
def call_llm_1(state: State):
    """ 第一个 LLM 调用，生成初始笑话 """
    msg = llm.invoke(f" 写一个关于 {state['topic']} 的笑话 ") # 调用 LLM
以根据主题写一个笑话
    return {"joke": msg.content} # 返回笑话，更新状态中的 joke


def call_llm_2(state: State):
    """ 第二个 LLM 调用，生成故事 """
    msg = llm.invoke(f" 写一个关于 {state['topic']} 的故事 ") # 调用 LLM
```

以根据主题写一个故事

```
    return {"story": msg.content} # 返回故事，更新状态中的 story

def call_llm_3(state: State):
    """ 第三个 LLM 调用，生成诗歌 """
    msg = llm.invoke(f" 写一首关于 {state['topic']} 的诗歌 ") # 调用 LLM
以根据主题写一首诗歌
    return {"poem": msg.content} # 返回诗歌，更新状态中的 poem

def aggregator(state: State):
    """ 将故事、笑话和诗歌组合成单个输出 """
    combined = f" 这是一个关于 {state['topic']} 的故事、笑话和诗歌！\n\n"
# 开始组合输出
    combined += f" 故事：\n{state['story']}\n\n" # 将故事添加到组合输出中
    combined += f" 笑话：\n{state['joke']}\n\n" # 将笑话添加到组合输出中
    combined += f" 诗歌：\n{state['poem']}" # 将诗歌添加到组合输出中
    return {"combined_output": combined} # 返回组合输出，更新状态中的
combined_output

# 使用 StateGraph 构建并行化工作流
parallel_builder = StateGraph(State)

# 将节点添加到图中
parallel_builder.add_node("call_llm_1", call_llm_1)
parallel_builder.add_node("call_llm_2", call_llm_2)
parallel_builder.add_node("call_llm_3", call_llm_3)
parallel_builder.add_node("aggregator", aggregator)

# 定义边以连接节点并建立并发执行任务
parallel_builder.add_edge(START, "call_llm_1") # 将开始节点连接到
call_llm_1，以进行并发执行
parallel_builder.add_edge(START, "call_llm_2") # 将开始节点连接到
call_llm_2，以进行并发执行
parallel_builder.add_edge(START, "call_llm_3") # 将开始节点连接到
call_llm_3，以进行并发执行
parallel_builder.add_edge("call_llm_1", "aggregator") # call_llm_1
节点执行完成后，将其连接到聚合器
parallel_builder.add_edge("call_llm_2", "aggregator") # call_llm_2
节点执行完成后，将其连接到聚合器
parallel_builder.add_edge("call_llm_3", "aggregator") # call_llm_3
```

节点执行完成后，将其连接到聚合器
```
parallel_builder.add_edge("aggregator", END) # 将聚合器节点连接到结束节点

# 编译并行化工作流图
parallel_workflow = parallel_builder.compile()

# 使用示例输入调用并行化工作流
state = parallel_workflow.invoke({"topic": "cats"})
print(state["combined_output"])
```

示例 7-6：基于 Functional API 的并行化工作流实现

```python
from langchain_openai import ChatOpenAI
from langgraph.func import entrypoint, task

llm = ChatOpenAI(model="Qwen/Qwen2.5-7B-Instruct")

@task
def call_llm_1(topic: str):
    """ 第一个 LLM 调用，生成初始笑话 """
    msg = llm.invoke(f" 写一个关于 {topic} 的笑话 ") # 调用 LLM 以根据主
题写一个笑话
    return msg.content # 返回笑话

@task
def call_llm_2(topic: str):
    """ 第二个 LLM 调用，生成故事 """
    msg = llm.invoke(f" 写一个关于 {topic} 的故事 ") # 调用 LLM 以根据主
题写一个故事
    return msg.content # 返回故事

@task
def call_llm_3(topic):
    """ 第三个 LLM 调用，生成诗歌 """
    msg = llm.invoke(f" 写一首关于 {topic} 的诗歌 ") # 调用 LLM 以根据主
题写一首诗歌
    return msg.content # 返回诗歌

@task
def aggregator(topic, joke, story, poem):
    """ 将故事、笑话和诗歌组合成单个输出 """
```

```
    combined = f" 这是一个关于 {topic} 的故事、笑话和诗歌！\n\n" # 开始组
合输出
    combined += f" 故事: \n{story}\n\n" # 将故事添加到组合输出中
    combined += f" 笑话: \n{joke}\n\n" # 将笑话添加到组合输出中
    combined += f" 诗歌: \n{poem}" # 将诗歌添加到组合输出中
    return combined # 返回组合输出


# 入口点装饰函数定义并行化工作流
@entrypoint()
def parallel_workflow(topic: str):
    joke_fut = call_llm_1(topic) # 执行 call_llm_1 任务并获取笑话以进行
并发执行
    story_fut = call_llm_2(topic) # 执行 call_llm_2 任务并获取故事以进
行并发执行
    poem_fut = call_llm_3(topic) # 执行 call_llm_3 任务并获取诗歌以进行
并发执行
    return aggregator(
        topic, joke_fut.result(), story_fut.result(), poem_fut.
result() # 在所有并发任务完成后执行 aggregator 任务
    ).result() # 从聚合器获取最终结果


# 调用并行化工作流并流式传输每个步骤的更新
for step in parallel_workflow.stream("cats", stream_mode="updates"):
    print(step)
    print("\n")
```

7.1.5 协调器—工作者

协调器—工作者（Orchestrator-Worker）工作流模式专为子任务需求事先未知且需要在执行期间动态确定的复杂任务而设计。在此模式中，中央增强型 LLM 充当协调器（Orchestrator），负责将初始任务分解为更小、更易于管理的子任务，并将这些子任务委派给充当工作者（Worker）的增强型 LLM。一旦工作者增强型 LLM 完成了分配的子任务，协调器就会将它们的各个输出合成为连贯的最终结果。这种动态任务分解和委派是协调器—工作者与更简单的并行化工作流不同的地方。虽然并行化工作流通常用于处理预定义的子任务，但协调器—工作者更为灵活，可以适应每个输入的具体情况并动态生成必要的子任务。

协调器—工作者工作流特别适合难以或不可能预测必要子任务的复杂场景。例如编码任务，当被要求实现复杂功能或修复错误时，需要修改的文件数量以及每个文

件中需要更改的性质通常取决于任务描述的具体情况。协调器增强型 LLM 可以分析任务，可能使用检索增强功能来访问项目文档或代码上下文，识别需要修改的文件和代码，然后将每个部分的代码修改任务委派给各个工作者增强型 LLM，这些 LLM 可能配备有代码编辑工具。同样，在涉及从多个来源收集和分析信息的复杂搜索任务中，协调器可以动态确定要检索的相关来源，并将每个来源的信息收集和分析委派给不同的工作者增强型 LLM。表面上，协调器—工作者与并行化工作流相似，它也使用了多个 LLM 调用。它们的区别在于灵活性。在协调器—工作者中，子任务不是预定义的，而是由协调器根据特定输入动态确定的，从而为处理复杂和不可预测的任务提供了更具适应性和智能性的方法。

LangGraph 为实现协调器—工作者工作流提供了强大的支持，特别是通过其 Send API，允许在运行时动态创建工作者节点，使协调器节点能够根据需要将子任务分派给工作者节点。每个工作者都独立运行，维护自己的状态，它们的输出被收集在协调器可访问的共享状态键中。这种共享状态机制对于协调器收集所有工作者的输出并将其合成为最终结果至关重要（如图 7-6 所示）。在 LangGraph 中定义协调器—工作者工作流时，协调器节点通常会生成概述子任务的计划，然后使用 Send API 为每个子任务动态创建和分派工作者节点。LangGraph 中的 Graph API 和 Functional API 都可以用于实现协调器—工作者工作流，Graph API 的图结构链路更易于实现流程变更。

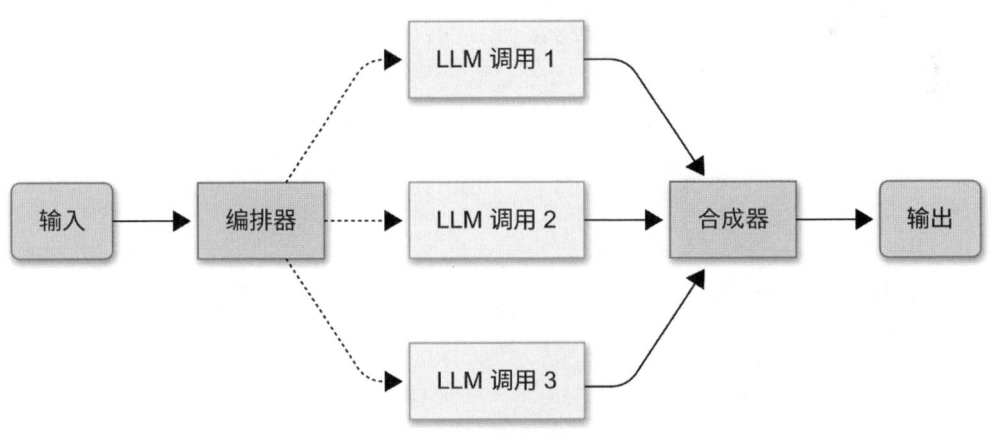

图 7-6　协调器—工作者工作流的可视化表示

示例 7-7：基于 Graph API 的协调器—工作者工作流实现

```
import operator
from typing import Annotated, List
```

```python
from pydantic import BaseModel, Field

from langchain_openai import ChatOpenAI
from langchain_core.messages import HumanMessage, SystemMessage
from langgraph.graph import StateGraph, START, END
from langgraph.constants import Send


# 结构化输出模式, 用于规划报告章节
class Section(BaseModel):
    name: str = Field(
        description=" 报告章节的名称 ",
    )
    description: str = Field(
        description=" 本章节中涵盖的主要主题和概念的简要概述 ",
    )

class Sections(BaseModel):
    sections: List[Section] = Field(
        description=" 报告的章节 ",
    )

# 用于规划报告章节的增强型 LLM, 使用结构化输出
llm = ChatOpenAI(model="Qwen/Qwen2.5-7B-Instruct")
planner = llm.with_structured_output(Sections, method="function_
calling")

# 协调器—工作者工作流的图状态定义
class State(TypedDict):
    topic: str  # 报告主题
    sections: list[Section]  # 由协调器规划的报告章节列表
    completed_sections: Annotated[
        list, operator.add
    ] # 将所有工作者并行写入此键, 使用 operator.add 进行列表连接
    final_report: str  # 最终合成报告


# 工作者状态定义, 特定于工作者节点
class WorkerState(TypedDict):
    section: Section
```

```
        completed_sections: Annotated[list, operator.add] # 将工作者也写入
共享的 completed_sections 键

# 图中的节点
def orchestrator(state: State):
    """ 协调器，使用结构化输出生成报告计划 """
    # 使用 planner LLM 和结构化输出生成报告计划
    report_sections = planner.invoke(
        [
            SystemMessage(content=" 生成报告计划。"), # planner LLM 的
系统消息
            HumanMessage(content=f" 这是报告主题: {state['topic']}"),
# 包含报告主题的用户消息
        ]
    )
    return {"sections": report_sections.sections} # 返回计划中的章节，
更新状态中的 sections

def llm_call(state: WorkerState):
    """ 工作者根据分配的章节详细信息编写报告章节 """
    # 使用 LLM 根据章节的名称和描述生成报告章节的内容
    section = llm.invoke(
        [
            SystemMessage(
                content=" 根据提供的章节的名称和描述编写报告章节，每个章节
中不包含序言。使用 Markdown 格式。" # 工作者 LLM 的系统消息
            ),
            HumanMessage(
                content=f" 这是章节的名称: {state['section'].name} 和描
述: {state['section'].description}" # 包含章节详细信息的用户消息
            ),
        ]
    )
    # 将生成的章节内容写入共享的 'completed_sections' 键
    return {"completed_sections": [section.content]}

def synthesizer(state: State):
    """ 将各个章节的输出合成为完整报告 """
    # 从共享状态中检索已完成章节的列表
    completed_sections = state["completed_sections"]
```

```
    # 将已完成章节格式化为单个字符串用于最终报告
    completed_report_sections = "\n\n---\n\n".join(completed_sections)

    return {"final_report": completed_report_sections} # 返回最终报告，
更新状态中的 final_report

# 条件边函数，用于将工作者动态分配给计划中的每个章节
def assign_workers(state: State):
    """ 使用 Send API 将工作者分配给计划中的每个章节，以实现动态工作者创建 """
    # 使用 Send API 为每个章节动态创建和发送 llm_call 工作者节点
    return [Send("llm_call", {"section": s}) for s in state["sections"]]

# 使用 StateGraph 构建协调器—工作者工作流
orchestrator_worker_builder = StateGraph(State)

# 将节点添加到图中
orchestrator_worker_builder.add_node("orchestrator", orchestrator)
orchestrator_worker_builder.add_node("llm_call", llm_call)# 工作者节点
orchestrator_worker_builder.add_node("synthesizer", synthesizer)

# 定义边以连接节点并建立协调器—工作者流程
orchestrator_worker_builder.add_edge(START, "orchestrator") # 将开始
节点连接到协调器节点
orchestrator_worker_builder.add_conditional_edges(
    "orchestrator", assign_workers, ["llm_call"] # 从协调器节点到使用
Send API 动态创建的工作者节点的条件边
)
orchestrator_worker_builder.add_edge("llm_call", "synthesizer") # 工
作者节点完成任务后，将其连接到合成器节点
orchestrator_worker_builder.add_edge("synthesizer", END) # 将合成器节
点连接到结束节点

# 编译协调器—工作者工作流图
orchestrator_worker = orchestrator_worker_builder.compile()

# 使用示例报告主题调用协调器—工作者工作流
state = orchestrator_worker.invoke({"topic": " 创建关于 LLM 缩放定律的
报告 "})
```

```python
from IPython.display import Markdown
Markdown(state["final_report"]) # 以 Markdown 格式显示最终报告
```

示例 7-8：基于 Functional API 的协调器—工作者工作流实现

```python
from typing import List
from pydantic import BaseModel, Field
from langchain_openai import ChatOpenAI
from langchain_core.messages import HumanMessage, SystemMessage
from langgraph.func import entrypoint, task


# 结构化输出模式，用于规划报告章节
class Section(BaseModel):
    name: str = Field(
        description=" 报告章节的名称 ", # 报告章节的名称
    )
    description: str = Field(
        description=" 本章节中涵盖的主要主题和概念的简要概述 ", # 章节内容描述
    )


class Sections(BaseModel):
    sections: List[Section] = Field(
        description=" 报告的章节 ", # 报告章节列表
    )


# 用于规划报告章节的增强型 LLM，使用结构化输出
llm = ChatOpenAI(model="Qwen/Qwen2.5-7B-Instruct")
planner = llm.with_structured_output(Sections, method="function_calling")


@task
def orchestrator(topic: str):
    """ 协调器，使用结构化输出生成报告计划 """
    # 使用 planner LLM 和结构化输出生成报告计划
    report_sections = planner.invoke(
        [
            SystemMessage(content=" 生成报告计划。"), # planner LLM 的
系统消息
            HumanMessage(content=f" 这是报告主题：{topic}"), # 包含报告
主题的用户消息
        ]
```

```
    )
    return report_sections.sections # 返回计划中的章节


@task
def llm_call(section: Section):
    """ 工作者根据分配的章节详细信息编写报告章节 """
    # 使用 LLM 根据章节的名称和描述生成报告章节的内容
    result = llm.invoke(
        [
            SystemMessage(content=" 编写报告章节。"), # 工作者 LLM 的系
统消息
            HumanMessage(
                content=f" 这是章节的名称：{section.name} 和描述：
{section.description}" # 包含章节详细信息的用户消息
            ),
        ]
    )
    return result.content # 返回生成的章节内容


@task
def synthesizer(completed_sections: list[str]):
    """ 将各个章节的输出合成为完整报告 """
    # 将已完成章节格式化为单个字符串用于最终报告
    final_report = "\n\n---\n\n".join(completed_sections)
    return final_report # 返回最终报告


# 入口点装饰函数定义协调器—工作者工作流
@entrypoint()
def orchestrator_worker(topic: str):
    sections = orchestrator(topic).result() # 执行协调器任务以获取报告
章节计划
    section_futures = [llm_call(section) for section in sections] #
并行动态创建和执行每个章节的工作者任务
    final_report = synthesizer(
        [section_fut.result() for section_fut in section_futures] #
在所有工作者任务完成后执行合成器任务
    ).result() # 获取最终合成的报告


    return final_report # 返回最终报告
```

```
# 使用示例报告主题调用协调器—工作者工作流
report = orchestrator_worker.invoke(" 创建关于 LLM 缩放定律的报告 ")

from IPython.display import Markdown
Markdown(report) # 以 Markdown 格式显示最终报告
```

7.1.6　评估器—优化器

评估器—优化器（Evaluator-Optimizer）是 Anthropic 的智能体系统分析中的另一种工作流模式，它体现了一种迭代改进过程，模仿了人类通常通过反馈和修订来改进其工作的方式。在此模式中，一个增强型 LLM 调用【通常称为"生成器"或"优化器"（Optimizer）】负责生成初始响应，而另一个增强型 LLM 调用【通常称为"评估器"（Evaluator）】的任务是提供对此响应的反馈，然后将此反馈返回给生成器增强型 LLM，提示其改进和完善后续输出。我们可以重复进行生成、评估和反馈的循环，直到获得令人满意的结果或达到预定义的迭代次数。当存在可以明确表达和评估的标准，并且迭代改进能够显著增加输出价值时，评估器—优化器工作流尤其有效。

评估器—优化器工作流的有效性取决于两个关键因素。首先，初始的增强型 LLM 调用应该能够根据反馈显著改进响应，这与人类写作过程类似，在人类写作过程中，来自编辑的反馈可以显著增强文档效果。其次，评估器必须能够提供有用的和可操作的反馈，以指导生成器进行改进。评估器—优化器工作流模式非常适合那些需要实现高质量和细致入微的输出的任务（需要多次迭代）。例如文学翻译任务，增强型 LLM（翻译器）的初始翻译可能捕获了文本的字面意义，但遗漏了细微的差别、文体元素或文化背景。经过训练或提示的评估器可以关注这些方面，提供有关改进的反馈，如建议更恰当的措辞或考虑文化背景，翻译器可以根据此反馈在下一次迭代中改进其翻译效果。同样，对于需要全面收集信息的复杂搜索任务，评估器可以评估目前为止收集的信息是否足够，或者是否需要进一步搜索和分析，并使用检索工具将搜索结果与现有的知识库进行比较。根据评估结果，可以迭代搜索过程，从而实现更彻底和更完整的信息搜索。

在 LangGraph 中，评估器—优化器工作流通过定义一个生成器节点和一个评估器节点来实现，如果需要进一步改进，则使用条件边从评估器返回生成器（如图 7-7 所示）。此工作流中的状态通常包括生成的输出和来自评估器的反馈，允许生成器节点在后续迭代中访问和利用此反馈。LangGraph 中的 Graph API 和 Functional API 都可以用于创建评估器—优化器工作流，从而为迭代过程提供不同级别的抽象和控制。

图 7-7　评估器—优化器工作流的可视化表示

示例 7-9：基于 Graph API 的评估器—优化器工作流实现

```
from typing_extensions import TypedDict, Literal
from pydantic import BaseModel, Field

from langgraph.graph import StateGraph, START, END


# 结构化输出模式，用于评估、定义反馈结构
class Feedback(BaseModel):
    grade: Literal["funny", "not funny"] = Field(
        description="判断笑话是否有趣。", # 评估等级：有趣或不好笑
    )
    feedback: str = Field(
        description="如果笑话不好笑，那么提供改进它的反馈。", # 如果笑话不
好笑，则提供改进它的反馈
    )

# 用于评估的增强型 LLM，配置为输出 Feedback 模式
evaluator = llm.with_structured_output(Feedback)

# 评估器—优化器工作流的图状态定义
class State(TypedDict):
    joke: str
    topic: str
    feedback: str
    funny_or_not: str

# 图中的节点
def llm_call_generator(state: State):
    """LLM 生成笑话，可能会结合之前评估器的反馈"""
    if state.get("feedback"): # 检查状态中是否存在反馈
        msg = llm.invoke(
            f"写一个关于 {state['topic']} 的笑话，但要考虑反馈：
{state['feedback']}" # 调用 LLM 生成笑话，结合反馈
```

```
        )
    else:
        msg = llm.invoke(f" 写一个关于 {state['topic']} 的笑话 ") # 调用
LLM 生成初始笑话，没有反馈
    return {"joke": msg.content} # 返回生成的笑话，更新状态中的 joke


def llm_call_evaluator(state: State):
    """LLM 使用结构化输出评估生成的笑话 """
    grade = evaluator.invoke(f" 评估笑话 {state[joke]}") # 调用评估器
LLM 来评估笑话
    return {"funny_or_not": grade.grade, "feedback": grade.feedback}
# 返回评估等级和反馈，更新状态中的 funny_or_not 和 feedback


# 条件边函数，用于根据评估结果进行路由，创建反馈循环
def route_joke(state: State):
    """ 根据评估器的反馈，路由回笑话生成器或结束 """
    if state["funny_or_not"] == "funny": # 检查笑话是否被评估为有趣
        return "Accepted" # 如果笑话被接受，则结束
    elif state["funny_or_not"] == "not funny": # 检查笑话是否被评估为不好笑
        return "Rejected + Feedback" # 如果笑话被拒绝，则路由回生成器，结合
反馈进行改进


# 使用 StateGraph 构建评估器—优化器工作流
optimizer_builder = StateGraph(State)


# 将节点添加到图中
optimizer_builder.add_node("llm_call_generator", llm_call_generator)
optimizer_builder.add_node("llm_call_evaluator", llm_call_evaluator)


# 定义边以连接节点并建立反馈循环
optimizer_builder.add_edge(START, "llm_call_generator") # 将开始节点
连接到生成器节点
optimizer_builder.add_edge("llm_call_generator", "llm_call_
evaluator") # 将生成器节点连接到评估器节点
optimizer_builder.add_conditional_edges(
    "llm_call_evaluator",
    route_joke,
    { # 由 route_joke 返回的名称：要访问的下一个节点的名称
        "Accepted": END, # 如果笑话被接受，则结束
        "Rejected + Feedback": "llm_call_generator", # 如果笑话被拒绝，
```

```
则路由回生成器，创建反馈循环
    },
)

# 编译评估器—优化器工作流图
optimizer_workflow = optimizer_builder.compile()

# 使用示例主题调用评估器—优化器工作流
state = optimizer_workflow.invoke({"topic": "Cats"})
print(state["joke"])
```

示例 7-10：基于 Functional API 的评估器—优化器工作流实现

```
from typing_extensions import Literal
from pydantic import BaseModel, Field
from langgraph.func import entrypoint, task


# 结构化输出模式，用于评估，定义反馈结构
class Feedback(BaseModel):
    grade: Literal["funny", "not funny"] = Field(
        description="判断笑话是否有趣。", # 评估等级：有趣或不好笑
    )
    feedback: str = Field(
        description="如果笑话不好笑，那么请提供改进它的反馈。", # 如果笑话
不好笑，则提供改进它的反馈
    )

# 用于评估的增强型 LLM，使用结构化输出
evaluator = llm.with_structured_output(Feedback)

# 工作流中的节点，定义为任务
@task
def llm_call_generator(topic: str, feedback: Feedback):
    """LLM 生成笑话，可能会结合反馈"""
    if feedback: # 检查是否提供了反馈
        msg = llm.invoke(
            f"写一个关于 {topic} 的笑话，但要考虑反馈：{feedback}" # 调
用 LLM 生成笑话，结合反馈
        )
    else:
```

```
        msg = llm.invoke(f" 写一个关于 {topic} 的笑话 ") # 调用 LLM 生成
初始笑话，没有反馈
    return msg.content # 返回生成的笑话


@task
def llm_call_evaluator(joke: str):
    """LLM 使用结构化输出评估生成的笑话 """
    feedback = evaluator.invoke(f" 评估笑话 {joke}") # 调用评估器 LLM
来评估笑话
    return feedback # 返回评估器的反馈


# 入口点装饰函数定义评估器—优化器工作流
@entrypoint()
def optimizer_workflow(topic: str):
    feedback = None # 将反馈初始化为 None，用于第一次迭代
    while True: # 迭代反馈循环的开始
        joke = llm_call_generator(topic, feedback).result() # 执行生
成器任务以创建笑话
        feedback = llm_call_evaluator(joke).result() # 执行评估器任务
以评估笑话并获取反馈
        if feedback.grade == "funny": # 检查笑话是否被评估为有趣
            break # 如果笑话有趣，则退出循环

    return joke # 返回最终优化的笑话


# 调用评估器—优化器工作流并流式传输每个步骤的更新
for step in optimizer_workflow.stream("Cats", stream_
mode="updates"):
    print(step)
    print("\n")
```

在本节中，我们借鉴了 Anthropic 在智能体系统模式分类方面的基础工作，探讨了五种基本的在智能体系统中可用的工作流模式：提示链、路由、并行化、协调器—工作者和评估器—优化器。这些工作流都建立在增强型 LLM 的概念之上，为构建和管理 AI 智能体系统的复杂性提供了独特的方法，尤其是在 LangGraph 框架内。提示链提供了一种线性的、循序渐进的任务分解方法，非常适合通过顺序处理可以提高准确性的场景。路由引入了智能输入分类，从而能够专门处理各种请求并优化资源分配。并行化利用并发的增强型 LLM 处理来提高速度和增强可靠性，适用于可以分解为独

立子任务或受益于多重视角的任务。协调器—工作者提供了动态任务分解和委派功能，这对于运行复杂、不可预测的任务至关重要。评估器—优化器实施了迭代改进循环，从而可以通过反馈和修订来实现高质量、细致入微的输出。这些常用的智能体系统的工作流模式的特征比较如表 7-1 所示。

表 7-1 常用工作流模式的比较

工作流模式	用例	优势	复杂性	LangGraph 突出显示的功能
提示链	顺序执行任务，提高准确性	提高准确性、过程受控、循序渐进	低	Graph / Functional API、条件边
路由	多样化输入，专门处理	优化提示、关注点分离、提高效率	中	Graph / Functional API、条件边、路由器节点
并行化	独立子任务，提高速度，多重视角	提高速度、置信度更高、多方面处理能力	中	Graph / Functional API、并行节点、聚合器节点
协调器—工作者	复杂、不可预测的任务	动态任务分解、灵活、自适应	高	Graph / Functional API、Send API、动态工作者
评估器—优化器	迭代改进、高质量输出	提高输出质量、输出结果细致入微、迭代改进	中	Graph / Functional API、反馈循环、状态管理

　　这些工作流模式并非互斥的，而是可以组合使用它们或对它们进行定制，以满足广泛的 AI 应用程序需求。对工作流模式或其组合的选择，在很大程度上取决于特定的任务要求、所需的控制级别，以及复杂性、延迟和性能之间的权衡。LangGraph 凭借其 Graph API 和 Functional API，为实现这些工作流提供了一个通用的平台，并且提供了持久化、流式传输和调试等对于构建健壮且可维护的智能体系统至关重要的功能。理解增强型 LLM 并有效利用这些智能体系统的工作流是开发者构建复杂 AI 应用程序的关键，这些应用程序不仅功能强大，而且结构良好、可预测且更易于管理。

7.2　多智能体架构

随着构建 AI 智能体技术的不断进步，我们所要解决的任务的复杂性通常超越了单一的、单片式的智能体设计。在面对多方面的难题时，即使是具有广泛工具访问权限的增强型 LLM 形式的单一智能体也会变得笨重，这可能会导致糟糕的决策、不堪重负的上下文窗口，以及难以扩展功能或使功能专门化。多智能体系统的概念因此变得非常有价值。我们不再依赖单一智能体来处理所有的事情，而是将 AI 应用程序分解为一组更小的、更专注的智能体，每个智能体都具有特定的职责和专业知识，并且，这些智能体进行交互和协作，以实现系统的总体目标。这种模块化方式不仅反映了人类团队合作的重要性，而且在 AI 开发中也具有显著的优势。

多智能体系统的核心在于支持构建复杂的业务逻辑。它们通过采用模块化、专业化和受控通信方式，为构建更复杂和可管理的 AI 应用程序提供了途径。模块化是一个关键优势，因为将复杂的智能体分解为更小的、独立的智能体，简化了开发、测试和维护流程。让每个智能体都可以进行独立的开发和改进，可减轻整个系统的认知负担，并使调试变得更加容易。针对特定领域或任务量身定制专家智能体，如研究智能体、数学智能体、计划智能体等，而不是让通才智能体在各领域苦苦挣扎。这种专业化提高了每个智能体在特定领域的性能和准确性，有助于构建更强大的整体系统。最后，多智能体架构提供了对智能体交互的控制。与仅仅依靠 LLM 函数调用进行智能体间通信不同，多智能体系统允许开发者显式定义和管理智能体如何通信、交换信息以及协调其行动。这种显式控制对于构建可预测、可靠和可审计的 AI 系统至关重要。

LangGraph 为构建和编排多智能体系统提供了强大的框架，其基于图的架构本身就非常适合表示和管理多个智能体之间的交互（如图 7-8 所示）。LangGraph 提供了各种连接智能体的模式，每种模式都有其自身的优势和用例。在本节中，我们将探索 LangGraph 中几种关键的多智能体架构，特别关注主管（Supervisor）架构和分层（Hierarchical）架构，并简要介绍网络（Network）架构，展示 LangGraph Supervisor 和 Swarm 类库是如何简化多智能体系统实现的。

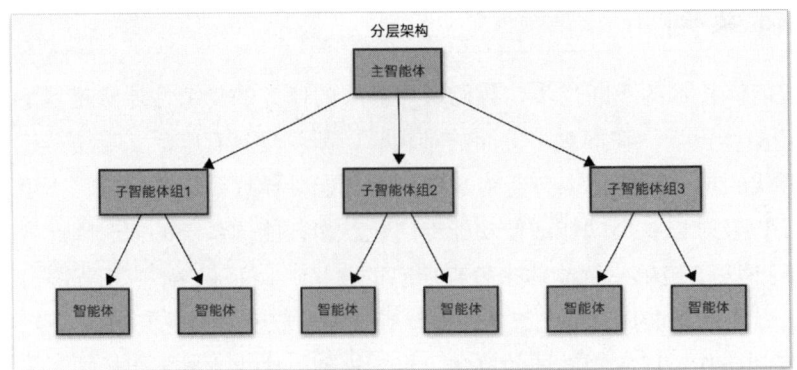
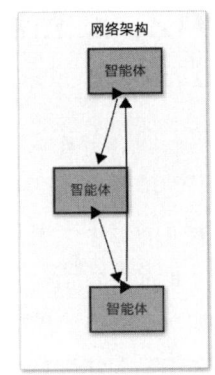
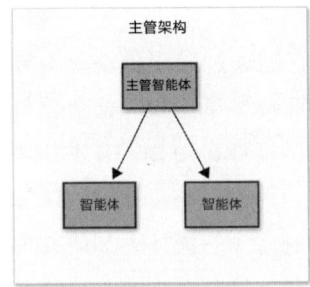
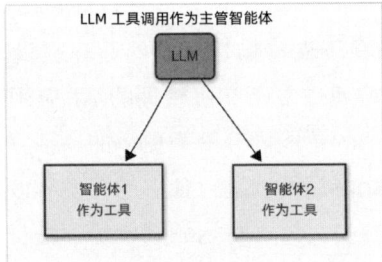
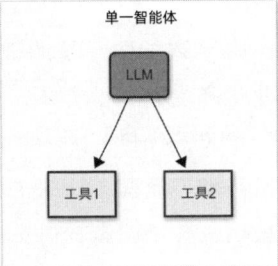

图 7-8　多智能体系统架构的可视化表示

7.2.1　主管架构

主管架构是多智能体系统的核心模式，当需要明确的编排点来管理和指导任务流时，它尤其有效。在这种架构中，指定的主管智能体充当中央协调员的角色，监督和指导多个专业智能体的活动。想象一下，人类团队中的项目经理（主管智能体）的作用与之类似，接收请求，将任务委派给最合适的专业智能体，然后综合管理响应。专业智能体与外部世界（包括用户）之间的通信大多通过主管智能体进行路由。这种集中控制使主管架构可预测、可管理，并且非常适合需要结构化协调的任务。

要重点理解主管架构与 7.1 节中讨论的协调器—工作者工作流之间的关系，虽然它们有一些相似之处，但它们在不同的抽象级别上运行，并服务于不同的目的。

乍一看，主管架构可能与协调器—工作者工作流相似。这两种模式都涉及一个中央协调实体（架构中的主管智能体，工作流中的协调器），该实体指导并将工作委派给其他组件（专业智能体与工作者）。二者也都适用于从分解和专业知识中受益的复杂任务。在这两种模式中，中央协调实体都负责制定关于任务分配的决策，以及综合管理结果。甚至可以说，主管智能体是一种协调器——协调其智能体团队的活动。

尽管存在这些相似之处，但主管架构与协调器—工作者工作流在范围和目的上有本质区别。

◎ 架构模式与工作流模式：主管架构是一种用于组织多个智能体并定义其交互的高级系统架构，它指示如何在多智能体系统中构建智能体，以及实现智能体间的通信。相比之下，协调器—工作者工作流是一种较低级别的任务执行模式，它描述了如何对单个复杂任务进行分解和处理。它是一种可以在各种架构中使用的工作流，包括在作为主管架构一部分的智能体中使用。

◎ 关注智能体管理与关注任务执行：主管架构的主要关注点是管理和协调多个自主智能体，其中主管智能体决定在给定上下文和问题的情况下调用哪个智能体。协调器—工作者工作流的主要关注点是通过将单个复杂任务分解为多个子任务并将其分发给工作者来高效执行这个复杂任务，其中协调器负责计划和管理特定任务。

◎ 组件性质：在主管架构中，核心组件是智能体——自主实体，具有决策能力和专门角色。在协调器—工作者工作流中，组件一般是 LLM 调用或函数——工作者通常更简单，是更具针对性的任务单元，旨在执行预定义的子任务。

◎ 应用范围：主管架构描述了多智能体系统的整体组织架构，可能涵盖许多不同类型的任务，以及在较长时间内发生的交互。协调器—工作者工作流通常被应用于更广泛系统中的特定复杂任务。例如，主管架构中的单个专业智能体可能在内部利用协调器—工作者工作流来完成主管智能体分配给它的特别复杂的子任务。

换一个角度，我们可以想象一家大型公司，主管架构就像公司的组织结构，首席执行官（主管智能体）管理不同的部门（专业智能体），例如营销部、销售部和工程部，他决定让哪个部门参与项目。协调器—工作者工作流就像工程部内部使用的项目管理方法，工程经理（协调器）使用此方法将大型软件项目（任务）分解为较小的编码任务，并将它们分配给各个开发者（工作者）。协调器—工作者工作流是工程部（或任何部门）用于完成工作的工具，而主管架构是整个公司的组织和管理方式。

本质上，主管架构为多智能体系统提供了组织框架，而协调器—工作者工作流是智能体在该架构内可以使用的任务执行策略。

在 LangGraph 中，主管架构通过在图中指定特定节点作为专业智能体，并引入中央主管节点得到了有效实现。这个主管节点通常由 LLM 驱动，负责根据图的当前状态和手头的任务，决定接下来激活哪个智能体节点。主管节点有效地充当动态路由器，将执行流程导向最合适的专业智能体，从而隐式地选择和启动该智能体所体现的工作流。控制此流程的关键机制是 LangGraph 中 Command 对象的使用。当主管智能体做出决策时，它会返回一个 Command 对象，该 Command 对象指定要调用的下一个智能体节点。这个 Command 对象不仅决定了控制流程，还可以携带状态更新，允许在主管智能体和专业智能体之间传递信息，确保跨工作流阶段保持上下文。主管架构的工作流时序图如图 7-9 所示。

LangChain 团队新推出的 LangGraph Supervisor 类库提供了一种简化的方式来创建基于主管架构的多智能体系统。它简化了定义专业智能体的过程——每个专业智能体都可以潜在地体现特定的智能体工作流，以及设置主管智能体来管理它们的过程。该类库在主管智能体如何做出路由决策，以及如何在整个对话历史记录中管理智能体输出方面提供了灵活性。下面以一个使用 LangGraph Supervisor 类库的实际例子来说明核心概念。在此示例中，我们创建了一个主管智能体来管理两个专业智能体：math_expert（数学智能体）和 research_expert（研究智能体）。

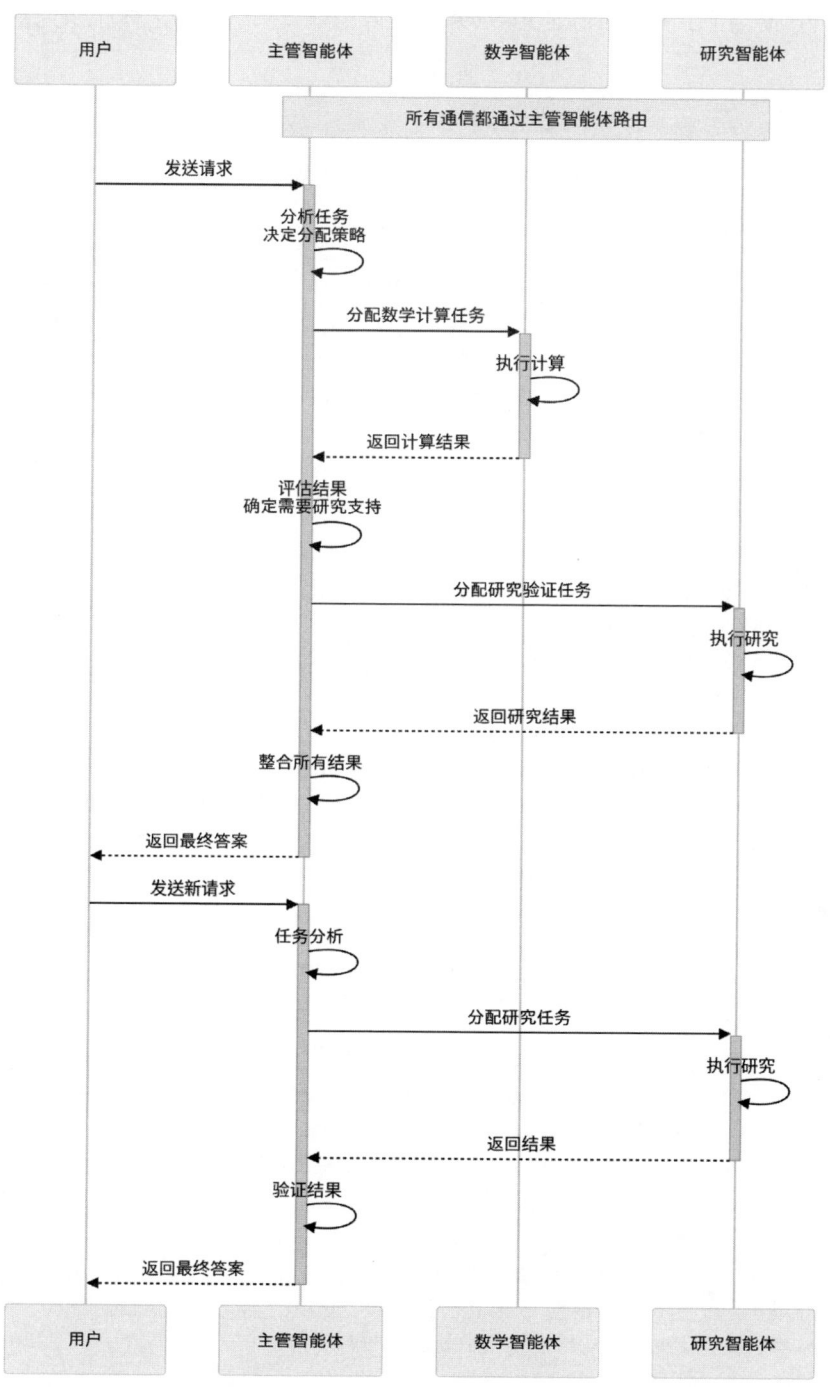

图 7-9 主管架构的工作流时序图

示例 7-11：使用 LangGraph Supervisor 类库搭建具有数学智能体和研究智能体的主管架构

```
pip install langgraph-supervisor
```

```python
from langchain_openai import ChatOpenAI
from langgraph_supervisor import create_supervisor
from langgraph.prebuilt import create_react_agent

# 这里推荐使用 SiliconCloud 平台上参赛量较大且支持工具调用的付费模型，如
Qwen/Qwen2.5-72B-Instruct
model = ChatOpenAI(model="Qwen/Qwen2.5-72B-Instruct")

# （1）为专业智能体定义工具
# 定义表示每个专业智能体工具的函数
# add 和 multiply 用于数学智能体，web_search 用于研究智能体
def add(a: float, b: float) -> float:
    """ 两个数字相加 """
    return a + b

def multiply(a: float, b: float) -> float:
    """ 两个数字相乘 """
    return a * b

def web_search(query: str) -> str:
    """ 在网络上搜索信息 """
    return (
        " 以下是 FAANG 公司 2024 年的员工人数: \n"
        "1. **Facebook (Meta)**: 67,317 名员工。\n"
        "2. **Apple**: 164,000 名员工。\n"
        "3. **Amazon**: 1,551,000 名员工。\n"
        "4. **Netflix**: 14,000 一名员工。\n"
        "5. **Google (Alphabet)**: 181,269 名员工。"
    )

# （2）使用 create_react_agent 创建专业智能体
# 使用 LangGraph 的工具函数 create_react_agent 创建每个专业智能体
# 为每个专业智能体配置特定的模型、工具、名称和提示
math_agent = create_react_agent(
    model=model,
```

```
    tools=[add, multiply], # 数学智能体的工具是 add 和 multiply
    name="math_expert", # 标识数学智能体的名称
    prompt=" 你是一位数学专家，始终使用一个工具。" # 指导数学智能体行为的提示
)

research_agent = create_react_agent(
    model=model,
    tools=[web_search], # 研究智能体的工具是 web_search
    name="research_expert", # 标识研究智能体的名称
    prompt=" 你是一位世界一流的研究专家，可以进行网络搜索，不要做任何数学运算。"
# 指导研究智能体行为的提示
)

# (3) 使用 create_supervisor 创建主管工作流
# 使用 LangGraph Supervisor 的 create_supervisor 创建主管工作流
# 传递专业智能体列表、主管智能体的模型以及主管智能体的提示
workflow = create_supervisor(
    [research_agent, math_agent], # 由主管智能体管理的专业智能体列表
    model=model, # 主管智能体的模型
    prompt=" 你是一位团队主管，管理一位研究专家和一位数学专家。研究专家能够利
用网络搜索工具进行查询。", # 指导主管智能体行为的提示
)

# (4) 编译并运行工作流
# 将工作流编译为 LangGraph 应用程序，并使用用户消息调用它
app = workflow.compile() # 将工作流编译为可执行的 LangGraph 应用程序
result = app.invoke({ # 使用用户消息调用已编译的应用程序
    "messages": [
        {
            "role": "user",
            "content": "2024 年 FAANG 公司的总员工人数是多少？" # 用户查询
        }
    ]
})
print(result["messages"][-1].content)
```

根据研究专家提供的信息，2024 年 FAANG 公司的员工人数如下：

1. **Facebook (Meta)**: 67,317 名员工。
2. **Apple**: 164,000 名员工。

```
3. **Amazon**: 1,551,000 名员工。
4. **Netflix**: 14,000 名员工。
5. **Google (Alphabet)**: 181,269 名员工。

将这些数字相加，FAANG 公司 2024 年的总员工人数为

67,317 + 164,000 + 1,551,000 + 14,000 + 181,269 = 1,977,586 名员工。

如果您需要更多信息或有其他问题，请告诉我。
```

在此示例中，langgraph-supervisor 库中的 create_supervisor 函数封装了构建主管架构的复杂性。它接收预构建的专业智能体列表（research_agent、math_agent）、主管智能体的 LLM 模型，以及指导主管智能体行为的提示。compile() 方法将主管工作流转换为可执行的 LangGraph 应用程序，可以随时通过用户输入进行调用。在调用时，主管智能体会智能地将用户的查询路由到适当的专业智能体（在本示例中，有研究智能体和数学智能体），并编排该过程以得出最终答案。

7.2.2 分层架构

虽然与单智能体系统相比，主管架构在管理复杂性方面有了显著进步，但是在处理大量专业智能体或高度复杂的任务时，即使是主管智能体也可能不堪重负。随着主管智能体下属的智能体数量的增长，主管智能体的决策效率可能会降低，并且它需要管理的上下文可能会变得过于庞大和复杂。为了解决可扩展性问题，我们可以引入多智能体分层架构。

分层架构涉及创建主管智能体的主管。这里不是让单个主管智能体直接管理所有的专业智能体，而是将专业智能体组成团队，每个团队由团队级主管智能体管理，并且，引入"顶层主管"来监督和协调这些团队主管智能体的活动。这样就创建了一个分层结构，类似于人类团队中的组织层次结构。假如有一个"研究团队"主管智能体，管理研究智能体和数学智能体，以及一个"写作团队"主管智能体，管理写作智能体和出版智能体。"顶层主管"将根据用户的请求决定是聘请"研究团队"还是"写作团队"。这种分层方法大大减轻了任何单个主管智能体的认知负荷，因为每个主管智能体都负责管理一个更小、更专注的智能体或主管智能体组。它还增强了层次结构中不同级别的模块化和专业化。

LangGraph Supervisor 类库可以自然扩展以支持分层系统。我们可以为每个团队创建单独的主管工作流，然后将它们组合在"顶层主管"下。这种可组合性是

LangGraph 及其 Supervisor 类库的关键优势，允许我们相对轻松地构建复杂的多层智能体系统。下面我们通过一个例子来说明这一点。在前面例子的基础上，我们创建一个分层系统，其中包含一个"研究团队"主管智能体和一个"写作团队"主管智能体，由"顶层主管"管理。

示例 7-12：具有"研究团队"主管智能体和"写作团队"主管智能体的分层系统

```python
from langchain_openai import ChatOpenAI
from langgraph_supervisor import create_supervisor
from langgraph.prebuilt import create_react_agent

# 这里推荐使用工具调用能力较强的 LLM，如 OpenAI GPT-4o
model = ChatOpenAI(model="Qwen/Qwen2.5-7B-Instruct")

# （1）定义研究团队智能体及其主管智能体
# 定义研究团队（math_expert 和 research_expert）的工具和智能体
def add(a: float, b: float) -> float:
    """ 两个数字相加 """
    return a + b

def multiply(a: float, b: float) -> float:
    """ 两个数字相乘 """
    return a * multiply

def web_search(query: str) -> str:
    """ 在网络上搜索信息 """
    return (
        " 以下是 FAANG 公司 2024 年的员工人数：\n"
        "1. **Facebook (Meta)**: 67,317 名员工。\n"
        "2. **Apple**: 164,000 名员工。\n"
        "3. **Amazon**: 1,551,000 名员工。\n"
        "4. **Netflix**: 14,000 名员工。\n"
        "5. **Google (Alphabet)**: 181,269 名员工。"
    )

math_agent = create_react_agent(
    model=model,
    tools=[add, multiply],
    name="math_expert",
    prompt=" 你是一位数学专家。"
```

```
)

research_agent = create_react_agent(
    model=model,
    tools=[web_search],
    name="research_expert",
    prompt=" 你是一位世界一流的研究专家，可以进行网络搜索。不要做任何数学运算。"
)

research_team_supervisor = create_supervisor(
    [research_agent, math_agent], # 研究团队内的智能体
    model=model,
    prompt=" 你正在管理一个研究团队，该团队由研究专家和数学专家组成。研究专家
能够利用网络搜索工具进行查询。", # 指导研究团队主管智能体行为的提示
)
research_team = research_team_supervisor.compile(name="research_team")
# 编译研究团队工作流并命名

# （2）定义写作团队智能体及其主管智能体
# 定义写作团队（writing_expert 和 publishing_expert）的工具和智能体
def write_report(topic: str) -> str:
    """ 撰写关于给定主题的报告 """
    return f" 关于 {topic} 的报告：（报告的详细内容）"

def publish_report(report: str) -> str:
    """ 发布报告 """
    return f" 报告已发布：{report}"

writing_agent = create_react_agent(
    model=model,
    tools=[write_report],
    name="writing_expert",
    prompt=" 你是一位写作专家。"
)

publishing_agent = create_react_agent(
    model=model,
    tools=[publish_report],
    name="publishing_expert",
    prompt=" 你是一位出版专家。"
```

```
)

writing_team_supervisor = create_supervisor(
    [writing_agent, publishing_agent], # 写作团队内的智能体
    model=model,
    prompt=" 你正在管理一个写作团队，该团队由写作专家和出版专家组成。", # 指导
写作团队主管智能体行为的提示
)
writing_team = writing_team_supervisor.compile(name="writing_team")
# 编译写作团队工作流并命名

# （3）定义顶层主管
# 定义顶层主管以管理研究团队和写作团队
top_level_supervisor_agent = create_supervisor(
    [research_team, writing_team], # 传递已编译的研究团队和写作团队工作流
作为智能体
    model=model,
    prompt=" 你是一位顶层主管，管理研究团队和写作团队。", # 指导顶层主管行为
的提示
)
top_level_supervisor = top_level_supervisor_agent.compile(name="top_
level_supervisor") # 编译顶层主管工作流并命名

# （4）调用顶层主管
# 使用用户查询调用顶层主管
result = top_level_supervisor.invoke({
    "messages": [
        {
            "role": "user",
            "content": "2024 年 FAANG 公司的总员工人数是多少？" # 用户查询
        }
    ]
})
print(result["messages"][-1].content)
```

在这个示例中，我们首先定义和编译了两个团队工作流：research_team 和
writing_team，每个工作流都有自己的主管智能体和专业智能体。然后，创建了一
个 top_level_supervisor 来管理这些已编译的团队工作流作为其智能体。关键是将已
编译的工作流（research_team、writing_team）作为智能体传递给在定义 top_level_

supervisor_agent 时使用的 create_supervisor 函数。通过主管智能体和智能体团队的这种嵌套创建了所需的分层结构。当在 top_level_supervisor 上调用用户查询时，它首先决定哪个团队最相关（在本示例中为 research_team），然后将任务委派给相应的团队主管智能体，而团队主管智能体又管理其专业智能体来响应请求。这种分层方法显著提高了复杂多智能体系统的可扩展性和可管理性。

7.2.3　网络架构

虽然主管架构和分层架构提供了结构化的控制，但网络架构为多智能体系统提供了一种更分散、更灵活的方法。在这种模型中，每个智能体都可以直接与其他网络中的任何智能体进行通信（多对多连接），而不需要中央主管调解所有的交互。一个智能体根据其当前状态、整体系统目标，以及可能已交换的消息自主决定接下来调用哪个智能体。

网络架构在以下情况下尤其有利。

◎ 任务本质上是协作式的，需要涌现行为。当无法预测智能体交互的最佳顺序时，网络允许进行更动态和自适应的协作。

◎ 需要去中心化决策。将控制权分散到智能体之间可以带来具备更强大容错能力的系统，因为一个智能体的故障不一定会使整个系统瘫痪。

◎ 专业智能体需要灵活交互。如果不同的智能体拥有在任务的各点可能相关的独特专业知识，则网络允许的信息交换会更流畅。

然而，网络架构也引入了需要开发者必须仔细管理的复杂性，并且需要仔细设计以确保多个智能体在协同工作时目标的明确性和行为的连贯性。Swarm 架构是网络架构的一个特别有趣且实用的子类型。正如在 LangChain 团队所构建的 LangGraph Swam 类库中实现的那样，它是一种特定类型的网络架构，其中智能体根据其专业化动态地相互移交控制权。在 Swarm 架构中，智能体被设计为特定领域或任务的专家，并且系统动态地将对话路由到最适合处理当前上下文的智能体。Swarm 的一个关键特征是它能够"记住"上次激活的智能体。这可以确保在同一个对话线程的后续交互中，系统能够智能地从该智能体处恢复，从而保持上下文和连续性。Swarm 架构的工作流时序图如图 7-10 所示。

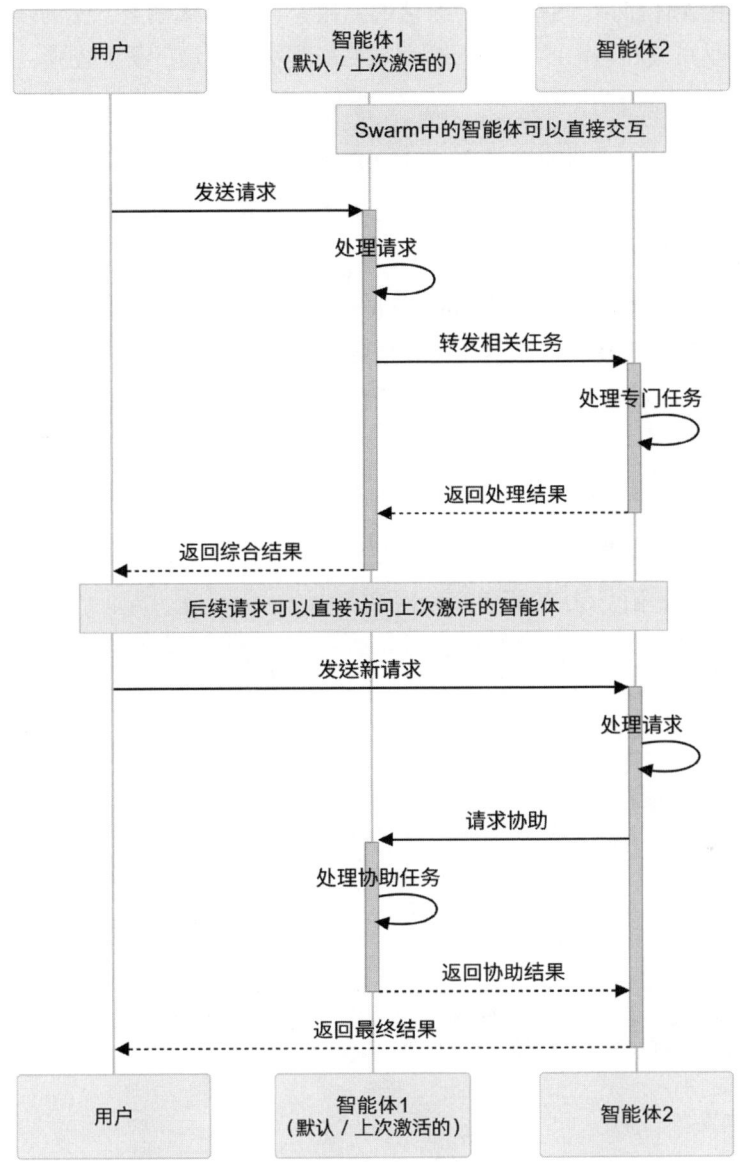

图 7-10 Swarm 架构的工作流时序图

Swarm 架构（langgraph-swarm 类库）具有以下关键特征。

◎ 具有移交功能的多智能体协作。Swarm 擅长实现专业智能体之间的协作。它
为智能体配备了"移交工具"，允许它们显式地将控制权和上下文转移到被
认为更适合执行当前任务的其他智能体中。

◎ 动态智能体路由。Swarm 内对话的路由是动态且依赖上下文的。智能体根据其专业知识和当前的对话状态做出关于移交的决策，从而创建一个灵活且自适应的系统。

◎ 通过记忆保持对话的连续性。Swarm 维护对话历史记录并"记住"给定线程中上次激活的智能体。这种记忆对于在多次交互中提供连贯且连续的用户体验至关重要。

◎ 可定制的移交机制。诸如 langgraph-swarm 之类的类库提供了用于创建和定制移交机制的工具。这允许开发者根据其特定的应用程序需求定制移交过程，包括定义移交触发器、指定在智能体之间传递的信息，以及创建自定义移交工具。

下面通过一个使用 langgraph-swarm 类库的例子来说明 Swarm 架构。该示例具有两个专业智能体：Alice（数学专家）和 Bob（海盗式说话的智能体）。

示例 7-13：Alice 和 Bob 的简单交互网络

```
pip install langgraph-swarm
```

```python
from langchain_openai import ChatOpenAI

from langgraph.checkpoint.memory import InMemorySaver
from langgraph.prebuilt import create_react_agent
from langgraph_swarm import create_handoff_tool, create_swarm

# 这里推荐使用 SiliconCloud 平台上参赛量较大且支持工具调用的付费模型，如
Qwen/Qwen2.5-32B-Instruct
model = ChatOpenAI(model="Qwen/Qwen2.5-7B-Instruct")

def add(a: int, b: int) -> int:
    """ 两个数字相加 """
    return a + b

# （1）创建专业智能体（Alice 和 Bob）
# 使用 create_react_agent 定义两个专业智能体：Alice 和 Bob
# Alice 是一位数学专家，拥有一个 add 工具和一个移交给 Bob 的移交工具
alice = create_react_agent(
    model,
    [add, create_handoff_tool(agent_name="Bob")], # Alice has an add
```

工具和一个移交给 Bob 的移交工具

```
    prompt=" 你是 Alice,一位加法专家,使用这个工具完成所有加法运算。",
    name="Alice",
)

# Bob 说话的语气像一个海盗,并且拥有一个移交给 Alice 以寻求数学帮助的移交工具
bob = create_react_agent(
    model,
    [create_handoff_tool(agent_name="Alice", description=" 请务必将所
有数学问题转移给 Alice,她可以帮助你解决数学问题")], # Bob 拥有一个移交给
Alice 的移交工具
    prompt=" 你是 Bob,你说话的语气像一个海盗。",
    name="Bob",
)

# (2)创建用于对话记忆的内存存档点
# InMemorySaver 用于短期记忆,这对于保持对话的连续性至关重要
checkpointer = InMemorySaver()

# (3)使用 create_swarm 创建 Swarm 工作流
# create_swarm 函数使用 Alice 和 Bob 设置 Swarm 架构
# default_active_agent="Alice" 表示将 Alice 设置为新对话的默认激活的智能体
workflow = create_swarm(
    [alice, bob], # Swarm 中的智能体列表
    default_active_agent="Alice" # 用于启动新对话的默认激活的智能体
)

# (4)使用内存存档点编译工作流
# 编译 Swarm 工作流,传递内存存档点以进行内存管理
app = workflow.compile(checkpointer=checkpointer)

# (5)在多轮对话中调用 Swarm
# 多次调用 Swarm,模拟对话线程
# config={"configurable": {"thread_id": "1"}}确保消息在同一个对话线程中被跟踪
config = {"configurable": {"thread_id": "1"}}
turn_1 = app.invoke( # 第一轮——用户想和 Bob 说话
    {"messages": [{"role": "user", "content": " 我想和 Bob 说话"}]},
    config,
)
print(turn_1["messages"][-1].content) # 第一轮的输出
```

```
turn_2 = app.invoke( # 第二轮——用户提出一个数学问题
    {"messages": [{"role": "user", "content": "5 + 7 等于多少？"}]},
    config,
)
print(turn_2["messages"][-1].content) # 第二轮的输出
```

啊哈，陆地上走的家伙，啥风将汝吹到了这里？有啥事儿是要 Bob 帮忙的？
5 加上 7 等于 12。还有其他问题吗？

在此示例中，langgraph-swarm 中的 create_swarm 函数简化了 Swarm 网络式多智能体系统的创建，它接收智能体列表并设置动态路由和移交机制。InMemorySaver 内存存档点确保对话历史记录和活动智能体跨轮次持久存在，从而实现有状态且连续的多智能体交互。

诸如 langgraph-Swarm 的类库提供了自定义选项，我们可以根据特定需求定制网络式交互行为。关键的自定义选项如下所示。

◎ 自定义移交工具。开发者可以创建自定义移交工具，并且可以修改工具的名称、描述、调用参数，以及在移交期间在智能体之间传递的信息。这允许对智能体通信和上下文传输进行细粒度控制。

◎ 智能体实现。虽然默认假设是通过多个智能体共享的单个 messages 数据结构进行通信，但开发者可以自定义智能体实现来使用不同的状态模式和消息键。这对于创建具有私有消息历史记录或专门状态管理要求的智能体非常有用。但是，这需要仔细管理智能体和 Swarm 之间的状态转换与通信路径。

◎ 内存管理。有效的内存管理对于 Swarm 架构至关重要，尤其是在长时间运行的对话中。选择合适的内存存档点并尽可能集成长期记忆解决方案，对于维护上下文并使智能体能够随着时间的推移来学习和适应至关重要。

在本节中，我们探讨了 LangGraph 中的多智能体架构，重点介绍了主管架构和分层架构，并简要讨论了网络架构。主管架构为编排专业智能体提供了中央控制点，而分层架构通过引入主管智能体的主管（创建团队和团队经理）扩展了这一概念，以管理更广泛的复杂性。网络架构为协作和涌现任务行为提供了更分散、更灵活的替代方案。LangGraph 及其 Supervisor 和 Swarm 类库提供了用于实现基于主管的架构的优秀工具，简化了健壮的、可扩展的和可管理的多智能体系统的创建。通过利用这些模式和工具，开发者可以构建复杂的 AI 应用程序，这些应用程序通过智能体协作有效地完成复杂任务。主管架构、分层架构和网络架构的比较如表 7-2 所示。

表 7-2 主管架构、分层架构和网络架构的比较

多智能体架构	结构	复杂性管理	可扩展性	灵活性	用例
主管架构	中央主管智能体、专业智能体	集中控制，可管理中等复杂性	中	低	需要明确协调、明确定义的专业化任务
分层架构	顶层主管智能体、团队主动智能体、智能体	分层控制，降低每个主动智能体的负载，高度模块化	高	中	复杂任务，有大量智能体，需要组织结构
网络架构	分散式智能体、多对多通信	分布式控制，涌现行为，更难管理	高	高	协作任务，动态环境、不可预测的工作流

7.3 情境感知智能体架构

传统的 AI 应用程序，尤其是那些使用了 LLM 的应用程序，主要提供基于聊天的用户体验。虽然聊天模式对用户友好且易于实施，但它本质上将发起和管理交互的责任完全放在人类用户身上。我们作为人类用户，必须积极参与到对话式的互动中，明确地提示 AI 智能体开始工作，并指导它完成任务的每个步骤。这种交互式模型虽然适用于许多场景，但引入了显著的交互开销，限制了我们利用 AI 大规模提升自身生产力的潜力，并且约束了 LLM，使其无法被充分利用。

一种变革性的替代方案是情境感知智能体（Ambient Agent）架构。这种架构设想 AI 智能体在后台主动且持续地运行，勤勉地监控相关信息流并自主地对重要事件做出反应。与保持休眠状态直到被明确提示的基于聊天的智能体形成鲜明对比的是，情境感知智能体旨在"监听"情境信号——连续的数据流，例如电子邮件收件箱、日历订阅源、新闻行情、应用程序日志或传感器数据等。在检测到预定义的触发器或识别出这些信号中的模式后，情境感知智能体基于嵌入式规则、学习行为或实时分析自主地启动操作。特别重要的是，精心设计的情境感知智能体架构会优先考虑用户注意力，仅在绝对必要时才需要人工输入。这种情况发生在智能体识别出需要人类判断的高价值机会、遇到需要人类指导的决策瓶颈或寻求反馈以改进其正在进行的操作之时。

　　情境感知智能体架构代表了人机交互范式的根本转变。它摆脱了通过聊天窗口进行的直接、持续的互动，转向更具共生的关系，在这种关系中，AI 在后台无缝地增强人类能力。这种架构转变对于释放 AI 助手的真正潜力至关重要，将它们从被动式工具转变为主动式、智能的合作伙伴，以更自然、侵入性更小，以及可扩展性更强的方式增强我们的生产力和决策能力。

7.3.1　架构模式

　　有效的情境感知智能体的设计和实施依赖几种关键的架构模式，这些模式使其能够实现主动和后台操作。

◎ 事件驱动架构：从根本上说，情境感知智能体是事件驱动的系统，其架构以持续监控事件流为中心。这些事件充当智能体活动的主要触发器，取代了明确的用户命令。这需要强大的机制来订阅、过滤和处理来自不同数据源的相关事件。

◎ 异步处理与持久化：由于其后台性质和潜在的长时间运行的任务，情境感知智能体严重依赖异步处理。其架构必须支持非阻塞操作，使智能体能够并发处理多个事件并管理长时间运行的工作流，而不会占用资源或中断用户工作流。特别重要的是强大的持久化层，它允许智能体在每个步骤存档点检查其状态，使其能够暂停执行、等待外部输入（尤其是人工反馈），并从中断的确切位置无缝恢复操作。

◎ 智能触发与过滤：为了避免持续的通知淹没用户，情境感知智能体架构必须结合复杂的触发和过滤机制。并非每个事件都需要用户立即采取行动或引起注意。该架构应支持定义智能触发器，以根据预定义的规则、学习模式或智能体本身进行实时分析来识别真正重要的事件。这确保了仅在高价值场景中进行人工交互。

◎ 模块化和专业化的智能体设计：为了管理复杂性并实现专业化，情境感知智能体架构通常采用模块化设计，将功能分解为专业的智能体组件。这种模块化具有允许集中开发、更轻松地维护，以及在整个系统中组合和协调不同智能体能力的能力。在构建和部署复杂的情境感知智能体时，7.2 节中讨论的多智能体架构如主管架构和分层架构变得尤为重要。

　　可信赖且有效的情境感知智能体架构的基石是"人机环路"模式的战略集成。当真正需要人工输入时，该架构必须促进与用户的无缝沟通且上下文丰富。这需要具有完善的界面，用于向用户呈现信息、征求特定反馈，以及使用户能够轻松提供指导、执行更正或批准。这种模式不仅可以寻求人工干预，而且需要架构智能体，以便在关键时刻有效地利用人类智能。

在情境感知智能体架构中，特定的"人机环路"模式控制着智能体与用户交互的方式和时间。这些模式不仅仅是交互风格，更是定义智能体参与模型的集成架构组件。

◎ 通知模式：在架构上，通知模式涉及从智能体到用户的单向通信通道。智能体在检测到重要事件后，会生成通知消息并将其推送到用户界面（例如，LangChain 团队开发的 Agent Inbox —— 第 10 章将详细介绍此应用）。该架构模式专注于高效传递信息丰富的通知，确保及时提醒用户，而不需要用户立即采取行动。

◎ 询问模式：询问模式引入了请求—响应交互。当智能体遇到需要人工输入的决策点时，其架构会触发"中断"，暂停工作流的执行并为用户生成结构化问题。该架构模式必须管理暂停的工作流状态，向用户清晰地呈现问题（通常通过专用用户界面），然后处理用户的响应以恢复工作流的执行。

◎ 审查模式：审查模式为高风险操作提供关键的控制机制。在架构上，它在智能体的工作流中插入强制性的人工审查阶段。在执行可能产生重大后果的操作之前，智能体会生成审查请求，向用户呈现建议的操作（及其基本原理）。该架构模式必须提供清晰的界面，供用户检查、编辑、批准或拒绝建议的操作。此外，用户决策决定了智能体执行的后续流程。

这些"人机环路"模式不仅仅是附加组件，更是基本的架构组件，塑造了智能体的行为，建立了用户信任，并实现了主动式 AI 系统的实际部署。

7.3.2 人机环路交互设计

为了在 LangGraph 中有效地实现人机环路交互，尤其是在与 Agent Inbox 等用户界面集成时，设计人机环路的交互对象结构体（例如，HumanInterrupt 和 HumanResponse）至关重要。下面示例中的 Python 代码使用 TypedDict 定义了 HumanInterrupt 和 HumanResponse 结构体。

示例 7-14：LangGraph 中可用的人机环路的交互对象结构体

```python
from typing import TypedDict, Literal, Optional, Union

# HumanInterruptConfig: 定义人工中断操作的配置选项
```

```
class HumanInterruptConfig(TypedDict):
    allow_ignore: bool   # 布尔值，是否允许用户忽略中断
    allow_respond: bool  # 布尔值，是否允许用户发送自由格式的响应
    allow_edit: bool     # 布尔值，是否允许用户编辑操作参数
    allow_accept: bool   # 布尔值，是否允许用户按原样接受操作


# ActionRequest: 定义向人类请求的操作
class ActionRequest(TypedDict):
    action: str      # 字符串，操作的描述性名称或标题
    args: dict       # 字典，与操作关联的参数（例如，工具调用参数）


# HumanInterrupt: 表示人工中断请求的主要模式
class HumanInterrupt(TypedDict):
    action_request: ActionRequest       # 有关请求操作的详细信息
    config: HumanInterruptConfig         # 人工响应的配置选项
    description: Optional[str]  # 可选字符串，中断的详细描述，可以是
Markdown 格式


# HumanResponse: 从 Agent Inbox 用户界面接收的人工响应模式
class HumanResponse(TypedDict):
    type: Literal['accept', 'ignore', 'response', 'edit'] # 来自用户
的响应类型（accept、ignore、response、edit）
    args: Union[None, str, ActionRequest]   # 与响应关联的参数，根据type
而变化。其中，accept 和 edit 包含可能已修改的参数；response 包含用户文本响应的
字符串；ignore 表示 None
```

下面的 Python 代码演示了如何在 LangGraph 的工作流中使用 HumanInterrupt 结构体。此示例模拟了一个场景，其中智能体在图函数中需要人工输入来决定是否使用特定的参数调用工具。

示例 7-15：在 LangGraph 的图函数中使用 HumanInterrupt

```
from typing import TypedDict, Literal, Optional, Union
from langgraph.types import StateGraph, START, END, MessageState,
interrupt
from langchain_core.messages import ToolMessage, HumanMessage,
AIMessage


# 假设 llm 和 tools_by_name 已被定义（如前面的例子所示）
```

```python
# 定义图状态
class AgentState(MessageState):
    pass # 继承消息状态，用于对话历史记录

# 定义可能触发人工中断的图函数
def agent_node(state: AgentState):
    """ 智能体节点，决定是否调用工具或请求人工输入 """
    messages = state["messages"]
    last_message = messages[-1]

    # 假设智能体决定调用工具并具有工具调用详细信息
    tool_call_name = "hypothetical_tool"
    tool_call_args = {"input_arg": "example_value"}

    # 构建 HumanInterrupt 对象
    request: HumanInterrupt = {
        "action_request": {
            "action": tool_call_name, # 操作名称是工具名称
            "args": tool_call_args  # 操作参数是工具参数
        },
        "config": {
            "allow_ignore": true,  # 允许用户忽略工具调用
            "allow_respond": true, # 允许用户提供自由格式的响应
            "allow_edit": true,    # 允许用户编辑工具参数
            "allow_accept": true   # 允许用户按原样接受工具调用
        },
        "description": f" 智能体建议使用参数 `{tool_call_args}` 调用工具:
`{tool_call_name}`。你批准吗? ", # Agent Inbox 用户界面的描述
    }

    # 调用 interrupt 函数，在列表中传递 HumanInterrupt 请求
    response_list = interrupt([request])
    response = response_list[0] if response_list else None # 从列表中
提取第一个响应

    if response:
        if response['type'] == "accept":
            # 用户接受了工具调用，继续执行工具调用
            tool_result = tools_by_name[tool_call_name].
```

```
invoke(response['args']) # 使用 ( 可能已修改的 ) 参数执行工具
            output_message = ToolMessage(content=str(tool_result),
tool_call_id=last_message.tool_calls[0].id) # 使用结果创建 ToolMessage
        elif response['type'] == "edit":
            # 用户编辑了工具调用参数，使用编辑后的参数执行工具
            edited_args = response['args']['args'] # 从 ActionRequest
中提取编辑后的参数
            tool_result = tools_by_name[tool_call_name].
invoke(edited_args) # 使用编辑后的参数执行工具
            output_message = ToolMessage(content=str(tool_result),
tool_call_id=last_message.tool_calls[0].id) # 使用结果创建 ToolMessage
        elif response['type'] == "response":
            # 用户提供了文本响应，据此处理
            user_response_text = response['args'] # 提取用户的文本响应
            output_message = AIMessage(content=f" 用户响应：{user_
response_text}。根据响应继续进行操作。") # 创建 AIMessage 以确认响应
            # 添加逻辑以处理 user_response_text 并确定工作流中的后续步骤
        elif response['type'] == "ignore":
            # 用户忽略了人工中断，据此处理
            output_message = AIMessage(content=" 人工中断被忽略。继续进
行操作，不进行工具调用。") # 创建 AIMessage，指示中断被忽略
            # 添加逻辑以继续执行替代工作流路径
        else:
            output_message = AIMessage(content=" 未知的人工响应类型。")
# 处理意外的响应类型
    else:
        # 未收到人工响应 ( 例如，中断处理超时或错误 )
        output_message = AIMessage(content=" 未收到人工响应,继续进行操作,
不进行干预。") # 处理未收到响应的情况

    return {"messages": [output_message]} # 返回更新的消息状态

# 构建 LangGraph 工作流
builder = StateGraph(AgentState)
builder.add_node("agent_step", agent_node)
# 根据需要为工作流添加边和其他节点
builder.add_edge(START, "agent_step")
builder.add_edge("agent_step", END)
workflow = builder.compile()
```

```
# 示例调用（为了简化演示）
inputs = {"messages": [HumanMessage(content="启动工作流并可能触发中断。")]}
result = workflow.invoke(inputs)
print(result) # 输出工作流的最终状态
```

7.3.3 用 LangGraph 实现情境感知智能体架构

LangGraph 专为构建强大复杂的情境感知智能体而设计。LangGraph 具有如下几个特性，特别是将这些特性与 LangGraph 平台（将在第 8 章中详细介绍）结合使用时，使其成为构建这类主动式系统的绝佳选择。

◎ 内置持久层支持：LangGraph 由持久层提供支持，该持久层在每次操作（或图的节点执行完成）之后都保存智能体的状态。这允许智能体基本上"暂停"执行并等待用户反馈，对于启用人机环路模式和短期对话记忆非常重要。

◎ 内置人机环路支持：LangGraph 本地支持人机环路模式，内置的持久层是重要组成部分。此外，LangGraph 还添加了 interrupt 函数，这是一种与最终用户通信的新内置方法。

◎ 内置长期记忆：LangGraph 内置了长期记忆（本质上是命名空间的键值存储，支持语义搜索），这使智能体可以轻松地在人机环路交互后更新其"记忆"。

◎ 内置 Cron 任务：许多情境感知智能体都按计划运行以检查新事件。LangGraph 平台内置的 Cron 任务可以支持此功能。

为了介绍情境感知智能体在 LangGraph 中的实际实现，我们考虑一个电子邮件助手的使用场景。电子邮件助手可以在后台持续运行，监控电子邮件收件箱中的新邮件。其在 LangGraph 中构建的工作流大致概括如下。

（1）事件触发器（Cron 任务）：利用 LangGraph 平台创建 Cron 任务来定期触发电子邮件助手工作流，启动检查指定收件箱中的新邮件。

（2）电子邮件的检索与分析：智能体检索新的、未读的电子邮件，并使用 LLM 分析其内容。此分析旨在了解电子邮件的意图、紧迫性和所需的操作。

（3）决策与操作分支：根据对电子邮件的分析，智能体采用路由工作流模式对下一步的行动进行分类处理。

◎ 自动响应：对于需要直接或简单回复的电子邮件（例如，确认、基本信息请求），智能体使用提示链工作流自主起草电子邮件并发送响应。

◎ 人机环路"询问"中断：对于需要进行主观决策的电子邮件（例如，会议邀请），智能体使用 interrupt() 函数暂停执行并生成 HumanInterrupt 对象。此对象遵循 HumanInterrupt 结构体的定义，其参数如下所示。

- action_request：详细说明智能体正在考虑的操作（例如，"决定是否参加会议"）。

- args：提供用于人工决策的相关信息（例如，会议的详细信息、日期、主题）。

- config：指定是否允许人工响应（例如，allow_respond: True、allow_ignore: True）。

- description：提供关于起草电子邮件的背景信息，并在 Agent Inbox 用户界面中以 Markdown 格式呈现，提示用户审查并采取行动。

◎ 人机环路"审查"中断：在发送可能包含敏感信息的出站电子邮件之前，智能体再次使用 interrupt() 函数，呈现 HumanInterrupt 对象，其包含的参数如下所示。

- action_request：详细说明建议的操作（例如，"发送电子邮件草稿"）。

- args：包括用于审查的电子邮件草稿内容。

- config：设置 allow_edit: True、allow_accept: True、allow_ignore: True，让用户完全控制编辑、批准或拒绝电子邮件草稿。

- description：提供关于起草电子邮件的背景信息，提示用户审查并采取行动。

（4）Agent Inbox 用户界面集成：在专用的 Agent Inbox 用户界面中显示由智能体生成的 HumanInterrupt 对象。此界面充当用户审查智能体的请求、提供响应和管理与情境感知智能体交互的中央枢纽。特别重要的是，使用 Agent Inbox 处理从 HumanResponse 对象到 LangGraph 工作流的格式化和传输。

（5）工作流的恢复与响应处理：当用户与 Agent Inbox 交互并提供 HumanResponse（例如，接受会议邀请、编辑并批准电子邮件草稿、提供对问题的文本响应）时，此响应将被传输回等待的 LangGraph 工作流。然后，interrupt 函数返回 HumanResponse 对象，允许智能体根据用户的输入恢复执行。例如，如果用户批准出站电子邮件草稿，则工作流将继续发送电子邮件；如果用户提供对问题的文本响应，则工作流将使用此响应来起草相关的电子邮件回复。

（6）长期学习与记忆更新：通过人机环路交互收集的用户反馈可用于更新智能体的长期记忆。例如，如果用户持续拒绝与特定主题相关的会议邀请，则可以将此偏好存储在智能体的记忆中，以便为未来的自动化决策提供信息，并减少不必要的人工中断。

这个电子邮件助手示例展示了 LangGraph 如何与 Agent Inbox 等专用用户界面结合，构建强大的情境感知智能体。这些智能体在后台主动运行，智能管理人工交互，并随着时间的推移不断学习和改进。第 10 章将进一步探讨 Agent Inbox 应用的实际能力，以及其在促进与情境感知智能体进行有效的人机环路交互中的作用。

情境感知智能体架构标志着 AI 应用程序设计的重大演进：它突破了被动式聊天界面的局限，转向主动式后台助手，以无缝可扩展的方式增强人类能力。这类智能体通过监听情境信号，并与人际环路模式进行战略性结合，有望大幅降低交互成本、提升人类生产力，同时充分释放 LLM 的潜力。

LangGraph 凭借内置的持久层支持、人际环路支持、长期记忆及 Cron 任务功能，为构建和部署这类变革性的情境感知智能体系统提供了理想平台。随着对情境感知智能体架构的持续探索与优化，我们正逐步迈向 AI 与日常工作流无缝融合的未来——这将进一步增强人类能力，让我们得以专注于更高级别的战略任务。基于聊天的智能体和情境感知智能体的比较如表 7-3 所示。

表 7-3 基于聊天的智能体和情境感知智能体的比较

特征	基于聊天的智能体	情境感知智能体
启动	用户启动	事件驱动（后台、主动式）
交互模型	对话式，回合制	后台操作，通过人机环路进行关键决策
可扩展性	受限于单线程对话	高度可扩展，并发操作
主动性	被动式（响应提示）	主动式（监控事件、启动操作）
延迟容忍度	低（预期实时响应）	高（后台处理，用户对延迟不太敏感）
人类角色	积极参与者，持续互动	主管，在关键时刻提供指导
架构重点	交互式用户体验、对话流程	主动式后台操作、事件驱动、人机环路
用例	问答、创意任务、交互式工具	自动化、监控、后台协助、主动发出警报

💡 **思考题**

（1）在构建智能体系统时，Anthropic 区分了"工作流"和"智能体"。请详细阐述这两种类型的核心区别，并举例说明在何种场景下选择"工作流"架构更合适，以及在何种场景下"智能体"架构更具优势。

（2）提示链工作流通过"门控"提高任务的准确性。请解释"门控"在提示链中的作用，并设计一个具体的实际应用场景，详细描述如何设置和利用"门控"来提升工作流的质量或安全性。

（3）并行化工作流包含"分段"和"投票"两种变体。请比较这两种变体在实现方式和应用场景上的差异，并设想一个实际问题，分别使用"分段"和"投票"并行化策略来解决，分析各自的优缺点。

（4）路由工作流的核心在于输入分类的准确性。除了使用 LLM 进行路由决策，还可以使用哪些更传统的分类模型或算法？在选择分类器时，需要考虑哪些因素？请结合一个具体案例进行分析。

（5）协调器—工作者工作流的关键优势在于其动态性。请详细解释"动态性"在协调器—工作者工作流中的体现，并设想一个场景：如果使用传统的提示链工作流或者路由工作流，则难以有效解决问题；如果使用协调器—工作者工作流，则能很好地应对，说明其优势所在。

（6）评估器—优化器工作流通过迭代反馈循环提升输出质量。请分析这种迭代过程在哪些类型的任务中最有价值，并思考在实际应用中，如何设计有效的评估标准和反馈机制，以确保迭代过程能够真正提升智能体的性能。

（7）主管架构可以被看作智能体工作流的编排者。请解释主管架构如何有效地管理和调度不同的智能体工作流，并思考在构建一个复杂的客户服务多智能体系统时，如何利用主管架构和不同的智能体工作流模式（例如，路由、并行化等）来提高系统的效率和用户满意度。

（8）为什么在多智能体系统中需要引入分层架构？请分析分层架构相对于单层主管架构的优势，特别是在可扩展性和复杂性管理方面，并设想一个具有高度复杂性的应用场景，分析分层架构将如何发挥关键作用。

（9）情境感知智能体的核心优势在于主动性，但也需要谨慎地处理"人机环路"的平衡。请探讨在设计情境感知智能体时，如何在"自动化程度"和"用户控制权"之间取得最佳平衡，并针对不同的人机环路模式（通知、询问、审查），分析它们在平衡自动化和控制权方面的侧重点与适用场景。

第 8 章
LangGraph 平台介绍

Give me a lever long enough and a fulcrum on which to place it, and I shall move the world. — Archimedes

（给我一个足够长的杠杆和一个支点，我就能撬动地球。—— 阿基米德）

这句古老的格言，在今日听来，仿佛是对我们所处时代的 AI 浪潮的预言。我们拥有强大的智能引擎，就如同有了撬动地球的杠杆。然而，仅仅拥有引擎是不够的，更需要一个坚实的平台、一个可靠的支点，将这种潜力转化为真实的行动，将构想变为触手可及的应用。一个能够承载复杂的工作流程，应对真实世界的挑战，并最终将智能的力量释放到我们手中的平台。这正是我们所追寻的，不是吗？一个让我们不仅能知道，更能做到的平台工具。

本章我们将深入探索 LangGraph 平台 —— 构建、部署和管理生产级智能体的商业化解决方案。在前几章中，我们已经扎实掌握了 LangGraph 框架的核心概念和构建模块。现在，我们将目光转向 LangGraph 平台的广阔天地，揭示其如何将开放框架的强大功能转化为实际可操作的、稳健的部署方案。本章是你深入了解 LangGraph 平台的关键入口。

8.1 LangGraph 平台的架构与核心概念

在充满活力的 AI 智能体开发领域，从最初的概念原型到可用于生产环境的稳健应用，其间的跨越常常充满复杂性。开源的 LangGraph 框架为构建复杂的智能体工作流提供了必要的基石，而 LangGraph 平台（LangGraph Platform）则作为至关重要的商业化产品应运而生，它经过专门设计，旨在简化这些智能体系统的部署、管理和实际运行。LangGraph 平台不仅是一个部署工具，更是一个精心设计的生态系统，积极应对将 AI 智能体投入实际应用中固有的诸多挑战。它提供了一套连贯的工具和托管服务，抽象化了服务器基础设施、持久数据管理、实时监控和可扩展操作的复杂细节。这种战略性的抽象化使开发者能够将他们的专业知识和注意力集中在真正重要的事情上：完善核心逻辑、优化认知架构以及提升智能体的用户体验。无论你的目标是部署响应迅速的客户服务聊天机器人、能够进行复杂金融分析的多智能体系统，还是高效的自动化内容创作管道，LangGraph 平台都将为你提供一个稳健、可扩展且以开发者为中心的坚实基础，以实现你的智能体愿景。本节将作为你理解 LangGraph 平台的架构和核心概念的综合指南，为在后续章节中更深入地探索其功能和实际应用奠定基础。我们将剖析必要的组件，分析它们协同的作用，并阐明将 LangGraph 平台定位为部署和有效扩展智能体应用的理想选择的设计原则。

8.1.1 核心组件设计

LangGraph 平台的架构围绕几个核心组件精心构建，每个组件都经过周密设计，旨在应对智能体应用生命周期中的特定挑战。这种模块化设计不仅增强了灵活性和可扩展性，还显著简化了开发者体验。下面让我们详细探索每个组件。

1. LangGraph Server：智能体应用引擎

LangGraph 平台的核心是 LangGraph Server，它充当智能体应用的中央执行和管理枢纽。它不仅是一个通用的 API 服务器，更是一个专门构建的、具有明确架构的服务器，体现了部署和运行智能体系统的最佳实践。LangGraph Server 提供了一个专门为智能体管理量身定制的 API，其提供的功能远超简单的请求—响应周期。它可以处理智能体运行的启动和生命周期管理，编排用于状态交互的会话线程，通过定时任务调度自动化任务以进行后台处理，并无缝集成人工参与的工作流以应对复杂的决策场景。

◎ 为何如此设计：传统的服务器架构在处理智能体应用的独特需求时常常显得力不从心，因为智能体应用本质上需要长时间运行，有状态且需要流式传输能力。LangGraph Server 从一开始就被设计为用来满足这些特定需求，它集成了后台运行管理、长连接心跳信号和强大的流式传输端点等功能。

◎ 开发者收益：通过使用 LangGraph Server，可以将开发者从从零开始构建和维护复杂的服务器基础设施中解放出来。他们可以将精力集中在定义智能体的逻辑和行为上，使用服务器内置的持久化、任务队列和流式传输能力。这显著缩短了开发时间并降低了操作复杂性。

2. LangGraph Studio：可视化智能体开发工作台

与服务器互补的是 LangGraph Studio，这是一个专为 LangGraph 应用程序量身定制的集成开发环境。你可以将 LangGraph Studio 想象成交互式工作台，在其中可视化地组装、测试和调试智能体。它直接连接到 LangGraph 服务器，提供了一个丰富的图形界面，用于实时检查智能体应用并与之交互。LangGraph Studio 擅长可视化复杂的图执行过程，允许开发者跟踪信息流、检查每个节点的中间状态，并逐步执行复杂的智能体工作流。这种可视化调试能力对于理解和改进复杂的多步骤智能体的行为至关重要。

◎ 为何如此设计：智能体的工作流可能很复杂，并且仅使用代码难以可视化。LangGraph Studio 提供了图结构和执行流程的可视化表示，从而更容易理解和调试复杂的智能体逻辑。

◎ 开发者收益：LangGraph Studio 显著缩短了开发和调试周期。可视化界面使开发者更容易识别瓶颈、理解状态转换，并通过交互式测试改进智能体的行为。它降低了新手开发者进入基于图的智能体开发的门槛，并提高了经验丰富的开发者的生产力。

3. LangGraph CLI：用于自动化的命令行利器

对于喜欢命令行界面或需要自动化构建和部署流程的开发者来说，LangGraph CLI（命令行界面）是一个必不可少的工具。这个多功能、跨平台的 LangGraph CLI

提供了一套命令，用于构建 LangGraph 服务器的 Docker 镜像、启动用于开发和测试的本地服务器实例，以及以编程的方式管理 LangGraph 部署的各方面。LangGraph CLI 充当本地开发环境和部署基础设施之间的桥梁，实现了从代码到应用程序运行的无缝且自动化的转换。

◎ 为何如此设计：命令行工具对于实现自动化、编写脚本以及集成到 CI/CD 管道中至关重要。LangGraph CLI 提供了必要的命令，以实现 LangGraph 应用程序的构建、部署和管理的自动化。

◎ 开发者收益：LangGraph CLI 使开发者能够自动化重复性任务，例如构建 Docker 镜像、创建本地测试服务，以及连接线上 LangGraph Studio。这简化了部署流程，减少了手动错误，并促进了与现代 DevOps 实践的集成。

例如，如果要为 LangGraph 应用程序构建 Docker 镜像，则可以使用项目目录中的如下命令，编译应用程序代码并将其打包到 Docker 镜像中，以便部署。

```
langgraph build
```

同样，可以使用以下命令启动本地开发服务器。此命令会启动一个轻量级服务器，非常适合本地测试和调试，并具有热重载功能，可实现快速迭代。

```
langgraph dev
```

如果要使用 Docker 在本地部署生产就绪的服务器，则可以使用以下命令。此命令会启动一个运行 LangGraph 服务器的 Docker 容器，利用托管数据库和任务队列进行全面的本地部署。

```
langgraph up
```

4. LangGraph SDK：对已部署智能体的编程访问

为了实现与已部署的 LangGraph 应用程序的编程交互，LangGraph SDK 平台同时提供了 Python 和 JavaScript/TypeScript 的 SDK（软件开发工具包）。这些 SDK 为 LangGraph 服务器 API 提供了定义完善的编程接口，允许开发者构建客户端应用、将智能体功能集成到现有系统中，或者在外部应用中实现与已部署智能体交互的自动化。

◎ 为何如此设计：智能体应用通常是更大系统的一部分，需要以编程的方式对其进行访问和控制。LangGraph SDK 提供了一种标准化且便捷的方式，供开发者在他们的代码中与已部署的 LangGraph 应用程序进行交互。

◎ 开发者收益：LangGraph SDK 简化了与已部署智能体的集成，开发者可以轻松地将智能体功能整合到他们的应用中，无须手动与原始 API 进行交互。这促进了代码重用，降低了集成复杂度，并支持构建利用了智能体功能的复杂应用。

5. RemoteGraph：远程部署的本地抽象

RemoteGraph（远程图）允许开发者像在本地运行 LangGraph 应用程序一样与任何已部署的 LangGraph 应用程序进行交互。这是通过封装 API 交互并呈现类似于本地的接口来实现的。通过隐藏远程部署和网络交互的复杂性，简化了测试、集成和开发的工作流。

◎ 为何如此设计：由于网络延迟、配置的复杂性和访问管理，处理远程部署可能很烦琐。RemoteGraph 抽象化了这些复杂性，让开发者能够专注于应用逻辑，而不是基础设施细节。

◎ 开发者收益：RemoteGraph 显著简化了针对已部署应用的开发和测试。开发者可以像在本地机器上运行一样轻松地针对远程智能体进行迭代和调试，从而缩短了云部署智能体的开发和测试周期。

如图 8-1 所示，这种基于组件的架构不仅是工具的集合，更是一个精心编排的系统，旨在简化智能体开发的每个阶段，从最初的原型设计到稳健的生产部署和持续管理。模块化设计确保每个组件都可以被独立扩展和改进，而紧密集成则保证连贯、高效的开发者体验。

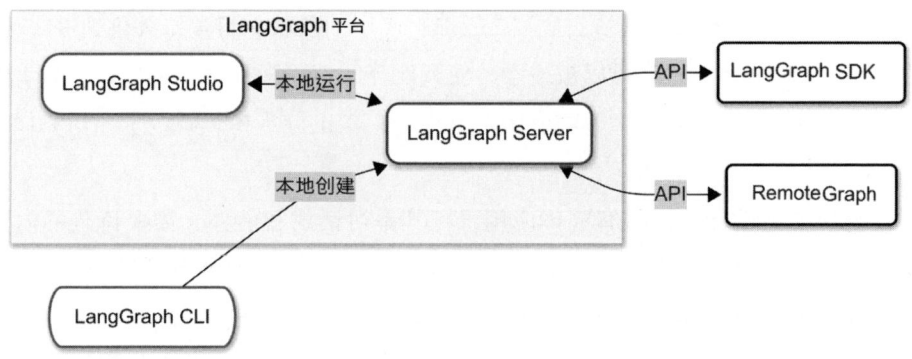

图 8-1 LangGraph 平台组件图

8.1.2 核心概念

除了组件，LangGraph 平台还引入了几个核心概念，这些概念定义了智能体应用的结构、部署和操作方式，对于理解 LangGraph 平台的功能并有效地利用它来构建复杂的智能体至关重要。下面我们来具体介绍一下。

1. 部署与修订

部署（Deployment）是 LangGraph 服务器的活动实例，而修订（Revision）用于管理版本控制和更新。这对于维护应用程序的稳定性，以及实现新功能或错误修复的受控推出至关重要。修订系统允许在版本更新后出现问题时轻松回滚到以前的版本。

2. 助手 —— 将配置作为"一等公民"

助手（Assistant）的概念非常重要。它将核心图逻辑与其运行时配置解耦。助手是 LangGraph 图的特定实例化，配置了特定的设置，例如提示、LLM、API 密钥、操作参数等。这种设计选择允许创建同一个智能体逻辑的多个变体，每个变体都是针对不同的用例、环境或用户群体量身定制的，无须修改底层图的代码。

◎ 为何如此设计：智能体的行为对配置参数高度敏感。将配置分离到助手中，可以实现针对不同的配置进行快速实验和 A/B 测试，而无须重新部署整个应用程序。

◎ 开发者收益：开发者可以轻松地管理和切换不同的智能体配置，从而实现智能体行为的快速迭代和微调。这对于优化提示、测试不同的 LLM 或使智能体适应新的数据或用户需求特别有用。

3. 线程 —— 有状态的对话和持久的上下文

线程（Thread）对于管理有状态的交互至关重要。一个线程包含一系列运行的累积状态。例如，如果在线程中运行底层图，那么底层图的状态将被持久化到该线程中。线程的当前状态和历史状态可以被检索，使智能体能够跨交互维护记忆，这对于构建对话式智能体或需要持久上下文的应用至关重要。为了持久化状态，必须在执行"运行"之前创建线程。

◎ 为何如此设计：许多智能体应用，尤其是对话式智能体，需要持久的内存来跨交互维护上下文。线程提供了一种内置机制来管理这种状态的持久化。

◎ 开发者收益：开发者无须实现自定义状态管理解决方案。线程提供了一种直接的方式来管理对话历史记录和智能体状态，简化了有状态的智能体应用的开发。

4. 运行 —— 原子执行单元

运行（Run）表示智能体的一次原子执行。每次运行都使用特定的输入、配置和元数据启动，并且可以选择与线程关联。运行是已部署智能体执行的基本工作单元。跟踪和管理运行对于监视智能体活动、调试问题和分析性能至关重要。

◎ 为何如此设计：将智能体的执行分解为"运行"可以实现对智能体活动的精细监控、跟踪和管理。它支持跟踪每个智能体调用的输入、输出、中间步骤和执行时间。

◎ 开发者收益："运行"为调试和分析提供了详细的执行上下文。开发者可以轻松地检查单个智能体运行的输入、输出和执行流程，从而帮助识别和解决问题。这种精细的跟踪对于性能监控和优化也至关重要。

5. 持久化与存档点

Postgres 持久化（Persistence）依赖和存档点（Checkpoint）的概念对于 LangGraph 平台的稳健性和容错性至关重要。存档点是线程在给定时间点的状态快照，允许在发生错误或中断时进行状态恢复。这确保了长时间运行的智能体流程可以在无数据丢失的情况下恢复。

◎ 为何如此设计：智能体应用，特别是复杂的应用，需要可靠的持久化来存储状态、对话历史记录和应用数据。存档点为长时间运行的智能体流程增加了容错能力和弹性。

◎ 开发者收益：内置的持久化和存档点消除了开发者实现自己的数据存储和恢复机制的需求。这可以简化开发过程，提高应用程序的可靠性，并确保数据的完整性。

6. 任务队列 —— 处理并发和突发情况

将 Redis 作为任务队列（Task Queue），对于处理并发请求和管理突发流量至关重要。任务队列确保请求以有序的方式被处理，防止过载并保持系统响应能力，即使在高负载下也是如此。

◎ 为何如此设计：智能体应用可能会遇到不可预测的请求负载。任务队列确保系统可以优雅地处理突发请求，而不会丢弃它们或使它们延迟。

◎ 开发者收益：开发者可以依靠任务队列来处理并发情况，并确保他们的应用程序即使在高负载下也能保持响应。这简化了可扩展性，并通过确保及时处理请求来改善用户体验。

7. 流式传输支持 —— 实时反馈和增强的用户体验

LangGraph 平台强大的流式传输（Streaming）支持对于为用户提供实时反馈至关重要，特别是对于长时间运行的智能体流程。有不同的流式传输模式可供选择，并且针对各种应用需求进行了优化，从而提高了用户的参与度和智能体交互的透明度。

◎ 为何如此设计：用户期望实时反馈，尤其是在与执行复杂或耗时任务的智能体交互时。流式传输通过显示进度和中间结果可以提供更好的用户体验。

◎ 开发者收益：流式传输端点是内置的且易于使用，为开发者提供了更丰富、更具吸引力的用户体验，而无须开发者付出大量额外的努力。这提高了用户的满意度，并使智能体交互更加透明和直观。

LangGraph 平台的核心运行流程时序图如图 8-2 所示。

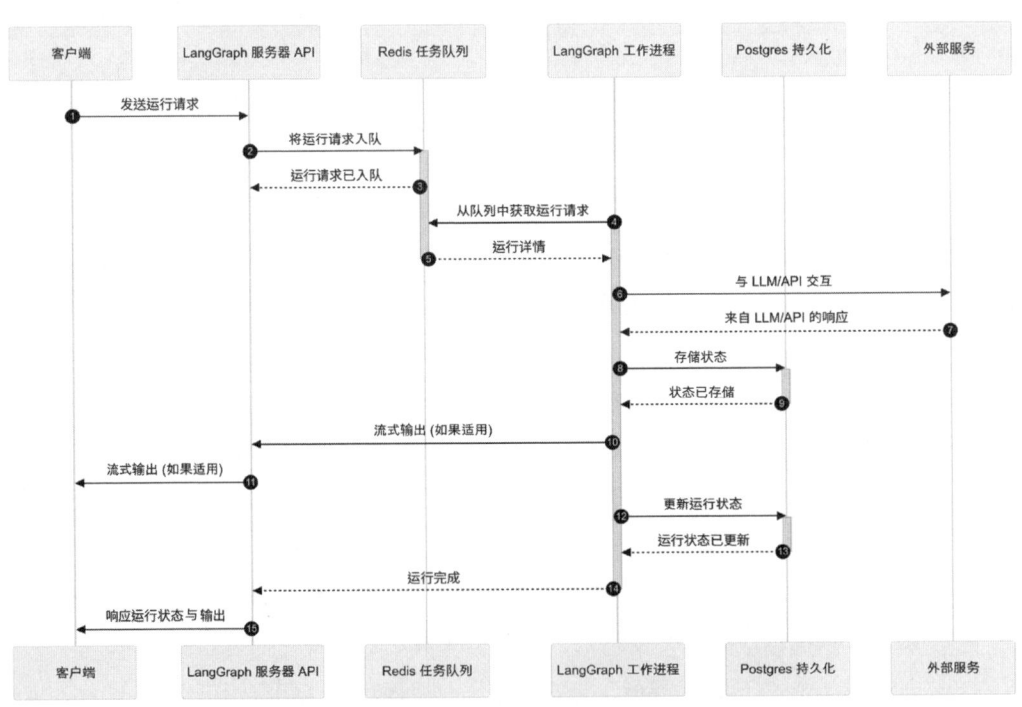

图 8-2　LangGraph 平台的核心运行流程时序图

LangGraph 平台的核心概念总结如表 8-1 所示。

表 8-1 LangGraph 平台的核心概念总结

概念	描述	开发者收益
部署	LangGraph 服务器的活动实例	容器化环境、简化管理、提高可扩展性
修订	部署的版本化迭代	受控更新、轻松回滚、确保稳定性
助手	图 + 配置	快速实验、A/B 测试、无须更改代码即可进行配置管理
线程	持久的对话上下文或会话	内置状态管理、简化有状态的智能体应用的开发
运行	助手的一次原子执行	精细监控、调试、性能分析
持久化	可靠的数据存储	确保数据完整性、无须自定义存储解决方案
存档点	线程的状态快照	容错能力、长时间运行的智能化流程恢复、状态恢复
任务队列	异步请求处理	处理并发、防止过载、确保高负载下的系统响应能力
流式传输支持	来自智能体流程的实时输出	增强用户体验、实时反馈、提高透明度

这些核心概念不仅是抽象的想法，更是应对构建和部署智能体应用中常见挑战的实用解决方案。它们旨在简化开发，增强稳健性，提高可扩展性，并最终使开发者能够构建更复杂、对用户更友好的 AI 智能体。

8.1.3 部署选项

LangGraph 平台提供 4 种部署方案，以满足不同组织的安全、合规与自主性需求，主要区别在于数据平面（运行和存储数据）与控制平面（管理、监控和协调任务）的归属关系。

1. Cloud SaaS（云服务）

数据平面与控制平面均由 LangSmith 平台托管。该方案如同 " 精装公寓 "，用户可直接使用而无须维护基础设施。用户通过网页或命令行交互，适合追求快速迭代、无须基础设施维护的团队。

2. BYOC（自带云）

数据平面部署在用户自有云环境，控制平面由 LangSmith 托管。这种混合模式类似 "私家车库保管车辆，原厂提供控制系统"，需要用户在 Kubernetes 环境部署数据平面组件，适合既需要数据合规性又希望简化运维的组织。

3. Self-Hosted Enterprise（自托管企业版）

数据平面与控制平面完全部署在用户自有设施中。用户需自行管理全部基础设施，包括数据库、Redis 实例等。适用于对安全、控制和定制要求严格的金融、医疗等行业。

4. Self-Hosted Lite（自托管精简版）

轻量级独立容器化版本。部署简单但存在功能限制，如每月 10 万次图节点执行的免费额度，缺少定时任务等企业功能。适合开发测试或小规模应用场景。

LangGraph 平台的部署选项比较如表 8-2 所示。

表 8-2 LangGraph 平台的部署选项比较

部署选项	托管的基础设施	可扩展性	成本	适用场景	开发者收益
Cloud SaaS	完全托管	自动伸缩	由官方的收费方案决定	快速部署、SaaS 应用程序	最快部署、无须管理基础设施、快速迭代、快速上市
BYOC	控制平面托管服务	依赖用户自己提供的云环境	由官方的收费方案决定	关注数据合规性的组织	数据主权、控制数据平面、通过控制平面来简化管理
Self-Hosted Enterprise	自行管理	依赖用户自己的基础设施	由官方的收费方案决定	完全控制、有合规性要求、自定义基础设施	最大程度的控制和自定义、可部署在任何地方、有严格要求
Self-Hosted Lite	自行管理	依赖用户自己的基础设施	免费（使用量受限）	开发、测试和较小规模的应用程序	经济且高效的开发方式、在自管理环境中探索平台的功能

8.2 LangGraph 平台的应用程序部署

经过 8.1 节的介绍，我们已经对 LangGraph 平台的架构和核心概念有了深刻的理解。现在，我们将注意力转向 LangGraph 应用程序的实际部署。任何平台的真正力量都体现在将理论设计转化为有形、可操作系统的能力上。对于 LangGraph 来说，这种转化是通过一系列部署选项来实现的，每个选项都经过定制，以满足从快速原型设计到稳健的企业级生产环境的各种需求。本节我们将详细探讨可用的部署选项，概述每个选项所涉及的步骤，突出各自的优势和劣势，并提供实用的指导，以帮助你为特定的 LangGraph 应用程序选择最合适的方法。无论是实现完全托管云部署的简单性，还是提高自托管设置的控制力，本节都将为你提供必要的知识和实践步骤，以便将 LangGraph 智能体部署到实际运行的环境中。此外，本节还将深入研究应用程序部署的关键方面，例如，为特定的需求定制 Docker 部署、添加语义搜索功能、实施运行时图重建，以及在将应用程序推送到实际环境中之前进行严格的本地测试等，从而确保部署过程的顺利和成功。

8.2.1 LangGraph 应用程序格式定义

正如 8.1.3 节介绍的那样，LangGraph 平台提供了一系列部署选项，旨在适应不同级别的技术专长、基础设施偏好和运营要求。理解这些部署选项，对于选择最符合项目目标和约束的部署路径至关重要。在选择之前，重要的是了解如何构建 LangGraph 应用程序，因为 LangGraph 应用程序结构在所有的部署选项中都是一致的。一个准备好在 LangGraph 平台上部署的 LangGraph 应用程序通常包含以下关键要素。

（1）LangGraph 配置文件（langgraph.json）：此 JSON 文件是应用程序的中央配置中心。其中包括：

◎ dependencies：一个数组，用于定义应用程序的依赖项。依赖项可以是以下类型之一："."，表示在本地 Python 包中查找；应用程序目录 ./local_package 中的 pyproject.toml、setup.py 或 requirements.txt；包名称。

◎ graphs：指定将图 ID 映射到定义了已编译图的变量或创建图的函数的路径。例如：

- ./your_package/your_file.py:variable，其中 variable 是 langgraph.graph.state. CompiledStateGraph 的实例。

- ./your_package/your_file.py:make_graph，其中 make_graph 是一个接收配置字典（langchain_core.runnables.RunnableConfig）并创建 langgraph.graph. state.StateGraph / langgraph.graph.state.CompiledStateGraph 实例的函数。

◎ env：指定 .env 文件的路径，或者从环境变量到其值的映射路径。

◎ python_version：指定 Python 的版本，3.11 或 3.12。默认为 3.11。

◎ pip_config_file：指定 Python pip 配置文件的路径。

◎ dockerfile_lines：要添加到 Dockerfile 中的其他行的内容（数组形式）。

◎ auth：自定义身份验证的配置，指定身份验证处理程序文件的路径（企业版专有）。

（2）langgraph.json 文件充当蓝图，指导在 LangGraph 平台如何构建、配置和运行应用程序。

（3）LangGraph 图文件（Python 文件或 JavaScript 文件）：这些文件中包含智能体的核心逻辑，使用 LangGraph 框架实现。你可以定义一个或多个图，每个图代表一个特定的智能体工作流或功能。这些图在 langgraph.json 中的 graphs 部分指定，指向定义了已编译图的变量或创建图的函数。

（4）依赖项文件（例如，requirements.txt、pyproject.toml、package.json）：需要在标准依赖项文件中指定应用程序的依赖项。对于 Python，通常是 requirements.txt 或 pyproject.toml；对于 JavaScript，则是 package.json。langgraph.json 中的 dependencies 数组会告知平台在何处查找这些依赖项规范。

（5）环境变量文件（.env，可选）：对于本地开发和配置，可以使用 .env 文件来存储环境变量，例如 API 密钥、数据库 URI 和其他设置。langgraph.json 中的 env 部分指向环境变量文件，允许平台在部署期间加载这些变量。

以下是 LangGraph 应用程序的典型目录结构。

示例 8-1：LangGraph 应用程序的典型目录结构

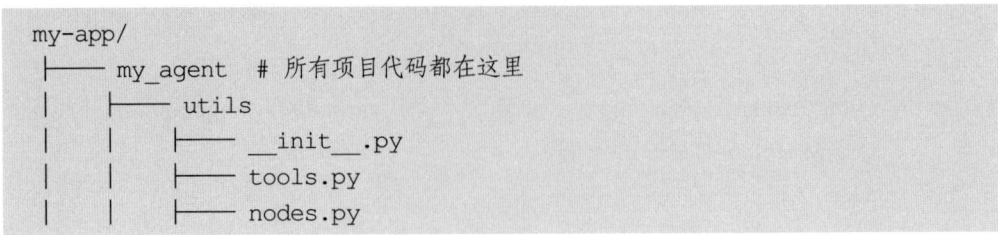

```
my-app/
├── my_agent    # 所有项目代码都在这里
│   ├── utils
│   │   ├── __init__.py
│   │   ├── tools.py
│   │   ├── nodes.py
```

```
|    |        └── state.py
|    ├── __init__.py
|    └── agent.py      # 图定义（例如，agent.py:graph）
├── .env               # 环境变量
├── requirements.txt # Python 包依赖项
└── langgraph.json    # LangGraph 应用程序配置文件
```

以下是 Python 应用程序的典型目录结构。

示例 8-2：Python 应用程序的典型目录结构

```
my-app/
├── my_agent    # 所有项目代码都在这里
|    ├── utils
|    |    ├── __init__.py
|    |    ├── tools.py
|    |    ├── nodes.py
|    |    └── state.py
|    ├── __init__.py
|    └── agent.py      # 图定义（例如，agent.py:graph）
├── .env               # 环境变量
├── langgraph.json  # LangGraph 应用程序配置文件
└── pyproject.toml  # Python 包依赖项
```

以下是 JavaScript 应用程序的典型目录结构。

示例 8-3：JavaScript 应用程序的典型目录结构

```
my-app/
├── src          # 所有项目代码都在这里
|    ├── utils  # 可选实用程序
|    |    ├── tools.ts
|    |    ├── nodes.ts
|    |    └── state.ts
|    └── agent.ts    # 图定义（例如，agent.ts:agent）
├── package.json    # JavaScript 包依赖项
├── .env             # 环境变量
└── langgraph.json  # LangGraph 应用程序配置文件
```

请注意，LangGraph 应用程序的目录结构可能因编程语言和所使用的包管理器的不同而不同。

为了说明 langgraph.json 的灵活性，下面给出 Python 应用程序和 JavaScript 应用程序的综合示例，展示了各种配置选项。

示例 8-4：Python langgraph.json 文件（综合示例）

```
{
    "dependencies": [
        "langchain_openai>=0.1.0",          // 远程 Python 包依赖项
        "./my_local_utils",                 // 本地包依赖项（目录）
        "pyproject.toml"        // 通过 pyproject.toml 指定依赖项
    ],
    "graphs": {
        "my_agent": "./my_agent/agent_graph.py:complex_agent_graph",
// 来自变量的图
        "configurable_agent": "./my_agent/agent_factory.py:create_
agent_graph" // 来自工厂函数的图
    },
    "env": "./.env",                        // 从 .env 文件加载环境变量
    "python_version": "3.12",               // 指定 Python 3.12
    "pip_config_file": "./pip.conf",        // 自定义 pip 配置文件
    "dockerfile_lines": [                   // 自定义 Dockerfile 命令
        "RUN apt-get update && apt-get install -y libpq-dev", // 安装
系统库
        "RUN pip install --no-cache-dir some-extra-package"  // 安装
额外的 pip 包
    ],
    "auth": {                               // 自定义身份验证（企业版专有）
    "path": "./auth_config.py:my_auth"  // 指向自定义身份验证处理程序文件
的路径
    },
    "store": {                              // 语义搜索配置（可选）
        "index": {
            "embed": "openai:text-embeddings-3-large", // 嵌入模型字
符串格式
            "dimensions": 3072,
            "fields": ["$", "metadata.summary"] // 索引所有的文本和摘要
元数据
        }
    }
}
```

其中：

◎ dependencies：包括远程 PyPI 包（langchain_openai）、本地包目录（./my_local_utils），并指定在 pyproject.toml 中定义依赖项。

◎ Graphs：定义两个图。

- my_agent：直接从 ./my_agent/agent_graph.py 文件中的 agent_graph 变量中加载。

- configurable_agent：通过调用 ./my_agent/agent_factory.py 文件中的 create_agent_graph 函数加载。此函数可能会接收 RunnableConfig 并返回已编译图，从而支持运行时图重建。

◎ env：从应用程序根目录中的 .env 文件加载环境变量。

◎ python_version：将 Python 版本显式地设置为 3.12。

◎ pip_config_file：指定自定义 pip.conf 文件以微调 pip 安装行为。

◎ dockerfile_lines：向 Dockerfile 中添加自定义命令。使用 apt-get install 安装 libjpeg-dev 系统库，并使用 pip install 安装 Python 包 Pillow。

◎ auth：配置自定义身份验证，指向 auth_config.py 文件中的 custom_auth_instance。

◎ store.index：为 LangGraph Store 配置语义搜索索引，使用 OpenAI 的 text-embedding-3-large 模型并索引所有的字段（"$"）和 metadata.summary 字段。

示例 8-5：JavaScript langgraph.json 文件（综合示例）

```
{
    "dependencies": [
        "." // 来自应用程序根目录中 package.json 文件的依赖项
    ],
    "graphs": {
        "my_agent": "./src/agent.js:myGraphFunction" // 来自工厂函数
（JavaScript）的图
    },
    "env": ".env",           // 从 .env 文件中加载环境变量
    "dockerfile_lines": [    // JavaScript 示例中的自定义 Dockerfile 行
        "RUN apt-get update && apt-get install -y ffmpeg", //
JavaScript 应用程序的示例系统库
        "RUN npm install some-js-utility"   // 示例 npm 包
    ],
```

```
    "auth": {                              // 自定义身份验证（企业版专有）
        "path": "./src/auth_config.js:authInstance" // 指向自定义身份验
证处理程序文件（JavaScript）的路径
    }
}
```

其中：

◎ dependencies：指定依赖项由应用程序根目录中的 package.json 文件（"."）管理。

◎ graphs：定义单个图 my_agent，通过调用 ./src/agent.js 文件中的 myGraphFunction 函数加载。

◎ env：从 .env 文件中加载环境变量。

◎ dockerfile_lines：添加自定义 Dockerfile 命令。安装 ffmpeg 系统库和 npm 包 some-js-utility。

◎ auth：配置自定义身份验证，指向 src/auth_config.js 文件中的 authInstance。

上面的 langgraph.json 文件（综合示例）展示了可用于定制 LangGraph 应用程序部署的各种配置选项。

有了定义明确的应用程序结构和正确配置的 langgraph.json 文件，你就可以选择部署选项了（有关部署选项的详细介绍见 8.1.3 节）。

8.2.2　部署到 LangGraph Cloud SaaS 平台

LangGraph Cloud SaaS 提供了最直接的部署路径，特别是对于追求快速且无忧体验的开发者而言。直接通过 LangSmith UI 管理部署，并与 GitHub 紧密集成，简化了从代码到实际应用程序的过程。

将应用程序部署到 LangGraph Cloud SaaS 平台的步骤如下。

（1）完成预备工作。

◎ 确保 LangGraph 应用程序结构正确，并包含有效的 langgraph.json 配置文件（如 8.2.1 节所述）。

◎ 验证 LangGraph 应用程序是否使用 langgraph dev 在本地运行（如 8.2.5 节所述）。

◎ 将 LangGraph 应用程序代码推送到 GitHub 存储库。

（2）在 LangSmith UI 中访问 LangGraph 平台：导航到 LangSmith 并在左侧的导航面板中选择 "LangGraph Platform"。

（3）创建新部署：单击页面上的 "+ New Deployment" 按钮，打开 "Create New Deployment" 面板，如图 8-3 所示。

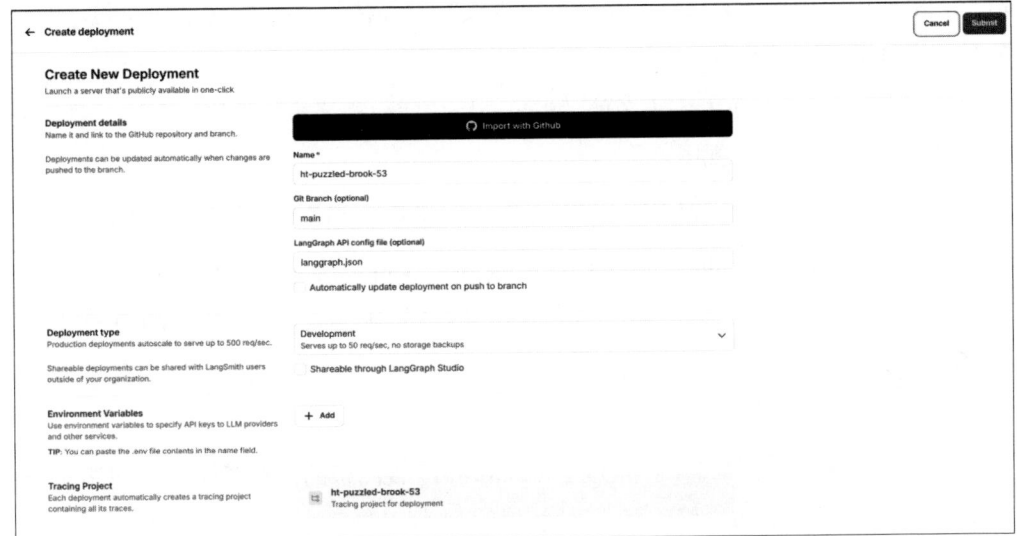

图 8-3 在 LangSmith 平台中创建新部署

（4）配置部署详细信息。

◎ Import from GitHub：选择此项并按照 OAuth 工作流授权 LangChain 的 GitHub 应用程序 hosted-langserve 访问存储库。

◎ Repository Selection：授权后，从下拉菜单中选择 GitHub 存储库。

◎ Deployment Name：为部署提供一个描述性名称。

◎ Git Branch：指定从中部署的 Git 分支。

◎ LangGraph API Config Path：输入存储库中 langgraph.json 文件的路径（如果该文件位于存储库的根目录下，则只需输入 "langgraph.json"）。

◎ Automatic Updates（可选）：如果希望在将代码推送到分支时自动更新部署，则勾选 "Automatically update deployment on push to branch" 复选框。

（5）选择部署类型：选择 "Development"（用于非生产用例）或 "Production"（用于生产就绪的应用程序）。

（6）设置共享选项（可选）：确定是否要使用 "Shareable through LangGraph Studio" 方式部署，即部署后的应用程序是否可通过平台提供的 LangGraph Studio 被公开访问（只读）。

（7）配置环境变量和密钥：配置必要的环境变量和密钥。对于 API 密钥等敏感信息，请使用密钥形式来保持。用户可以直接复制并粘贴 .env 文件中的代码，平台会自动进行格式化和填充。

（8）提交部署：单击右上角的 "Submit" 按钮，部署排队等待被配置，并且重定向到 "Deployment" 视图。

对于已创建的部署，我们通过"修订"的方式来进行部署的变更和管理。

◎ 创建新修订：要更新部署代码，请在 "Deployment" 视图中单击 "+ New Revision" 按钮创建新修订。在创建新修订期间可以更新配置信息和环境变量。

◎ 查看日志：在 "Deployment" 视图的 "Build" 和 "Server" 选项卡中，可以访问每个修订版本的构建日志和服务器日志。

◎ 修改部署设置：单击 "LangGraph Platform" 视图中的齿轮图标（"Deployment Settings"），可以修改部署设置，如 Git 分支和自动更新等。

◎ 删除部署：在 "LangGraph Platform" 视图的部署菜单（三个点图标）中，可以选择 "Delete" 来完全删除部署。

LangGraph Cloud SaaS 平台显著简化了部署过程，使开发者能够专注迭代他们的智能体逻辑和用户体验，而 LangSmith 则负责管理底层基础设施。

8.2.3 自托管 LangGraph 部署

对于需要对部署环境进行更多控制的开发者和组织，自托管 LangGraph 部署提供了必要的灵活性和定制性。这种方法需要用户管理自己的基础设施，但是可以完全自主地控制部署环境。

自托管 LangGraph 部署的步骤如下。

（1）准备基础设施。

◎ Redis 实例和 Postgres 实例：部署和管理自己的 Redis 实例和 Postgres 实例。它们是 LangGraph 服务器的基本依赖项，分别用于处理任务排队和持久化，确保可以在 LangGraph 服务器环境中访问这些实例。

◎ 服务器基础设施：准备服务器或服务器集群以托管 LangGraph 服务器的

Docker 镜像。它可以是虚拟机、Kubernetes 集群或任何能够运行 Docker 容器的环境。

（2）构建 Docker 镜像：使用 LangGraph CLI 构建 LangGraph 应用程序的 Docker 镜像。在终端切换到应用程序的根目录（包含 langgraph.json），然后运行如下命令：

```
docker build -t my-langgraph-image
```

此命令将构建一个 Docker 镜像，标记为 my-langgraph-image，其中包含 LangGraph 服务器应用程序。你可以根据需要进一步自定义 Dockerfile（请参阅 8.2.4 节）。

（3）配置环境变量：为 LangGraph 服务器配置必要的环境变量，这些变量对于连接到 Redis 实例和 Postgres 实例以及进行鉴权至关重要。必要的环境变量如下所示。

◎ REDIS_URI：Redis 实例的连接 URI（例如，redis://<redis-host>:<redis-port>/0）。

◎ DATABASE_URI：Postgres 实例的连接 URI（例如，postgres://<postgres-user>:<postgres-password>@<postgres-host>:<postgres-port>/<database-name>）。

◎ LANGSMITH_API_KEY（对于自托管精简版）：LangSmith API 密钥，用于身份验证。

◎ LANGGRAPH_CLOUD_LICENSE_KEY（对于自托管企业版）：LangGraph 平台许可证密钥。

◎ LANGCHAIN_ENDPOINT（可选）：如果使用自托管 LangSmith，则将这个环境变量设置为指向 LangSmith 实例。

你可以直接在部署环境中配置这些环境变量，也可以使用环境变量文件（例如，.env）并在容器运行时加载它。

（4）部署和运行 Docker 镜像：将 Docker 镜像（my-langgraph-image）部署到你所选择的服务器基础设施上。在运行容器时，请确保传入所配置的环境变量。使用的命令如下：

```
docker run \
  -d \
  --name my-langgraph-container \
  -p 8123:8000 \
```

```
    --env REDIS_URI="<your-redis-uri>" \
    --env DATABASE_URI="<your-postgres-uri>" \
    --env LANGSMITH_API_KEY="<your-langsmith-api-key>" \
  # 或 LANGGRAPH_CLOUD_LICENSE_KEY
    my-langgraph-image
```

对于更复杂的部署，尤其是在 Kubernetes 中，请考虑使用 LangGraph 官方提供的 Helm Chart，这可以简化 Kubernetes 部署。

（5）验证：部署完成后，验证 LangGraph 服务器是否正常运行。你可以访问服务器的运行状况检查端点，命令如下：

```
curl http://<your-server-ip>:8123/ok
```

如果成功响应 {"ok":true}，则表示 LangGraph 服务器已正常运行。

自托管 LangGraph 部署为你提供了最大的控制权，使你可以根据特定的安全、合规性和性能的需求定制环境。但是，它也给你带来更大的基础设施管理和维护的责任。

8.2.4 自定义 Docker 部署

在某些情况下，你可能需要自定义 Docker 镜像，而不是直接使用 langgraph build 命令提供的标准 LangGraph 服务器镜像。这可能涉及添加系统库、安装项目依赖项中未包含的特定 Python 包，以及执行其他镜像级配置。LangGraph CLI 提供了一种机制，可以将自定义命令注入到 Dockerfile 的生成过程中。

另外，你也可以修改 langgraph.json 文件来包含 dockerfile_lines 键。此键接收一个字符串数组，其中的每行字符串都代表一个 Dockerfile 命令，这些命令将被附加到生成的 Dockerfile 中。

假设 LangGraph 应用程序需要使用 Python 库 Pillow 及其底层系统依赖项来进行图像处理，那么可以按照如下方式修改 langgraph.json。

示例 8-6：添加系统库和 Python 包

```
{
    "dependencies": ["."],
    "graphs": {
        "image_agent": "./image_agent.py:agent"
    },
    "env": "./.env",
```

```
    "dockerfile_lines": [
        "RUN apt-get update && apt-get install -y libjpeg-dev
zlib1g-dev libpng-dev",
        "RUN pip install Pillow"
    ]
}
```

在此示例中，dockerfile_lines 数组中包含两个命令。

◎ RUN apt-get update && apt-get install -y libjpeg-dev zlib1g-dev libpng-dev：此命令用于更新软件包列表并安装 Pillow 使用的系统库（libjpeg-dev、zlib1g-dev、libpng-dev），以支持图像格式。

◎ RUN pip install Pillow：此命令表示使用 pip 安装 Python 库 Pillow。

当使用修改后的 langgraph.json 运行 langgraph build 命令时，生成的 Dockerfile 中将包含这些命令，从而确保最终的 Docker 镜像中包含必要的系统库和 Python 包。

自定义 Dockerfile 的注意事项如下。

◎ 命令语法：在 dockerfile_lines 中使用标准的 Dockerfile 命令语法。

◎ 依赖项管理：在添加系统库或 Python 包时，要注意潜在的冲突，确保与基础 LangGraph 镜像环境的兼容性。

◎ 重建：每次修改 langgraph.json 中的 dockerfile_lines 时，都需要使用 langgraph build 命令重建 Docker 镜像以更改应用。

自定义 Dockerfile 提供了一种强大的能力来扩展 LangGraph 部署环境，以适应特定的应用程序需求。当我们的部署环境有大量系统级依赖项，或者在标准 Python 类库以外仍有许多第三方类库需要集成时，自定义 Dockerfile 就会变得特别有用。

8.2.5 本地测试 LangGraph 应用程序

在将 LangGraph 应用程序部署到 LangGraph Cloud 或自托管环境中之前，进行本地测试至关重要。本地测试有助于在开发周期的早期识别配置问题、依赖项冲突和运行时错误，从而节省时间并防止部署失败。LangGraph CLI 提供了 langgraph dev 命令以方便本地测试。

使用 langgraph dev 命令进行本地测试的基本步骤如下。

（1）安装：确保已安装带有 inmem 扩展的 LangGraph CLI。

```
pip install -U "langgraph-cli[inmem]"
```

（2）设置 API 密钥：从 LangSmith 平台获取 LangSmith API 密钥（Settings > API Keys），然后将此 API 密钥设置为环境变量，通常在项目根目录下的 .env 文件中。

```
LANGSMITH_API_KEY=<your_langsmith_api_key>
```

（3）启动本地服务器：在终端导航到 LangGraph 应用程序的根目录（包含 langgraph.json），然后运行如下命令。

```
langgraph dev
```

此命令在本地启动一个轻量级开发服务器。你将看到输出信息显示服务器已就绪，以及 API、文档和 LangGraph Studio Web UI 的 URL。

```
Ready!
API: http://localhost:2024
Docs: http://localhost:2024/docs
LangGraph Studio Web UI: https://smxxx.langchain.com/studio/?baseUrl
=http://127.0.0.1:2024
```

（4）与本地服务器交互：除了可以直接打开 LangGraph Studio Web UI 进行调试，我们也可以使用 LangGraph SDK（Python 或 JavaScript/TypeScript）或者直接通过 HTTP 请求与本地运行的 LangGraph 应用程序进行交互。

示例 8-7：使用 LangGraph Python SDK

```python
from langgraph_sdk import get_client
import asyncio

async def main():
    client = get_client() # 默认连接到 localhost:2024
    assistant_id = "agent" # 替换为 langgraph.json 中的图名称
    thread = await client.threads.create()
    input_data = {"messages": [{"role": "user", "content": "Hello,
LangGraph!"}]}

    async for chunk in client.runs.stream(thread["thread_id"],
assistant_id, input=input_data, stream_mode="updates"):
        print(f"Event: {chunk.event}, Data: {chunk.data}")

asyncio.run(main())
```

示例 8-8：使用 curl

```
curl --request POST \
  --url http://localhost:2024/threads/<thread_id>/runs/stream \
  --header 'Content-Type: application/json' \
  --data '{
    "assistant_id": "agent",
    "input": {"messages": [{"role": "user", "content": "Hello,
LangGraph!"}]},
    "stream_mode": ["updates"]
  }'
```

将 <thread_id> 替换为通过 API 创建线程时获得的实际线程 ID（例如，curl -X POST http://localhost:2024/threads）。

（5）验证功能：测试 LangGraph 应用程序的不同输入、场景和边缘情况，以确保其行为符合预期。检查服务器日志中显示的错误（通常显示在运行 langgraph dev 的终端中）。

本地测试的好处有以下几点。

◎ 快速迭代：带有热重载的 langgraph Dev 允许快速缩短迭代周期。对于代码的更改会自动检测并重新加载，从而实现快速测试和调试。

◎ 依赖项验证：本地测试可以确保已正确指定和安装项目依赖项，从而防止在部署期间出现与依赖项相关的问题。

◎ 配置验证：验证 langgraph.json 配置，确保图路径、环境变量的配置和其他设置均正确。

◎ 调试：可以将 IDE 的调试器附加到本地服务器以进行逐行调试，从而更轻松地识别和修复代码错误。

◎ 经济且高效：本地测试是免费的，并且在测试代码的小更改时无须重复部署。

使用 langgraph Dev 进行本地测试是 LangGraph 部署工作流程中的一个重要步骤。它提供了一种快速、经济且高效的方式来验证应用程序的功能，验证通过后，才能将应用程序部署到生产环境或暂存环境中。

8.2.6　LangGraph Studio

LangGraph Studio 提供了一套专门的功能，旨在增强智能体开发期间的可观测性、控制力，提高迭代速度。LangGraph Studio 的目标是通过提供专门的工具来增强开发者的体验，这些工具可以作为以代码为中心的工作流的补充 —— 充当专用的智能体 IDE，提供一个可视化和交互式的视角，便于开发者深入了解 LangGraph 应用程序的内部运作，从而极大地提高其可观测性和控制力。

1. 图可视化表示

在 LangGraph Studio 中打开 LangGraph 项目后，你首先会注意到智能体图结构清晰、交互式的可视化表示（如图 8-4 所示）。这种可视化表示是通过代码自动生成的，可以作为你理解和导航智能体工作流的中心仪表板。其中，节点清晰地显示了其名称，边则以可视化的方式表示执行流程和条件逻辑。通过 LangGraph Studio 的图结构的可视化表示，你可以：

◎ 对图结构一目了然：快速了解智能体的整体架构，包括节点、边和入口点。

◎ 探索节点连接：轻松跟踪节点之间的执行流程，识别依赖关系，并理解图的控制流程。

◎ 缩放和平移以查看详细信息：通过放大可以详细检查各节点，通过平移可以探索工作流的更多部分，从而呈现复杂的图。

◎ 直观地识别断点：在 LangGraph Studio 中设置的断点，以可视化的方式在图上表示出来，从而提供关于执行暂停位置的即时反馈。

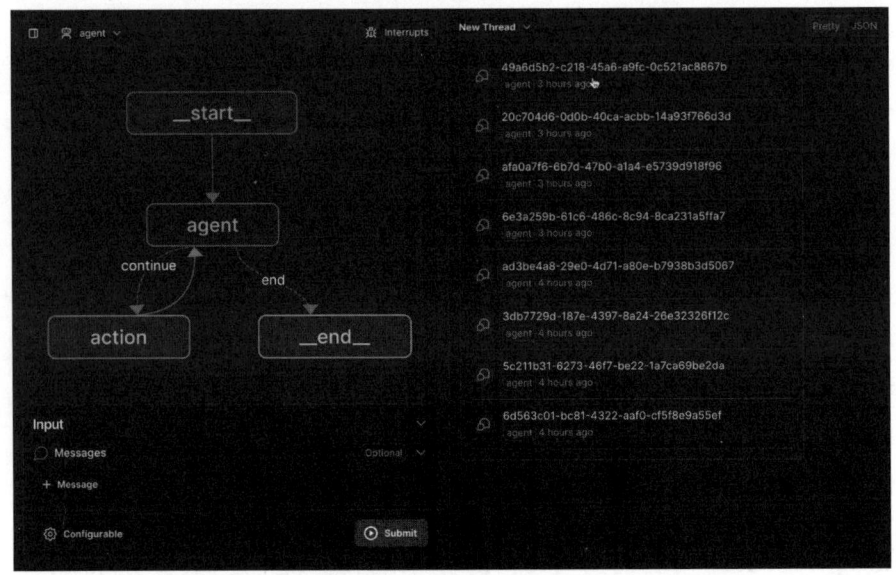

图 8-4　LangGraph Studio 的图结构的可视化表示

2. 实时流式处理可视化

当你在 LangGraph Studio 中执行"LangGraph 运行"时，用户界面右侧的窗格将成为实时控制台，在智能体执行展开时流式传输有关智能体执行的信息。这种流式处理可视化比简单的控制台日志信息更丰富，可以提供关于智能体行为的结构化和上下文化的见解（如图 8-5 所示）。通过 LangGraph Studio 的流式处理可视化，你可以：

◎ 观察逐步执行情况：实时查看每个节点的执行情况，跟踪工作流程的进展。

◎ 检查节点的输入和输出：查看每个节点在处理时的输入和输出，了解每个步骤的数据转换情况。

◎ 可视化流式 LLM 调用：对于图中的 LLM 调用，LangGraph Studio 可以流式传输在应用程序运行过程中产生的词元，从而提供 LLM 的输出和响应时间的细粒度视图。

◎ 实时跟踪状态更新：观察每次节点执行后图状态如何演变，查看哪些状态变量已更新，以及它们的值如何变化。

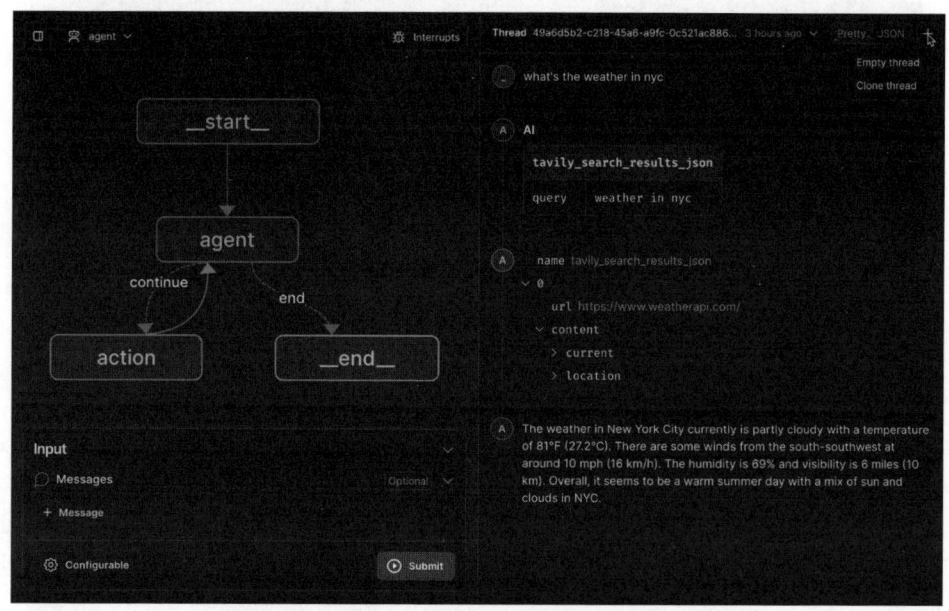

图 8-5 LangGraph Studio 的流式处理可视化

3. 交互式状态检查和编辑

LangGraph Studio 的状态检查和编辑功能是调试和实验的变革性工具（如图 8-6 所示）。在图执行期间或之后（尤其是在断点处暂停时），你可以：

◎ 检查当前状态值：完整的状态图以结构化且易于导航的格式显示，允许你查看所有已定义状态通道的值。

◎ 查看状态历史记录：回溯执行历史记录并检查先前存档点的状态，了解状态如何随时间演变。

◎ 直接编辑状态值：直接在用户界面中修改状态变量的值。这允许你注入人工纠正的数据、模拟不同的场景或通过更改智能体的内部状态来强制智能体采取替代路径。

◎ 从编辑后的状态分支执行：编辑状态后，可以从"分支"执行，通过修改后的状态来恢复图，并观察智能体在新的状态配置下的行为。

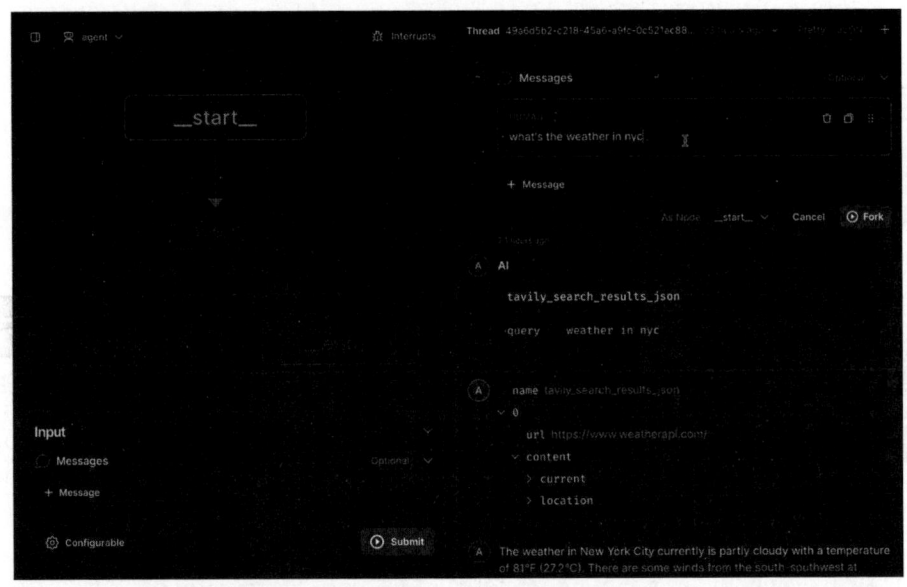

图 8-6 LangGraph Studio 的交互式状态检查和编辑

4. 简化人机环路工作流程

LangGraph Studio 为人机环路工作流提供了无缝支持，从而可以轻松地构建和测试需要人工干预的智能体（如图 8-7 所示）。LangGraph Studio 的人机环路功能如下所示。

◎ 可视化断点设置：直接在可视化图上设置断点，只需要点击节点即可。在图上以可视化的方式指示断点，从而可以轻松地管理干预点。

◎ 在断点处自动暂停执行：当在图执行过程中有中断点时，LangGraph Studio

会自动暂停执行，并在用户界面中清晰地指示中断点。

◎ 用于人工审查的状态呈现：在断点处暂停时，LangGraph Studio 会自动呈现当前的图状态，其以结构化的格式显示，供人工检查和审查。

◎ 进行交互式恢复：LangGraph Studio 提供了交互式控件，可以在断点后恢复图的执行，允许你直接通过用户界面注入具有用户输入或状态更新的对象，从而模拟真实世界中的人机交互。

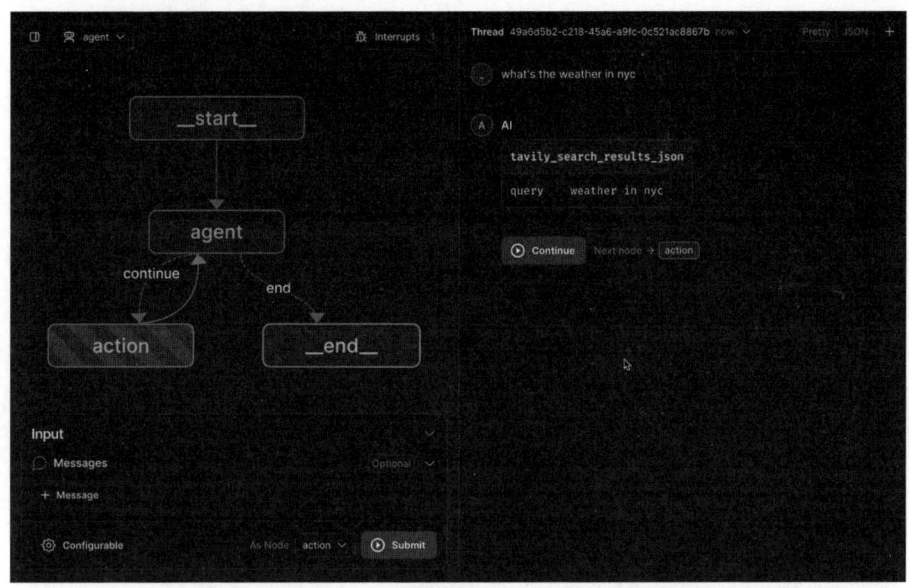

图 8-7　LangGraph Studio 中的人机环路工作流

5. 与 LangSmith 无缝集成

LangGraph Studio 与 LangChain 的可观测性平台 LangSmith 无缝集成，进一步增强了协作和调试功能。在 LangGraph Studio 中利用 LangSmith 可以进行以下操作。

◎ 用户身份验证和访问控制：你可以使用 LangSmith 账户安全地访问 LangGraph Studio，并从 LangSmith 的用户管理和访问控制功能中受益。

◎ 共享跟踪信息和调试：来自 LangGraph Studio 的执行跟踪信息会被自动记录到 LangSmith，你可以在本地 LangGraph Studio 调试和基于云的跟踪分析之间无缝切换，并与协作者共享。

◎ 创建和测试数据集：LangGraph Studio 促进了直接从节点的输入和输出创建 LangSmith 数据集，使你能够构建强大的测试套件并系统地评估智能体的性能。

6. 代码热重载

LangGraph Studio 及其专用功能显著简化了智能体的开发，缩短了迭代周期。

◎ 缩短迭代周期：当你保存对代码的更改时，LangGraph Studio 的代码热重载功能会自动重建智能体环境，从而省去了手动构建步骤并显著加快了迭代速度。结合节点重放，你可以快速隔离测试代码的更改，而无须从头开始重新运行整个工作流。

◎ 提高调试效率：LangGraph Studio 中的时间旅行调试、状态编辑、实时流可视化功能显著减少了诊断和修复复杂的智能体行为问题所需的时间和精力。与传统的调试方法相比，这可以更高效地查明错误、重现错误和尝试修复程序。

◎ 增强协作和知识共享：LangGraph Studio 与 LangSmith 集成提供了用于跟踪分析、调试和团队成员之间知识共享的平台，促进了团队的协作。团队可以使用 LangGraph Studio 协作调试复杂的智能体行为，并构建对智能体工作流程的共同理解。

LangGraph Studio 是 AI 智能体工具开发的一次重大飞跃。通过提供专为应对智能体的独特挑战而量身定制的专用 IDE，LangGraph Studio 使开发者能够获得前所未有的可观测性能力、控制力和迭代速度。从图可视化表示和实时流式处理可视化，到交互式状态检查和编辑、简化人机环路工作流和与 LangSmith 无缝集成，LangGraph Studio 可以有效地帮助开发者驾驭智能体系统的复杂性。使用 LangGraph Studio，开发者可以构建更强大、更可靠且更以用户为中心的 AI 智能体，从而加快实现从概念到可用于生产的 AI 应用程序。LangGraph Studio 的关键功能总结如表 8-3 所示。

表 8-3　LangGraph Studio 的关键功能总结

关键功能	描述	开发者收益
图表示可视化	直接从代码生成 LangGraph 工作流的交互式可视化表示	智能体架构一目了然，以可视化的方式呈现复杂的工作流
实时流式处理可视化	智能体执行的实时流，显示节点的执行进度、输入、输出、状态更新和 LLM 调用	获得智能体行为的实时洞察，有效调试流式操作和异步操作
交互式状态检查和编辑	在运行时检查和修改图状态变量，回溯状态历史，从分支执行	对调试、实验和"假设"分析的精细控制，快速迭代智能体行为

关键功能	描述	开发者收益
简化人机环路工作流	内置支持设置断点、暂停执行、呈现状态和恢复人工输入	简化人机环路应用程序的开发和测试，实现用户引导的智能体协作
与 LangSmith 无缝集成	与 LangSmith 无缝集成，用于身份验证、跟踪记录、数据集创建和调试协作	集中式可观测性、增强协作、构建强大的测试套件和系统地评估智能体的性能
代码热重载	在保存代码的更改时自动重建智能体环境，省去了手动重建步骤	缩短迭代周期，在实时智能体环境中快速测试代码的更改

8.2.7　向 LangGraph 部署中添加语义搜索

要使用语义搜索功能增强 LangGraph 应用程序，你可以通过配置平台的内置存储以索引数据来进行相似性搜索。这使智能体能够根据语义搜索相关信息，从而提高它们访问和有效利用存储知识的能力。

向 LangGraph 部署中添加语义搜索的步骤如下。

（1）在 langgraph.json 中配置存储索引：修改 langgraph.json 文件以包含带有 index 配置的 store 部分。此配置指定嵌入模型、嵌入维度和要索引的字段。

示例 8-9：在 langgraph.json 中配置存储索引

```
{
    ...
    "store": {
        "index": {
            "embed": "openai:text-embeddings-3-small",
            "dims": 1536,
            "fields": ["$"]
        }
    }
}
```

其中：

◎ embed：指定嵌入模型。此处，"openai:text-embeddings-3-small" 表示直接使用 OpenAI 的嵌入模型。你也可以指定自定义嵌入函数的路径（请参阅下文）。

◎ dims：设置嵌入维度，与所选模型的输出维度相匹配。

◎ fields：定义要索引的存储数据中的字段。["$"] 表示索引所有字段。你可以指定特定的字段，例如 ["text", "metadata.title"]，进行更有针对性的索引。

（2）确保有 langchain>=0.3.8 依赖项：如果使用字符串格式的嵌入模型（例如，"openai:text-embeddings-3-small"），则要确保项目依赖项中包含 langchain>=0.3.8。相应地，需要更新 pyproject.toml 或 requirements.txt。

示例 8-10：更新 requirements.txt

```
langchain>=0.3.8
# 其他依赖项
```

（3）在图节点中使用语义搜索：在 LangGraph 节点中，现在可以使用 store.search() 方法执行语义相似性搜索。为了便于组织记忆，请使用命名空间。

示例 8-11：在图节点中使用语义搜索

```
from langgraph.checkpoint import BaseStore

def search_memory_node(state: State, *, store: BaseStore):
    results = store.search(
        namespace=("memory", "facts"),
        query=state["search_query"], # 假设在状态中搜索查询
        limit=3
    )
    return {"search_results": results}
```

（4）自定义嵌入函数（可选）：要使用自定义嵌入函数，请在 langgraph.json 配置的 embed 字段中指定函数的路径。

```
"embed": "path/to/embedding_function.py:embed"
```

自定义嵌入函数必须是异步的，函数接收字符串列表，并返回嵌入向量列表（浮点数列表）。

示例 8-12：自定义嵌入函数（path/to/embedding_function.py）

```
from openai import AsyncOpenAI

client = AsyncOpenAI()
```

```
async def embed(texts: list[str]) -> list[list[float]]:
    response = await client.embeddings.create(
        model="text-embedding-3-small",
        input=texts
    )
    return [e.embedding for e in response.data]
```

（5）通过 API 查询：你可以使用 LangGraph SDK 通过 client.store.search_items()
直接查询存储信息。

示例 8-13：通过 API 查询

```
from langgraph_sdk import get_client
import asyncio

async def main():
    client = get_client()
    search_results = await client.store.search_items(
        ("memory", "facts"),
        query="your search query",
        limit=3
    )
    print(search_results)

asyncio.run(main())
```

通过配置语义搜索，可以使 LangGraph 应用程序能够利用相似性搜索，从而增
强其基于相关存储信息进行推理和响应的能力。

8.2.8　运行时重建图

在高级场景中，你可能需要根据特定的配置或用户上下文在运行时动态重建
LangGraph 图。这使每次运行 LangGraph 应用程序时都可以更灵活地调整智能体的行
为和结构。LangGraph 平台通过允许在 langgraph.json 配置中指定一个生成图的函数，
而不是直接引用已编译的图实例，来支持图重建。

启用运行时图重建的步骤如下。

（1）定义图创建函数：在 Python 代码（例如，openai_agent.py）中，不要直接在
顶层定义 CompiledGraph 变量，而是要创建一个接收 RunnableConfig（或任何配置对象）

并返回 CompiledGraph 实例的函数，因此可以通过配置项来影响构建图的逻辑。

示例 8-14：带有图创建函数的 LangGraph 应用程序

```
from langchain_openai import ChatOpenAI
from langgraph.graph import END, START, MessageGraph
from langchain_core.runnables import RunnableConfig

def make_graph(config: RunnableConfig): # 图创建函数
    model = ChatOpenAI(temperature=config.get("temperature", 0))
# 可配置的温度
    graph_workflow = MessageGraph()
    graph_workflow.add_node("agent", model)
    graph_workflow.add_edge("agent", END)
    graph_workflow.add_edge(START, "agent")
    agent = graph_workflow.compile()
    return agent
```

（2）更新 langgraph.json 配置：修改 langgraph.json 文件以指向图创建函数，而不是直接指向图变量。使用模块路径和函数名称指定函数的路径。

```
{
    "dependencies": ["."],
    "graphs": {
        "dynamic_agent": "./openai_agent.py:make_graph" # 指向图创建
函数
    },
    "env": "./.env"
}
```

请注意，graphs 键现在为 "./openai_agent.py:make_graph"，表示指向 openai_agent.py 文件中的 make_graph 函数。

（3）在运行时传递配置参数：通过 LangGraph SDK 或 API 启动运行时，可以传递配置参数，这些参数在图创建函数中可用。此配置通过 make_graph 函数的 config 参数传递。例如，使用 LangGraph Python SDK 的运行时配置。

示例 8-15：使用 LangGraph Python SDK 的运行时配置

```
from langgraph_sdk import get_client
import asyncio
```

```
async def main():
    client = get_client()
    assistant_id = "dynamic_agent" # 使用动态重建的图
    thread = await client.threads.create()
    input_data = {"messages": [{"role": "user", "content": "Hello,
dynamic agent!"}]}
    run_config = {"configurable": {"temperature": 0.7}} # 运行时配置

    async for chunk in client.runs.stream(thread["thread_id"],
assistant_id, input=input_data, stream_mode="updates",
config=run_config):
        print(f"Event: {chunk.event}, Data: {chunk.data}")

asyncio.run(main())
```

在此示例中，通过 run_config = {"configurable": {"temperature": 0.7}} 把温度配置传递给 client.runs.stream 方法。此配置在 make_graph 函数的 config 参数中可用，从而允许动态调整图的行为（例如，为 LLM 设置不同的温度）。

通过实施运行时图重建，你可以获得创建高度自适应的 LangGraph 应用程序的能力，并且可以根据运行时参数、用户上下文或不断变化的条件动态调整这些应用程序的行为和结构。

本节全面概述了 LangGraph 平台的应用程序部署，涵盖了可用的部署选项（LangGraph Cloud SaaS 和自托管）、每个选项的详细步骤、自定义 Docker、本地测试，以及语义搜索和运行时图重建等高级功能。通过理解部署路径和高级配置，开发者可以有效地将他们的 LangGraph 智能体从开发阶段转移到生产阶段，并根据特定的项目需求和运营环境定制部署方法。在继续学习的过程中，请你考虑应用程序的具体需求、团队的专业知识以及组织的基础设施策略，以选择最佳部署策略，并利用语义搜索和运行时图重建等高级功能来创建强大而自适应的 AI 智能体。LangGraph 部署总结如表 8-4 所示。

表 8-4 LangGraph 部署总结

部署选项	LangGraph Cloud SaaS	自托管（企业版 / 精简版）
先决条件	· 带有 LangGraph 应用程序的 GitHub 存储库 · 有 LangSmith 账户 · 本地运行验证通过（使用 langgraph dev 方式）	· Redis 和 Postgres 基础设施 · 服务器基础设施（虚拟机、Kubernetes 等） · LangSmith API 密钥或许可证密钥 · Docker 已安装
主要步骤	① 在 LangSmith UI 中访问 LangGraph 平台 ② 创建新部署 ③ 配置部署详细信息（存储库、分支） ④ 选择部署类型（开发 / 生产） ⑤ 配置环境变量和密钥 ⑥ 提交部署	① 设置基础设施（Redis、Postgres、服务器） ② 构建 Docker 镜像（langgraph Build） ③ 配置环境（URI、API 密钥等） ④ 部署和运行 Docker 镜像
管理方面	· 使用 LangSmith UI 进行修订、查看日志、设置部署 · 自动伸缩（生产） · 使用 LangSmith 管理基础设施	· 手动管理基础设施 · 伸缩取决于设置 · 用户自行管理基础设施
语义搜索	· 通过 langgraph.json 配置（store 部分） · 在图节点中使用 store.search() · 通过 SDK 的 client.store.search_items()	
运行时图重建	· 通过 langgraph.json 配置（函数路径） · 定义图创建函数 · 通过 SDK/API 中的 run_config 传递配置	

8.3 Agent Protocol

随着对 AI 智能体领域探索的深入，对有效通信和互操作性的需求变得极为迫切，尤其是在多智能体系统中。虽然 LangGraph 等框架擅长构建复杂的智能体工作流，但是 AI 智能体开发有着广泛的前景，且极具多样性。目前智能体框架众多，从 AutoGen 和 CrewAI 到 OpenAI 的助手 API 和 LlamaIndex，更不用说无数自定义构建的智能体实现了。其丰富的生态系统在促进创新的同时带来重大挑战：缺乏标准化的通信协议。在一个"沟通就是一切之本"——需要通过多智能体协作来解决复杂问题的世界中，当前碎片化的 API 格局阻碍了进步。每个框架和自定义实现都定义了其独特的 API，令使用不同工具构建的智能体之间的无缝交互和协作变得非常复杂。为了解决这个问题，以及为真正可互操作的多智能体系统铺平道路，Agent Protocol（智能体协议）应运而生，成为一个至关重要的标准化协议。本节将介绍的 Agent Protocol 是一个与框架无关的接口，旨在建立一种通用的智能体通信语言，而与其底层架构或构建方式无关。我们将介绍其核心组件，深入研究每个组件的 API 细节，并探索它为寻求构建和部署协作式多智能体的开发者带来的重大益处。

8.3.1 标准化的需求和核心组件

智能体框架和自定义实现的激增导致了生态系统的碎片化，其中的智能体虽然可能拥有相似的目标，但是难以有效地沟通和协作。想象一下，试图组建一个由专家组成的团队，但每个成员都说不同的语言——协调和协同几乎变得不可能。这个类比恰如其分地描述了当前多智能体开发的现状。在没有通用协议的情况下，将来自不同的框架甚至是自定义构建的智能体集成到一个有凝聚力的多智能体系统中，需要为每个集成点进行大量的定制工作。这不仅增加了开发的复杂性和时间，而且限制了更广泛的智能体生态系统增长和协作的潜力。

Agent Protocol 被用来直接应对这一挑战，它定义了一个标准化的智能体通信接口。它的目标是对部署和运行生产级 LLM 智能体所需的必要 API 进行标准化，而无须考虑用于构建智能体的框架。这种标准化并非为了规定如何在内部构建智能体，而是为了建立一种"通用语言"以进行外部交互，从而在多智能体的世界中实现无缝通信和协作。

Agent Protocol 的核心围绕三个组件构建，即运行（Run）、线程（Thread）和存储（Store），每个组件都代表智能体生命周期和交互的关键方面（如图 8-8 所示）。这些组件被设计为与框架无关，并具有可靠的智能体部署和操作所需的必要功能。

◎ 运行：代表智能体针对特定的任务或在给定的上下文中执行。Agent Protocol 定义了用于启动智能体运行、监控其状态和检索其输出的 API，从而提供统一的执行接口。

◎ 线程：管理有状态的多轮交互，代表持久的对话上下文或会话。Agent Protocol 提供了用于创建线程、执行线程内运行和访问对话历史记录的 API，从而确保进行可靠的上下文管理。

◎ 存储：促进长期记忆管理，提供 API 以供智能体与持久的键值存储（通常具有语义搜索功能）进行交互，从而实现跨会话的知识持久化。

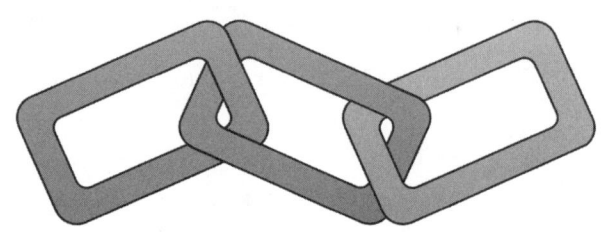

运行（Run）	线程 （Thread）	存储（Store）
任务执行的接口	上下文管理的系统	记忆管理的机制

图 8-8　Agent Protocol 的核心组件

这三个组件构成了智能体运行的基础，使跨各种实现方式的标准化智能体的通信成为可能。

8.3.2　API 细节

为了真正理解 Agent Protocol，深入研究其运行、线程和存储的 API 细节至关重要。这些 API 按照 RESTful 原则设计，通常使用 JSON 进行请求主体和响应主体之间的通信。下面将介绍每个组件的关键端点和数据结构。

1. 运行 API：执行和监控智能体

运行 API 关注的是智能体执行的生命周期。它提供了用于启动运行、获取运行状态、流式传输输出和检索最终结果的端点。

（1）启动运行（POST /runs 或 POST /threads/{thread_id}/runs）：此端点启动新的智能体运行。请求主体通常包括如下参数。

◎ assistant_id（字符串，必需）：要执行的智能体的标识符。

◎ input（对象，可选）：智能体运行的输入数据，其格式取决于智能体期望的输入模式。通常其被结构化为消息列表。

◎ config（对象，可选）：用于自定义运行的配置参数，例如模型设置、提示或元数据。

◎ stream_mode（字符串数组，可选）：指定流式传输模式，例如 ["events"]、["updates"]、["values"]。

◎ webhook（字符串，可选）：用于在运行完成时发送 Webhook 通知的 URL。

成功启动运行的响应通常是一个 JSON 对象，其中包含：

◎ run_id（字符串）：启动的运行的唯一标识符。

◎ thread_id（字符串，如果在线程中运行）：运行所属线程的标识符。

◎ status（字符串）：运行的初始状态，通常为"pending"。

```
// 请求主体（POST /threads/{thread_id}/runs）
{
    "assistant_id": "my-agent-assistant",
    "input": {
        "messages": [
            {"role": "user", "content": "总结这份文档。"}
        ]
    },
    "stream_mode": ["updates"]
}

// 响应主体
{
    "run_id": "run-12345",
    "thread_id": "thread-67890",
    "status": "pending"
}
```

（2）获取运行状态（GET /runs/{run_id} 或 GET /threads/{thread_id}/runs/{run_id}）：检索特定运行的当前状态和详细信息。响应包括如下参数。

◎ run_id（字符串）：运行标识符。

◎ thread_id（字符串，如果适用的话）：线程标识符。

◎ assistant_id（字符串）：助手标识符。

◎ status（字符串）：运行的当前状态（例如，pending、running、success、error、interrupted）。

◎ created_at（时间戳）：运行创建的时间戳。

◎ updated_at（时间戳）：上次更新的时间戳。

◎ kwargs（对象）：用于启动运行的参数（输入、配置等）。

◎ output（对象，可选）：运行的最终输出（当状态为 "success" 时存在）。

◎ error（对象，可选）：错误详细信息（当状态为 "error" 时存在）。

◎ metadata（对象，可选）：与运行关联的元数据。

```
// 响应主体（GET /runs/run-12345）
{
    "run_id": "run-12345",
    "thread_id": "thread-67890",
    "assistant_id": "my-agent-assistant",
    "status": "success",
    "created_at": "...",
    "updated_at": "...",
    "kwargs": { ... },
    "output": { "summary": "..." },
    "metadata": { ... }
}
```

（3）流式传输输出（POST /runs/{run_id}/stream 或 POST /threads/{thread_id}/runs/{run_id}/stream）：建立流式连接以接收来自正在运行的智能体的实时输出。响应通常使用服务器发送事件（SSE）或使用 WebSocket 进行流式传输。流中的事件指示不同类型的输出。

◎ event: metadata：包含与运行相关的元数据，例如 run_id。

◎ event: updates：关于智能体状态或中间输出的增量更新。data 字段中包含更新信息，通常按照图中节点的名称进行结构化。

◎ event: values：来自图中特定节点的最终输出值，在可用时提供。

```
// 流（SSE）
event: metadata
data: {"run_id": "run-12345"}

event: updates
data: {"agent_node": {"status": "running"}}

event: updates
```

```
data: {"agent_node": {"output": {"intermediate_result": "..."}}}

event: values
data: {"agent_node": {"final_output": "Summary: ..."}}
```

2. 线程 API：管理对话上下文

线程 API 用于管理持久的对话上下文，从而实现与智能体的多轮交互。

（1）创建线程（POST /threads）：创建一个新的空线程。响应包括如下参数。

◎ thread_id（字符串）：新创建的线程的唯一标识符。

◎ created_at（Timestamp）：线程创建的时间戳。

```
// 响应主体 (POST /threads)
{
    "thread_id": "thread-67890",
    "created_at": "..."
}
```

（2）获取线程详细信息（GET /threads/{thread_id}）：获取特定线程的详细信息，包括其状态、元数据和配置。响应包括如下参数。

◎ thread_id（字符串）：线程标识符。

◎ created_at（Timestamp）：线程创建的时间戳。

◎ updated_at（时间戳）：上次更新的时间戳。

◎ status（字符串）：线程的当前状态（例如，idle、busy、interrupted）。

◎ metadata（对象，可选）：与线程关联的元数据。

◎ config（对象，可选）：应用于线程的配置。

```
// 响应主体 (GET /threads/thread-67890)
{
    "thread_id": "thread-67890",
    "status": "idle",
    "created_at": "...",
    "updated_at": "...",
    "metadata": { ... },
    "config": { ... }
}
```

（3）搜索线程（POST /threads/search）：根据各种条件（例如状态、元数据或创建日期等）搜索线程，请求主体包括搜索过滤器和分页参数。响应是与搜索条件匹配的线程对象列表。

```
// 请求主体（POST /threads/search）
{
    "status": "idle",
    "limit": 10
}

// 响应主体（线程对象数组）
[
    { "thread_id": "...", "status": "idle", ... },
    { "thread_id": "...", "status": "idle", ... }
]
```

（4）复制线程（POST /threads/{thread_id}/copy）：创建一个新线程。该线程是现有线程的副本（fork），继承其历史记录和状态。响应类似于线程的创建，返回新创建的线程的详细信息。

（5）获取线程历史记录（GET /threads/{thread_id}/history）：检索在线程中执行的运行的历史记录，通常按时间顺序呈现为消息或事件列表。

3. 存储 API：管理持久化内存

存储 API 提供了对持久化键值存储（通常具有语义搜索功能）的访问，用于长期记忆。其命名空间用于组织存储中的项目，类似于文件系统中的目录。命名空间被表示为字符串列表，允许分层组织。

（1）存储项目（PUT /store/items）：在存储中存储新项目或更新现有的项目。需要 JSON 格式的请求主体，包括如下参数。

◎ namespace（string array，required）：项目的命名空间路径，表示项目在存储器层次结构中的位置的字符串列表。例如，["memory", "user_profiles"]。

◎ key（字符串，必需）：项目在命名空间中的唯一标识符。可以将其视为目录中的文件名。

◎ value（对象，必需）：包含项目数据的字典，这是要持久化的实际内容。

API 在成功存储了项目时返回 204 No Content 响应。在这种情况下，没有响应主体。

```
// 请求主体（PUT /store/items）
{
    "namespace": ["memory", "user_profiles"],
    "key": "user123",
    "value": { "name": "Alice", "preferences": ["coffee", "books"] }
}

// 响应：204 No Content（成功）
```

（2）删除项目（DELETE /store/items）：从存储中删除项目。需要 JSON 格式的请求主体，包括如下参数。

◎ namespace（string array, optional）：项目的命名空间路径。如果未提供，则必须在 key 中指定命名空间。

◎ key（字符串，必需）：要删除的项目的唯一标识符。在 key 中可以有选择性地包含命名空间路径，例如 namespace1/namespace2/itemKey。如果单独提供了命名空间，则此处应仅使用项目在该命名空间中的 key。

API 在成功删除了项目时返回 204 No Content 响应。在这种情况下，没有响应主体。

```
// 请求主体（DELETE /store/items）
{
    "namespace": ["memory", "user_profiles"],
    "key": "user123"
}
// 响应：204 No Content（成功）
```

（3）获取项目（GET /store/items）：从存储中获取单个项目。将命名空间和 key 作为查询参数进行传递。

◎ namespace（字符串数组，可选）：要从中获取项目的命名空间路径。

◎ key（字符串，必需）：要获取的项目的唯一标识符。

JSON 格式的响应主体包含所找到的 Item 对象。

```
// 响应主体（GET /store/items?namespace=memory&namespace=user_profiles&key=user123）
{
  "namespace": ["memory", "user_profiles"],
```

```
    "key": "user123",
    "value": { "name": "Alice", "preferences": ["coffee", "books"] },
    "created_at": "...",
    "updated_at": "..."
}
```

（4）搜索项目（POST /store/items/search）：在命名空间前缀中搜索项目。需要 JSON 格式的请求主体，包括如下参数。

◎ namespace_prefix（字符串数组，可选）：要从中搜索项目的命名空间前缀。将在搜索中包含命名空间以此前缀开头的项目。如果为 null，则跨所有的命名空间进行搜索。

◎ filter（对象，可选）：键值对字典，用于根据元数据或数据内容进一步过滤结果。

◎ limit（整数，可选）：要返回的最大项目数（默认值为 10）。

◎ offset（整数，可选）：在返回结果前要跳过的项目数（默认值为 0）。

JSON 格式的响应主体中包含 SearchItemsResponse 对象，其中包含与搜索条件匹配的 Item 对象列表。

```
// 请求主体（POST /store/items/search）
{
    "namespace_prefix": ["memory"],
    "query": "user preferences",
    "limit": 5
}

// 响应主体
{
  "items": [
    {
      "namespace": ["memory", "user_profiles"],
      "key": "user123",
      "value": { "name": "Alice", "preferences": ["coffee", "books"] },
      "created_at": "...",
      "updated_at": "..."
    },
    // 更多项目
  ]
```

```
}
```

（5）列出命名空间（POST /store/namespaces）：列出存储中的命名空间，从而允许分层浏览。需要 JSON 格式的请求主体，并且可以包含可选的过滤器。

◎ prefix（字符串数组，可选）：命名空间前缀，用于过滤命名空间，仅返回以此前缀开头的命名空间。

◎ suffix（字符串数组，可选）：命名空间后缀，用于过滤命名空间，仅返回以此后缀为结尾的命名空间。

◎ max_depth（整数，可选）：指定要返回的命名空间的最大深度，限制层次结构级别。

◎ limit（整数，可选）：要返回的最大命名空间数（默认值为 100）。

◎ offset（整数，可选）：在返回结果前要跳过的命名空间数（默认值为 0）。

JSON 格式的响应主体中包含 ListNamespaceResponse 对象，该对象是命名空间路径的数组（每条路径都是一个字符串数组）。

```
// 请求主体（POST /store/namespaces）
{
    "prefix": ["memory"]
}

// 响应主体
[
  ["memory"],
  ["memory", "user_profiles"],
  ["memory", "product_catalog"]
]
```

8.3.3 助手和助手 API

虽然 Agent Protocol 专注于运行、线程和存储的标准化接口，但 LangGraph 平台引入了助手（Assistant）的概念，以增强智能体的管理和配置。助手是已部署的 LangGraph 图的命名、可配置的实例，其允许开发者和业务用户在不更改底层图逻辑的情况下创建与版本不同的智能体配置。助手 API 作为 LangGraph 平台扩展的一部分，建立在 Agent Protocol 之上，提供了管理这些可配置的智能体实例的端点。

◎ 创建助手（POST /assistants）：从已部署的图中创建一个新的助手实例。请求主体包括如下参数。

- graph_id（字符串，必需）：要实例化的已部署的 LangGraph 图的标识符。

- name（字符串，可选）：助手的名称。

- config（对象，可选）：助手的配置参数，符合图中的 config_schema。

- metadata（对象，可选）：与助手关联的元数据。

◎ 响应包括新创建的助手的详细信息，其中包含唯一的 assistant_id。

◎ 获取助手详细信息（GET /assistants/{assistant_id}）：检索特定助手的详细信息，包括其配置、元数据和关联的图。

◎ 更新助手（PATCH /assistants/{assistant_id}）：更新现有助手的配置或元数据，从而创建助手的新版本。

◎ 搜索助手（POST /assistants/search）：根据名称、图 ID 或元数据等条件搜索助手。

◎ 获取助手的关联结构体（GET /assistants/{assistant_id}/schemas）：检索助手的底层图的配置结构体（config_schema）、输入结构体（input_schema）和输出结构体（output_schema），从而允许动态了解智能体配置项。

◎ 设置最新版本（POST /assistants/{assistant_id}/latest）：将助手的 "最新"版本指针设置为特定版本，控制在不指定版本的情况下调用助手时使用的配置。

这些助手 API 不是核心 Agent Protocol 的严格组成部分，却是 LangGraph 平台提供的一个有价值的扩展，利用该协议的基础在平台内提供增强的智能体管理和可配置性。

8.3.4　数据格式和可扩展性

Agent Protocol 主要使用 JSON 对请求和响应中的数据进行序列化，以确保跨不同的编程语言和系统实现广泛的兼容性和易于解析性。虽然 JSON 是核心数据格式，但 Agent Protocol 在设计时考虑了可扩展性。特定的智能体实现可以扩展运行、线程和存储的 API 中的数据结构和有效负载，以适应自定义数据类型或特定于应用程序的需求，同时仍然遵循基本协议结构。

Agent Protocol 与框架无关，它不规定智能体的内部实现或构建方式。相反，它侧重于定义一个清晰且一致的接口，用于与智能体进行交互。这允许开发者使用 LangGraph、AutoGen、CrewAI、自定义代码或任何其他智能体构建方式，并通过遵循 Agent Protocol 公开用于通信和部署的标准化 API。

Agent Protocol 为智能体开发者和更广泛的 AI 智能体生态系统带来显著的优势。

◎ 标准化：为智能体通信建立了一个通用的 API，减少了碎片化并提高了不同智能体实现之间的一致性。

◎ 互操作性：实现了使用不同的框架或自定义实现构建的智能体之间的无缝集成和协作，促进了复杂的多智能体系统的开发。

◎ 简化集成：简化了将各种来源的智能体整合到 LangGraph 工作流和其他智能体编排系统中的过程。

◎ 增强开发者体验：配合 LangGraph Studio 等工具，为更广泛的智能体提供了更通用、更强大的调试和可视化功能。

◎ 通用部署平台：允许 LangGraph 平台等部署来自各种框架的智能体，从而利用共享的基础设施。

◎ 生态系统增长：通过促进互操作性和标准化，Agent Protocol 促进了整个 AI 智能体生态系统的增长和成熟，从而鼓励协作和创新。

8.3.5 助手、线程和运行的应用示例

为了加强对助手、线程和运行如何在 LangGraph 平台和 Agent Protocol 中协同工作的理解，本节将介绍一系列使用客户服务聊天机器人场景的实际示例。首先介绍从一个基本 LangGraph 图创建不同的助手，每个助手都有特定的配置，然后演示线程和运行如何编排对话。

1. 从同一个图中创建不同的助手

假设这个基本 LangGraph 图的名称为"customer_service_graph"，旨在处理一般的客户咨询。我们将从该图中创建两个助手，通过为每个助手配置提示和模型，针对特定类型的咨询进行定制。

◎ 通用咨询助手：使用通用的 LLM 和提示来处理常见问题。

◎ 技术支持助手：使用更专业的 LLM 和提示来处理技术问题。

示例 8-16：使用 LangGraph SDK 创建助手

```python
from langgraph_sdk import get_client
import asyncio

async def main():
    client = get_client()

    # （1）创建 "通用咨询助手"
    general_inquiry_assistant = await client.assistants.create(
        graph_id="customer_service_graph",# 假设这是基本 LangGraph 图的 ID
        name="general_inquiry_assistant",
        config={
            "configurable": {
                "model_name": "gpt-4o", # 通用模型
                "system_prompt": " 您是一位乐于助人的客户服务代理，负责处理
一般咨询问题。"
            }
        }
    )
    print(f" 已创建通用咨询助手：{general_inquiry_assistant['assistant_
id']}")

    # （2）创建 "技术支持助手"
    technical_support_assistant = await client.assistants.create(
        graph_id="customer_service_graph", # 重用相同的基本 LangGraph 图
        name="technical_support_assistant",
        config={
            "configurable": {
                "model_name": "o3-mini", # 更强大的模型，用于处理技术问题
                "system_prompt": " 您是一位专业的技术支持代理，专注于技术
问题和解决方案。"
            }
        }
    )
    print(f" 已创建技术支持助手：{technical_support_assistant['assistant_
id']}")

asyncio.run(main())
```

在此示例中，我们创建了两个不同的助手，即 general_inquiry_assistant 和

technical_support_assistant，它们都基于相同的 customer_service_graph。但是，它们的配置不同 —— 使用不同的 LLM 模型（GPT-4o 与 o3-mini）和不同的系统提示，从而根据各自的角色进行定制。

2. 将线程作为对话上下文

下面介绍线程如何在多轮交互中维护对话上下文，而这与在线程中使用哪个助手无关。

示例 8-17：使用 LangGraph SDK 创建线程

```python
async def main():
    client = get_client()

    # 假设有示例 8-16 中的助手 ID
    general_assistant_id = general_inquiry_assistant['assistant_id']
    technical_assistant_id = technical_support_assistant['assistant_id']

    # （1）为对话创建一个新线程
    thread = await client.threads.create()
    thread_id = thread['thread_id']
    print(f" 已创建线程：{thread_id}")

    # （2）用户的第一条消息——通用咨询，使用"通用咨询助手"
    input_message_1 = {"messages": [{"role": "user", "content": " 你
们的营业时间是什么时候？ "}]}
    run_1 = await client.runs.create(thread_id, general_assistant_
id, input=input_message_1)
    print(f" 已启动运行 1 （通用咨询），运行 ID: {run_1['run_id']}")
    await client.runs.join(thread_id, run_1['run_id']) # 等待运行完成

    # （3）用户的第二条消息——技术支持问题，使用"技术支持助手"
    input_message_2 = {"messages": [{"role": "user", "content": " 我
无法重置密码。你能帮忙吗？ "}]}
    run_2 = await client.runs.create(thread_id, technical_support_
assistant_id, input=input_message_2)
    print(f" 已启动运行 2 （技术支持），运行 ID: {run_2['run_id']}")
    await client.runs.join(thread_id, run_2['run_id']) # 等待运行完成

    # （4）检索线程历史记录以查看对话
    thread_history = await client.threads.get_history(thread_id)
```

```
    print("\n 线程历史记录 :")
    for message in thread_history:
        print(f"- {message['role']}: {message['content']}")

asyncio.run(main())
```

在此示例中，我们创建了一个线程（thread_id），然后在该线程中执行两个运行。

◎ 运行 1：使用 General Inquiry Assistant 回答关于营业时间的一般性问题。

◎ 运行 2：使用 Technical Support Assistant 解决技术问题（密码重置）。

重要的是，两个运行在同一个线程中执行。在检索 thread_history 时，我们看到了整个对话历史记录，包括一般咨询问题和技术支持问题，这表明线程在会话之间维护上下文，即使使用了不同的助手也是如此。

3. 获取特定助手的运行情况

下面的示例侧重于获取线程中助手的单次运行详细信息。

示例 8-18：使用 LangGraph SDK 启动运行

```
async def main():
    client = get_client()
    general_assistant_id = general_inquiry_assistant['assistant_id']
# 来自示例 8-16
    thread_id = thread['thread_id'] # 来自示例 8-17

    # （1）使用"通用咨询助手"启动运行
    input_message = {"messages": [{"role": "user", "content": " 你们
提供退款服务吗？ "}]}
    run = await client.runs.create(thread_id, general_assistant_id,
input=input_message)
    run_id = run['run_id']
    print(f" 已启动运行, 运行 ID: {run_id}")

    # （2）获取运行详细信息
    run_details = await client.runs.get(thread_id, run_id)
    print("\n 运行详细信息 :")
    print(run_details)

asyncio.run(main())
```

在检查 run_details 对象时，我们看到它包含了有关此特定运行的信息。

◎ run_id：此运行的唯一标识符。

◎ thread_id：此运行所属的线程。

◎ assistant_id：调用的 general_inquiry_assistant 的 ID。

◎ status：最初是"pending"，最终将被更改为"success"（或"error"等）。

◎ kwargs：有关运行配置的详细信息，包括 input 消息和 assistant_id。

此示例突出展示了运行是助手在线程中一个独特的可跟踪执行。每个运行都有其自身的生命周期、状态和关联数据。

4. 用户在线程中跨助手进行交互

让我们结合上面的概念来模拟更完整的用户交互，展示用户如何在同一个线程中通过一系列轮次与不同的助手进行交互。

（1）用户启动一个线程。

（2）用户提出一个一般性问题，由"通用咨询助手"回答。

（3）用户提出一个技术问题，由"技术支持助手"解决（在同一个线程中，继续对话）。

（4）用户再次提出一个一般性问题，再次由"通用咨询助手"回答（仍然在同一个线程中）。

示例 8-19：使用 LangGraph SDK 说明相互作用

```python
async def main():
    client = get_client()
    general_assistant_id = general_inquiry_assistant['assistant_id']
    technical_assistant_id = technical_support_assistant['assistant_id']

    thread = await client.threads.create()
    thread_id = thread['thread_id']
    print(f"在线程中开始对话：{thread_id}")

    async def user_turn(user_message, assistant_to_use):
        input_data = {"messages": [{"role": "user", "content": user_message}]}
        run = await client.runs.create(thread_id, assistant_to_use, input=input_data)
        await client.runs.join(thread_id, run['run_id']) # 等待运行完成
```

```
        state = await client.threads.get_state(thread_id) # 获取运行
的最新状态
        ai_response = state['values']['messages'][-1]['content'][0]
['text'] # 提取智能体响应
        print(f"\n 用户请求：{user_message}")
        print(f" 智能体响应（{assistant_to_use}）：{ai_response}")


    # 轮次 1：一般咨询问题（使用"通用咨询助手"）
    await user_turn(" 你们接受哪些付款方式？", general_assistant_id)

    # 轮次 2：技术问题（使用"技术支持助手"）
    await user_turn(" 我的账户登录不起作用。我该怎么办？", technical_
support_assistant_id)

    # 轮次 3：一般咨询跟进（再次使用"通用咨询助手"）
    await user_turn(" 首次客户有折扣吗？", general_assistant_id)

asyncio.run(main())
```

在此示例中，在整个对话过程中，用户都是在同一个线程中进行交互的。根据用户问题的性质，对话在"通用咨询助手"和"技术支持助手"之间无缝切换。线程充当统一的上下文，维护整个对话历史记录，而与哪个助手处理用户提问，或当前是哪个对话轮次都无关。这展现了 LangGraph 平台在编排与专业智能体的复杂多轮对话方面的灵活性，所有这些都是在由线程管理的连贯的对话上下文中进行的。

Agent Protocol 为向激发多智能体系统的全部潜力迈出了重要一步，并且推动着更具协作性和互操作性的 AI 智能体生态系统的发展。通过标准化智能体运行（Run）、线程（Thread）和存储（Store）的 API，Agent Protocol 为实现各种智能体之间的通信和协同提供了共同基础。本节深入介绍了这些核心组件的 API 细节，说明了定义协议的请求—响应模式和数据结构。本节还介绍了助手的概念和 LangGraph 平台提供的助手 API，展示了它们如何扩展 Agent Protocol 以提供可配置和可管理的智能体实例。对于开发者来说，采用 Agent Protocol 可以简化集成过程，增强工具的兼容性（如 LangGraph Studio），并释放构建由来自各种框架的组件组成的复杂多智能体系统的潜力。随着智能体领域的不断成熟，Agent Protocol 有望成为关键推动因素，通过为未来的 AI 智能体提供共享语言来促进创新和协作。Agent Protocol 的优势总结如表 8-5 所示。

表 8-5　Agent Protocol 的优势总结

优势	描述
标准化	为智能体通信建立了通用的 API，减少碎片化并提高一致性
互操作性	实现了使用不同框架构建的智能体之间的无缝集成和协作
简化集成	简化了将各种来源的智能体整合到多智能体工作流和编排系统中的过程
增强开发者体验	提供了 LangGraph Studio 等工具，为更广泛的智能体提供了更通用、更强大的调试和可视化功能
通用部署平台	允许 LangGraph 平台等部署来自各种框架的智能体，从而利用共享的基础设施
生态系统增长	促进更具协作性和更成熟的 AI 智能体生态系统的发展，鼓励创新和共享标准

8.4　LangGraph 平台的高级功能

在之前讨论的基础架构和部署策略之上，LangGraph 平台还提供了一组丰富的高级功能，旨在帮助开发者构建复杂的、可用于生产环境的智能体。这些功能超越了基本的部署，解决了诸如通过多功能流式处理实现深度可观测性、人机环路集成和强大的并发处理等关键方面的问题。利用这些功能，开发者可以微调智能体的行为，确保它们在实际条件下的可靠性，获得对智能体操作的宝贵见解，并调整部署以满足特定应用程序的需求。

本节将详细探讨这些高级功能，展示它们如何共同构成 LangGraph 平台的优势，使其成为部署和管理复杂 AI 智能体的全面解决方案。我们将深入介绍其实际用例、实施技术和具体的 API 示例，演示如何利用这些功能来构建真正智能且稳健的智能体系统。

8.4.1　可观测性和调试

开发和维护稳健的智能体的基石是深入观察和调试其行为的能力。LangGraph 平台在这个方面表现出色，提供了多种多功能流式处理模式，可实时洞察图的内部工作原理。这些流式处理模式不仅用于调试，它们对于监控生产应用程序、理解复杂的智能体工作流，以及为用户提供丰富的交互体验也至关重要。让我们来探索 LangGraph 平台中可用的不同的 stream_mode 选项，以及如何利用它们。

1. 流式处理模式

LangGraph 平台的流式处理 API 非常通用，在 client.runs.stream、client.runs. create 和 client.runs.wait 等方法中提供了一系列 stream_mode 选项，每种模式都是针对不同的可观测性需求量身定制的。

（1）stream_mode="values"：流式处理完整图状态 —— 此模式表示在每个超步骤之后流式传输完整的图状态。它提供了智能体状态在整个运行过程中演变的整体视图，显示了每个存档点处所有状态变量的值，适合逐步监控复杂智能体工作流的整体状态。

示例 8-20：使用 stream_mode="values" 流式处理完整状态

```
input = {"messages": [{"role": "user", "content": "洛杉矶的天气怎么样？"}]}

async for chunk in client.runs.stream(
    thread["thread_id"],
    assistant_id,
    input=input,
    stream_mode="values" # 启用 "values" 流式处理模式
):
  if chunk.event == "values": # 筛选 "values" 事件
    state_data = chunk.data
    print(f"步骤 {chunk.step} 的状态更新:") # 步骤信息可在 chunk 元数据中找到（如果需要的话）
    print(state_data)
    print("---\n")
```

（2）stream_mode="updates"：流式处理状态更新 —— 与"values"模式相反，此模式表示仅流式传输每个节点执行后对图状态进行的更新。它提供了一个更简洁的视图，重点关注每个步骤中状态的变化，适合跟踪哪些节点正在修改图状态，以及它们正在进行的具体更改。

示例 8-21：使用 stream_mode="updates" 流式处理状态更新

```
input = {"messages": [{"role": "user", "content": "洛杉矶的天气怎么样？"
}]}
```

```
async for chunk in client.runs.stream(
    thread["thread_id"],
    assistant_id,
    input=input,
    stream_mode="updates" # 启用 updates 流式处理模式
):
    if chunk.event == "updates": # 筛选 updates 事件
        update_data = chunk.data
        print(f" 来自节点 '{chunk.node_name}' 的状态更新 :") # 节点名称可
在 chunk 元数据中找到
        print(update_data)
        print("---\n")
```

（3）stream_mode="messages-tuple"：流式处理消息（逐个词元）—— 此模式表示流式传输聊天模型在图节点内生成的单条消息。它非常适合为用户提供智能体响应的实时、逐个词元的反馈，从而提高用户的参与度。

示例 8-22：使用 stream_mode="messages-tuple" 流式处理消息

```
input = {"messages": [{"role": "user", "content": "Write a poem
about LangGraph 的诗。"}]}

async for chunk in client.runs.stream(
    thread["thread_id"],
    assistant_id,
    input=input,
    stream_mode="messages-tuple" # 启用 messages-tuple 流式处理模式
):
    if chunk.event == "messages": # 筛选 messages 事件
        message_chunk = chunk.data[0] # 提取消息块（元组:
[AIMessageChunk, metadata]）
        if message_chunk and hasattr(message_chunk, 'content'):
# 检查它是否包含内容
            print(message_chunk.content, end="", flush=True) # 逐个词
元打印
```

（4）stream_mode="events"：流式处理 LangChain 事件 —— 此模式表示流式传输高级 LangChain 事件（链开始、链结束、错误等），提供执行流程和组件级活动的结构化视图。它对于记录日志和监控整个执行的生命周期非常有用。

示例 8-23：使用 stream_mode="events" 流式处理 LangChain 事件

```
input = {"messages": [{"role": "user", "content": "LangGraph 有用吗？ "}]}

async for chunk in client.runs.stream(
    thread["thread_id"],
    assistant_id,
    input=input,
    stream_mode="events" # 启用 events 流式处理模式
):
    if chunk.event == "events": # 筛选 events 事件
        event_data = chunk.data
        print(f"LangChain 事件类型：{event_data['event']}")
        print(f"Run ID: {event_data['run_id']}")
        print(f"Name: {event_data['name']}")
        print(f"Data: {event_data['data']}\n---")
```

（5）stream_mode="debug"：流式处理调试事件 —— 此模式表示流式传输详细的调试事件，提供在智能体运行期间每个步骤按时间顺序排列的记录。

示例 8-24：使用 stream_mode="debug" 流式处理调试事件

```
input = {"messages": [{"role": "user", "content": "Tell me a
joke."}]}

async for chunk in client.runs.stream(
    thread["thread_id"],
    assistant_id,
    input=input,
    stream_mode="debug", # 启用 debug 流式处理模式
):
    if chunk.event == "debug":
        debug_data = chunk.data
        print(f"Debug Event Type: {debug_data['type']}")
        print(f"Timestamp: {debug_data['timestamp']}")
    print(f"Step: {debug_data['step']}")
    print(f"Payload: {debug_data['payload']}\n---")
```

2. Thread Status API（监控运行进度）

Thread Status API 允许以编程的方式监控智能体运行和线程的状态。我们可以使用 client.threads.search 和 client.runs.list 来监控运行状态。例如，构建一个仪表板来监

控活动智能体运行的数量、识别停滞的线程或根据运行状态触发警报。

（1）client.threads.search(status=…)。

◎ 参数 status（字符串，可选）：根据状态（idle、busy、interrupted、error）筛选线程。

◎ 返回：与状态过滤器匹配的线程对象列表。

（2）client.runs.list(thread_id=…)。

◎ 参数 thread_id（字符串，必需）：列出运行的线程的 ID。

◎ 返回：与线程关联的运行对象列表。检查 run["status"] 以获取运行状态。

示例 8-25：使用 Thread Status API 监控运行进度

```
busy_threads = await client.threads.search(status="busy") # 搜索状态
为 busy 的线程
print(f" 当前繁忙线程数 : {len(busy_threads)}")
for thread_info in busy_threads:
    print(f" 线程 ID: {thread_info['thread_id']}, 更新时间 : {thread_
info['updated_at']}")
```

8.4.2　人机环路

在许多实际应用中，特别是在涉及关键决策或需要细致入微的理解的应用中，将人工监督整合到智能体工作流中至关重要。LangGraph 平台提供了强大的人机环路功能，使开发者能够将人类专业知识无缝地融入自动化智能体流程中。这些功能不仅涉及手动覆盖，还涉及创建协同的 AI—人类系统，从而充分利用二者的优势。

1. 设置断点并进行干预

LangGraph 允许开发者在其图中定义断点，策略性地在预定节点处暂停智能体的执行，这在关键操作之前特别有用。例如，执行修改外部系统或做出不可逆决策的工具调用。通过设置断点，开发者可以注入人工审查和批准的步骤，确保在关键时刻进行人工监督。例如，在智能体执行金融交易或发送关键的电子邮件之前，设置断点可以暂停工作流，从而允许人工操作员审查建议的操作，做出批准、修改或拒绝该操作的决策。这种精细的控制对于确保安全性和符合人类价值观至关重要。

（1）API 说明：通过 interrupt_before 参数设置断点，该参数在 client.runs.stream、client.runs.create 和 client.runs.wait 方法中可用。

◎ interrupt_before（字符串数组，可选）：节点名称列表。如果指定该参数，则运行将在到达任何列出的节点之前暂停执行。

◎ 行为：当运行到达断点节点时，暂停执行，并且运行状态变为"interrupted"。如果要恢复执行，则需要新的 client.runs.stream 或类似的调用，但没有 interrupt_before 参数（或使用修改后的参数）。

（2）示例：一个自动化金融交易的智能体。你希望在"execute_transaction"节点之前添加断点，当一笔交易超过一定的金额时手动批准。

示例 8-26：设置断点进行干预

```
input = {"messages": [{"role": "user", "content": "Give John Doe 转
账 5000 美元"}]}

async for chunk in client.runs.stream(
    thread["thread_id"],
    assistant_id,
    input=input,
    stream_mode="updates",
    interrupt_before=["execute_transaction"], # 在 execute_
transaction 之前设置断点
):
    # 处理流式输出（运行将在 execute_transaction 之前暂停）
    pass
```

2. 审查和编辑工具调用

常见的人机环路模式允许在执行工具调用之前对其进行人工审查和修改。LangGraph 通过在工具节点之前中断执行并将建议的工具调用（工具名称和参数）呈现给人工审查员来实现此目的。人工审查员可以选择批准工具调用、编辑其参数以优化操作，甚至拒绝工具调用，从而引导智能体采取更合适的行动方案。对于与外部 API 或数据库交互的工具来说，这一点尤其有价值，因为人工验证可以防止出现意外后果或错误。

（1）API 说明：运行在断点处中断后，你可以使用 client.runs.stream（或 create、wait）恢复执行。如果要编辑工具调用，那么请使用 client.threads.update_state。

方法：client.threads.update_state(thread_id, update, as_node=None, checkpoint_id=None)。

◎ thread_id（字符串，必需）：要更新的线程的 ID。

◎ update（字典，必需）：包含状态更新的字典。如果要编辑工具调用，那么应包含带有修改后的消息对象的 messages 键（例如，更新后的 tool_calls 列表）。

◎ as_node（string，optional）：指定执行状态更新的节点（例如，human_review_node）。

◎ checkpoint_id（字符串，可选）：在人机环路工作流中编辑工具调用时，不需要这个参数。

（2）示例：一个旅行预订的智能体。在预订之前（使用 booking_tool），你希望进行人工审查并可能编辑预订详细信息。

示例 8-27：审查和编辑工具调用

```
# 启动运行并在booking_tool节点之前的断点处暂停执行

# 假设已获得人工审查和批准

async for chunk in client.runs.stream( # 从断点处恢复执行
    thread["thread_id"],
    assistant_id,
    input=None, # 不需要新输入，从暂停状态继续执行
    stream_mode="values",
):
    # 处理流式输出
    pass
```

运行在断点处中断后，可以通过在同一个线程中再次调用 client.runs.stream 来恢复执行，而无须提供新的 interrupt_before 参数。如果要编辑工具调用，则可以使用 client.threads.update_state 来修改状态中的 messages，然后再恢复执行。

3. 等待用户输入：动态澄清和指导

LangGraph 支持显式设计等待用户输入的节点。这些节点充当智能体工作流中的暂停操作，提示用户进行澄清、提供更多的信息或战略指导。当图执行到此类节点时，它会暂停，然后应用程序可以提示用户输入。在收到用户的输入后，应用程序可以使用此新信息更新图状态，并从暂停的节点处恢复执行。此模式非常适合需要对话式智能体或需要有状态交互的应用程序。

（1）API 说明：如果要提供用户输入，请使用 client.threads.update_state。

方法：client.threads.update_state(thread_id, update, as_node=None, checkpoint_id=None)。

◎ thread_id（字符串，必需）：要更新的线程的 ID。

◎ update（字典，必需）：包含状态更新的字典。对于用户输入，其应包含带有 tool 消息的 messages 键，该消息表示用户的响应。

◎ as_node（字符串，必需）：指定提供用户输入的节点（例如，ask_human）。

◎ checkpoint_id（字符串，可选）：在人机环路工作流中获取用户输入时，不需要此参数。

（2）示例：一个回答复杂问题的智能体，但需要用户澄清才能继续。在 ask_human 节点处暂停执行并等待用户输入。

示例 8-28：等待用户输入

```
# 运行在 ask_human 断点处暂停，提示用户输入

user_response = input("智能体正在请求澄清。请提供输入: ")

tool_call_id = state['values']['messages'][-1]['tool_calls'][0]
['id'] # 获取 AskHuman 的 tool_call_id

tool_message = [{"tool_call_id": tool_call_id, "type": "tool",
"content": user_response}] # 使用用户响应创建工具消息

await client.threads.update_state( # 使用用户响应更新状态
    thread['thread_id'],
    {"messages": tool_message},
    as_node="ask_human" # 重要提示：将状态更新为 ask_human 节点
)

async for chunk in client.runs.stream( # 恢复执行
    thread["thread_id"],
    assistant_id,
    input=None,
    stream_mode="values",
):
    # 继续处理
    pass
```

4. 状态编辑和时间旅行调试

开发者可以通过"时间旅行"的方式回到任何先前的状态并从那里进行分支操作。

（1）API 说明：从先前的状态重放到涉及两个 API 调用。

◎ client.threads.update_state(thread_id, update, checkpoint_id)：将线程状态更新为先前的存档点。

- thread_id（字符串，必需）：线程 ID。

- update（字典，必需）：通常是一个空字典 {"messages": []}，用于重置消息以进行重放。

- checkpoint_id（字符串，必需）：要恢复到的存档点的 ID。

◎ client.runs.stream(thread_id, assistant_id, input=None, stream_mode, checkpoint_id)（或 create、wait）：启动新的运行，从指定的存档点开始。

- checkpoint_id（字符串，必需）：从 update_state 调用获得的 checkpoint_id，指示重放的起点。

（2）示例：一个调试智能体。比如在步骤 3 中做出了错误决策，从步骤 2 中重放执行以分析行为。

示例 8-29：从先前的状态重放

```
states = await client.threads.get_history(thread['thread_id']) # 获取线程历史记录
state_to_replay = states[2] # 回到第 3 个状态（索引 2）

updated_config = await client.threads.update_state( # 准备状态以进行重放
    thread["thread_id"],
    {"messages": []},
    checkpoint_id=state_to_replay["checkpoint_id"] # 恢复到来自
state_to_replay 的存档点的 ID
)

async for chunk in client.runs.stream( # 从存档点重新执行
    thread["thread_id"],
    assistant_id,
    input=None, # 不需要新输入，使用来自存档点的状态
    stream_mode="updates",
```

```
    checkpoint_id=updated_config["checkpoint_id"] # 指定从哪个存档点开始
):
    # 观察重放执行
    pass
```

8.4.3 并发和双重文本策略

现实世界中的智能体经常面临不可预测的用户交互，包括双重文本（Double Texting）输出。LangGraph 平台提供了强大的机制来处理并发并优雅地管理这些突发的交互，从而确保应用程序的响应能力并防止智能体工作流中断。

1. 多任务处理策略

为了解决双重文本和并发请求的问题，LangGraph Server 提供了可配置的多任务处理策略。开发者可以选择最适合应用程序需求和所需用户体验的策略。

（1）可供选择的多任务处理策略。

◎ 拒绝（reject）：这是最简单的策略。如果线程中已有运行处于活动状态，那么拒绝策略会立即拒绝新的运行请求，从而防止并发执行并向用户发出智能体当前正忙的信号。

◎ 中断（interrupt）：当同一个线程中出现新的请求时，中断策略会取消当前正处于活动状态的运行。然后，新的请求开始执行，从而有效地优先处理最新的用户输入。中断的运行被标记为 "interrupted"，但其历史记录会被保留。

◎ 排队（enqueue）：当线程中已有运行处于活动状态时，排队策略会将新的运行请求放入队列中。然后，这些排队的请求将按照接收顺序被依次执行，从而确保即使在大量活动突发的情况下，所有的用户输入也都能够按照顺序被处理。

◎ 回滚（rollback）：回滚策略类似于中断策略，但它更进一步，不仅取消当前的运行，还从数据库中完全删除当前的运行及其关联的存档点。这为新请求提供了 "干净的状态"，但会牺牲回滚运行的历史记录。

（2）API 说明：multitask_strategy（字符串，可选）参数在 client.runs.create 方法（极其等效的 JavaScript 方法）中可用，指定用于处理同一个线程中并发运行的策略。允许的值为 "reject" "interrupt" "enqueue" "rollback"。默认值为 "reject"。

（3）示例：为聊天机器人实施中断策略。在聊天机器人中，最新的用户消息应始终优先。

示例 8-30：将多任务处理策略设置为中断策略

```
run = await client.runs.create(
    thread["thread_id"],
    assistant_id,
    input={"messages": [{"role": "user", "content": "初始消息"}]},
)

concurrent_run = await client.runs.create(
    thread["thread_id"],
    assistant_id,
    input={"messages": [{"role": "user", "content": "双重文本消息"}]},
    multitask_strategy="interrupt",  # 将多任务处理策略设置为中断策略
)
```

2. 后台运行

对于可能需要几分钟甚至几小时才能完成的长时间运行的智能体流程，LangGraph 平台支持后台运行（Background Run）。

（1）API 说明：后台运行是 client.runs.create 和 client.runs.wait 的默认行为。这些方法会异步启动运行。任务队列（Redis）由平台在内部管理。

（2）示例：启动长时间运行的后台数据分析任务，而不会阻止主应用程序流程。

示例 8-31：后台运行

```
run = await client.runs.create(  # 在后台启动运行
    thread["thread_id"],
    assistant_id,
    input={"messages": [{"role": "user", "content": "分析大型数据集。"}]},
)
run_id = run['run_id']
print(f"后台运行已启动，运行 ID: {run_id}")

# 继续执行其他任务

final_output = await client.runs.join(thread["thread_id"], run_id)
# 稍后，等待后台运行完成
print("后台运行输出: ", final_output)
```

3. 计划任务：计划智能体自动化

除了用户驱动的交互，许多智能体还可以从自动化、计划化的任务中获益。

LangGraph 平台提供了对计划任务（Cron Job）的内置支持，允许开发者安排智能体按用户定义的计划运行。用户需要指定计划、助手和一些输入。之后，服务器将按照指定的计划执行操作：使用指定的助手创建一个新线程，以及将指定的输入发送到该线程中。此功能非常适合自动化定期任务，例如，生成每日或每周报告、执行数据清理操作，或在没有人为干预的情况下触发批量处理工作流。

（1）API 说明：通过 client.crons API 对计划任务进行管理。

◎ client.crons.create_for_thread(thread_id, assistant_id, schedule, input)：创建与特定线程关联的计划任务。

- thread_id（字符串，必需）：计划任务运行的线程 ID。

- assistant_id（字符串，必需）：要运行的助手 ID。

- schedule（字符串，必需）：定义计划的 Cron 表达式。

- input（对象，可选）：计划运行的输入数据。

◎ client.crons.create(assistant_id, schedule, input)：创建一个无状态的计划任务（未与线程关联）。其参数与 create_for_thread 的相同，只是不需要 thread_id。

◎ client.crons.delete(cron_id)：删除计划任务。

- cron_id（字符串，必需）：要删除的计划任务的 ID。

（2）示例：生成每日报告，每天上午 8:00 运行计划任务。

示例 8-32：创建计划任务

```
cron_job = await client.crons.create_for_thread(
    thread["thread_id"],
    assistant_id,
    schedule="0 8 * * *", # 每天上午 8:00 运行计划任务
    input={"messages": [{"role": "user", "content": "生成每日报告。"}]},
)
print(f"Cron job 已计划, ID: {cron_job['cron_id']}")

# 稍后, 不再需要计划任务时删除它
# await client.crons.delete(cron_job["cron_id"])
```

4. 事件驱动集成

为了促进与外部系统和事件驱动架构的无缝集成，LangGraph 平台支持

Webhook。

（1）API 说明：webhook（字符串，可选）参数在 client.runs.stream、client.runs.create、client.runs.wait 和计划任务创建方法中可用。

webhook 是一个有效的 URL，用于在运行完成后接收 POST 请求。

（2）示例：在智能体运行成功完成后，触发通知服务或更新数据库记录。

示例 8-33：使用 Webhook

```
webhook_url = "https://your-service.com/webhook_endpoint"

async for chunk in client.runs.stream(
    thread["thread_id"],
    assistant_id,
    input={"messages": [{"role": "user", "content": "处理请求。"}]},
    stream_mode="values",
    webhook=webhook_url # 指定 Webhook URL
):
    # 处理流式输出
    pass

# 当运行完成时，LangGraph Cloud 将向 webhook_url 发送 POST 请求
```

示例 8-34：Webhook 请求示例

```
{
    "thread_id": "9dde5490-2b67-47c8-aa14-4bfec88af217",
    "created_at": "2024-08-30T23:07:38.242730+00:00",
    "updated_at": "2024-08-30T23:07:38.242730+00:00",
    "metadata": {},
    "status": "idle",
    "config": {},
    "values": null
}
```

如表 8-6 所示的 API 端点将接收 webhook 参数。

表 8-6　接收 webhook 参数的 API 端点

操作	HTTP 方法	端点
创建运行机制	POST	/thread/{thread_id}/runs
创建线程计划任务	POST	/thread/{thread_id}/runs/crons
流式运行	POST	/thread/{thread_id}/runs/stream
等待运行	POST	/thread/{thread_id}/runs/wait
创建计划任务	POST	/Runs/crons
流式运行无状态	POST	/Runs/stream
等待运行无状态	POST	/runs/wait

综上所述，LangGraph 平台的功能实现使平台成为构建和部署复杂智能体的强大而通用的解决方案。从实现深度可观测性的多功能流式处理模式、人机环路集成到强大的并发处理，使用这些功能可以有效应对在实际场景中运行 AI 智能体的关键挑战。通过掌握这些功能并理解其 API 的用法，开发者可以在基本的智能体原型的基础上，创建真正智能、可靠且以用户为中心的 AI 系统，从而充分利用 LangGraph 框架和更广泛的 LangChain 生态系统的潜力。LangGraph 平台的高级功能总结如表 8-7 所示。

表 8-7　LangGraph 平台的高级功能总结

功能类别	功能	描述	开发者收益
可观测性和调试	LangSmith 集成	与 LangSmith 无缝集成，用于跟踪、监控和评估智能体运行	提供对智能体行为的全面洞察，方便调试，并支持性能优化
	流式处理调试事件	实时流式传输详细的调试事件，详细说明图执行流程	实现对图执行的详细内省，方便底层调试，并提供对系统的深入理解
	多种流式处理模式	可配置的流式处理模式，可以满足不同的监控需求	提供监控和用户反馈方面的灵活性，满足不同的应用程序需求和用例
	线程状态 API	以编程的方式访问线程和运行状态，以进行监控和管理	支持以编程的方式进行监控、发出警报，以及基于执行状态对智能体工作流进行动态管理

续表

功能类别	功能	描述	开发者收益
人机环路	设置断点进行干预	在特定的节点处暂停智能体运行,以便进行人工审查/干预	实现人工监督、安全检查,以及对智能体工作流的精细控制
	审查和编辑工具调用	允许在工具调用执行之前对其进行人工审查和修改	防止意外操作,确保准确性,并将人工判断纳入工具选择和参数设置中
	等待用户输入	暂停执行以征求和纳入用户反馈或澄清	支持动态指导、寻求澄清,以及用户驱动的智能体对话转向
	状态编辑和时间旅行调试	重放先前的状态、分支操作和编辑状态以进行调试与探索	方便彻底调试、迭代改进,以及针对复杂智能体行为的"假设"场景测试
并发和双重文本策略	多任务处理策略	用于处理并发用户请求和双重文本场景的可配置策略	确保应用程序的响应能力,优雅地处理突发流量,并提供对并发行为的控制
	后台运行	异步执行长时间运行的智能体流程	提高服务器的响应能力,高效处理长时间运行的任务,并增强可扩展性
	计划任务	安排智能体运行以自动执行任务	支持自动化定期任务、数据处理和报告生成,而无须手动触发
	事件驱动集成	基于运行完成情况的事件驱动通信,可用于外部服务	方便与外部系统集成,触发实时操作,并支持事件驱动架构

8.5 访问控制

在 LangGraph 应用程序的生产部署中,尤其是处理敏感数据或关键操作,拥有强大的访问控制能力至关重要。确保只有经过授权的用户和服务才能与你的智能体及其资源进行交互,这不仅是最佳实践,更是必然要求。LangGraph 平台提供了一个灵活而强大的身份验证和授权系统,允许开发者集成根据其特定应用程序的需求量身定制的自定义安全模型。本节将介绍 LangGraph 平台中身份验证和授权的核心概念,重点讲解如何实施自定义安全措施以有效地保护智能体。我们将探索 LangGraph 平台访问控制系统的关键组件，深入研究自定义身份验证和授权处理程序的实现，并通过实际示例来说明如何在 LangGraph Cloud、BYOC 或自托管环境中保护部署。

8.5.1　身份验证和授权

在深入研究实施安全措施的细节之前，区分访问控制的身份验证和授权两个基本概念至关重要。虽然这两个术语经常互换使用，但它们代表不同的安全层。

◎ 身份验证（Authentication，AuthN）：验证尝试访问你的 LangGraph 应用程序的用户或服务的身份。它回答的问题是"你是谁"。身份验证是看门人，确保只有已知和已识别的实体才能继续操作。在 LangGraph 平台中，身份验证被实现为中间件，该中间件在每个传入请求上运行，以验证所提供的凭据。

◎ 授权（Authorization，AuthZ）：一旦通过身份验证确认了用户的身份，授权就将确定该用户被允许执行哪些操作，以及可以访问哪些资源。它回答的问题是"你被允许做什么"。授权是关于访问权限的，确保即使是经过身份验证的用户，也只能与其被明确允许访问的资源和操作进行交互。在 LangGraph 平台中，授权由自定义处理程序强制执行，这些处理程序根据每个资源验证用户的权限和角色。

本质上，身份验证用于确认谁发出了请求，而授权决定了发出请求的用户在被识别后可以做什么。LangGraph 平台的访问控制系统利用这两个概念，为智能体提供全面的安全性保障。

8.5.2　实施自定义身份验证

LangGraph 平台中的身份验证由你所实现和注册的自定义身份验证处理程序来处理。此处理程序充当中间件，拦截每个传入请求以验证凭据。

（1）API 说明：@auth.authenticate 处理程序。

◎ 装饰器 @auth.authenticate：此装饰器来自 langgraph_sdk.auth.Auth 类，用于注册自定义身份验证函数。

◎ 处理程序函数签名：修饰函数应为 async 函数，并且必须至少接收一个参数。它可以按照名称接收参数以访问请求信息（请参阅下面的"@auth.authenticate 处理程序支持的参数"部分）。

◎ 返回值（成功）：成功通过身份验证后，处理程序必须返回 MinimalUserDict（来自 langgraph_sdk.auth.types）。此字典必须至少包含"identity"键，表示

唯一的用户标识符（字符串）。它也可以有选择性地包含 ""is_authenticated":
True"（如果省略，则默认为 True），以及你希望在授权处理程序或应用程
序代码中使用的任何其他自定义用户信息（例如，权限、角色、组织 ID 等）。

◎ 错误处理（失败）：如果身份验证失败（凭据无效），那么处理程序将引发
Auth.exceptions.HTTPException（来自 langgraph_sdk.auth.Auth.exceptions），
其中包含 status_code（通常为 401 Unauthorized）和解释身份验证失败的
detail 消息，或者，也可以引发标准 AssertionError。

示例 8-35：自定义身份验证处理程序

```python
from langgraph_sdk import Auth


my_auth = Auth()


@my_auth.authenticate
async def authenticate(headers: dict) -> Auth.types.MinimalUserDict:
    """ 根据标头中的 API 密钥验证请求者的身份 """
    api_key = headers.get("x-api-key")
    if not api_key or not is_valid_key(api_key): # 将 is_valid_key
替换为你自己的 API 密钥验证逻辑
        raise Auth.exceptions.HTTPException(
            status_code=401,
            detail="API 密钥无效 "
        )

    # 如果 API 密钥有效，则返回用户信息
    return {
        "identity": api_key, # 将 API 密钥本身用作用户身份（在此示例中）
        "is_authenticated": True,
        "permissions": ["read", "write"] # 权限——可以根据 API 密钥动态
获取
    }


def is_valid_key(api_key: str) -> bool:
    """ 虚拟函数——替换为你自己的实际 API 密钥验证逻辑 """
    # 在实际的应用程序中，将涉及根据数据库检查 API 密钥、调用身份验证服务
    # 或验证签名词元
    valid_keys = ["valid-api-key-123", "another-valid-key"]
    return api_key in valid_keys
```

此示例演示了一个自定义身份验证处理程序，该处理程序验证了在 X-API-KEY 标头中传递的 API 密钥的正确性。通过身份验证后，你可以通过两种方式来访问 @auth.authenticate 处理程序返回的用户信息。

◎ 授权处理程序（@auth.on）：授权处理程序接收 AuthContext 对象作为 ctx 参数。此上下文对象包含一个 user 属性，该属性是一个 MinimalUserDict 实例，其中包含身份验证处理程序返回的用户信息（例如，ctx.user.identity、ctx.user.permissions）。

◎ 应用程序代码（通过 config）：通过 config 字典在 LangGraph 应用程序的节点中访问用户信息。将用户信息注入 config 中的 configuration 键和 langgraph_auth_user 子键下。例如，config["configuration"]["langgraph_auth_user"]["identity"]。

（2）@auth.authenticate 处理程序支持的参数：自定义 @auth.authenticate 处理程序函数可以按照名称接收以下参数的任意组合，从而灵活地访问请求详细信息。

◎ request（Request）：原始 ASGI 请求对象，提供对所有请求详细信息的访问。

◎ body（dict）：已解析的请求主体（如果适用的话，例如，对于带有 JSON 主体的 POST 请求）。

◎ path（str）：请求路径，例如 /threads/abcd-1234-abcd-1234/runs/abcd-1234-abcd-1234/stream。

◎ method（str）：HTTP 方法，例如 GET。

◎ path_params（dict[str, str]）：从路由提取的 URL 路径参数，例如 {"thread_id": "abcd-1234-abcd-1234", "run_id": "abcd-1234-abcd-1234"}。

◎ query_params（dict[str, str]）：URL 查询参数，例如 {"stream": "true"}。

◎ headers（dict[bytes, bytes]）：请求标头。

◎ authorization（str | None）：Authorization 标头值（如果存在的话），例如 "Bearer <token>"。

通常只会显示 authorization 参数以保持简洁，但是开发者可以根据需要接收更多的信息来实现自定义身份验证方案。

8.5.3 实施自定义授权

通过身份验证后，LangGraph 将调用 @auth.on 处理程序来控制对特定资源（例如，线程、助手、Cron 作业）的访问。这些处理程序可以实现以下效果。

（1）通过直接改变 value["metadata"] 字典来添加在资源创建期间要保存的元数据。

（2）通过返回过滤器字典，在搜索列表或读取操作期间按照元数据过滤资源。

（3）如果访问被拒绝，则会引发 HTTP 异常。

若只想实现简单的用户范围的访问控制，则可以使用单个 @auth.on 处理程序来处理所有的资源和操作。若要根据资源和操作进行不同的控制，则可以使用特定于资源的处理程序。

以下示例演示了一组授权处理程序，这些处理程序实现了针对线程和助手的不同访问控制。

示例 8-36：授权处理程序示例

```
from langgraph_sdk import Auth
from typing import Any

auth = Auth()

# 捕获未由更具体的处理程序处理的调用的通用 / 全局处理程序
@auth.on
async def reject_unhandled_requests(ctx: Auth.types.AuthContext,
value: Any) -> bool:
    print(f"用户 {ctx.user.identity} 对 {ctx.path} 的请求 ")
    raise Auth.exceptions.HTTPException(
        status_code=403,
        detail="Forbidden"
    )

# 匹配线程资源和所有的操作——create、read、update、delete、search
# 由于这比通用的 @auth.on 处理程序更具体，因此对于对线程资源的所有操作，它都
# 将优先于通用处理程序
@auth.on.async
def on_thread_create(
    ctx: Auth.types.AuthContext,
```

```
        value: Auth.types.threads.create.value
):
    if "write" not in ctx.permissions:
        raise Auth.exceptions.HTTPException(
            status_code=403,
            detail="用户缺少所需的权限。"
        )
    # 在正在创建的线程上设置元数据
    # 确保资源中包含 owner 字段
    # 每当用户尝试访问此线程或线程中的运行时，可以按照所有者进行筛选
    metadata = value.setdefault("metadata", {})
    metadata["owner"] = ctx.user.identity
    return {"owner": ctx.user.identity}


# 创建线程（仅匹配创建线程操作）
# 由于这比通用的 @auth.on 处理程序和 @auth.on.threads 处理程序更具体，
# 因此对于对线程资源的任何 create 操作，它都将优先
@auth.on.threads.create
async def on_thread_create(
    ctx: Auth.types.AuthContext,
    value: Auth.types.threads.create.value
):
    # 在正在创建的线程上设置元数据
    # 确保资源中包含 owner 字段
    # 每当用户尝试访问此线程或线程中的运行时，可以按照所有者进行筛选
    metadata = value.setdefault("metadata", {})
    metadata["owner"] = ctx.user.identity
    return {"owner": ctx.user.identity}


# 读取线程
# 由于这比通用的 @auth.on 处理程序和 @auth.on.threads 处理程序更具体，
# 因此对于对线程资源的任何 read 操作，它都将优先
@auth.on.threads.read
async def on_thread_read(
    ctx: Auth.types.AuthContext,
    value: Auth.types.threads.read.value
):
    # 由于正在读取（而不是创建）线程，因此不需要设置元数据
    # 只需要返回一个过滤器，以确保用户只能查看自己的线程
    return {"owner": ctx.user.identity}
```

```
# 创建运行、流式传输、更新等
# 这优先于通用的 @auth.on 处理程序和 @auth.on.threads 处理程序
@auth.on.threads.create_run
async def on_run_create(
    ctx: Auth.types.AuthContext,
    value: Auth.types.threads.create_run.value
):
    metadata = value.setdefault("metadata", {})
    metadata["owner"] = ctx.user.identity
    # 继承线程的访问控制
    return {"owner": ctx.user.identity}

# 创建助手
@auth.on.assistants.create
async def on_assistant_create(
    ctx: Auth.types.AuthContext,
    value: Auth.types.assistants.create.value
):
    if "assistants:create" not in ctx.permissions:
        raise Auth.exceptions.HTTPException(
            status_code=403,
            detail="The user lacks the required permissions"
        )
```

请注意，在上面的示例中混合使用了全局处理程序和特定于资源的处理程序。由于每个请求都由更具体的处理程序处理，因此创建线程的请求将匹配 on_thread_create 处理程序，而不匹配 reject_unhandled_requests 处理程序。但是，更新线程的请求将由通用处理程序处理，因为没有针对该资源和操作的更具体的处理程序。

下面介绍一下过滤器操作（Filter Operation）。

授权处理程序可以返回 None、布尔值或过滤器字典。

◎ None 和 True 表示授权访问所有的底层资源。

◎ False 表示拒绝访问所有的底层资源（引发 403 异常）。

◎ 元数据过滤器字典将限制对资源的访问。

过滤器字典中的键与资源元数据匹配。它支持三种匹配方式。

◎ 默认值是完全匹配的简写，或下面的 $eq。例如，{"owner": user_id} 将仅匹

配元数据中包含 {"owner": user_id} 的资源。

◎ $eq：完全匹配（例如，{"owner": {"$eq": user_id}}），其等效于上面的简写 {"owner": user_id}。

◎ $contains：列表成员资格（例如，{"allowed_users": {"$contains": user_id}}），此处的值必须是列表的元素。存储资源中的元数据必须是列表/容器类型。

具有多个键的字典使用逻辑 AND 过滤器进行处理。例如，{"owner": org_id, "allowed_users": {"$contains": user_id}} 将仅匹配元数据的所有者为 org_id 且其 allowed_users 列表中包含 user_id 的资源。

8.5.4 常见访问者模式的实现

以下是可以使用 LangGraph 平台访问控制系统实现的常见访问者模式。

（1）仅所有者访问权限：将资源访问权限限制为仅所有者（资源的创建者）。

示例 8-37：仅所有者访问权限

```
@auth.on
async def owner_only(ctx: Auth.types.AuthContext, value: dict) ->
dict:
    """ 将资源访问权限限制为仅所有者 """
    metadata = value.setdefault("metadata", {})
    metadata["owner"] = ctx.user.identity # 在创建时设置所有者元数据
    return {"owner": ctx.user.identity} # 筛选资源的所有者以进行读取/搜索
```

通过全局应用此 @auth.on 处理程序，所有资源（线程、助手、定时任务、运行）的访问权限都将被自动限定为创建它们的用户。只有所有者才能列出、读取、更新或删除这些资源。

（2）基于权限列表的访问控制：根据用户（角色）绑定的权限列表控制访问权限。

示例 8-38：基于权限列表的访问控制

```
# 身份验证处理程序，请参阅前面的示例，确保用户信息中包含 permissions 列表

def _default_filter_owner(ctx: Auth.types.AuthContext, value: dict)
-> dict:
    """ 用于创建基于所有者的过滤器的帮助程序函数 """
    metadata = value.setdefault("metadata", {})
    metadata["owner"] = ctx.user.identity
    return {"owner": ctx.user.identity}
```

```
@auth.on.threads.create
async def authorize_thread_create(ctx: Auth.types.AuthContext,
value: Auth.types.threads.create.value):
    """需要 threads:write 权限才能创建线程"""
    if "threads:write" not in ctx.user.get("permissions", []):
        raise Auth.exceptions.HTTPException(status_code=403,
detail="未经授权——需要 threads:write 权限")
    return _default_filter_owner(ctx, value) # 在权限检查后应用基于所有
者的过滤器


@auth.on.threads.read
async def authorize_thread_read(ctx: Auth.types.AuthContext, value:
Auth.types.threads.read.value):
    """需要 threads:read 或 threads:write 权限才能读取线程"""
    required_permissions = ["threads:read", "threads:write"]
    if not any(perm in ctx.user.get("permissions", []) for perm in
required_permissions):
        raise Auth.exceptions.HTTPException(status_code=403,
detail="未经授权——需要 threads:read 或 threads:write 权限")
    return _default_filter_owner(ctx, value) # 在权限检查后应用基于所有
者的过滤器


@auth.on.assistants.create
async def authorize_assistant_create(ctx: Auth.types.AuthContext,
value: Auth.types.assistants.create.value):
    """需要 assistants:create 权限才能创建助手"""
    if "assistants:create" not in ctx.user.get("permissions", []):
        raise Auth.exceptions.HTTPException(status_code=403,
detail="未经授权——需要 assistants:create 权限")
    return None # 创建助手本身不需要过滤器，如果未引发异常，则授予权限


@auth.on # 默认拒绝所有其他资源 / 操作
async def reject_unhandled_requests(ctx: Auth.types.AuthContext,
value: Any) -> bool:
    """默认拒绝所有处理程序"""
    raise Auth.exceptions.HTTPException(status_code=403, detail="禁
止")
```

在此模式中，@auth.authenticate 处理程序被扩展为在用户信息中包含权限列表。

接下来，特定于资源的 @auth.on 处理程序检查 ctx.user.permissions 中是否存在特定权限，然后再授予创建或读取资源的权限。默认拒绝所有处理程序（@auth.on），确保显式拒绝任何未处理的资源/操作组合，从而强制执行最小权限原则。

8.5.5　接入自定义身份验证

要激活自定义身份验证和授权处理程序，需要在 langgraph.json 文件中配置 auth 部分。此部分指定包含 Auth 实例和处理程序的 Python 文件的路径。

示例 8-39：langgraph.json 文件配置

```
{
  "dependencies": ["."],
  "graphs": {
    "agent": "./agent.py:graph"
  },
  "env": ".env",
  "auth": {
    "path": "./auth.py:my_auth" // 指向 auth.py 文件和 Auth 实例my_
auth 的路径
  }
}
```

auth.path 用于指定身份验证文件的路径，格式为 path/to/auth_file.py:auth_instance_name。确保此路径对应于 langgraph.json 文件或 Docker 容器内的绝对路径。

在 LangGraph 服务器上配置自定义身份验证后，客户端应用程序必须在其请求中包含必要的授权信息。最常见的做法是将 Authorization 标头添加到每个请求中。

示例 8-40：Python 客户端请求示例

```
my_token = "your-jwt-token" # 替换为真实的 JWT Token
client = get_client(
    url="<DEPLOYMENT_URL>",
    headers={"Authorization": f"Bearer {my_token}"} # 包括
Authorization 标头
)
threads = await client.threads.search() # 请求中将包含词元
```

示例 8-41：Python RemoteGraph 请求示例

```
remote_graph = RemoteGraph(
    "agent",
```

```
    url="<DEPLOYMENT_URL>",
    headers={"Authorization": f"Bearer {my_token}"} # 包括
Authorization 标头
)
threads = await remote_graph.ainvoke(...) # 请求中将包含词元
```

示例 8-42：JavaScript 客户端请求示例

```
import { Client } from "@langchain/langgraph-sdk";

const my_token = "your-jwt-token"; // 实际上，你将使用自己的身份验证处理
程序来生成签名词元
const client = new Client({
  apiUrl: "http://localhost:2024",
  headers: { Authorization: `Bearer ${my_token}` }, // 包括
Authorization 标头
});
const threads = await client.threads.search(); // 请求中将包含词元
```

示例 8-43：JavaScript RemoteGraph 请求示例

```
import { RemoteGraph } from "@langchain/langgraph/remote";

const my_token = "your-jwt-token"; // 实际上，你将使用自己的身份验证处理
程序来生成签名词元
const remoteGraph = new RemoteGraph({
  graphId: "agent",
  url: "http://localhost:2024",
  headers: { Authorization: `Bearer ${my_token}` }, // 包括
Authorization 标头
});
const threads = await remoteGraph.invoke(...); // 请求中将包含词元
```

将 your-jwt-token 替换为从身份验证处理程序中获得的实际词元。Authorization 标头通常应遵循 Bearer <token> 格式，适用于 JWT 或类似的基于词元的身份验证方案。开发者可以根据自己所选择的身份验证方法来调整标头格式。

综上所述，在 LangGraph 平台中实施自定义身份验证和授权，为在实际环境中部署智能体提供了至关重要的安全基础。通过利用 @auth.authenticate 和 @auth.on 装饰器，开发者可以精细地控制谁可以访问其 LangGraph 应用程序，以及访问者被允许执行哪些操作。该平台的系统允许与各种身份验证方案无缝集成，并支

持实现复杂的访问控制模式，例如分层、基于角色的授权等。无论是实施基本的用户范围的访问权限还是复杂的组织级策略，LangGraph 平台的访问控制机制都能帮助你构建安全、合规和值得信赖的 AI 智能体系统。通过仔细设计和实施自定义身份验证和授权处理程序，开发者可以确保自己的 LangGraph 部署免受未经授权的访问、数据泄露和意外操作的影响，使其适合最敏感和任务关键型的应用程序。在继续构建和部署智能体的过程中，请记住，强大的访问控制不是一个可有可无的附加功能，而是负责任且安全的 AI 部署的必要要求。

8.6 RemoteGraph 和 React Hook

为了充分发挥 LangGraph 平台的潜力，需要将应用程序无缝连接到已部署的智能体并与之交互。本节将探讨有助于实现此连接的两个关键组件：RemoteGraph 和 React Hook useStream()。RemoteGraph 充当桥梁，允许 Python 或 JavaScript 的后端与 LangGraph 平台部署进行交互，就像它是在本地代码中定义的 CompiledGraph 对象一样。在前端，React Hook useStream() 简化了将 LangGraph 驱动的智能体集成到 React 用户界面的过程，并在幕后处理复杂的流式处理和状态管理问题。RemoteGraph 和 useStream() 共同提供了一种强大而简化的方法来构建互联的 LangGraph 应用程序，使开发者能够创建由稳健的、已部署的 AI 智能体驱动的交互式实时体验。本节将介绍如何使用这些工具，并且提供实用的示例和 API 详细信息，帮助开发者在应用程序的前端和后端之间建立无缝连接。所有这些都由 LangGraph 平台提供支持。

8.6.1 使用 RemoteGraph 与已部署的图进行交互

对于希望以编程的方式与 LangGraph 平台部署进行交互的开发者来说，RemoteGraph 是一个至关重要的接口。对于远程部署的在 LangGraph 服务器上运行的图，原本只能通过 REST 接口进行调用，但是通过 RemoteGraph 接口，开发者可以将它视为在本地代码中定义的 CompiledGraph 对象进行操作。这种抽象简化了开发和集成，使开发者能够从应用程序后端调用、流式传输和管理已部署智能体的状态。

（1）API 说明：RemoteGraph 的初始化参数和用法。

在创建 RemoteGraph 实例时，必须提供如下参数。

◎ name（字符串，必需）：要与之交互的图的名称。这与你在部署的 langgraph.json 文件中使用的图名称相同（图 ID）。

◎ api_key（字符串，必需）：用于身份验证的有效 LangSmith API 密钥。可以直接传递它，也可以将其设置为环境变量（LANGSMITH_API_KEY）。或者，如果 LangGraphClient / SyncLangGraphClient 是使用 api_key 参数初始化的，则也可以通过 client / sync_client 参数提供 API 密钥。

此外，还必须提供以下连接方式之一。

◎ url（字符串，可选）：你的 LangGraph 平台部署的 URL。如果传递了 url 参数，则将使用所提供的 URL、标头（如果提供的话）和默认配置值（例如，超时值等）创建同步客户端与异步客户端。

◎ client（LangGraphClient，可选）：LangGraphClient 实例（异步客户端），已初始化并被配置为连接到你的部署。

◎ sync_client（SyncLangGraphClient，optional）：SyncLangGraphClient 实例（同步客户端），已初始化并被配置。

如果同时传递了 client 或 sync_client 以及 url 参数，那么客户端实例将优先于 url 参数。如果未提供 client、sync_client 或 url 参数，那么 RemoteGraph 将在运行时引发 ValueError。

（2）Runnable 接口：RemoteGraph 实现了 LangChain Runnable 接口，镜像了 CompiledGraph 的方法。这意味着你可以使用自己熟悉的方法（如 .invoke()、.stream()、.ainvoke()、.astream()、.get_state()、.update_state() 及其对应的同步方法）与远程图进行交互。

◎ 使用 URL 初始化 RemoteGraph（Python）。

示例 8-44：使用 URL 初始化 RemoteGraph（Python）

```
from langgraph.pregel.remote import RemoteGraph

url = "<DEPLOYMENT_URL>"   # 替换为你的部署 URL
graph_name = "agent"       # 替换为你的 langgraph.json 文件中的图名称
remote_graph = RemoteGraph(graph_name, url=url)
```

◎ 使用客户端初始化 RemoteGraph（Python）。

示例 8-45：使用客户端初始化 RemoteGraph（Python）

```
from langgraph_sdk import get_client, get_sync_client
from langgraph.pregel.remote import RemoteGraph

url = "<DEPLOYMENT_URL>"   # 替换为你的部署 URL
```

```
result
graph_name = "agent"          # 替换为你的图的名称
client = get_client(url=url) # 初始化异步客户端
sync_client = get_sync_client(url=url) # 初始化同步客户端
client
remote_graph = RemoteGraph(graph_name, client=client, sync_
client=sync_client)
```

◎ 异步调用和流式传输（Python）。

示例 8-46：异步调用和流式传输（Python）

```
# 异步调用图
result = await remote_graph.ainvoke({
    "messages": [{"role": "user", "content": "旧金山的天气怎么样？"}]
})
print("调用结果: ", result)

# 从图开始异步流式传输输出
async for chunk in remote_graph.astream({
    "messages": [{"role": "user", "content": "Los Angeles 的天气怎么样？"}]
}):
    print("流式传输块: ", chunk)
```

◎ 同步调用和流式传输（Python）。

示例 8-47：同步调用和流式传输（Python）

```
# 同步调用图
result = remote_graph.invoke({
    "messages": [{"role": "user", "content": "旧金山的天气怎么样？"}]
})
print("调用结果（同步）: ", result)

# 从图同步流式传输输出
for chunk in remote_graph.stream({
    "messages": [{"role": "user", "content": "洛杉矶的天气怎么样？"}]
}):
    print("流式传输块（同步）: ", chunk)
```

◎ 启用线程级持久化（Python）。

示例 8-48：启用线程级持久化（Python）

```
from langgraph_sdk import get_sync_client
from langgraph.pregel.remote import RemoteGraph

url = "<DEPLOYMENT_URL>"
graph_name = "agent"
sync_client = get_sync_client(url=url)
remote_graph = RemoteGraph(graph_name, url=url)

# 创建线程（或改为使用现有的线程）
thread = sync_client.threads.create()

# 使用线程配置调用图
config = {"configurable": {"thread_id": thread["thread_id"]}}
result = remote_graph.invoke({
    "messages": [{"role": "user", "content": "旧金山的天气怎么样？"}]
}, config=config)

# 验证状态是否已被持久化到线程
thread_state = remote_graph.get_state(config)
print(thread_state)
```

◎ 将 RemoteGraph 用作子图（Python）。

示例 8-49：将 RemoteGraph 用作子图（Python）

```
from langgraph_sdk import get_sync_client
from langgraph.graph import StateGraph, MessageState, START
from langgraph.pregel.remote import RemoteGraph

# 初始化 RemoteGraph
remote_graph = RemoteGraph("agent", url="<DEPLOYMENT_URL>")

parent_graph_builder = StateGraph(MessageState) # 定义父图
# 将 RemoteGraph 添加为节点
parent_graph_builder.add_node("child_agent", remote_graph)
parent_graph_builder.add_edge(START, "child_agent")
graph = parent_graph_builder.compile()

result = graph.invoke({ # 调用父图，父图使用 RemoteGraph 子图
    "messages": [{"role": "user", "content": "旧金山的天气怎么样？"}]
```

```
})
print(" 父图结果: ", result)
```

8.6.2　使用 React Hook 构建交互式前端

为了给 LangGraph 应用程序创建引人入胜的用户界面，@langchain/langgraph-sdk/react 库提供了 React Hook useStream()。useStream() 简化了将 React 前端连接到 LangGraph 平台部署的过程，并在后台处理流式传输、状态管理和对话分支的复杂性。

useStream() Hook 的主要功能如下。

◎ 消息流式传输：处理消息块流以形成完整的消息。

◎ 自动状态管理：处理消息、中断、加载状态和错误。

◎ 对话分支：从聊天历史记录中的任何点创建备用对话路径。

◎ 用户界面不可知设计：自带组件和样式。

让我们探索如何在 React 应用程序中使用 useStream()。

首先要安装所需的依赖：

```
npm install @langchain/langgraph-sdk @langchain/langchain-core react
```

useStream() Hook 为创建定制的聊天体验奠定了坚实的基础。下面介绍每个功能的重点示例。

1. 加载状态

isLoading 属性和 stop() 函数有助于管理加载指示器和取消活动流。

示例 8-50：加载状态

```
export default function LoadingStateExample() {
  const { isLoading, stop } = useStream<{ messages: Message[] }>({
// 初始化 useStream Hook
    apiUrl: "http://localhost:2024",
    assistantId: "agent",
    messagesKey: "messages",
  });

  return (
    <form>
      {isLoading && ( // 有条件地渲染加载指示器
```

```
        <button key="stop" type="button" onClick={() => stop()}>  {/*
使用"停止"按钮以取消流式传输 */}
          Stop
        </button>
      )}
      {isLoading ? "智能体正在加载……" : "智能体已准备就绪"} {/* 显示加
载文本 */}
      <button keytype="submit" disabled={isLoading}>发送</button> {/*
在加载时禁用"发送"按钮 */}
    </form>
  );
}
```

此示例演示了如何在 isLoading 为 true 时有条件地渲染"停止"按钮和加载文本，以及如何禁用"发送"按钮以防止在加载期间提交新内容。

◎ isLoading：来自 useStream() 的布尔值，当流处于活动状态（正在加载数据）时为 true，否则为 false。

◎ stop()：useStream() 返回的函数，用于在调用时取消活动流。

2. 线程管理

使用内置线程管理跟踪对话。你可以访问当前线程 ID，并在创建新线程时收到通知。

示例 8-51：线程管理

```
const [threadId, setThreadId] = useState<string | null>(null); // 用
于存储 threadId 的状态

const ThreadManagementExample = () => {
  const thread = useStream<{ messages: Message[] }>({
    apiUrl: "http://localhost:2024",
    assistantId: "agent",
    messagesKey: "messages",
    threadId: threadId,       // 传递 threadId 以恢复对话
    onThreadId: setThreadId, // 回调以在新线程创建时更新 threadId 的状态
  });

  // 组件的其余部分（用于显示消息的界面、输入表单等）
}
```

此示例演示了如何使用 useState 来管理 threadId 并将其传递回 useStream 以进行持久化。建议将 threadId 存储在 URL 的查询参数中，以便用户在页面刷新后恢复对话（为简洁起见，此代码段中未显式实现）。

◎ threadId（配置选项）：在初始化期间传递 threadId 值以恢复现有的对话。如果其值为 null（或未提供），那么 useStream 将创建一个新线程。

◎ onThreadId（配置选项）：每当 useStream 创建新线程时调用的回调函数。新的 threadId 作为参数被传递给此回调函数，允许更新组件的状态（例如，使用 useState 的方式）以存储和持久化 threadId。

3. 消息处理

messages 属性和 messagesKey 选项提供了对聊天历史记录的访问和控制。

示例 8-52：消息处理

```
import type { Message } from "@langchain/langgraph-sdk";
import { useStream } from "@langchain/langgraph-sdk/react";

const MessagesHandlingExample = () => {
  const thread = useStream<{ chatHistory: Message[] }>({ // 使用
chatHistory 定义状态类型
    apiUrl: "http://localhost:2024",
    assistantId: "agent",
    messagesKey: "chatHistory", // 将 messagesKey 设置为 chatHistory
以映射到状态
  });

  return (
    <div>
      {thread.messages.map((message) => ( // thread.messages 被映射到
状态中的 chatHistory
        <div key={message.id}>{message.content as string}</div>
      ))}
      {/* 组件的其余部分（输入表单等） */}
    </div>
  );
}
```

此示例演示了如何将 messagesKey 更改为自定义状态键 chatHistory，以及如何使用 thread.messages 从该自定义状态键中获取消息。

◎ messages（返回属性）：Message 对象数组，表示聊天历史记录。在默认情况下，useStream 期望消息被存储在图状态中的 messages 键下。

◎ messagesKey（配置选项）：如果在图状态中使用不同的键来存储消息（如示例中的 chatHistory），则使用 messagesKey 选项将 thread.messages 映射到该键。

4．人机环路

useStream() Hook 公开了 interrupt 属性，该属性将呈现线程的最后一次中断。你可以使用中断：

◎ 呈现确认界面，然后执行节点。

◎ 等待人工输入，允许智能体向用户询问需要澄清的问题。

示例 8-53：人机环路

```
const InterruptExample = () => {
  const thread = useStream<
    { messages:Message[] },
    { InterruptType:string } // 将 InterruptType 定义为字符串
  >({
    apiUrl:"http://localhost:2024",
    assistantId:"agent",
    messagesKey:"messages",
  });

  if (thread.interrupt) { // 检查 thread.interrupt 是否有值（发生中断）
    return (
      <div>
        Interrupted! Reason:{thread.interrupt} // 显示中断原因

        <button
          type="button"
          onClick={() => {
            text.submit(undefined, { command:{ resume:true } }); // 单击按钮后恢复运行
          }}
        >
          Resume
        </button>
      </div>
```

```
    );
  }

  // 组件的其余部分（聊天界面、输入表单等）
  }
```

此示例既演示了当 thread.interrupt 为真值时，如何使用它有条件地渲染用户界面部分，并指示发生了中断，还演示了如何将 thread.submit 与 config.command 结合使用以恢复运行，从而将数据传回图中。

◎ interrupt（返回属性）：此属性的类型为 InterruptType（默认为 unknown），将保存来自 LangGraph 运行的中断值（如果有的话）。当图执行到中断点（例如，人工参与的循环节点）时，将填充该属性。如果没有活动的中断点，那么它将为 null 或 undefined。

◎ InterruptType（类型参数）：你可以选择使用 useStream 的第二个泛型类型参数指定 interrupt 值的类型（例如，useStream<State, { InterruptType: string }>）。

useStream() 对使用 TypeScript 编写的应用程序非常友好，为状态指定类型，以获得更好的类型安全性和 IDE 支持。同时，useStream() Hook 提供了多个回调选项，以响应不同的事件。

◎ onError：在发生错误时调用。

◎ onFinish：在流完成时调用。

◎ onUpdateEvent：在收到更新事件时调用。

◎ onCustomEvent：在收到自定义事件时调用。

◎ onMetadataEvent：在收到元数据事件时调用，其中包含运行 ID 和线程 ID。

 **思考题**

（1）LangGraph 平台的组件（LangGraph Server、LangGraph Studio、LangGraph CLI、LangGraph SDK）是如何协作以简化智能体的开发生命周期的？请选择一个你认为最重要的组件，阐述其在平台整体功能中的关键作用。

（2）LangGraph 平台提供了 Cloud SaaS、Self-Hosted Enterprise 和 Self-Hosted Lite 三种主要部署选项。请比较这些部署选项在易用性、控制级别、可扩展性、成本和应用场景方面的权衡，针对一个具体的应用场景（例如，高流量客户服务聊天机器人、内部数据分析智能体等）推荐最合适的部署选项，并给出你的理由。

（3）设想一个 AI 智能体在执行复杂的数据分析任务时，中间状态中出现了一个错误的数据点。如何使用 LangGraph Studio 的状态编辑功能来纠正这个错误，并让智能体从修正后的状态继续执行，以获得正确的结果？

（4）LangGraph 平台提供的人机环路功能（设置断点、工具调用审查、等待用户输入、状态编辑）是如何在实际应用中提升智能体系统的可靠性、安全性和用户满意度的？请设想一个具体的应用场景，并详细描述人机环路的哪些功能在该场景下至关重要，以及如何有效地利用它们。

（5）LangGraph 平台提供了多种流式处理模式（值流、更新流、消息流、事件流、调试流）。在不同的开发和部署阶段（例如，本地开发、性能监控、用户交互），你会如何选择和组合使用这些流式处理模式？请针对每种模式阐述其主要用途和优势。

（6）Agent Protocol 旨在标准化智能体通信。你认为 Agent Protocol 对于构建更开放、互操作的 AI 智能体生态系统有何重要意义？ LangGraph 平台是如何利用 Agent Protocol 来增强其自身功能和与其他框架集成的？

（7）LangGraph 平台提供了拒绝、中断、排队和回滚四种双重文本处理策略。请分析每种策略的优缺点，针对不同的应用场景（例如，高优先级实时应用、后台任务处理等）推荐合适的策略，并解释你的选择。

（8）为什么在生产级 LangGraph 应用程序中实施自定义身份验证和授权至关重要？请讨论在设计自定义授权处理程序时需要考虑的关键安全因素和访问控制模式（例如，基于角色的访问控制、基于属性的访问控制等）。

（9）RemoteGraph 允许开发者像使用本地图一样与远程部署的 LangGraph 应用程序进行交互。请设想至少两种不同的应用场景，在这些场景中，RemoteGraph 能够显著简化开发流程或提高应用程序的灵活性。

（10）React Hook useStream() 是如何简化 LangGraph 智能体在 React 前端应用程序中的集成的？请讨论 useStream() 提供的状态管理、流式处理和分支支持功能是如何帮助开发者构建更具交互性和用户友好的智能体应用界面的。

（11）除了本章介绍的技术功能，你认为 LangGraph 平台未来可能朝着哪些方向发展？例如，在多智能体协作、更高级的记忆机制、与其他 AI 基础设施的集成等方面，你有哪些期望或设想？

第 9 章
LangGraph 应用开发模板

If I have seen further, it is by standing on the shoulders of giants. — Isaac Newton

（如果我看得更远，那是因为我站在巨人的肩膀上。——伊萨克·牛顿）

在创造的征途中，我们时常面对一片混沌的荒原，举步维艰。从零开始，固然蕴藏着无限可能，却也充满未知的迷雾与挑战。然而，设想一下，若有一座坚实的基石、一个高耸的平台，将我们托举至更高的起点，会是怎样一番景象？如同攀登者立于前人的肩膀上，我们得以超越眼前的局限，眺望更广阔的远方，更清晰地预见未来的方向。这便是架构的意义，是起点的价值，亦是通往更高成就的隐喻。

构建 AI 智能体，尤其是在 LangGraph 这样强大而灵活的框架下，既充满机遇，又面临挑战。开发者常常需要在自由定制与快速启动之间寻求平衡。为了解决这一难题，LangGraph 模板应运而生。本章将深入探索 LangGraph 提供的一系列宝贵资源，它们不仅仅是代码片段，更是构建各种 AI 智能体的成熟实践的结晶。我们将看到，从零散的代码概念跃升到可复用的智能体架构，模板扮演着至关重要的桥梁角色。

本章旨在为你全面解读 LangGraph 模板的价值和用法。我们将首先剖析模板的目录结构和编码风格，助你快速掌握其内在逻辑，并为后续定制化开发打下坚实的基础。随后，我们将逐一深入研究六个精心设计的模板，涵盖从最基础的项目骨架到具备记忆功能、数据富集能力以及复杂研究策略的 AI 智能体。你将了解到，这些模板不仅展示了 LangGraph 的强大功能，更蕴含着构建高效、可靠的 AI 智能体的最佳实践。通过本章的学习，你将能够充分利用 LangGraph 模板，加速 AI 智能体开发进程，并为构建更复杂、更具创新性的 LangGraph 应用程序奠定坚实的基础。

9.1 LangGraph 模板简介

LangGraph 旨在帮助开发者通过基于图的方法构建复杂的 AI 智能体。虽然这种框架提供了极大的灵活性和控制力，但从零开始有时会让人望而却步。为了加速开发并提供实用的起点，LangGraph 提供了一套预构建的模板。这些模板不仅仅是样板代码，更是经过深思熟虑的蓝图，展示了构建各种类型 AI 智能体的最佳实践。它们涵盖了从简单的聊天机器人到复杂的推理智能体、检索增强生成（RAG）系统，以及具有记忆功能的智能体。

这些模板具有多种用途。对于 LangGraph 的新手开发者，模板提供了可以直接探索和学习的功能示例；对于熟悉 LangChain 的开发者，模板则提供了一种结构化的方式来过渡到基于图的智能体开发，展示了 LangGraph 是如何增强和组织智能体逻辑的。每个模板都是一个独立的项目，包含定义的目录结构、配置文件和模块化代码。这种结构提高了清晰度和易于定制性，使开发者能够快速将模板应用到其特定的用例中。此外，这些模板被设计为与 LangChain 生态系统无缝集成，包括 Agent 框架和 LangSmith，用于实现可观测性和调试。利用这些模板，开发者可以绕过初始设置的复杂性，专注于更高层次的 AI 智能体定制和优化任务，从而显著缩短 LangGraph 驱动应用程序开发的生命周期。

在深入研究各模板之前，了解它们共享的目录结构和编码风格是有益的。这种一致性简化了不同模板之间的导航和修改，使它们更容易学习和适应。

9.1.1　模板中常见的目录结构和编码风格

所有模板都遵循一致的目录结构，以促进组织和模块化。通常，我们会看到以下目录结构。

langchain-ai-<模板名称>/（或类似的）：这是模板项目的根目录。

◎ README.md：提供模板的概述、用途、入门指南、定制选项和开发说明。

◎ langgraph.json：一个关键的配置文件，定义了 LangGraph 的图入口点、依赖项和环境设置。它指定了哪些 Python 文件包含图定义，以及如何加载它们。

◎ env.example：环境变量示例文件。开发者应该将其复制到 .env 文件中并填充 API 密钥和其他必要的配置。

◎ src/：包含智能体的源代码。agent/、react_agent/、enrichment_agent/、memory_agent/、retrieval_graph/ 是根据模板的功能命名的子目录。这些子目录中包含了定义智能体逻辑的 Python 模块。

- __init__.py：使子目录成为 Python 包，并且通常导出为主图对象。

- configuration.py：定义 Configuration 数据类，管理智能体的可配置参数。这允许通过环境变量或 LangGraph Studio UI 进行定制。

- graph.py：模板的核心，定义 LangGraph 状态图、节点、边和智能体的整体工作流。它将图编译为可执行对象。

- prompts.py：包含智能体使用的默认提示，通常为字符串常量，允许修改和配置。

- state.py：定义 State 数据类，指定智能体的状态结构、输入 / 输出接口和状态更新的归约函数。

- tools.py：如果智能体使用工具，则此模块将工具定义为 Python 函数，这些函数可以在图中被绑定到语言模型。

- utils.py：在智能体代码中使用的实用程序和辅助函数，例如模型加载函数或消息处理函数。

◎ static/：可能包含静态资源，例如图像，如 README.md 中常用的 studio_ui.png 图像，用于显示 LangGraph Studio 中图像的可视化结果。

◎ tests/：包含单元测试和集成测试，以确保模板的功能正确。

◎ .github/workflows/：定义 GitHub Actions 上自动化测试的持续集成 / 持续部署

（CI/CD）工作流，通常包括 unit-tests.yml 和 integration-tests.yml。

同时，模板还具有一致的编码风格，专注可读性、可维护性和与 LangChain 及 LangGraph 约定的集成。

◎ Pythonic 约定：代码以标准 Python 编写，利用最佳实践来保证清晰度和效率。

◎ Dataclasses：大量使用 dataclasses 来进行配置（Configuration、IndexConfiguration、AgentConfiguration）和状态管理（State、InputState、IndexState、AgentState）。这简化了类的定义，特别是当类主要用于存储数据时，并提供了自动方法，如 __init__、__repr__ 等。

◎ 类型提示：广泛使用类型提示，提高了代码的可读性，并有助于在开发早期捕获类型相关错误。类型提示被使用在函数参数、返回值和类属性上。

◎ 文档字符串：为模块、类和函数提供全面的文档字符串，解释其目的、参数、返回值和用法。这对于理解代码和生成文档至关重要。

◎ 配置管理：configuration.py 模块中的 Configuration 数据类是模板定制的核心。其使用 dataclasses.field 元数据来提供配置参数的描述和提示，LangGraph Studio 使用这些元数据来生成用户友好的配置 UI。Configuration 类中的 from_runnable_config 类方法是一种标准模式，用于从 LangChain 的 RunnableConfig 对象中加载配置，允许以编程的方式或通过 LangGraph Studio 传递配置。我们将在第 9.2 节中以新项目模板为例介绍配置文件的编写方式。

◎ 模块化设计：代码被分解为逻辑模块（文件）和函数，每个逻辑模块和函数都有特定的职责。这种模块化使模板更容易理解、修改和扩展。例如，将提示放到 prompts.py 中，将工具放到 tools.py 中，将图定义放到 graph.py 中。

◎ 异步操作：异步编程（async/await）被广泛使用，特别是在与语言模型和外部服务的交互中，确保操作高效且非阻塞。

◎ LangChain 和 LangGraph 的导入：模板从 langchain_core、langchain 和 langgraph 导入必要的组件，如 RunnableConfig、StateGraph、ToolNode、BaseMessage、ChatPromptTemplate 和向量存储相关类。

◎ 图的编译：graph.py 文件中始终包含使用 builder.compile() 编译的 StateGraph，使图可执行。graph.name 属性通常被设置为定制 LangSmith 和 LangGraph Studio 中期望显示的图名称。

9.1.2 使用 LangGraph 模板

无论你是喜欢在 LangGraph Studio 中工作还是喜欢以编程的方式工作，使用 LangGraph 模板都很简单。

（1）克隆模板仓库：从 GitHub 组织 langchain-ai 克隆所需的模板仓库。例如，使用 ReAct Agent 模板。

```
git clone https://gixxxx.com/langchain-ai/react-agent.git
cd react-agent
```

（2）创建 .env 文件：导航到模板目录并通过复制 .env.example 来创建 .env 文件。

```
cp .env.example .env
```

（3）添加 API 密钥：打开 .env 文件并添加所需的 API 密钥。这些密钥通常用于 LLM 提供商（如 OpenAI、Anthropic）和智能体使用的外部服务（如 Tavily 用于搜索）。每个模板的 README.md 中都指定了必要的环境变量。

（4）安装依赖项：虽然在 langgraph.json 文件中指定了依赖项，但最好还是确保已经设置好了环境。通常，对于这些模板，你可能需要安装 LangChain、LangGraph 和提供商的特定软件包（如果尚未安装的话）。强烈建议使用虚拟环境。

```
python -m venv venv
source venv/bin/activate  # 或 Windows 上的 venv\Scripts\activate pip
install -e . # 安装当前目录作为包，如 langgraph.json 文件所示
```

LangGraph 的所有模板都被设计为高度可定制，关键的定制点如下所示。

◎ 通过 configuration.py 进行配置：修改 src/agent/configuration.py（或取决于模板的类似路径）中的 Configuration 数据类，以调整参数。

- 模型选择：更改 model 字段以使用不同的 LLM 提供商和模型（例如，"openai/gpt-4o"）。

- 系统提示：更新 prompts.py 中的 system_prompt 字段或直接在 configuration.py 中更新，以更改智能体的行为和个性。

- 工具参数：若用了工具，则其行为通常可以通过 Configuration 数据类中的参数进行配置。

- 搜索参数：对于基于检索的智能体，调整 search_kwargs 以微调文档检索参数。

对于这些配置，可以通过直接编辑 configuration.py、使用环境变量或者在 LangGraph Studio UI 中运行模板等方式进行设置。

◎ 添加或修改工具（tools.py）：要扩展智能体的功能，可以通过在 src/agent/tools.py 中定义 Python 函数来添加新工具。需要确保这些工具已被导入并在 graph.py 中被绑定到语言模型。也可以修改或替换现有的工具。

◎ 提示工程（prompts.py）：通过修改 src/agent/prompts.py 中的提示来优化智能体的行为。尝试不同的系统提示、指令提示和少样本示例以优化性能。

◎ 图结构（graph.py）：对于高级定制，可以直接修改 src/agent/graph.py 中的图结构。

• 添加 / 删除节点：插入新节点（例如，用于数据处理、条件逻辑或工具编排）或删除现有的节点。

• 修改边：通过调整节点之间的边来更改图的流程。使用条件边或基于状态的转换来实现更复杂的路由逻辑。

• 管理状态：更改 src/agent/state.py 中的 State 数据类，以包含其他状态变量或更改状态在图中更新和管理的方式。

运行模板的方式主要有以下两种。

（1）在 LangGraph Studio 中：运行和与模板交互的最简单方法是使用 LangGraph Studio。

① 打开 LangGraph Studio：按照其安装说明启动 LangGraph Studio。

② 打开模板文件夹：在 LangGraph Studio 中，打开克隆的模板仓库作为项目。

③ 选择图：从 LangGraph Studio UI 的下拉菜单中选择所需的图（例如，"agent" "retrieval_graph" "indexer"）。

④ 配置（可选）：在 LangGraph Studio 的配置面板中修改配置，覆盖 configuration.py 中的默认值。

⑤ 交互：启动一个新线程，并通过聊天界面与智能体交互。直接在 LangGraph Studio 中观察图的执行、状态转换和 LangSmith 跟踪。

（2）以编程的方式（通过 API）：使用 LangGraph API 以编程的方式运行模板（请参考 8.3.5 节中使用 LangGraph SDK 运行图的示例来了解更多信息）。

9.2　新项目模板

新项目（New LangGraph Project）模板是开发 LangGraph 智能体最基本的起点。它提供了一个最小的、功能齐全的图，演示了核心 LangGraph 结构，但没有实现复杂的逻辑或外部集成（如图 9-1 所示）。

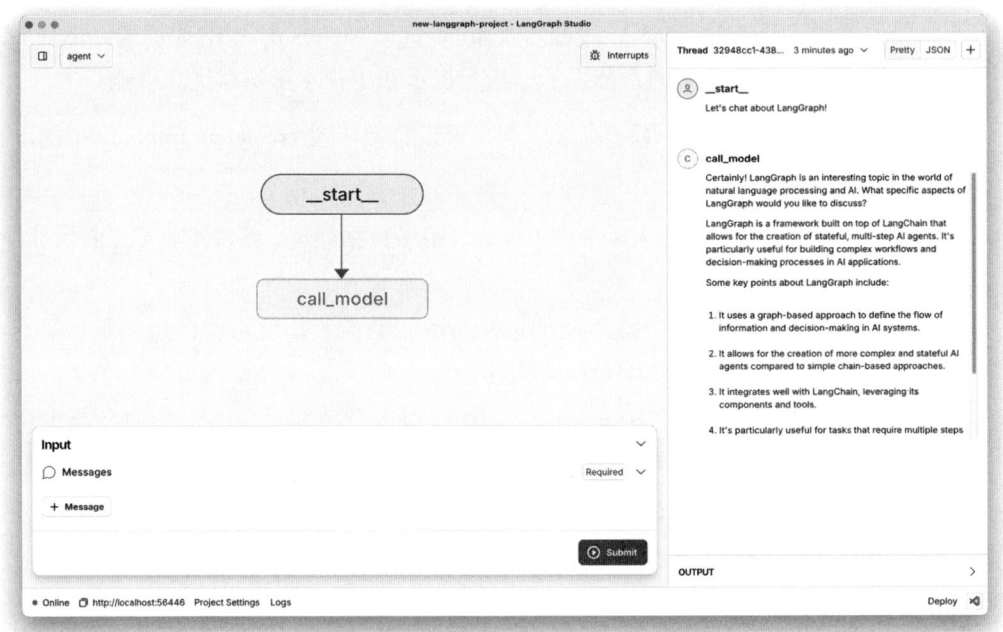

图 9-1　LangGraph Studio 中的新项目模板展示界面

1. 模板的目的和主要特点

◎ 最小示例：它是专为 LangGraph 的初学者设计的，提供了最简单的工作图。

◎ 核心结构：说明了 LangGraph 应用程序的基本组件，即 State、Configuration、节点和边。

◎ 可定制节点：具有一个简单的、可配置的节点（my_node），该节点执行基本操作，展示了运行时配置是如何改变节点行为的。

2. 模板的核心文件（2024 年 9 月版本）

◎ 状态定义：src/agent/state.py 中定义了一个基本的 State 数据类，其中包含一个字段（changeme），表示智能体的简单状态。

◎ 配置类：src/agent/configuration.py 中定义了一个 Configuration 数据类，其中

包含一个可配置参数（my_configurable_param），演示了如何在节点中定义和访问运行时配置。

◎ 基本节点: src/agent/graph.py 中定义了一个 my_node 节点，它是一个异步函数，接收 State 和 RunnableConfig，并返回一个可以更新状态的字典。此节点显示了如何访问和使用运行时配置来修改节点的行为。

◎ 简单图：graph.py 中的图非常简单，它由一个节点（my_node）和从 __start__ 到此节点的边组成。这种线性流程使其易于理解执行过程。

虽然新项目模板有意保持简单，但对于学习者而言，最具有启发性的方面是它如何演示运行时配置。下面我们检查 src/agent/graph.py 中的 my_node 函数以及相关的 Configuration 数据类。

示例 9-1：通过 Configuration 数据类管理智能体的配置项

```python
# src/agent/configuration.py
from dataclasses import dataclass, fields
from typing import Optional
from langchain_core.runnables import RunnableConfig


@dataclass(kw_only=True)
class Configuration:
    """ 智能体的配置 """
    my_configurable_param: str = "changeme"

    @classmethod
    def from_runnable_config(cls, config: Optional[RunnableConfig] =
None) -> Configuration:
        configurable = (config.get("configurable") or {}) if config else {}
        _fields = {f.name for f in fields(cls) if f.init}
        return cls(**{k: v for k, v in configurable.items() if k in _
fields})


# src/agent/graph.py
async def my_node(state: State, config: RunnableConfig) -> Dict[str,
Any]:
    configuration = Configuration.from_runnable_config(config)
    return {
        "changeme": "my_node 的输出 "
```

```
        f" 使用 {configuration.my_configurable_param} 配置 "
}
```

（1）代码作用。此代码段演示了如何在 LangGraph 节点中定义和使用运行时配置。configuration.py 中的 Configuration 数据类定义了一个可配置参数 my_configurable_param。然后，graph.py 中的 my_node 函数检索并使用此配置参数。

（2）重要性。运行时配置是 LangGraph 中一个强大的功能，它允许你在调用时动态更改图的行为，而无须修改图的代码。这对于以下几个方面至关重要。

◎ 实验：轻松测试不同的设置（例如，不同的模型参数、提示等），而无须更改代码。

◎ 定制：允许用户或外部系统定制智能体的行为。

◎ 条件逻辑：基于节点内的配置值实现分支逻辑。

（3）工作原理。

◎ Configuration 数据类：Configuration 数据类定义了可配置参数的结构。@dataclass 装饰器简化了它的创建。my_configurable_param: str = "changeme" 定义了一个带有默认值的字符串参数。

◎ from_runnable_config 方法：此方法至关重要。它接收一个 RunnableConfig 对象（LangGraph 在运行时将其传递给节点），并从中提取可配置参数。

- config.get("configurable") or {}：从 RunnableConfig 中检索"configurable"字典。如果它不存在，则默认为空字典。

- _fields = {f.name for f in fields(cls) if f.init}：获取 Configuration 数据类中所有用于初始化的字段的名称（可配置）。

- cls(**{k: v for k, v in configurable.items() if k in _fields})：创建一个 Configuration 实例，使用 configurable 字典中的值填充它，但仅适用于 Configuration 数据类中定义的字段。这确保了类型安全，并且仅允许使用已配置的参数。

◎ my_node 函数：

- configuration = Configuration.from_runnable_config(config)：在 my_node 内部，此行使用传递给节点的 RunnableConfig 实例化一个 Configuration 对象。这有效地加载了运行时配置。

- configuration.my_configurable_param：节点从 configuration 对象中访问配

置的参数 my_configurable_param，并在节点的逻辑中使用它（在本例中，只是将其包含在输出字符串中）。

（4）学习要点。

◎ RunnableConfig：了解 RunnableConfig 是 LangGraph 用于将运行时信息（包括配置）传递到节点的机制。

◎ 用于配置的 dataclasses：学习使用 dataclasses 来构建可配置参数，使配置管理更加简洁且类型安全。

◎ from_runnable_config 模式：采用 from_runnable_config 类方法模式在节点内加载配置，确保输入的配置都经过类型检查，足够可靠。

（5）定制 / 实验。

◎ 添加更多的可配置参数：将更多的字段添加到 Configuration 数据类中，并在 my_node 或添加的其他节点中使用它们。

◎ 在 LangGraph Studio 中进行配置：在 LangGraph Studio 中，尝试在配置面板中配置 my_configurable_param，并观察它是如何更改 my_node 的输出的。

◎ 以编程的方式配置：探索如何在调用图时以编程的方式传递配置，使用 graph.ainvoke({"changeme": "input"}, config={"configurable": {"my_configurable_param": "new value"}})，并查看节点的行为如何变化。

如果需要定制新项目模板，则可以通过以下几种方式来实现。

◎ 修改 my_node：探索 my_node 内部的逻辑。更改它的返回值，看看它是如何使用配置或添加简单的操作的。

◎ 添加更多的节点和边：通过添加更多的节点和边来扩展图。创建节点序列或引入分支逻辑。

◎ 配置 my_configurable_param：在 LangGraph Studio 中，更改配置面板中的 my_configurable_param，观察它是如何影响 my_node 的输出的。

新项目模板是掌握基本 LangGraph 概念的理想起点。它有意保持简单，专注状态、配置和图结构的基本构建块。通过探索此模板，初学者有了基本理解，然后可以转向更复杂的智能体模式。

9.3 ReAct 智能体模板

ReAct 智能体（LangGraph ReAct Agent）模板演示了构建可以与工具交互的智能体的基础 ReAct（推理和行动）模式。ReAct 是一种核心的智能体范式，使模型能够执行推理任务，并使用工具采取行动以收集信息或执行操作（如图 9-2 所示）。

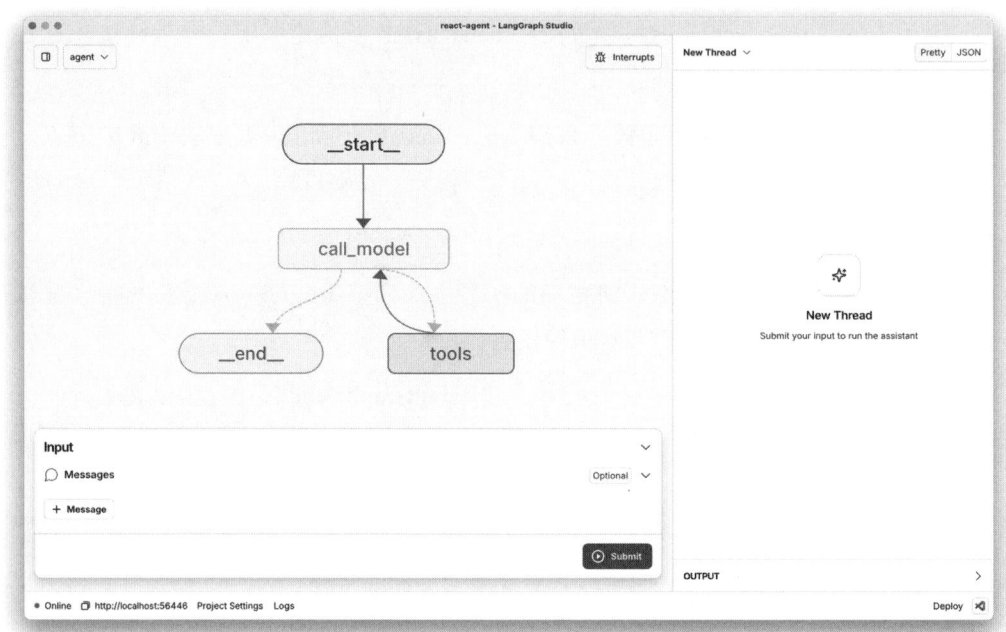

图 9-2 LangGraph Studio 中的 ReAct 智能体模板展示界面

1. 模板的目的和主要特点

◎ ReAct 实现：演示了一个基本的 ReAct 循环，智能体在其中进行推理、制定决策（使用工具或提供最终答案），并采取相应的行动。

◎ 工具集成：展示了如何将工具集成到 LangGraph 智能体中。其中包括一个默认的搜索工具（Tavily）作为示例，用来说明工具的定义和使用。

◎ 决策制定：智能体根据语言模型的输出来制定决策——决定是使用工具还是提供最终答案。

◎ 可扩展工具：被设计为易于扩展自定义工具，以适应各种任务和领域。

2. 模板涉及的关键概念

◎ ReAct 循环：模板实现了核心的 ReAct 循环。

- 推理：智能体使用语言模型来分析用户的查询和当前状态。
- 行动：基于推理，智能体要么选择使用工具来收集更多的信息，要么它有足够的信息并提供最终答案。

◎ 工具调用：利用具有工具调用功能的语言模型。模型的输出可以包括使用了特定工具和参数的指令。

◎ 工具执行节点：使用 LangGraph 中的 ToolNode 来表示图中的工具执行步骤。

◎ 条件路由：采用条件边，根据模型的输出(工具调用或最终答案)路由图的执行。

3. 模板的代码结构及核心文件

◎ src/react_agent/state.py：定义 ReAct 智能体的 InputState 和 State，主要管理消息历史记录。

◎ src/react_agent/configuration.py：包括 Configuration，其中包含系统提示和语言模型（model）的设置。

◎ src/react_agent/prompts.py：包含智能体的默认 SYSTEM_PROMPT，设置其角色和指令。

◎ src/react_agent/tools.py：定义使用 TavilySearchResults 作为示例的基本 search 工具。

◎ src/react_agent/graph.py：定义图结构。

- call_model 节点：使用系统提示和对话历史记录调用语言模型。
- tools 节点：使用 ToolNode(TOOLS) 基于模型的工具调用执行工具。
- route_model_output 函数：一个路由函数，检查模型的输出是否包含工具调用，并决定是转到 tools 节点还是 __end__。
- 图使用 call_model、tools 节点和基于 route_model_output 的条件边进行编译。

ReAct 智能体模板的核心逻辑在于其在使用工具和提供最终答案之间进行决策的能力。此决策过程通过条件路由模式实现。下面我们检查 src/react_agent/graph.py 中的 route_model_output 函数。

示例 9-2：通过条件路由实现 ReAct 智能体的决策过程

```
# src/react_agent/graph.py
def route_model_output(state: State) -> Literal["__end__", "tools"]:
```

```
    """根据模型的输出确定下一个节点"""
    last_message = state.messages[-1]
    if not isinstance(last_message, AIMessage):
        raise ValueError(
            f"Expected AIMessage 在输出边中，但得到 {type(last_
message).__name__}"
        )
    # 如果没有工具调用，则完成操作
    if not last_message.tool_calls:
        return "__end__"
    # 否则，执行请求操作
    return "tools"

# 在图中定义
builder.add_conditional_edges(
    "call_model",
    # 在 call_model 完成运行后，根据 route_model_output 的输出安排下一个节点
    route_model_output,
)
```

（1）代码作用。route_model_output 是 LangGraph 中的一个路由函数，它检查智能体状态中的最后一条消息（预期是来自语言模型的 AIMessage），并根据模型是否请求使用工具（使用 tool_calls 属性）来确定要执行的下一个节点。

（2）重要性。条件路由对于在 LangGraph 中构建动态的智能体至关重要，它允许根据语言模型或其他节点做出的决策对图的执行路径进行分支操作。在 ReAct 智能体中，这对于创建推理和行动循环至关重要。

（3）工作原理。

◎ 函数签名：def route_model_output(state: State) -> Literal["__end__", "tools"]，定义了一个函数，它接收智能体的 State 作为输入，并返回一个字符串，即 "__end__" 或 "tools"。这个字符串是 LangGraph 用来确定下一个节点的键。

◎ 状态检查：last_message = state.messages[-1]，从 State 的对话历史记录中检索最后一条消息。

◎ 类型检查：if not isinstance(last_message, AIMessage) 执行类型检查，以确保最后一条消息确实是 AIMessage，正如 call_model 节点所预期的那样。这增强了健壮性，可以捕获意外状态。

◎ 工具调用检查：if not last_message.tool_calls 检查 AIMessage 中是否包含工具调用（语言模型是否要使用工具）。如果未包含工具调用，则 last_message.tool_calls 为 None 或空列表。

◎ 路由逻辑。

- return "__end__"：如果 last_message.tool_calls 为假（没有工具调用），则函数返回 "__end__"，向 LangGraph 发出信号，在当前节点（call_model）完成运行后中止图的执行。这表示智能体提供最终答案。

- return "tools"：如果 last_message.tool_calls 为真（有工具调用），则函数返回 "tools"，告诉 LangGraph 接下来执行名为 "tools" 的节点。这表示智能体决定使用工具。

◎ add_conditional_edges：builder.add_conditional_edges("call_model", route_model_output, ...) 是设置条件路由的 LangGraph API，它将 route_model_output 函数与 call_model 节点关联起来。LangGraph 将在 call_model 完成运行后执行 route_model_output，并使用返回的字符串来确定要遵循的下一条边。

（4）学习要点。

◎ 条件边：了解 add_conditional_edges 和路由函数是如何实现基于节点的输出动态控制图的执行的。

◎ 路由函数：学习如何编写路由函数。使用路由函数来检查状态并返回节点名称（或 __end__）以控制图流程。

◎ ReAct 决策制定：掌握如何使用条件路由来实现核心的 ReAct 决策过程——模型决定是使用工具还是直接响应。

（5）定制 / 实验。

◎ 修改 route_model_output 逻辑：更改 route_model_output 中的条件。例如，添加逻辑，根据模型请求的工具调用类型路由到不同的工具。

◎ 添加更多的路由选项：扩展 route_model_output 的 Literal 返回类型以包含更多的节点名称，并在图的执行路径中添加更多的分支。

◎ 引入基于状态的路由：修改 route_model_output，考虑 State 的其他方面（除 tool_calls 之外）来做出路由决策。例如，根据之前的工具调用次数或过去的消息内容以不同的方式路由。

如果需要定制 ReAct 智能体模板，则可以通过以下几种方式来实现。

◎ 添加新工具（tools.py）：通过添加更多的工具来扩展智能体的功能。在 tools. py 中定义用于特定任务的新函数（例如，与 API、数据库或本地文件交互）。导入这些新工具并将它们包含在 TOOLS 列表中，并且确保在 graph.py 中将它们绑定到模型。

◎ 定制提示（prompts.py）：修改 SYSTEM_PROMPT 以更改智能体的个性、指令或任务重点。

◎ 选择不同的语言模型（configuration.py）：通过更改 model 配置参数来尝试不同的语言模型。

◎ 修改推理过程（graph.py）：调整 route_model_output 函数以更改智能体的决策制定逻辑。在 ReAct 循环中添加更复杂的路由条件或步骤。

ReAct 智能体模板为构建能够推理和行动的智能体提供了坚实的基础。ReAct 智能体模板有效地演示了工具集成和 ReAct 模式，它是迈向更复杂的智能体架构的垫脚石。

9.4 充实数据智能体模板

充实数据智能体（LangGraph Data Enrichment Agent）模板专为从非结构化数据源中提取结构化信息的任务（特别是网络研究任务）而设计，非常适合自动化收集数据和以预定义的格式组织数据（如图 9-3 所示）。

1. 模板的目的和主要特点

◎ 生成结构化输出：专注于根据用户定义的架构生成结构化 JSON 输出。

◎ 网络研究工具：集成了网络搜索和抓取工具，以从互联网上收集信息。

◎ 迭代优化：实现了迭代研究和优化提取数据的循环，包含一个反思节点，以验证和提高信息质量。

◎ 模式驱动的提取：由用户提供的 JSON 模式驱动，指导智能体提取哪些信息以及如何构建信息。

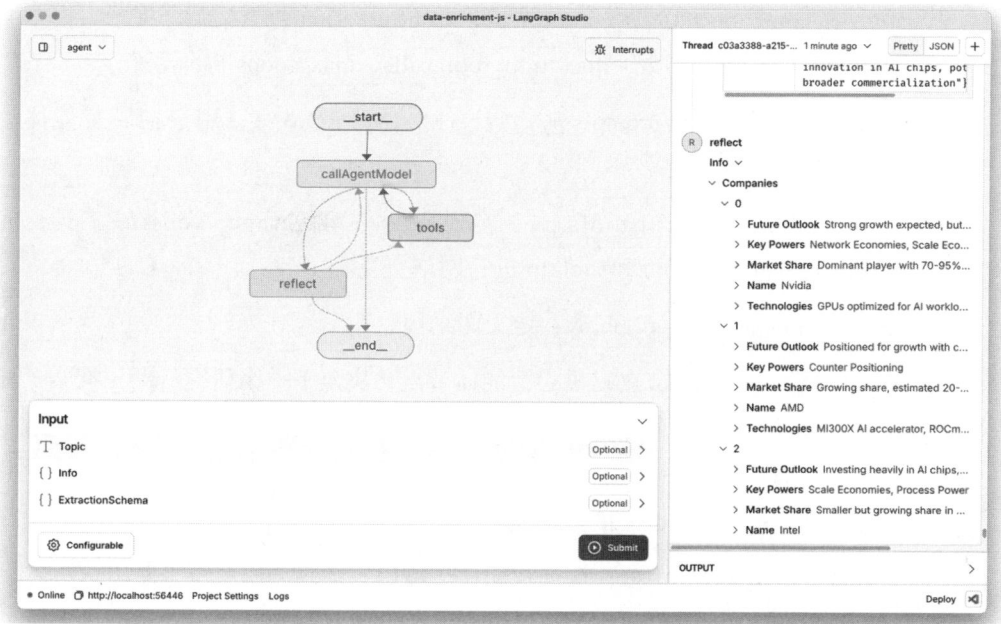

图 9-3　LangGraph Studio 中的充实数据智能体模板展示界面

2. 模板涉及的关键概念

◎ 数据提取模式：智能体基于作为输入提供的 JSON 模式运行，该模式定义了所需输出的结构。

◎ 网络研究工具：包括用于网络搜索（search）和网站抓取（scrape_website）的工具，使智能体能够从互联网上收集信息。

◎ 反思和验证：模板中，反思和验证的功能被合并到了一个 reflect 节点中，该节点使用语言模型来评估所提取的信息的质量和完整性，从而决定是继续研究还是最终确定输出。

◎ 循环进行优化：图包含循环，以迭代研究、提取数据和验证步骤，直到收集到令人满意的数据。

3. 模板的代码结构及核心文件

◎ src/enrichment_agent/state.py：定义充实数据智能体的 InputState、State 和 OutputState。其中，InputState 接收 topic 和 extraction_schema，State 扩展 InputState 并管理消息、循环步骤和所提取的 info，OutputState 定义最终的 info 输出。

◎ src/enrichment_agent/configuration.py：Configuration 包括模型、提示、搜索结果限制和循环控制参数（max_info_tool_calls、max_loops）的设置。

◎ src/enrichment_agent/prompts.py：定义 MAIN_PROMPT，用于指导智能体的研究和提取过程。

◎ src/enrichment_agent/tools.py：实现 search 和 scrape_website 工具，使用 TavilySearchResults 和 aiohttp 进行网络交互。

◎ src/enrichment_agent/graph.py：定义图结构。

- call_agent_model 节点：核心智能体节点，决定下一个研究行动（搜索、抓取或提交信息）。
- reflect 节点：使用 Pydantic 模型 InfoIsSatisfactory 验证所提取的信息。
- tools 节点：执行 search 和 scrape_website 工具。
- route_after_agent 函数：根据智能体的输出（工具调用类型）路由执行。
- route_after_checker 函数：在反思后，根据满意度和循环限制路由执行。
- 图使用 call_agent_model、Reflect、tools 节点和用于路由的条件边进行编译。

充实数据智能体模板的一个关键创新是 reflect 节点，它演示了构建可靠数据智能体的一个关键方面：输出验证和迭代优化。下面我们检查 Reflect 节点及其相关的 Pydantic 模型 InfoIsSatisfactory（在 src/enrichment_agent/graph.py 中）。

示例 9-3：通过 reflect 节点实现数据的迭代优化

```
# src/enrichment_agent/graph.py
class InfoIsSatisfactory(BaseModel):
    """ 验证当前提取的信息是否令人满意且完整 """

    reason: List[str] = Field(
        description=" 首先提供推理，说明这作为最终结果是好还是坏。必须至少包
含 3 个理由。"
    )
    is_satisfactory: bool = Field(
        description=" 在提供推理后，提供一个值，指示信息是否令人满意。如果不
令人满意，将继续研究。"
    )
    improvement_instructions: Optional[str] = Field(
        description=" 如果信息不令人满意，请提供清晰而具体的说明——需要改进
或添加什么，才能使信息令人满意。"
```

```
        "这应包括有关缺失信息、需要更多深度的领域研究或在进一步研究中需要关注
的特定方面的详细信息。",
        default=None,
    )

async def reflect(state: State, *, config: Optional[RunnableConfig] =
None) -> Dict[str, Any]:
    """验证充实数据智能体输出的质量"""
    # 提示设置、模型调用
    bound_model = raw_model.with_structured_output(InfoIsSatisfactory)
    response = cast(InfoIsSatisfactory, await bound_model.
invoke(messages))
    if response.is_satisfactory and presumed_info:
        # 成功路径——信息令人满意
    else:
        # 失败路径——信息令人不满意
```

（1）代码作用。reflect 节点使用语言模型、结构化输出和 Pydantic 模型
（InfoIsSatisfactory）来评估充实数据智能体所提取的信息的质量。它确定所提取的
信息是否令人满意，如果不令人满意，则提供改进说明。

（2）重要性。反思和验证对于构建健壮、可靠的智能体至关重要，尤其是在数
据丰富的任务中，准确性和完整性至关重要。reflect 节点演示了如何进行以下操作。

◎ 验证 LLM 的输出：确保智能体的输出满足某些质量标准。

◎ 迭代优化：创建一个反馈循环，在其中对智能体的输出进行评估，并用于指
导进一步的研究和改进。

◎ 结构化输出：利用 Pydantic 模型将 LLM 的输出转换成结构化对象，并同时进
行类型安全检查，使其更易于处理和验证。

（3）工作原理。

◎ Pydantic 模型 InfoIsSatisfactory：此模型定义了从反思语言模型中得到的预期
的结构化输出。它包括 reason（评估理由）、is_satisfactory（表示满意度的
布尔值）和 improvement_instructions（如果信息不令人满意，则提供改进说明）
的字段。Field 中的描述用于指导生成 LLM 的结构化输出。

◎ reflect 节点函数。

• 验证提示：节点构造一个验证提示（checker_prompt），要求语言模型评估

presumed_info（到目前为止提取的信息）并确定其是否"良好"。

- 结构化输出绑定：bound_model = raw_model.with_structured_output (InfoIsSatisfactory)，将 Pydantic 模型 InfoIsSatisfactory 绑定到语言模型。这告诉 LangChain 期望模型的输出符合 InfoIsSatisfactory 定义的结构。

- 模型调用和类型转换：response = cast(InfoIsSatisfactory, await bound_model. invoke(messages))，使用验证提示调用语言模型，并将结构化输出转换为 InfoIsSatisfactory 类型，从而实现对模型响应的类型安全访问。

- 基于 is_satisfactory 的条件逻辑：

  · if response.is_satisfactory and presumed_info::如果模型指示信息令人满意，则节点继续执行"成功"路径，可能最终确定提取过程。

  · else::如果 is_satisfactory 为假，则节点进入"失败"路径，生成 ToolMessage 并带有 status="error"，并且包含 response.improvement_ instructions。此错误消息在进行图像处理时，可以指导智能体根据模型的反馈进行进一步的研究。

（4）学习要点。

◎ 输出验证：了解验证 LLM 输出的重要性，特别是对于需要准确性和结构化输出的任务。

◎ 用于结构化输出的 Pydantic：学习如何将 Pydantic 模型与 with_structured_ output 一起使用，以定义和强制执行来自语言模型的结构化输出。

◎ 作为节点的反思：认识到 reflect 节点模式是将验证和反馈循环集成到 LangGraph 智能体的强大方法。

◎ 错误处理和反馈：了解如何使用来自反思节点的错误消息和改进说明来指导智能体的迭代优化过程。

（5）定制/实验。

◎ 修改 InfoIsSatisfactory 模型：更改 InfoIsSatisfactory 模型中的字段以评估数据质量的不同方面（例如，添加"accuracy_score""completeness_ score""source_diversity"的字段）。

◎ 调整 checker_prompt：优化 reflect 节点中的 checker_prompt，以更改验证标准和提供给反思语言模型的说明。

◎ 实施不同的验证策略：探索除 LLM 基于反思外的其他验证技术。例如，可以添加节点以执行基于规则的验证、数据一致性检查或与外部数据库的比较。

如果需要定制充实数据智能体模板，则可以通过以下几种方式来实现。

◎ 定制 extraction_schema：主要提供不同的 JSON 模式，以指导智能体收集不同类型的结构化数据。

◎ 修改提示（prompts.py）：调整 MAIN_PROMPT 以优化智能体的研究策略和提取行为。

◎ 添加或修改工具（tools.py）：使用更专业的工具扩展智能体以进行数据检索或处理。例如，与特定 API、数据库或文件格式交互的工具。

◎ 调整反思逻辑（graph.py、reflect 节点）：修改 reflect 节点的提示或 InfoIsSatisfactory 模型以更改数据质量的评估方式。

◎ 更改循环参数（configuration.py）：调整 max_loops 和 max_info_tool_calls 以控制智能体的研究深度和资源使用情况。

充实数据智能体模板非常强大，可以自动从网络资源中提取结构化数据。采用模式驱动的方法，再结合迭代优化和网络研究工具，使其对于市场研究、竞争对手分析和数据聚合等任务非常有价值。此模板展示了 LangGraph 如何创建不仅能收集信息还能有效组织信息的智能体。

9.5　记忆智能体模板

记忆智能体（LangGraph Memory Agent）模板演示了如何为 LangGraph 智能体配备持久记忆，使其能够学习用户偏好并在对话和线程之间保持上下文（如图 9-4 所示）。此模板对于构建真正的对话式和个性化智能体至关重要。

1. 模板的目的和主要特点

◎ 持久化记忆：引入持久化记忆机制，使用 LangGraph 内置的 Store 来保存和检索与用户 ID 关联的记忆。

◎ 用户特定的记忆：将记忆的范围限定为可配置的 user_id，从而实现个性化的交互并随着时间的推移学习用户偏好。

◎ 记忆工具：包括 store_memory 工具，智能体可以使用该工具显式地将重要信息保存到记忆中。

◎ 上下文召回：智能体在生成响应之前检索相关记忆，使用过去的交互来为当前的对话提供信息。

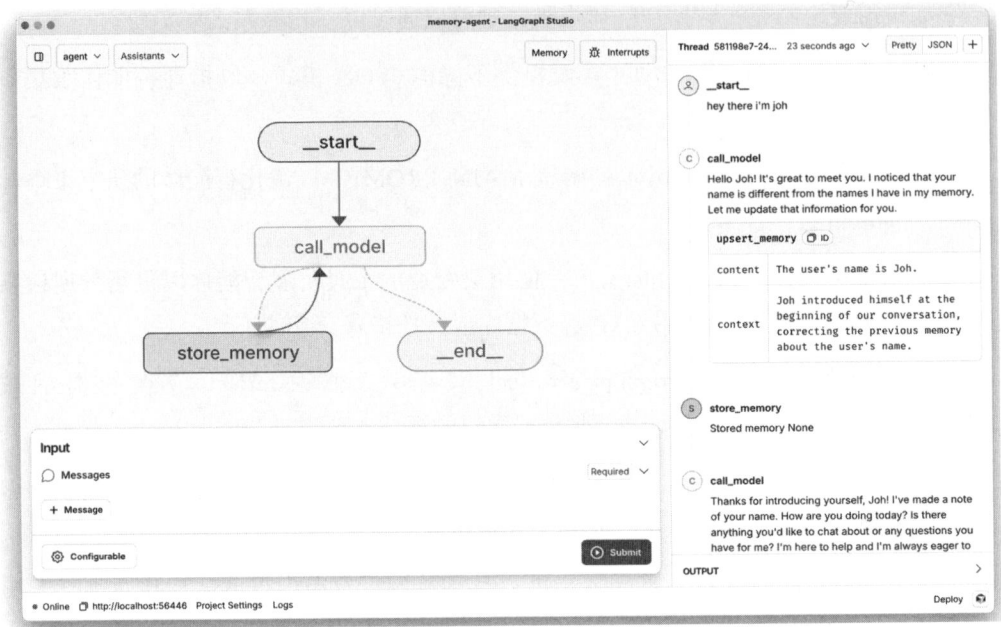

图 9-4　LangGraph Studio 中的记忆智能体模板展示界面

2. 模板涉及的关键概念

◎ 记忆存储：使用 LangGraph 的 BaseStore 来持久化记忆。通过 langgraph.json 配置在存储中设置一个嵌入索引，用于高效的基于相似性的记忆检索。

◎ 记忆键：记忆存储的键包括命名空间（memories）和 user_id，确保数据隔离和用户特定的记忆。

◎ 记忆植入：upsert_memory 工具允许智能体创建新记忆或根据 memory_id 更新现有的记忆。

◎ 记忆检索：call_model 节点使用基于相似性的记忆检索，根据最近的对话历史记录检索相关记忆。

◎ 提示增强：将检索到的记忆格式化并使其包含在系统提示中，为语言模型提供来自过去交互的上下文信息。

3. 模板的代码结构及核心文件

◎ src/memory_agent/state.py：定义记忆智能体的状态，主要用于管理消息历史记录。

◎ src/memory_agent/configuration.py：Configuration 包括 user_id、model 和 system_prompt 的设置。

◎ src/memory_agent/prompts.py：定义 SYSTEM_PROMPT，其中包含用户记忆的占位符（{user_info}）和当前时间。

◎ src/memory_agent/tools.py：实现 upsert_memory 工具，允许智能体将记忆保存到 Store 中。

◎ src/memory_agent/graph.py：定义图结构。

- call_model 节点：检索相关记忆，使用记忆格式化提示，调用语言模型并生成响应。
- store_memory 节点：执行 upsert_memory 工具，将记忆保存到 Store 中。
- route_message 函数：根据模型输出中是否包含工具调用（特别是 upsert_memory）来路由执行。
- 图使用 call_model、store_memory 节点和基于 route_message 的条件边进行编译。

记忆智能体模板的核心创新在于持久化记忆的集成。call_model 节点是记忆检索和提示增强发生的地方。下面我们检查 src/memory_agent/graph.py 中的这个节点。

示例 9-4：call_model 节点中的记忆检索和提示增强

```
# src/memory_agent/graph.py
async def call_model(state: State, config: RunnableConfig, *, store:
BaseStore) -> dict:
    """ 从对话中提取用户的状态并更新记忆 """
    configurable = configuration.Configuration.from_runnable_config(config)

    # 检索最近的记忆以获取上下文
    memories = await store.asearch(
        ("memories", configurable.user_id),
        query=str([m.content for m in state.messages[-3:]]),
        limit=10,
    )
```

```
    # 格式化记忆以将其包含在提示中
    formatted = "\n".join(f"[{mem.key}]: {mem.value} (similarity:
{mem.score})" for mem in memories)
    if formatted:
        formatted = f"""
<memories>
{formatted}
</memories>"""

    # 使用用户记忆和当前时间准备系统提示
    sys = configurable.system_prompt.format(
        user_info=formatted, time=datetime.now().isoformat()
    )

    # 使用准备好的提示和工具调用语言模型
    msg = await llm.bind_tools([tools.upsert_memory]).invoke(
        [{"role": "system", "content": sys}, *state.messages],
        {"configurable": utils.split_model_and_provider(configurable.
model)},
    )
    return {"messages": [msg]}
```

（1）代码作用。call_model 节点负责从 LangGraph Store 中检索相关记忆（基于当前对话和用户 ID），使用这些记忆增强系统提示，然后调用语言模型。

（2）重要性。call_model 节点实现了使记忆智能体具有上下文感知能力的关键逻辑。通过检索并将过去的交互合并到提示中，智能体可以保持连贯性、个性化响应，并随着时间的推移学习用户偏好。

（3）工作原理。

◎ 记忆检索：memories = await store.search(…)，此行在 LangGraph Store 中执行异步相似性检索。

- store.asearch：这是 BaseStore 接口的异步检索方法。

- ("memories", configurable.user_id)：这是记忆命名空间和用户 ID 的键前缀，确保执行用户特定的记忆检索。

- query=str([m.content for m in state.messages[-3:]])：检索查询是根据对话历史记录中最后三条消息的内容构建的。其使用最近的对话上下文进行记忆检索。

- limit=10：将检索到的记忆数量限制为 10。

◎ 记忆格式化。

- formatted = "\n".join(…)：将检索到的记忆格式化为可以包含在系统提示中的字符串。它迭代 memories 列表，并为每个记忆创建字符串表示形式，包括其键、值（内容）和相似度得分。

- formatted = f"""<memories>\n{formatted}\n</memories>"""：如果检索到记忆（if formatted：），则将它们包装在类 XML 标记中，以便被结构化地包含在提示中。

◎ 提示增强：sys = configurable.system_prompt.format(user_info=formatted, time=datetime.now().isoformat())，来自 configuration.py 的系统提示被格式化。

- user_info=formatted：将格式化的记忆字符串插入系统提示中的 {user_info} 占位符中。这就是将检索到的记忆注入模型上下文的方式。

- time=datetime.now().isoformat()：当前时间也被包含在提示中，这对于对时间敏感的记忆或智能体的行为可能很有用。

◎ 模型调用：msg = await llm.bind_tools([tools.upsert_memory]).ainvoke(…)，使用增强的系统提示和对话历史记录来调用语言模型。bind_tools([tools.upsert_memory]) 使 upsert_memory 工具可供模型使用。输入消息包括增强的系统消息和对话历史记录的其余部分。

（4）学习要点。

◎ 用于记忆的数据存储：了解如何使用 LangGraph 的 Store 进行持久化记忆，以及如何在 langgraph.json 中配置它。

◎ 用于记忆检索的相似性检索：学习如何使用 store.asearch 根据对话上下文执行基于相似性的记忆检索。

◎ 使用记忆进行提示增强：了解如何使用检索到的记忆动态增强系统提示，以便为语言模型提供上下文。

◎ 用户范围的记忆：认识到用户 ID 和命名空间对于隔离记忆和创建个性化智能体的重要性。

（5）定制 / 实验。

◎ 修改记忆检索查询：更改 store.asearch 的查询的构造方式。尝试使用对话历史记录的不同部分，甚至使用另一个 LLM 生成单独的查询，以进行更复杂的记忆检索。

◎ 调整记忆格式化：修改格式化的记忆包含在系统提示中的方式。尝试不同的格式化样式（例如，项目符号列表、编号列表等），或者尝试包含来自内存的不同信息（例如，上下文、相似度得分等）。

◎ 探索不同的记忆限制：更改 store.asearch 中的 limit 参数，以检索更多或更少的记忆，并观察其对智能体行为的影响。

◎ 实施不同的记忆存储策略：探索在 Store 中构建和存储记忆的不同方式。例如，不是简单的内容和上下文，而是存储结构化的信息或不同类型的记忆（例如，用户偏好、事实、操作历史等）。

如果需要定制记忆智能体模板，则可以通过以下几种方式来实现。

◎ 定制记忆内容：我们为每个记忆定义了一个简单的记忆结构 content: str, context: str，也可以使用其他方式来构建它们。

◎ 提供其他工具：如果将机器人连接到其他功能，它将更有用。

◎ 选择不同的模型：默认使用 anthropic/claude-3-5-sonnet-20240620，也可以通过配置选择兼容的聊天模型，使用 provider/model-name，例如 openai/gpt-4o。

◎ 定制提示：在 src/memory_agent/prompts.py 文件中提供了默认提示，可通过配置轻松地更改此提示。

记忆智能体模板对于构建有状态的对话式 AI 智能体至关重要。通过结合持久化记忆，智能体可以提供个性化、上下文感知和一致的交互。此模板突出了记忆在创建引人入胜且乐于助人的 AI 助手（随着时间的推移学习和适应）方面的重要性。

9.6 RAG 模板

RAG（Retrieval-Augmented Generation，检索增强生成）模板将检索增强生成的强大功能与智能体功能相结合，构建了一个对话式聊天机器人，它可以根据索引文档回答问题，动态优化查询并检索上下文相关信息（如图 9-5 所示）。

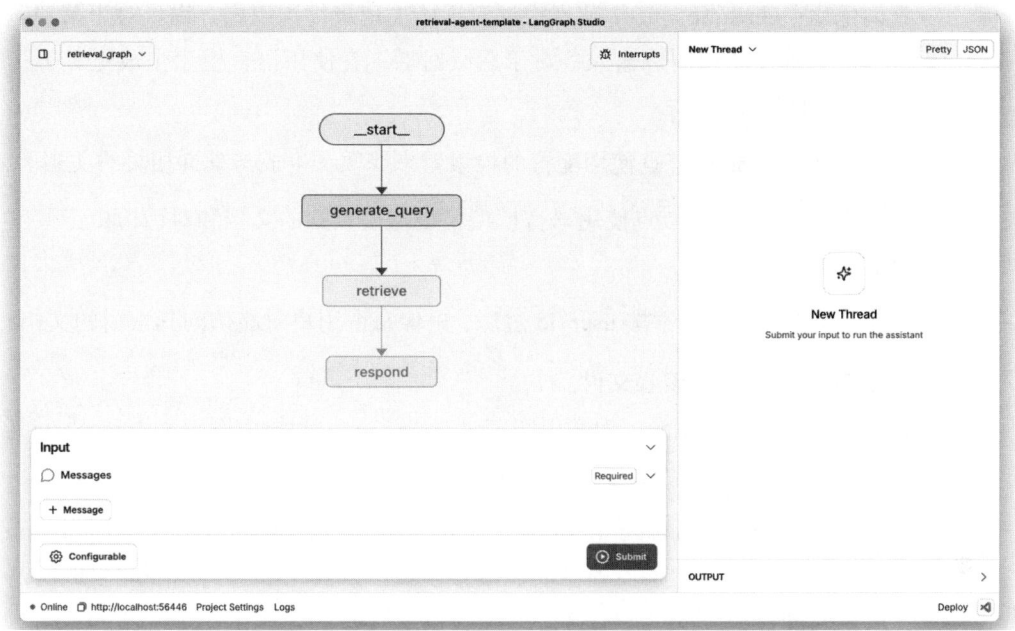

图 9-5 LangGraph Studio 中的 RAG 模板展示界面

1. 模板的目的和主要特点

◎ 对话式 RAG：创建一个聊天机器人，它能够根据文档知识库回答问题，维护对话历史记录以进行上下文感知的检索。

◎ 查询生成和优化：包括一个查询生成节点，用于优化用户查询，尤其是在后续对话轮次中，以提高检索相关性。

◎ 文档索引（单独的图）：提供一个单独的索引图，用于上传和索引文档，从而将索引过程与检索智能体分离。

◎ 可配置的检索器：支持各种向量存储提供商（如 Elasticsearch、MongoDB、Pinecone 等）用于文档存储和检索，可通过环境变量配置。

2. 模板涉及的关键概念

◎ 双图结构：采用两个图。

• 索引图（index_graph）：用于文档索引。这是一个简单的图，它以文档作为输入，将其索引到向量存储中，然后完成处理。

• 检索图（retrieval_graph）：主要的对话式智能体图，处理用户查询、检索和响应的生成。

◎ 查询优化：generate_query 节点根据对话历史记录优化用户查询。对于第一轮对话，它直接使用用户输入；对于后续对话，它使用语言模型生成更具上下文相关性的查询。

◎ 文档检索：retrieve 节点使用配置的检索器来获取和生成与查询相关的文档。

◎ 响应生成：respond 节点使用语言模型，根据检索到的文档和对话历史记录生成响应。

◎ 用户范围的检索：检索按 user_id 过滤，确保每个用户只能访问其索引的文档。

3. 模板的代码结构及核心文件

◎ src/retrieval_graph/state.py：为索引图定义 IndexState，为检索图定义 InputState、State，管理文档、消息、查询和检索到的文档。

◎ src/retrieval_graph/configuration.py：使用 IndexConfiguration 和 Configuration 类管理嵌入模型、检索器提供商、搜索参数，以及用于查询和响应生成的语言模型的设置。

◎ src/retrieval_graph/prompts.py：包含用于响应生成的 RESPONSE_SYSTEM_PROMPT 和用于查询优化的 QUERY_SYSTEM_PROMPT。

◎ src/retrieval_graph/retrieval.py：管理检索器的创建，使用 make_retriever 上下文管理器，支持 Elasticsearch、Pinecone 和 MongoDB。

◎ src/retrieval_graph/graph.py：定义 retrieval_graph。

- generate_query 节点：优化用户查询。
- retrieve 节点：使用检索器获取文档。
- respond 节点：使用检索到的文档和对话历史记录生成响应。
- 图是一个简单的线性流程：__start__ → generate_query → retrieve → respond → __end__。

◎ src/retrieval_graph/index_graph.py：定义 index_graph。

- index_docs 节点：使用配置的检索器索引文档。
- 图是一个简单的线性流程：__start__ → index_docs → __end__。

RAG 模板的一个关键方面是其优化用户查询的能力，尤其是在多轮对话中。src/retrieval_graph/graph.py 中的 generate_query 节点演示了此功能。下面我们来检查这个节点。

示例 9-5：generate_query 节点中的查询优化

```python
# src/retrieval_graph/graph.py
class SearchQuery(BaseModel):
    """ 搜索索引文档以检索查询 """
    query: str


async def generate_query(
    state: State, *, config: RunnableConfig
) -> dict[str, list[str]]:
    """ 根据当前状态和配置生成检索查询 """
    messages = state.messages
    if len(messages) == 1:
        # 这是用户的第一个问题。我们将直接使用输入进行检索
        human_input = get_message_text(messages[-1])
        return {"queries": [human_input]}
    else:
        configuration = Configuration.from_runnable_config(config)
        # 随意定制提示、模型和其他逻辑
        prompt = ChatPromptTemplate.from_messages(
            [
                ("system", configuration.query_system_prompt),
                ("placeholder", "{messages}"),
            ]
        )
        model = load_chat_model(configuration.query_model).with_
structured_output(
            SearchQuery
        )

        message_value = await prompt.ainvoke(
            {
                "messages": state.messages,
                "queries": "\n- ".join(state.queries),
                "system_time": datetime.now(tz=timezone.utc).isoformat(),
            },
            config,
        )
        generated = cast(SearchQuery, await model.invoke(message_
value, config))
```

```
        return {
            "queries": [generated.query],
        }
```

（1）代码作用。generate_query 节点智能地生成检索查询。对于第一条用户消息，它直接使用该消息；对于后续消息（跟进问题），它利用语言模型来优化查询，同时考虑对话历史记录和以前的查询。

（2）重要性。查询优化对于有效的对话式 RAG 至关重要。后续对话轮次中的原始用户输入可能含糊不清或缺乏足够的上下文。优化可以确保检索系统获得上下文丰富且相关的检索查询，从而实现更好的文档检索和生成更准确的响应。

（3）工作原理。

第一轮处理：if len(messages) == 1: 检查是否为对话中的第一条消息。如果是，则通过 human_input = get_message_text(messages[-1]) 直接提取用户输入并将其用作初始查询。这对于初始问题非常有效。

后续对话轮次查询优化：else: 代码块用于处理后续对话轮次。

◎ 提示构造：prompt = ChatPromptTemplate.from_messages(···)，使用 ChatPromptTemplate 构造提示。

- ("system", configuration.query_system_prompt)：包含来自 configuration.py 的 query_system_prompt，该提示指示语言模型如何优化查询。
- ("placeholder", "{messages}")：对话历史记录的占位符。

◎ 使用结构化输出进行模型绑定：model = load_chat_model(configuration.query_model).with_structured_output(SearchQuery)，加载配置的查询模型，并将其与 Pydantic 模型 SearchQuery 进行绑定。SearchQuery 只是定义了一个结构化输出，其中包含类型为 str 的 query 字段。

◎ 模型调用：message_value = await prompt.invoke(···) 和 generated = cast(SearchQuery, await model.invoke(message_value, config))，使用构造的提示和对话上下文调用语言模型。cast 通过将模型的输出视为 SearchQuery 对象来确保类型安全。

◎ 提示中的上下文信息：prompt.ainvoke 调用将以下上下文传递给语言模型。

- "messages": state.messages：完整的对话历史记录。
- "queries": "\n- ".join(state.queries)：先前查询的列表，提供来自先前检索尝

试的上下文。

- "system_time": datetime.now(tz=timezone.utc).isoformat()：当前时间，可能对时间敏感的查询有用。

◎ 输出：return {"queries": [generated.query]}，返回一个字典，其中包含从 SearchQuery 对象提取的优化查询的列表。

（4）学习要点。

◎ 上下文查询生成：了解在对话式 RAG 中优化查询的重要性，因其能直接影响上下文连贯性与检索相关性。

◎ 用于查询优化的提示工程：学习如何设计系统提示（query_system_prompt）来指示语言模型有效地执行查询优化。

◎ 用于查询提取的结构化输出：了解如何使用 Pydantic 模型（如 SearchQuery）来构建查询生成模型的输出，确保查询字符串干净且可用。

◎ 将对话历史记录作为上下文：了解将对话历史记录和以前的查询作为上下文提供给查询优化模型，来增强其生成相关检索查询的能力。

（5）定制 / 实验。

◎ 修改 query_system_prompt：优化 prompts.py 中的 query_system_prompt 以尝试不同的查询优化策略。你可以让模型在优化方面更加积极，专注于对话的特定方面，或者尝试不同的提示技术。

◎ 更改优化模型（configuration.py）：通过更改 configuration.py 中的 query_model 来尝试不同的语言模型以进行查询优化。尝试使用在理解上下文和生成简洁的查询方面具有不同优势的模型。

◎ 向查询优化提示添加更多的上下文：在传递给查询优化提示的上下文中包含其他状态信息。例如，可以包含在先前对话轮次中检索到的文档摘要或用户偏好（如果在状态中跟踪的话）。

◎ 实施不同的优化策略：修改 generate_query 节点以实现备用查询优化方法。例如，除完全依赖 LLM 外，还可以整合关键字提取、查询扩展技术或基于规则查询修改等策略。

如果需要定制 RAG 模板，则可以通过以下几种方式来实现。

◎ 更改检索器：通过修改配置中的 retriever_provider 在不同的向量存储（Elasticsearch、MongoDB、Pinecone）之间进行切换。

◎ 修改嵌入模型：通过更新配置中的 embedding_model 来更改用于文档索引和查询的嵌入模型。其选项包括各种 OpenAI 模型和 Cohere 模型。

◎ 调整检索参数：通过修改配置中的 search_kwargs 来微调检索过程。这允许你控制诸如检索文档的数量或相似度阈值之类的数据。

◎ 定制响应生成：修改 response_system_prompt 以更改智能体定制响应的方式。这允许你调整智能体的个性或添加用于答案生成的特定指令。

◎ 更改语言模型：更新配置中的 response_model 以使用不同的语言模型来生成响应。其选项包括 Anthropic 的各种 Claude 模型，以及来自 Fireworks AI 等其他提供商的模型。

◎ 扩展图：在 src/retrieval_agent/graph.py 文件中添加新节点或修改现有的节点，以在智能体的工作流中引入其他处理步骤或决策点。

◎ 添加新工具：在 src/retrieval_agent/tools.py 中添加新工具或实现 API 集成，以将智能体的功能扩展到简单的检索和响应生成之外。

◎ 修改提示：更新 src/retrieval_agent/prompts.py 中用于查询生成和响应定制的提示，以更好地适应特定用例或提升智能体的性能。

RAG 模板是构建能够根据知识库回答问题的对话式 AI 智能体的可靠起点。其双图结构、查询优化功能和可配置的检索器使它成为各种 RAG 应用的通用模板。RAG 模板演示了如何构建比基本 RAG 管道更具交互性和上下文感知的 RAG 系统。

9.7 RAG 研究智能体模板

RAG 研究智能体（RAG Research Agent）模板在 RAG 模板的基础上添加了一个研究计划和研究子图（如图 9-6 所示）。此模板旨在回答更复杂的、多方面的问题，这些问题需要结构化的研究过程才能得到有效解答。

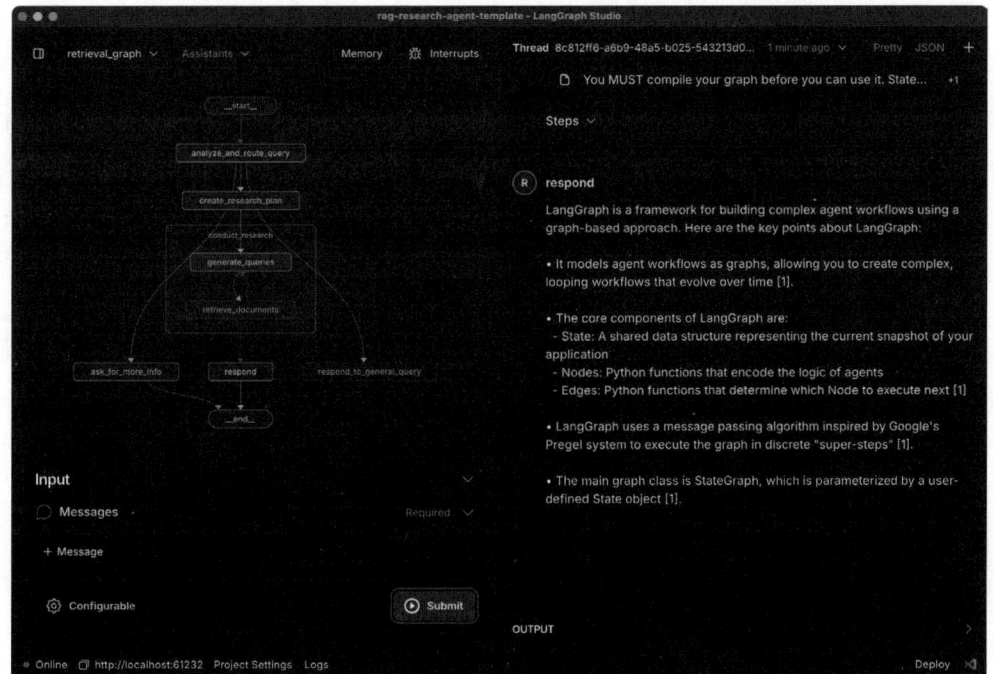

图 9-6 LangGraph Studio 中的 RAG 研究智能体模板展示界面

1. 模板的目的和主要特点

◎ 复杂问题解答：处理需要研究计划才能得到有效解答的复杂问题。

◎ 研究计划：包括一个研究计划节点，该节点将复杂查询分解为循序渐进的计划。

◎ 研究子图：嵌套的研究子图，负责通过生成查询和检索文档来执行研究计划的每个步骤。

◎ 查询路由：实施查询路由器，以对用户查询进行分类，并根据其类别（与 LangChain 相关、一般或需要更多信息）将其路由到不同的路径。

◎ 多步骤研究：执行多步骤研究，迭代优化查询并收集信息。

2. 模板涉及的关键概念

◎ 分层图结构：采用包含嵌套研究子图的主检索图。这种分层结构允许存在复杂的工作流和模块化智能体设计。

◎ 查询路由器：一个关键组件，将用户查询分为以下几种类别。

· 与 LangChain 相关：关于 LangChain 的查询，触发了研究过程。

- 一般：与 LangChain 无关的查询，拒绝处理。

- 需要更多信息：需要用户澄清的查询。

◎ 研究计划生成：create_research_plan 节点使用语言模型生成一个循序渐进的计划，以回答与 LangChain 相关的问题。

◎ 研究子图执行：conduct_research 节点为研究计划中的每个步骤调用嵌套的 researcher_graph。研究子图处理每个步骤的查询生成和文档检索。

◎ 迭代研究：智能体迭代执行研究步骤，直到计划完成，并累积来自每个步骤的文档。

3. 模板的代码结构及核心文件

◎ src/shared/：包含共享模块。

- configuration.py：BaseConfiguration 类，索引图和检索图共享。

- retrieval.py：make_retriever 函数，用于创建检索器，在图中共享。

- state.py：reduce_docs 函数，用于文档状态管理，在图中共享。

- utils.py：format_docs 和 load_chat_model 函数，在图中共享。

◎ src/index_graph/：包含索引图特定模块。

- configuration.py：IndexConfiguration 扩展 BaseConfiguration 用于索引图。

- graph.py：定义 index_graph 用于文档索引。

- state.py：IndexState 用于索引图。

◎ src/retrieval_graph/：包含检索图特定模块。

- configuration.py：AgentConfiguration 扩展 BaseConfiguration 用于检索图，包括路由、研究计划、查询生成和响应生成的模型与提示配置。

- prompts.py：定义检索图中使用的各种提示，包括路由器提示、研究计划提示、查询生成提示和响应提示。

- state.py：AgentState、InputState 和 Router 类型定义用于检索图，管理路由器输出、研究步骤、文档和消息。

- researcher_graph/：包含研究子图模块。

  · graph.py：定义 researcher_graph 负责查询生成和文档检索，用于每个研究步骤。

  · state.py：ResearcherState 和 QueryState 用于研究子图，管理子图内的问题、

查询和检索到的文档。

- graph.py：定义 retrieval_graph。

  · analyze_and_route_query 节点：使用路由器模型对用户查询进行分类。

  · route_query 函数：根据查询分类对路由执行。

  · ask_for_more_info、respond_to_general_query 节点：处理非 LangChain
    查询。

  · create_research_plan 节点：生成研究计划。

  · conduct_research 节点：为每个步骤执行研究子图。

  · check_finished 函数：检查研究是否完成。

  · respond 节点：生成最终响应。

  · 该主图包括用于路由、研究计划、研究子图执行和响应生成的节点，以
    及用于流程控制的条件边。

RAG 研究智能体模板最先进的功能是使用嵌套图 —— researcher_graph。src/
retrieval_graph/graph.py 中的 conduct_research 节点演示了如何调用这个嵌套图。

示例 9-6：conduct_research 节点中的嵌套图调用

```python
# src/retrieval_graph/graph.py
async def conduct_research(state: AgentState) -> dict[str, Any]:
    """ 执行研究计划的第一步 """
    result = await researcher_graph.ainvoke({"question": state.
steps[0]})
    return {"documents": result["documents"], "steps": state.
steps[1:]}


# 图定义
builder.add_node(conduct_research)
builder.add_edge("create_research_plan", "conduct_research")
builder.add_conditional_edges("conduct_research", check_finished)
```

（1）代码作用。conduct_research 节点负责执行研究计划的单个步骤。它通过
调用 researcher_graph（在 src/retrieval_graph/researcher_graph/graph.py 中定义的单独
LangGraph）并传递当前的研究步骤作为输入来实现这一点。

（2）重要性。嵌套图（或子图）是 LangGraph 中构建复杂、模块化智能体的强

大功能之一。其允许如下操作。

◎ 分解复杂性：将复杂的智能体分解为更小、更易于管理的子组件（子图）。

◎ 重用逻辑：创建可重用的子图，可以从较大图的不同部分甚至完全不同的图中调用这些子图。

◎ 改进组织：逻辑组织智能体代码，分离关注点并提高可维护性。

◎ 并行执行（隐式）：虽然这里没有显式并行，但可以将嵌套图设计为在子图内并行执行步骤，从而提高效率。

（3）工作原理。

◎ researcher_graph.ainvoke(…)：这是关键行，就像调用常规的 LangChain Runnable 一样调用 researcher_graph。

- researcher_graph：这是在 src/retrieval_graph/researcher_graph/graph.py 中编译的 StateGraph 对象。

- .ainvoke({"question": state.steps[0]})：.ainvoke 用于异步调用子图。{"question": state.steps[0]} 提供子图的输入。在本例中，输入是一个字典，其中包含一个 "question" 键，该键的值是研究计划的第一步（state.steps[0]）。此输入结构必须与为 researcher_graph 的 StateGraph 定义的 input 类型相匹配（在 src/retrieval_graph/researcher_graph/state.py 中为 ResearcherState）。

◎ 输入和输出映射：输入 {"question": state.steps[0]} 传递给 researcher_graph。researcher_graph 执行其内部逻辑（查询生成和文档检索）并返回输出。然后，conduct_research 节点处理此输出。

- result = await researcher_graph.ainvoke(…)：等待 researcher_graph.ainvoke 的结果，并将其存储在 result 变量中。

- return {"documents": result["documents"], "steps": state.steps[1:]}：conduct_research 节点返回一个字典。

  · "documents": result["documents"]：从 researcher_graph 返回的 result 中提取 "documents" 键，并将其包含在其自身的输出中。这就是将子图检索到的文档传递回主检索图的方式。

  · "steps": state.steps[1:]：通过删除第一步（现在已研究）并返回剩余步骤来更新 state.steps。

（4）学习要点。

◎ 嵌套图调用：了解如何使用 .ainvoke() 从另一个 LangGraph 图（retrieval_graph）中调用一个 LangGraph 图（researcher_graph）。

◎ 模块化智能体设计：指导嵌套图如何实现模块化智能体设计，将复杂智能体分解为更小的、可重用的组件。

◎ 子图的输入 / 输出接口：指导为子图定义清晰的输入 / 输出接口（使用 State 类和字典输入 / 输出）以确保无缝集成的重要性。

◎ 跨图的状态管理：观察如何在主图与子图之间管理和传递状态。conduct_research 节点接收和修改 AgentState，并将 AgentState 的相关部分作为输入传递给 researcher_graph。然后，子图的输出用于更新主图中的 AgentState。

（5）定制 / 实验。

◎ 修改 researcher_graph：探索 researcher_graph 本身的代码（src/retrieval_graph/researcher_graph/）并定制其内部逻辑（查询生成、检索策略等）。对子图的更改将直接影响主检索图在调用子图时的行为。

◎ 创建更多的子图：通过为不同的任务（例如，"summarization_graph"和"entity_extraction_graph"）创建更多的子图来扩展 retrieval_graph，并在主图的不同节点中调用它们。

◎ 将更多的状态传递给子图：尝试传递来自 AgentState 的更多信息作为 researcher_graph 的输入。例如，可以将对话历史记录、以前的查询或用户偏好传递给子图，以进一步影响其研究过程。

◎ 从子图中返回更多的信息：修改 researcher_graph 以在其输出中返回更多的信息（除 documents 外）。例如，可以返回有关研究过程的元数据、检索文档的置信度值或中间结果。然后，更新 conduct_research 节点以处理并在主图中使用此附加信息。

如果需要定制 RAG 研究智能体模板，则可以通过以下几种方式来实现。

◎ 更改检索器：通过修改配置中的 retriever_provider 在不同的向量存储（Elasticsearch、MongoDB、Pinecone）之间进行切换。

◎ 修改嵌入模型：通过更新配置中的 embedding_model 来更改用于文档索引和查询的嵌入模型。其选项包括各种 OpenAI 模型和 Cohere 模型。

◎ 调整检索参数：通过修改配置中的 search_kwargs 来微调检索过程，以控制诸如检索文档的数量或相似度阈值之类的数据。

◎ 定制响应生成：修改 response_system_prompt 以更改智能体定制响应的方式，以调整智能体的个性或添加用于答案生成的特定指令。

◎ 修改提示：更新 src/retrieval_graph/prompts.py 中用于用户查询路由、研究计划、查询生成等的提示，以更好地适应特定用例或提升智能体的性能。当然，也可以直接在 LangGraph Studio 中修改这些提示。例如：

- 修改用于创建研究计划的系统提示（research_plan_system_prompt）。
- 修改用于根据研究计划生成检索查询的系统提示（generate_queries_system_prompt）。

◎ 更改语言模型：更新配置中的 response_model 以使用不同的语言模型来生成响应。其选项包括 Anthropic 的各种 Claude 模型，以及来自 Fireworks AI 等其他提供商的模型。

◎ 扩展图：在 src/retrieval_graph/graph.py 文件中添加新节点或修改现有的节点，以在智能体的工作流中引入其他处理步骤或决策点。

◎ 添加工具：添加工具以扩展 RAG 研究智能体的功能，使其超越简单的检索和增强生成。

RAG 研究智能体模板代表了朝着构建高级问答系统迈出的重要一步。通过结合研究计划、研究子图和查询路由，使智能体能够以结构化和有效的方式处理复杂查询。此模板展示了 LangGraph 在创建分层和复杂的智能体架构（能够进行多步骤推理和信息收集）方面的强大功能。

综上所述，LangGraph 模板为进行基于图的智能体开发的开发者提供了宝贵的资源。它们提供了一系列起点，从基本的图结构到复杂的架构，如 ReAct 智能体、数据丰富的管道、记忆增强的聊天机器人，以及具有研究能力的高级 RAG 系统。通过使用这些模板，开发者可以加速学习，缩短开发周期，并基于经过验证的模式创建健壮的 AI 智能体。

LangGraph 模板不仅是起始代码，更是教育工具，展示了智能体设计、LangGraph 架构，以及与更广泛的 LangChain 生态系统集成的最佳实践。随着 LangGraph 研究的深入，这些模板将作为实用的参考和可定制的蓝图，使你能够创建日益复杂和专门化的 AI 智能体，以满足独特需求。6 个 LangGraph 模板的目的、主要特点和复杂程度的横向对比如表 9-1 所示。

表 9-1 6 个 LangGraph 模板的目的、主要特点和复杂程度的横向对比

模板名称	目的	主要特点	复杂程度
新项目模板	最小 LangGraph 示例	基本图结构、配置示例	低
ReAct 智能体模板	ReAct 模式实现	工具集成、推理和行动循环	中
充实数据智能体模板	从网络资源中提取结构化数据	网络研究工具、模式驱动的提取、反思	中等偏高
记忆智能体模板	具有持久化记忆的智能体	用户范围的记忆、记忆存储和检索工具	中
RAG 模板	对话式 RAG 聊天机器人	查询优化、文档索引、可配置的检索器	中等偏高
RAG 研究智能体模板	具有研究计划的复杂问题解答	研究计划、研究子图、查询路由	高

 思考题

（1）LangGraph 模板旨在加速 AI 智能体的开发。你认为模板在 LangGraph 生态系统中扮演什么角色？它们如何帮助具有不同经验水平的开发者？

（2）LangGraph 模板都遵循统一的目录结构。这种结构化组织对项目的可维护性和可扩展性有何帮助？请举例说明。

（3）新项目模板通过 my_node 演示了运行时配置。在实际应用中，运行时配置有哪些优势？请设想至少三个不同的应用场景，并说明运行时配置是如何使这些应用场景受益的。

（4）ReAct 智能体模板的核心是 route_model_output 函数实现的条件路由。这种条件路由如何体现 ReAct 模式的推理和行动循环？如果不使用条件路由，ReAct 智能体还能有效工作吗？

（5）充实数据智能体模板并引入了 reflect 节点进行输出验证。为什么在数据丰富的任务中输出验证尤为重要？reflect 节点是如何帮助提升智能体的可靠性和数据质

量的？请设计一个更复杂的 Pydantic 模型 InfoIsSatisfactory，以评估更多方面的数据质量。

（6）记忆智能体模板通过 call_model 节点实现记忆检索和提示增强。持久化记忆是如何提升对话式 AI 智能体的用户体验的？请思考在电商客服、在线教育等领域，记忆功能将如何发挥作用。

（7）RAG 模板的 generate_query 节点体现了查询优化的重要性。为什么在对话式 RAG 中需要查询优化？请设计一种不同于模板中 LLM 优化的查询优化策略。

（8）RAG 研究智能体模板使用了嵌套的 researcher_graph。嵌套图是如何提高复杂 AI 智能体的可维护性和可重用性的？请设想一个更复杂的 AI 系统，其中可以应用多层嵌套图结构，并描述其优势。

（9）基于你对 6 个 LangGraph 模板的理解，总结一下定制 LangGraph 模板的一般策略和步骤。当你需要构建一个全新的、超出当前模板范围的 AI 智能体时，将如何借鉴这些模板的设计思想？

第 10 章
LangGraph 官方应用案例浅析

The best way to learn is by doing. —Benjamin Franklin
（实践是最好的学习方式。—— 本杰明·富兰克林）

　　言语的抽象描绘，如同星辰的光芒，虽能指引方向，却终究是遥远的光点。唯有将理论的星图绘于行动的画布之上，方能真正领悟宇宙的浩瀚与奥秘。如同工匠之于器物，哲人对于思想，亦需亲身实践，方能将其熔铸成改变现实的力量。

　　理论若仅止于纸上谈兵，便如镜中之花，水中之月，空有其形而无其实质。唯有将抽象的理念编织进现实的经纬之中，让概念在实践的熔炉里经受淬炼，才能真正洞悉其内蕴，掌握其精髓。

　　如同航海者，虽有星图详尽的指引，却仍需扬帆起航，亲历风浪，方能将纸上的航线转化为征服海洋的勇气与智慧。因此，真正的学习，不在于书本的堆砌，而在于行动的足迹，在于将知识的种子，播撒在实践的土壤中，静待其生根发芽，开花结果。

本章将通过深入分析三个由 LangChain 团队官方构建的代表性 LangGraph 应用程序：开放画布（Open Canvas）、报告大师（Report Maestro）和 Agent Inbox 的架构、控制流和核心代码结构，揭示 LangGraph 在解决不同类型问题方面的实际应用。

◎ 开放画布展示了人机协作的创意写作。

◎ 报告大师演示了复杂的研究报告自动化生成。

◎ Agent Inbox 作为一个通用的用户界面组件，展示了无缝的人工参与工作流程。

10.1 开放画布

开放画布（Open Canvas）是 LangGraph 生态系统中的一个引人注目的应用案例。与侧重于研究报告自动化的报告大师（Report Maestro）不同，开放画布旨在促进人机协作的写作流程。受到 OpenAI "Canvas" 的启发，开放画布提供了一个直观的界面，可以让用户在此界面中与 AI 智能体协作，改进和迭代文档。

10.1.1 主要功能和架构概览

开放画布旨在提供一个无缝的协作环境，融合了一系列功能，具体如下所示。

◎ 开源和可定制：开放画布完全开源的性质不仅促进了社区的协作和贡献，还允许开发者定制前端用户界面与后端智能体逻辑，全方面地根据特定需求或偏好调整应用程序，并将其集成到现有工作流中。

◎ 内置记忆和反思：开放画布的记忆系统由共享内存存储支持，能够在会话和跨会话中记住有关用户及其偏好的事实。这种记忆能力使 AI 智能体响应能随着时间的推移根据用户不断发展的风格和内容偏好变得更加个性化和相关。

◎ 从现有文档开始：不同于多数以对话界面为起点的工具，它允许用户自由选择从空白文本编辑器或代码编辑器开始创作，并全面支持多种编程语言。这一设计创新基于对用户实际需求的深入洞察，创作者往往已有初步内容基础，更需要的是对现有作品的迭代优化而非从零创作。这种以用户既有内容为起点的交互范式，实现了写作体验的实质性革新，使应用场景覆盖更广泛的创作流程需求。

◎ 自定义快速操作：自定义快速操作允许用户创建个性化的提示和指令，可以持久保存在会话中，并通过单击轻松调用。

◎ 预构建快速操作套件：除了自定义操作，开放画布还配备了一套预构建的快速操作套件，用户只需单击即可执行诸如重写文本、翻译代码或改进内容等任务。

◎ 工件版本控制：开放画布中的每个工件都维护着一个版本历史记录，允许用户及时回溯并查看工件的先前版本。此功能对于跟踪更改、恢复到早期版本或比较不同迭代非常宝贵，可增强写作过程的协作性和非线性特性。

◎ 代码和文本工件支持：开放画布支持代码和文本工件的这种双重功能使开放画布成为作家和开发者的多功能工具。

◎ 实时 Markdown 渲染和编辑：对于文本工件，开放画布提供了一个实时 Markdown 编辑器，允许用户在编辑时查看渲染的 Markdown，而无须在编辑视图和预览视图之间来回切换。这种实时渲染功能，为所创建内容的最终输出提供了即时反馈和较高的清晰度。

从架构角度来看，开放画布是具有 Next.js 前端和 LangGraph 后端的 Web 应用程序。其架构的关键组件如下所示。

（1）Next.js 前端：开放画布的用户界面是使用 Next.js 构建的，这是一个用于构建用户界面的 React 框架。前端负责以下工作。

◎ 用户界面渲染：渲染应用程序的 Web UI，包括聊天窗口、工件画布、工具栏、菜单和其他交互式元素。

◎ 用户交互处理：处理用户输入，例如，聊天消息、按钮点击、文本选择和编辑器交互，并将这些交互转换为发送到 LangGraph 后端的 API 请求。

◎ 实时更新：通过 WebSockets 或服务器发送事件管理与 LangGraph 后端的实时通信，以接收智能体消息、工件更新和状态更改，并动态更新 UI。

◎ 状态管理（前端）：管理特定于前端的状态，例如 UI 状态（例如，编辑模式、选定的工具）、用户首选项和临时 UI 数据。

（2）LangGraph 后端：开放画布的 AI 驱动功能由 LangGraph 后端提供支持，该后端使用 TypeScript 和 LangGraph.js 框架构建。后端负责以下工作。

◎ 工作流编排：定义和编排报告生成工作流，管理节点序列和节点之间的数据流。

◎ AI 智能体逻辑：实现应用程序的 AI 驱动功能，包括内容生成、反思、路由和工具调用。这包括利用各种语言模型（例如 OpenAI 的 GPT-4o、Anthropic 的 Claude 3.5 Haiku 和 Fireworks AI 的 Llama 3）来执行不同的任务。

◎ 状态管理（后端）：管理报告生成过程的状态，包括报告主题、结构、生成的章节、用户反馈和中间输出等。 LangGraph 的内置状态管理，由内存存储（用于本地开发）或持久数据库（用于托管部署）支持。

◎ API 端点：公开 API 端点，Next.js 前端使用这些端点来与 LangGraph 工作流进行通信，例如发送用户消息、接收智能体响应，以及检索工件更新。

（3）LangSmith 集成：开放画布与 LangSmith 集成，LangSmith 是一个用于 LangChain 应用程序的可观测性平台。

◎ 跟踪和监控：监控 LangGraph 工作流的执行情况，跟踪各步骤、延迟和资源利用率。

◎ 调试和分析：调试工作流中的问题，分析性能瓶颈，并深入了解智能体的行为。

◎ 评估和迭代：评估不同模型、提示词和工作流配置的有效性，并迭代改进应用程序的性能和质量。

（4）外部服务：开放画布集成了各种外部服务以增强其功能。

◎ LLM API：利用来自 OpenAI、Anthropic、Google GenAI 和 Fireworks AI 等提供商的 LLM API 进行内容生成、反思和自然语言理解任务。

◎ Tavily API（在 Report Maestro 中可能不适用）：根据描述判断，此处可能不需要使用 Tavily API，除非开放画布具有网络搜索功能，但其 README 文档中未提及相关功能。

◎ Supabase：使用 Supabase 进行身份验证和用户管理，为应用程序提供安全且可扩展的用户管理系统。

图 10-1 展示了开放画布的高层架构。 前端客户端（Next.js 应用程序）包含用户界面组件，用户通过这些组件与应用程序交互。 前端客户端通过 API 请求（HTTP）与后端服务器（LangGraph 部署）进行通信。 后端服务器托管 LangGraph 编排引擎和 Open Canvas 智能体图，并通过 REST API 端点与前端交互。 Open Canvas 智能体图调用各种 LLM API，并与 LangSmith 集成以进行跟踪。 LangGraph 编排引擎管理状态存储中的状态。 此外，Supabase 用于身份验证和用户管理，为应用程序添加了安全层。

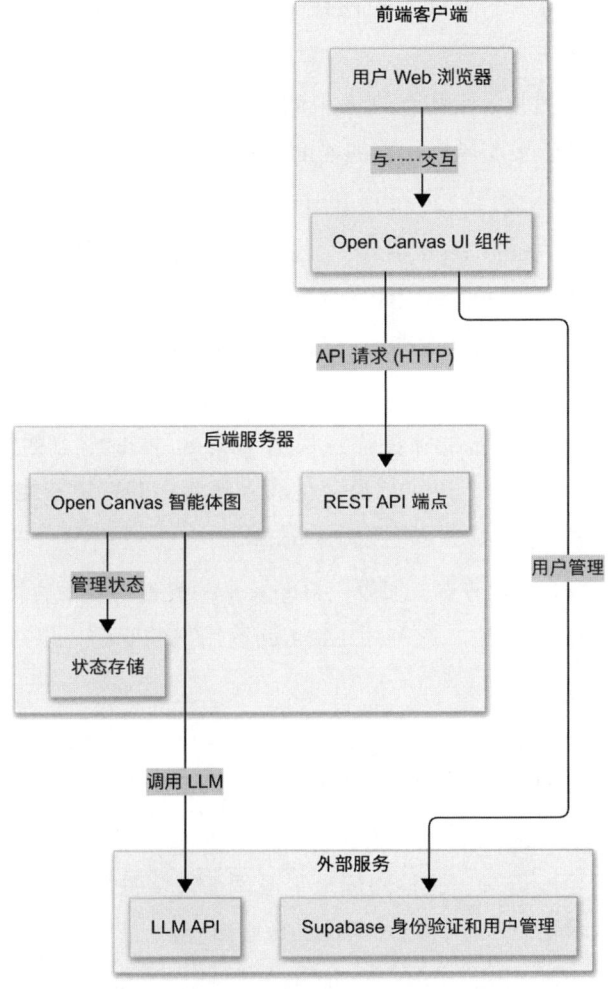

图 10-1 为开放画布高层架构图

10.1.2 控制流与智能体工作流模式

开放画布的控制流和智能体工作流模式围绕 LangGraph 的状态图架构构建，采用一种响应式和以用户为中心的方法，将 AI 智能体的操作与用户的输入和意图无缝交织在一起。

（1）用户输入和请求启动：写作过程从用户与开放画布的交互开始。启动方式包括以下几个。

◎ 用户在聊天界面中输入文本提示。

◎ 用户可以直接在工件画布上与内容交互，例如，选择文本片段以进行编辑或应用等快速操作。

◎ 用户从预构建或自定义操作列表中调用快速操作，以对当前工件执行特定任务（例如翻译、更改风格、添加评论等）。

（2）LangGraph 协调器接收和路由用户请求：前端 UI 捕获用户输入，并将其作为 API 请求发送到 LangGraph 后端。LangGraph 协调器充当中央控制中心，接收这些请求并根据请求的性质和应用程序的当前状态确定工作流中的下一个操作。generatePath 节点充当"智能路由器"，检查用户输入和应用程序状态，以动态确定要调用的最合适的下一个节点。

（3）动态节点执行和智能体操作：根据 generatePath 节点的输出，LangGraph 协调器执行各种专门的节点，每个节点都代表工作流中的特定智能体操作。这些节点充当工作者，执行不同的任务以响应用户请求。

◎ replyToGeneralInput 节点：如果用户输入是一般查询或不直接涉及工件操作的请求，则调用此节点。它利用 LLM 回答用户的问题，以对话历史记录和用户反思作为上下文。

◎ rewriteArtifact 节点：当用户请求修改或重写整个工件时，将调用此节点。它使用 LLM，利用用户反思和请求的上下文来生成更新后的工件版本。

◎ rewriteArtifactTheme 节点：此节点处理与工件主题或风格相关的特定修改请求，例如，更改语言、调整阅读水平或添加表情符号。它使用 LLM 根据用户的主题请求更新工件，同时保持其核心内容。

◎ rewriteCodeArtifactTheme 节点：此节点类似于 rewriteArtifactTheme，但专门为代码工件量身定制。它处理特定于代码的修改请求，例如，添加注释、添加日志或移植到不同的编程语言。

◎ updateArtifact 节点：当用户突出显示代码工件的特定部分并请求修改时，将调用此节点。它使用 LLM 仅更新突出显示的文本，从而允许对代码进行精确编辑。

◎ updateHighlightedText 节点：此节点类似于 updateArtifact，但用于文本工件。它允许用户突出显示 Markdown 文本块并对其进行修改，从而实现对文本内容的细粒度编辑。

◎ generateArtifact 节点：当用户发起创建新工件的请求时，将调用此节点。它使用 LLM，利用用户反思和请求的上下文从头开始生成新的工件。

◎ customAction 节点：此节点用于处理用户定义的自定义快速操作的调用。它检索并执行与所选快速操作关联的自定义提示，从而允许用户扩展应用程序的功能并根据其特定需求定制其行为。

◎ generateFollowup 节点：在生成或更新工件后，将调用此节点以生成后续消息。它使用 LLM 创建一条有创意的、类似人类的响应，通知用户工件已准备就绪，并提示用户进行进一步交互。

◎ reflect 节点：此节点充当后台反思智能体，在生成或更新工件后调用。它分析对话历史记录和生成的工件，以生成或更新有关用户风格偏好和内容偏好的反思或记忆。这些反思存储在内存中，并在后续交互中用于个性化智能体的响应。

◎ generateTitle 节点：在对话开始时调用（前两条消息之后），此节点会生成对话的简洁标题，该标题显示在线程历史记录中。它使用 LLM 根据对话内容和生成的工件创建标题。

（4）人机协作反馈循环：虽然开放画布中的主要工作流是自动化的，但它通过以下方式融入了人机协作反馈循环。

◎ 用户反馈融入提示词：用户输入（聊天消息、快速操作、画布交互）直接用作 LangGraph 工作流中 LLM 调用的提示。这确保了 AI 智能体的响应始终与用户的请求和意图相关。

◎ 反思智能体学习用户偏好：反思智能体持续分析用户交互和反馈，以学习用户风格和内容偏好。这些学习内容存储在内存中，并在后续交互中用于个性化 AI 智能体的响应，从而创建反馈循环，智能体通过该循环随着时间的推移变得更符合用户的需求。

◎ 用户控制和定制：开放画布使用户能够通过自定义快速操作、从现有文档开始以及编辑和修改 AI 生成的内容来控制和定制 AI 智能体的行为。这种用户控制级别确保应用程序充当增强用户创造力的工具，而不是取代它。

（5）状态管理和工件版本控制：LangGraph 状态图有效地管理应用程序的状态，跟踪对话历史记录、当前工件及其版本历史记录、用户反思以及其他相关数据。状态管理确保工作流是连贯且有状态的，允许 AI 智能体记住以前的交互并基于上下文生成响应。工件版本控制功能允许用户及时回溯并查看工件的先前版本，从而促进非线性和迭代写作过程。

（6）输出和用户参与：工作流的最终输出是在开放画布 UI 中呈现的更新后的工件和 AI 智能体响应。用户可以查看生成的内容、与之交互、进行进一步的输入或启动新的操作，从而创建一个持续的人机协作循环，最终完成所需的写作任务。

开放画布的智能体工作流模式可以描述为状态图驱动的人机协作系统。LangGraph 状态图充当编排引擎，管理工作流的不同节点（智能体操作）的执行，并维护应用程序的状态。用户通过 UI 与应用程序交互，提供输入、请求和反馈。这些输入、请求和反馈驱动工作流的流程和 AI 智能体的行为。人机协作反馈循环嵌入工作流的设计中，允许 AI 智能体从用户交互中学习并随着时间的推移进行调整，从而创建一种协作和增强的写作体验。这种模式不同于简单的协调器—工作者模式，因为它强调人与 AI 之间持续的交互和协作，以及 AI 智能体对用户反馈和偏好的适应性。

10.1.3　核心代码结构及其实现

Open Canvas 的后端代码结构围绕 src/agent/open-canvas/ 目录组织，展示了一个精巧的 LangGraph 应用程序，专为协同内容创作而设计。本节深入探讨核心代码结构和实现，重点关注后端方面，特别是智能体逻辑、反思机制和工具调用。

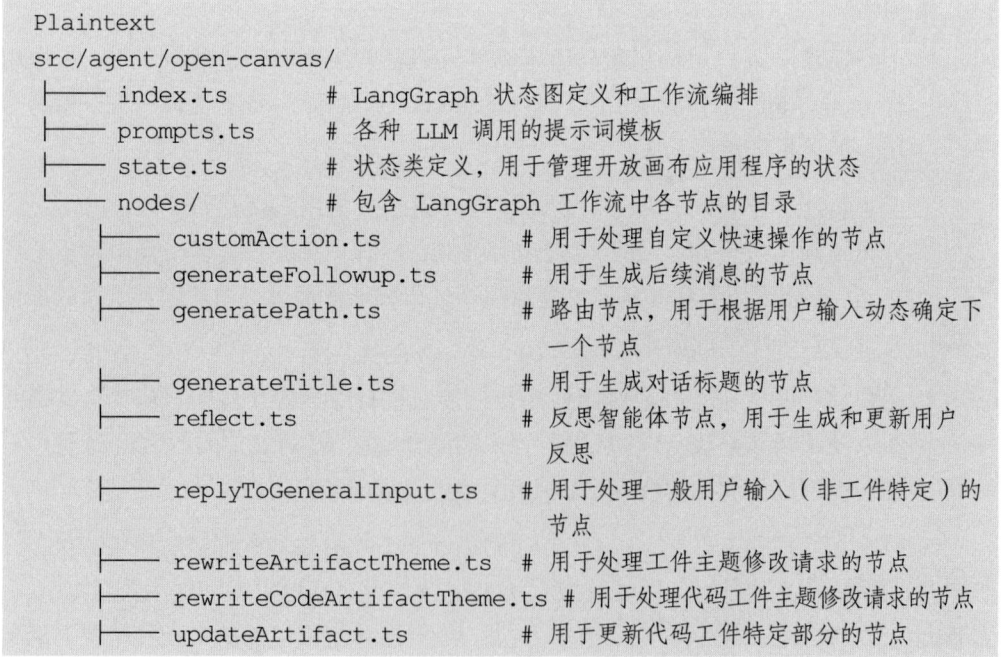

```
Plaintext
src/agent/open-canvas/
├── index.ts              # LangGraph 状态图定义和工作流编排
├── prompts.ts            # 各种 LLM 调用的提示词模板
├── state.ts              # 状态类定义，用于管理开放画布应用程序的状态
└── nodes/                # 包含 LangGraph 工作流中各节点的目录
      ├── customAction.ts            # 用于处理自定义快速操作的节点
      ├── generateFollowup.ts        # 用于生成后续消息的节点
      ├── generatePath.ts            # 路由节点，用于根据用户输入动态确定下
                                       一个节点
      ├── generateTitle.ts           # 用于生成对话标题的节点
      ├── reflect.ts                 # 反思智能体节点，用于生成和更新用户
                                       反思
      ├── replyToGeneralInput.ts     # 用于处理一般用户输入（非工件特定）的
                                       节点
      ├── rewriteArtifactTheme.ts    # 用于处理工件主题修改请求的节点
      ├── rewriteCodeArtifactTheme.ts # 用于处理代码工件主题修改请求的节点
      ├── updateArtifact.ts          # 用于更新代码工件特定部分的节点
```

```
├── updateHighlightedText.ts   # 用于更新文本工件并突出显示文本的节点
├── generate-artifact/         # 用于生成新工件的子目录
│    ├── index.ts              # generateArtifact 节点实现
│    ├── schemas.ts            # generateArtifact 节点的工具模式定义
│    └── utils.ts              # generateArtifact 节点的实用程序函数
└── rewrite-artifact/          # 用于重写现有工件的子目录
     ├── index.ts              # rewriteArtifact 节点实现
     ├── schemas.ts            # rewriteArtifact 节点的可选元数据更新
     │                           工具模式定义
     ├── update-meta.ts        # 用于可选更新工件元数据的实用程序函数
     └── utils.ts              # rewriteArtifact 节点的实用程序函数
```

　　与传统的请求—响应系统不同，开放画布利用 LangGraph 编排有状态的、多节点的工作流，该工作流管理用户交互、内容生成和智能体反思。后端采用模块化结构，每个关键功能都封装在专用的模块和节点中，从而增强了可维护性和可扩展性。

　　开放画布后端的中心是一个在 src/agent/open-canvas/index.ts 中定义的 LangGraph StateGraph。该图编排了一系列节点，每个节点代表内容创建工作流中的特定操作或决策点。这些节点位于 src/agent/open-canvas/nodes/ 目录中，构成应用程序的核心，体现了智能体的逻辑和能力。

示例 10-1：generatePath 节点函数示例

```TypeScript
TypeScript
import {
  CURRENT_ARTIFACT_PROMPT,
  NO_ARTIFACT_PROMPT,
  ROUTE_QUERY_OPTIONS_HAS_ARTIFACTS,
  ROUTE_QUERY_OPTIONS_NO_ARTIFACTS,
  ROUTE_QUERY_PROMPT,
} from "../prompts";
import { OpenCanvasGraphAnnotation } from "../state";
import { z } from "zod";
import { formatArtifactContentWithTemplate } from "../../utils";
import { getArtifactContent } from "../../../contexts/utils";
import { getModelFromConfig } from "../../utils";
import { LangGraphRunnableConfig } from "@langchain/langgraph";

/**
 * 路由到图中基于用户查询的正确节点
 */
```

```
export const generatePath = async (
  state: typeof OpenCanvasGraphAnnotation.State,
  config: LangGraphRunnableConfig
) => {
  // 如果用户高亮了代码
  if (state.highlightedCode) {
    return {
      next: "updateArtifact", // 则路由到更新工件节点
    };
  }
  // 如果用户高亮了文本
  if (state.highlightedText) {
    return {
      next: "updateHighlightedText", // 则路由到更新高亮文本节点
    };
  }

  // 如果状态中存在语言、工件长度、表情符号再生或阅读级别，
  // 则路由到重写工件主题节点
  if (
    state.language ||
    state.artifactLength ||
    state.regenerateWithEmojis ||
    state.readingLevel
  ) {
    return {
      next: "rewriteArtifactTheme",
    };
  }

  // 如果状态中存在添加评论、添加日志、移植语言或修复错误，
  // 则路由到重写代码工件主题节点
  if (
    state.addComments ||
    state.addLogs ||
    state.portLanguage ||
    state.fixBugs
  ) {
    return {
      next: "rewriteCodeArtifactTheme",
```

```
    };
  }

  // 如果状态中存在自定义快速操作 ID, 则路由到自定义操作节点
  if (state.customQuickActionId) {
    return {
      next: "customAction",
    };
  }

  // 获取当前工件内容
  const currentArtifactContent = state.artifact
    ? getArtifactContent(state.artifact)
    : undefined;

  // 调用模型并决定是否需要响应用户的查询, 或生成新的工件
  const formattedPrompt = ROUTE_QUERY_PROMPT.replace(
    "{artifactOptions}",
    currentArtifactContent
      ? ROUTE_QUERY_OPTIONS_HAS_ARTIFACTS // 如果存在工件, 则使用包含工
件的路由选项
      : ROUTE_QUERY_OPTIONS_NO_ARTIFACTS // 如果不存在工件, 则使用不包含
工件的路由选项
  )
    .replace(
      "{recentMessages}",
      state.messages
        .slice(-3) // 获取最近 3 条消息
        .map((message) => `${message.getType()}: ${message.
content}`) // 格式化消息
        .join("\n\n") // 将消息连接成字符串
    )
    .replace(
      "{currentArtifactPrompt}",
      currentArtifactContent
        ?formatArtifactContentWithTemplate(// 如果存在工件, 则格式化工件
提示
          CURRENT_ARTIFACT_PROMPT,
          currentArtifactContent
        )
        : NO_ARTIFACT_PROMPT // 如果不存在工件, 则使用无工件提示
```

```
  );

  // 根据是否存在当前工件确定工件路由
  const artifactRoute = currentArtifactContent
    ? "rewriteArtifact" // 如果存在工件，则路由到重写工件节点
    : "generateArtifact"; // 如果不存在工件，则路由到生成工件节点

  // 获取模型配置
  const model = await getModelFromConfig(config, {
    temperature: 0, // 设置模型温度为 0，以获得更确定的路由决策
  });
  // 使用结构化输出配置模型，期望输出符合 Zod 模式
  const modelWithTool = model.withStructuredOutput(
    z.object({
      route: z
        .enum(["replyToGeneralInput", artifactRoute]) // 定义路由枚举,
包括通用回复和工件路由
        .describe("The route to take based on the user's query."),
// 描述路由字段
    }),
    {
      name: "route_query", // 定义路由工具名称
    }
  );

  // 调用模型进行路由决策
  const result = await modelWithTool.invoke([
    {
      role: "user",
      content: formattedPrompt, // 使用格式化的提示
    },
  ]);

  return {
    next: result.route, // 返回路由结果，指示下一个节点
  };
};
```

作为开放画布智能体图中的中心路由器，generatePath 节点的主要功能是分析当前应用程序状态和用户最新输入，动态地确定工作流中最合适的下一步操作，实现基

于上下文的流程执行。

◎ 条件逻辑：该节点通过检查状态变量，如 highlightedCode、highlightedText、language、artifactLength 和 customQuickActionId，以推断用户的请求。例如，当其检测到 highlightedCode 存在时，将路由到 updateArtifact，表明用户请求修改特定的代码部分。

◎ 基于模型的路由：当状态变量无法明确用户意图时，该节点会调用通过 getModelFromConfig 获取的 LLM 来分析用户的查询、最近的聊天历史记录和当前工件（如果有）。使用精心设计的提示词（ROUTE_QUERY_PROMPT），引导 LLM 在预定义的路由（如 replyToGeneralInput 处理一般问题）或 rewriteArtifact/generateArtifact 处理与工件相关操作之间做出选择。

◎ 结构化输出解析：generatePath 节点通过 model.withStructuredOutput(z.object(...)) 实现结构化输出解析功能，这确保 LLM 的路由决策被解析为包含 route 字段的 Zod 结构化对象，从而使输出结果既可预测，又便于在工作流中集成。

此节点作为 LangGraph 框架内的协调器角色，不直接生成内容，而是通过上下文分析将请求智能路由到适当的工作节点，实现工作流的编排。

开放画布还设计了反思机制，通过专用反思子图（src/agent/reflection/index.ts）在后台运行，根据用户交互和生成工件持续更新助手记忆，逐步实现 AI 助手行为的个性化定制。

示例 10-2：reflect 节点函数实现示例

```TypeScript
import { Client } from "@langchain/langgraph-sdk";
import { OpenCanvasGraphAnnotation } from "../state";
import { LangGraphRunnableConfig } from "@langchain/langgraph";

export const reflectNode = async (
  state: typeof OpenCanvasGraphAnnotation.State,
  config: LangGraphRunnableConfig
) => {
  // 创建 LangGraph 客户端
  const langGraphClient = new Client({
    apiUrl: `http://localhost:${process.env.PORT}`,//LangGraph API URL
    defaultHeaders: {
```

```
    "X-API-KEY":process.env.LANGCHAIN_API_KEY,//LangChain API 密钥
  },
});

// 定义反思运行的输入
const reflectionInput = {
  messages: state.messages, // 对话消息历史记录
  artifact: state.artifact, // 当前工件
};
// 定义反思运行的配置
const reflectionConfig = {
  configurable: {
    // 确保传入的是当前图的助手 ID
    open_canvas_assistant_id: config.configurable?.assistant_id,
  },
};

// 创建一个新的线程用于反思生成
const newThread = await langGraphClient.threads.create();
// 创建一个新的反思运行，但不等待它完成在后台运行
await langGraphClient.runs.create(
  // 我们将记忆形成过程在同一个线程中排队
  // 这意味着如果此线程在 afterSeconds 设定的时间内未收到新消息，
  // 那么它将从共享状态读取并提取记忆数据
  // 如果在这个计划的运行执行之前，这个线程有新的请求进来，
  // 那么当前运行将被取消
  // 一旦该节点再次执行，就会重新规划一个新的运行任务
  newThread.thread_id,
  // 传递要运行的图的名称。
  "reflection",
  {
    input: reflectionInput, // 反思运行的输入
    config: reflectionConfig, // 反思运行的配置
    // 这个记忆形成运行将会排队，并在稍后运行
    // 如果一个新的运行在它被计划之前进来，那么它将被取消，
    // 然后当这个节点再次执行时，将计划一个新的运行
    multitaskStrategy: "enqueue", // 使用排队多任务策略进行异步执行
    // 这使我们能够"去抖动"对记忆图的重复请求
    // 如果用户积极参与对话，那么就为我们省钱并且
    // 可以帮助减少重复记忆的发生
```

```
        afterSeconds: 15, // 设置 15s 的延迟去抖动
     }
  );

  return {}; // 节点不返回任何状态更新, 反思在后台异步处理
};
```

reflectNode 采用在以非阻塞的后台方式触发反思过程。其核心机制是将 reflection 图的单独 LangGraph 运行排队, 从而确保了主要的内容生成工作流不会因耗时的反思过程而延迟。

该节点通过 @langchain/langgraph-sdk 中的 Client 与 LangGraph 服务器交互, 创建反思专用新线程 (langGraphClient.threads.create()), 然后在该线程上启动 reflection 图的新运行 (langGraphClient.runs.create(...))。

multitaskStrategy: "enqueue" 配置确保反思运行被排队以便稍后执行, 而不会阻塞当前工作流。 afterSeconds: 15 参数引入了去抖动机制, 将反思运行计划在 15 秒延迟后发生, 避免活跃对话期间的冗余反思运行。

reflectionInput 和 reflectionConfig 两个参数将必要的上下文传递给反思子图。reflectionInput 包括来自当前状态的 messages 和 artifact, 为反思子图提供对话历史记录和生成的内容以进行分析。 reflectionConfig 包括 open_canvas_assistant_id, 确保反思子图在正确的记忆命名空间内运行。

此节点实现了反思机制的解耦。通过将反思任务卸载到独立子图并异步执行它, 开放画布既具有响应迅速的用户体验, 还能提供持续个性化服务。

开放画布通过工具调用(如 generateArtifact、rewriteArtifact 和 updateArtifact 节点)确保 LLM 的输出符合规范格式。

示例 10-3: generateArtifact 节点函数示例

```
TypeScript
import {
  OpenCanvasGraphAnnotation,
  OpenCanvasGraphReturnType,
} from "../../state";
import { LangGraphRunnableConfig } from "@langchain/langgraph";
import {
  getFormattedReflections,
  getModelFromConfig,
```

```
  getModelConfig,
  optionallyGetSystemPromptFromConfig,
} from "@/agent/utils";
import { ARTIFACT_TOOL_SCHEMA } from "./schemas";
import { ArtifactV3 } from "@/types";
import { createArtifactContent, formatNewArtifactPrompt } from "./
utils";

/**
 * 基于用户查询生成新的工件
 */
export const generateArtifact = async (
  state: typeof OpenCanvasGraphAnnotation.State,
  config: LangGraphRunnableConfig
): Promise<OpenCanvasGraphReturnType> => {
  // 获取模型配置，包括模型名称和提供商
  const { modelName, modelProvider } = getModelConfig(config);
  // 获取用于工件生成的模型实例
  const smallModel = await getModelFromConfig(config, {
    temperature: 0.5, // 设置温度以获得更具创造性的工件生成
  });

  // 使用工件工具模式绑定模型
  const modelWithArtifactTool = smallModel.bindTools(
    [
      {
        name: "generate_artifact", // 工具名称
        schema: ARTIFACT_TOOL_SCHEMA, // 工具模式定义输出结构
      },
    ],
    // Ollama 不支持工具选择
    { ...(modelProvider !== "ollama" && { tool_choice: "generate_
artifact" }) } // 对于非 Ollama 模型，强制使用工具
  );

  // 获取格式化的反思，用作生成工件的上下文
  const memoriesAsString = await getFormattedReflections(config);
  // 格式化新的工件提示词，包括反思和模型名称
  const formattedNewArtifactPrompt = formatNewArtifactPrompt(
    memoriesAsString,
```

```
    modelName
  );

  // 从配置中有选择性地获取用户系统提示词
  const userSystemPrompt = optionallyGetSystemPromptFromConfig(conf
ig);
  // 构建完整的系统提示词，结合用户提示词和格式化的新工件提示词
  const fullSystemPrompt = userSystemPrompt
    ? ${userSystemPrompt}\n${formattedNewArtifactPrompt}
    : formattedNewArtifactPrompt;

  // 调用绑定了工件工具的模型，以生成新的工件
  const response = await modelWithArtifactTool.invoke(
    [{ role: "system", content:
fullSystemPrompt }, ...state.messages], // 传入系统提示词和对话消息
    { runName: "generate_artifact" } // 运行名称，用于 LangSmith 跟踪
  );

  // 从工具调用响应中创建新的工件内容
  const newArtifactContent =
createArtifactContent(response.tool_calls?.[0]);
  // 创建新的工件对象，包含新生成的内容
  const newArtifact: ArtifactV3 = {
    currentIndex: 1, // 设置当前内容索引为 1
    contents: [newArtifactContent], // 将新内容设置为工件的初始内容
  };

  return {
    artifact: newArtifact, // 返回包含新工件的更新状态
  };
};
```

generateArtifact 节点利用工具调用来指导 LLM 以结构化格式生成新工件。它定义了一个名为 generate_artifact 的工具，其模式（位于 src/agent/open-canvas/nodes/generate-artifact/schemas.ts 中的 ARTIFACT_TOOL_SCHEMA）指定了预期的输出格式，包括 type、language、artifact 和 title 等字段。

在调用 LLM 之前，该节点将 generate_artifact 工具绑定到 LLM（通过 smallModel.bindTools(...) 实现）。tool_choice: "generate_artifact" 参数（Ollama 不支持此功能时除外）指示 LLM 优先使用此特定工具进行响应。

通过调用 modelWithArtifactTool.invoke(...)，该节点确保 LLM 的输出符合 ARTIFACT_TOOL_SCHEMA 的结构化 JSON 格式。这种结构化输出对于应用程序正确解析和处理生成的工件至关重要。

createArtifactContent(response.tool_calls?.[0]) 函数解析结构化工具调用输出，并根据参数中指定的 type 创建 ArtifactCodeV3 或 ArtifactMarkdownV3 对象。此函数封装了将结构化 LLM 输出转换为应用程序内部工件表示的逻辑。

generateArtifact 和 rewriteArtifact 等节点采用子目录结构（src/agent/open-canvas/nodes/generate-artifact/ 和 src/agent/open-canvas/nodes/rewrite-artifact/）实现代码模块化。这些子目录封装了与特定复杂操作相关的代码，显著提升了代码的组织性和可重用性。例如，generateArtifact 节点的实现、模式定义和工具函数都位于 src/agent/open-canvas/nodes/generate-artifact/ 子目录中。

开放画布的后端架构展示了基于 LangGraph 构建复杂 AI 应用的规范化方法。其特色包括：专用节点处理特定操作、后台反思机制实现个性化、工具调用确保结构化输出，这些设计共同构建了稳定可靠的协同写作体验。后端智能体逻辑与 Next.js 前端清晰的职责分离，进一步强化了应用的可维护性和可扩展性。

作为 LangGraph 的典型应用案例，开放画布成功展示了该框架驱动复杂用户创意工具的能力。这个开源 Web 应用为写作和编码提供了可定制的协作环境，巧妙融合了 AI 辅助与人工监督。其关键功能包括，内置记忆与反思机制、灵活的内容创作起点、多功能快速操作等，共同打造出个性化且高效的用户体验。从技术架构看，开放画布整合了现代化的 Next.js 前端与强大的 LangGraph 后端，通过 LangSmith 实现可观测性，并集成外部服务扩展功能。其状态图驱动的工作流精心编排了人机协作细节，有力证明了 LangGraph 在构建交互式 AI 智能体方面的卓越成效，这些智能体能够切实提升用户在真实写作场景中的创造力和生产效率。

10.2 报告大师

报告大师（Report Maestro）从复杂的研报工作流中汲取灵感，特别是 Google 的 Gemini Deep Research，利用精心编排的工作流，涵盖了规划、并行网络研究和结构化写作，同时融入了关键的人工监督环节，将模型、提示和报告结构的定制权交到用户手中。对于需要生成高质量、信息丰富的报告，又不想花费大量时间进行手动研究和写作的研究人员、分析师和内容创作者来说，它尤其有价值。

10.2.1 主体功能和架构概览

报告大师具备一系列旨在简化和增强报告生成过程的功能，强调定制化和人机协作控制。其主要功能如下所示。

◎ 智能报告规划：报告大师的核心是使用复杂的推理模型（默认为 OpenAI 的 o3-mini 模型），根据用户提供的主题和可定制的模板智能生成报告的结构。此规划阶段确保生成的报告结构良好，并全面涵盖了主题核心内容。

◎ 人机协作计划审核：报告大师允许用户进入资源密集型的研究和写作阶段之前审核和迭代生成的报告计划，并提供反馈、优化结构，确保报告符合特定要求。

◎ 并行网络研究：为了加快研究过程，报告大师将需要外部数据的章节研究并行化。该系统利用 Tavily API 进行有针对性的网络搜索，并利用 Claude-3.5-Sonnet 进行高效的内容合成大幅缩短报告生成时间。

◎ 结构化和模板化报告：报告大师以 Markdown 格式生成规范化的报告，并通过定制模板强调结构化，允许用户针对不同报告类型（如业务战略报告、比较分析报告、操作指南、近期趋势报告等）设计专属模板，确保最终报告输出的一致性和清晰度。

◎ 广泛的定制选项：用户可以通过修改规划和写作模型、调整提示词以微调 AI 的行为，以及通过模板定制报告结构来根据特定主题、期望的写作风格和资源约束进行个性化配置。

◎ LangGraph 框架集成：报告大师利用 LangGraph 框架状态图架构来管理复杂的工作流、编排不同的组件，以及无缝地实施人机协作交互。LangGraph 原生配置管理和子图创建支持对于实现应用程序的复杂功能至关重要。

从架构设计角度来看，报告大师是后端应用，支持通过编程接口或 LangGraph 的开发和部署工具（例如 LangGraph Studio）进行部署和交互。与开放画布不同，它没有专门的前端用户界面，其关键组件如下所示。

（1）LangGraph 编排引擎：这是报告大师的核心组件，基于 LangGraph 的 StateGraph 实现。它负责定义和管理完整的报告生成工作流程，同时编排节点的执行顺序与节点间的数据流。LangGraph 编排引擎承担着管理报告生成过程中的状态、处理用户反馈，以及触发工作流程各阶段的核心职责。

（2）规划节点（OpenAI 模型）：此节点由 OpenAI 语言模型（默认为 o3-mini）驱动，负责生成初始报告计划，以用户提供的主题和报告结构模板作为输入，并输出详细的计划，概述报告的章节、描述和研究要求。

（3）人工反馈节点：工作流中的人工干预占位符。它会暂停自动化工作流，允许用户在 LangGraph Studio 中查看生成的报告计划，并提供反馈或接受计划以继续进行，是实现人机协作的核心环节。

（4）章节构建子图：此子图本身是一个编译后的 LangGraph StateGraph，负责并行生成需要网络研究的各章节。该子图包括以下节点。

◎ 查询生成节点（Anthropic 模型）：使用 Anthropic 语言模型（默认为 Claude-3.5-Sonnet）生成与特定报告章节主题相关的有针对性的网络搜索查询。

◎ 网络搜索节点（Tavily API）：执行网络搜索，检索相关内容。

◎ 章节写作节点（Anthropic 模型）：使用 Anthropic 语言模型（默认为 Claude-3.5-Sonnet）编写特定报告章节的内容，利用网络搜索结果作为上下文。

（5）最终章节写作节点（Anthropic 模型）：这些节点也由 Anthropic 语言模型驱动，负责编写不需要网络研究的章节，例如引言和结论，并综合其他章节完成报告。

（6）报告编译节点：汇总所有章节的内容，生成完整规范的 Markdown 格式报告。

（7）状态存储（内存或持久化）：LangGraph 的内置状态管理，支持由内存存储（用于本地开发）或持久数据库存储（用于托管部署），包括报告主题、结构、生成的章节、用户反馈和中间输出等过程数据。

图 10-2 展示了报告大师的架构。主体是 LangGraph 协调器（后端），它包含状态存储，以及多个节点，报告计划生成节点、人工反馈节点、章节构建子图、收集已完成章节节点、最终章节写作节点和编译报告节点。章节构建子图（section_builder）被详细展开，展示了其内部的查询生成节点、网络搜索节点和章节写作节点。状态存储与 LangGraph 协调器交互。用户通过 LangGraph Studio 与人工反馈节点进行交互，从而控制工作流。

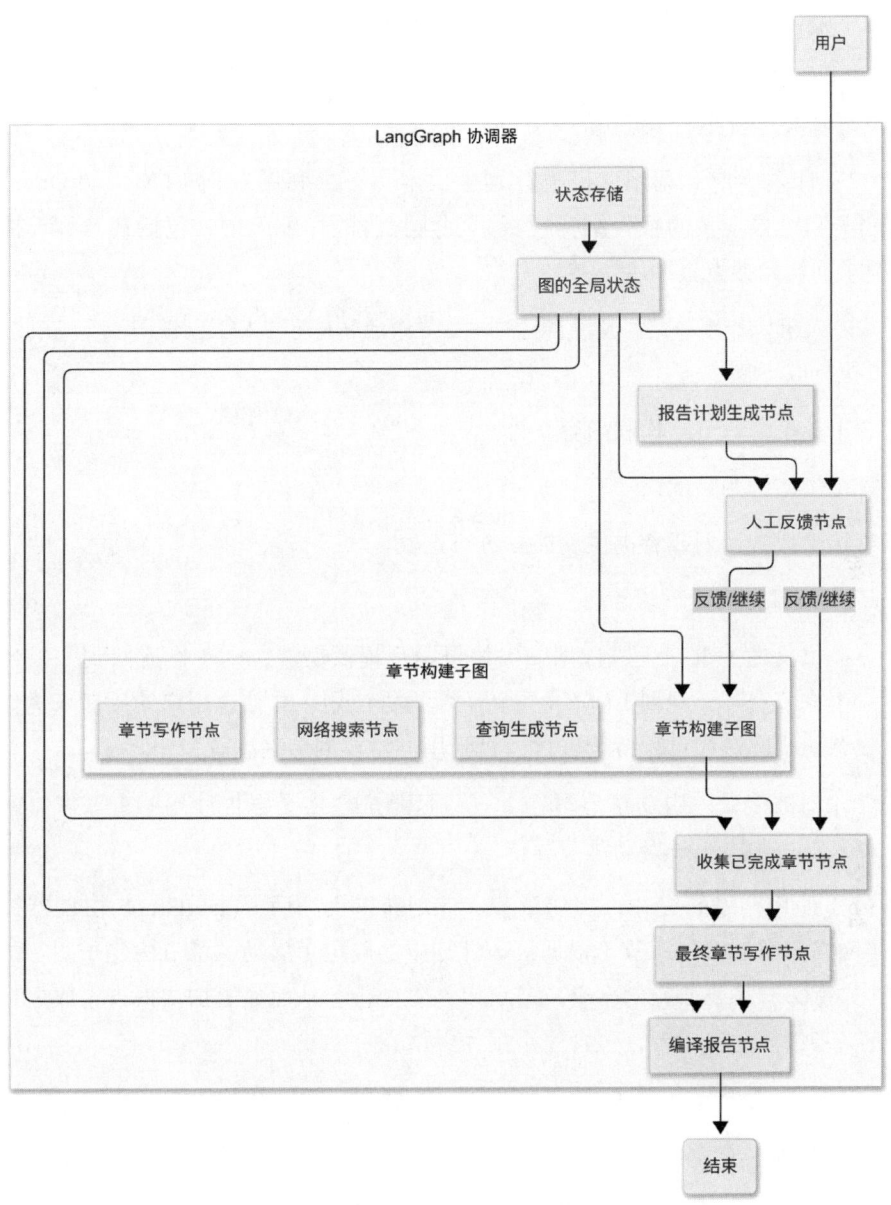

图 10-2 报告大师架构图

10.2.2 工作流

报告大师的控制流和智能体工作流模式与协调器—工作者模型非常吻合，并通过有效集成人机协作机制得到增强。LangGraph 作为中央协调器，负责管理一系列专门的节点（工作者），以完成自动生成报告的复杂任务。

以下是控制流的具体实现过程，重点突出了人工协作环节。

（1）任务启动：用户通过 LangGraph Studio 或以编程方式调用提交报告主题，作为初始输入，触发工作流。

（2）计划生成：调用"报告计划生成节点"，利用规划 LLM（如 OpenAI 的 o3-mini）和可自定义的报告结构模板，创建报告的详细大纲，包括其名称、描述、研究要求和初始搜索查询。

（3）人机协作审核：生成报告计划后，工作流暂停于"人工反馈节点"。在此阶段，用户可执行以下操作。

◎ 审核报告章节结构和内容安排。

◎ 提供结构调整建议。

◎ 接受报告计划或者提供反馈并进行迭代。

（4）条件分支处理。

◎ 提供反馈（重新生成计划）：如果用户提供反馈，则工作流回到"报告计划生成节点"，规划 LLM 将重新生成报告计划，并结合用户的反馈来优化报告结构。此迭代过程持续进行，直到用户对计划感到满意为止。

◎ 计划被接受（启动章节写作）：一旦用户"接受报告计划"，工作流继续进入下一阶段——启动章节写作。

（5）使用网络研究并行构建章节：计划获得批准后，LangGraph 协调器针对每个需要网络研究的报告章节（根据报告计划中的确定）启动"章节构建子图"的并行执行。这意味着需要研究的多个章节可以并发处理，从而显著加快报告生成过程。此子图充当各章节的工作者，包含三个工作者节点。

◎ 查询生成子节点：创建针对特定章节主题的网络搜索查询。

◎ 网络搜索子节点：通过 Tavily API 执行这些查询，获取内容。

◎ 章节写作子节点：基于搜索结果生成报告章节的内容。

（6）收集已完成章节：在通过"章节构建子图"生成所有基于网络研究的章节后，LangGraph 协调器执行"收集已完成章节节点"。收集所有基于网络研究的章节的内容，为非研究章节提供上下文。

（7）编写最终章节：启动"最终章节写作节点"的并行执行。这些节点充当最终写作工作者，负责生成非研究章节，例如引言和结论，并利用写作 LLM 和来自研究章节的整合上下文来编写连贯和综合的最终章节。

（8）报告生成：最后，LangGraph 协调器调用"编译最终报告节点"，收集来自所有生成的章节（基于研究的章节和最终章节）的内容，将它们组装成单个文档，并输出结构完整的 Markdown 格式报告。

本质上，报告大师采用协调器—工作者架构，其中，LangGraph 充当中央协调器，管理一组专门的工作者节点（规划、查询、搜索、写作、编译）以生成复杂的研究报告。"人工反馈节点"可以对报告生成过程进行审核、优化和控制，使报告大师成为复杂任务执行中人机协作的强大示例。虽然有人工监督，但报告大师核心仍然是协调器—工作者模式，这归因于报告生成任务的预定义、顺序分解，以及每个节点均具有以任务为中心的专业性质。它不是多智能体主管架构，因为没有要管理的多个自主智能体，而只是由 LangGraph 编排的具有人工存档点的单智能体工作流。

10.2.3 核心代码结构及其实现

报告大师的核心代码结构不仅体现了协调器—工作者模式和人机协作交互，而且有策略性地融入了报告模板作为关键的定制功能。这些模板作为应用程序配置的核心组成部分，在指导 AI 的报告生成过程和满足用户个性化需求方面发挥着至关重要的作用。

其 Python 代码库采用模块化组织结构，清晰体现了协调器—工作者架构的设计理念，并通过功能明确的专用模块实现职责分离：

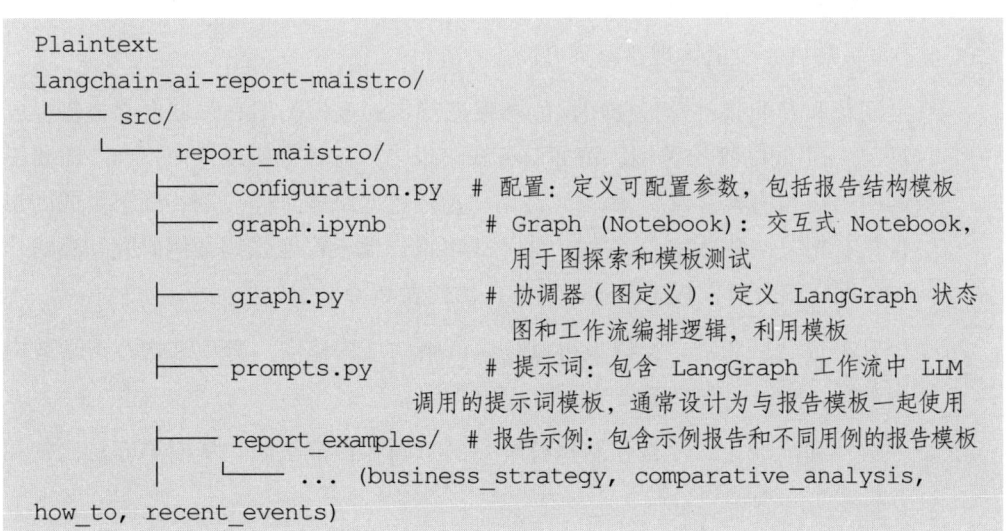

```plaintext
Plaintext
langchain-ai-report-maistro/
└── src/
    └── report_maistro/
        ├── configuration.py    # 配置：定义可配置参数，包括报告结构模板
        ├── graph.ipynb         # Graph (Notebook)：交互式 Notebook，
        │                         用于图探索和模板测试
        ├── graph.py            # 协调器（图定义）：定义 LangGraph 状态
        │                         图和工作流编排逻辑，利用模板
        ├── prompts.py          # 提示词：包含 LangGraph 工作流中 LLM
        │                         调用的提示词模板，通常设计为与报告模板一起使用
        ├── report_examples/    # 报告示例：包含示例报告和不同用例的报告模板
        │   └── ... (business_strategy, comparative_analysis,
        │            how_to, recent_events)
```

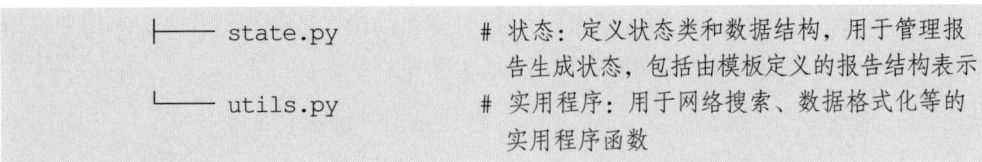

```
├── state.py          # 状态：定义状态类和数据结构，用于管理报
                       告生成状态，包括由模板定义的报告结构表示
└── utils.py          # 实用程序：用于网络搜索、数据格式化等的
                       实用程序函数
```

报告大师主要在 configuration.py 中定义和管理报告模板，并在 report_examples/ 目录中提供示例说明。configuration.py 中定义的 Configuration 数据类包括 report_structure 字段，默认设置为 DEFAULT_REPORT_STRUCTURE。但是，用户可以通过直接提供自己的模板或从 report_examples/ 中选择预定义模板来自定义此字段。

报告模板预期用法如下。

（1）浏览示例模板：查看 report_examples/ 目录中的 .txt 文件，例如，business_strategy_report_template.txt、comparative_analysis_report_template.txt、how_to_report_template.txt、trends_report_template.txt。这些文件提供了不同报告类型结构化模板。

（2）模板选择或定义。直接复制模板文件（例如，business_strategy_report_template.txt）的内容，并通过编程方式或环境变量完成，如 configuration.py 的 from_runnable_config 方法配置 report_structure 参数。

按照预定义模板的文本格式定义自定义模板，包括章节组织和内容规范，然后配置 report_structure 参数以使用此自定义模板。

（3）传入 report_structure：report_structure 参数作为 RunnableConfig 的一部分在调用 LangGraph 工作流时传入。

报告模板的核心价值体现在以下方面。

◎ 定制化和专业化：模板使用户能够根据特定的报告类型和领域定制报告生成过程。不同的报告类型，例如业务战略报告、比较分析或操作指南，需要不同的结构和内容重点。模板允许用户指定这些结构细微差别，确保生成的报告具有相关性并适用。例如，业务战略报告模板可能强调案例研究和战略建议，而比较分析模板则侧重于结构化比较表和特征细分。

◎ 提升报告质量和重点：模板可以提供清晰的结构蓝图，避免结构不清晰或内容遗漏，确保关键要素完整覆盖。

◎ 一致性和标准化：模板强制执行统一的布局和章节组织，从而更容易比较和分析多个同类型报告。

◎ 流程优化：模板提供预设框架作为起点，避免每次都从头规划，提升整体生成效率。

◎ 人工指导和控制：通过自定义模板，用户可以将其领域专业知识和结构偏好注入自动化报告生成过程，指导 AI 生成与其特定知识、分析框架和期望的输出格式相符的报告，从而有效地指导 AI 的创作过程。

示例 10-4：示例模板 business_strategy_report_template.txt

```plaintext
This report type focuses on strategic insights drawn from analogous
case studies.

The report should have exactly 5 sections:
1. A brief introduction (no research required)
   - Overview of the core business challenge
   - Key considerations and objectives

2. Three focused case studies that:
   - Draw from successful examples in related or analogous markets
   - Can be from different industries but should share similar
business model elements
   - Prioritize examples that solved comparable challenges
   - Each case study should:
     * Describe the core business model and value proposition
     * Highlight specific strategies that drove success
     * Identify one surprising or non-obvious insight
     * Extract lessons relevant to the current challenge

3. A conclusion with comparative analysis (no research needed)
   - Structured comparison table that:
     * Maps key success factors across the case studies
     * Identifies common patterns and differentiators
     * Translates insights into actionable recommendations
   - Final strategic recommendations

keep sections concise and focused on extracting practical insights
that can inform strategy.
```

示例 10-5：graph.py 中 generate_report_plan 节点函数的示例

```python
```

```python
async def generate_report_plan(state: ReportState, config:
RunnableConfig):
    """ 生成报告计划 """

    # 输入
    topic = state["topic"]
    feedback = state.get("feedback_on_report_plan", None)

    # 获取配置
    configurable = Configuration.from_runnable_config(config)
    report_structure = configurable.report_structure
    number_of_queries = configurable.number_of_queries
    tavily_topic = configurable.tavily_topic
    tavily_days = configurable.tavily_days

    # 如有必要，将 JSON 对象转换为字符串
    if isinstance(report_structure, dict):
        report_structure = str(report_structure)

    # 生成搜索查询
    structured_llm = writer_model.with_structured_output(Queries)

    # 格式化系统指令
    system_instructions_query = report_planner_query_writer_
instructions.format(topic=topic, report_organization=report_
structure, number_of_queries=number_of_queries)

    # 生成查询
    results = structured_llm.invoke([SystemMessage(content=system_
instructions_query)]+[HumanMessage(content="Generate search queries
that will help with planning the sections of the report.")])

    # 网络搜索
    query_list = [query.search_query for query in results.queries]

    # 搜索网络
    search_docs = await tavily_search_async(query_list, tavily_
topic, tavily_days)

    # 重复数据删除和格式化来源
```

```
    source_str = deduplicate_and_format_sources(search_docs, max_
tokens_per_source=1000, include_raw_content=False)

    # 格式化系统指令
    system_instructions_sections = report_planner_instructions.
format(topic=topic, report_organization=report_structure,
context=source_str, feedback=feedback)

    # 生成章节
    structured_llm =
planner_model.with_structured_output(Sections)
    report_sections =
structured_llm.invoke([SystemMessage(content=system_instructions_sec
tions)]+[HumanMessage(content="Generate the sections of the report.
Your response must include a 'sections' field containing a list of
sections. Each section must have: name, description, plan, research,
and content fields.")])

    return {"sections": report_sections.sections}
```

这个函数充当报告计划工作者，负责生成初始报告计划。它编排了多个步骤：检索配置参数；生成搜索查询以收集规划上下文；通过 Tavily API 执行网络搜索、格式化搜索结果；最后，使用规划 LLM（如 OpenAI 的 o3-mini）根据主题、报告结构模板和收集的上下文生成结构化报告计划。

此节点是报告大师工作流中的第一个主要工作者，通过创建整个报告的蓝图来启动报告生成过程，展示了将报告生成复杂任务分解为更小、更易管理步骤的过程。

此节点演示了 LangGraph 中异步节点函数并发处理 I/O 密集型操作（如网络搜索），通过 RunnableConfig 在节点函数中动态访问配置参数，以及采用 with_structured_output 实现结构化输出解析，确保查询生成和章节规划结构化和可预测。

示例 10-6：graph.py 中 write_section 节点函数的示例

```Python
def write_section(state: SectionState):
    """ 编写报告的章节 """

    # 获取状态
    section = state["section"]
    source_str = state["source_str"]
```

```
# 格式化系统指令
system_instructions =
section_writer_instructions.format(section_title=section.name,
section_topic=section.description, context=source_str)

# 生成章节
section_content =
writer_model.invoke([SystemMessage(content=system_instructions)]+[Hu
manMessage(content="Generate a report section based on the provided
sources.")])

# 将内容写入 section 对象
section.content = section_content.content

# 将更新后的章节写入已完成的章节
return {"completed_sections": [section]}
```

此函数作为章节写作工作者节点，负责编写单个报告章节的内容。它以章节详细信息和格式化的源内容作为输入，通过使用写作 LLM（如 Anthropic 的 Claude-3.5-Sonnet）和提示词模板，基于提供的来源和说明生成章节内容。

此节点是一个专门的工作者，专注内容生成的核心任务。它体现了协调器——工作者模式的模块化设计理念，各工作者仅负责总体工作流中明确定义的子任务。

该函数执行核心 LLM 调用。它展示了节点函数如何访问状态信息（section、source_str）并利用提示词模板（section_writer_instructions）来指导 LLM 的输出，从而在更大的工作流中生成特定内容片段。

示例 10-7：graph.py 中 section_builder 子图定义的示例

```
# 报告章节子图

# 添加节点
section_builder = StateGraph(SectionState,
output=SectionOutputState)
section_builder.add_node("generate_queries", generate_queries)
section_builder.add_node("search_web", search_web)
section_builder.add_node("write_section", write_section)

# 添加边
```

```
section_builder.add_edge(START, "generate_queries")
section_builder.add_edge("generate_queries", "search_web")
section_builder.add_edge("search_web", "write_section")
section_builder.add_edge("write_section", END)
```

此代码片段将 section_builder 定义为 LangGraph StateGraph，创建封装需要网络研究的单个报告章节构建的流程子图。子图包含三个节点：generate_queries、search_web 和 write_section，并使用 add_edge 顺序连接并执行它们。

section_builder 作为工作流中的专用工作者单元，展现了协调器—工作者模式的层次结构性质，该子图本身可作为微型协调器。该子图中的三个节点主要任务就是构建单个报告章节。

此代码片段说明了 LangGraph 的子图功能，这是一种用于模块化复杂工作流的强大机制。子图允许开发者封装可重用的工作流段，从而提高代码组织性、可读性和可维护性。在报告大师中，section_builder 子图被多次并行调用，高效生成不同章节内容报告。

报告大师作为基于 LangGraph 的研究报告自动化生成系统，通过协调器—工作者架构的创新应用，结合人工反馈机制和可定制模板，构建了适应多主题需求的解决方案。其核心模块与 LangGraph 组件的对应关系详见表 10-1。该系统充分展现了 LangGraph 在复杂工作流编排、状态管理、人机交互集成以及模板化定制方面的技术优势，为开发 AI 驱动的信息处理与内容创作工具提供了实践参考。

表 10-1 核心模块和 LangGraph 组件对应关系

核心模块	LangGraph 概念（协调器—工作者）	报告大师中的角色
graph.py	协调器	定义和编排使用 LangGraph 状态图的整个报告生成工作流，利用报告模板来指导规划
graph.py（节点函数）	工作者节点	实现工作流中的各步骤，根据模板指导生成报告计划和章节
graph.py（section_builder 子图）	子图工作者	编排章节构建，生成符合模板定义的结构化章节内容

核心模块	LangGraph 概念 （协调器—工作者）	报告大师中的角色
state.py	状态管理	定义状态，包括从用户选择或自定义模板填充的 report_structure，并根据模板管理工作流状态
prompts.py	提示词模板	存储设计为与报告模板协同工作的提示词，确保提示词在上下文中与定义的报告结构相关
configuration.py	配置	定义 report_structure 配置参数，允许用户选择或自定义报告模板
report_examples/	示例模板	包含示例报告模板文件（.txt），展示了不同的报告结构和用户的自定义选项

10.3 Agent Inbox

Agent Inbox 是一个用户友好的开源 Web 应用程序，旨在促进 LangGraph 和其他智能体框架构建的 AI 智能体实现无缝的人机环路工作流。与之前的示例（开放画布中的协同绘图和报告大师中的报告生成）不同，Agent Inbox 提供了一个通用的、可重用的用户界面组件，充当 AI 智能体中断时需要人工输入的"收件箱"。它体现了环境智能体架构的原则，提供了一个专门且不引人注目的渠道，供 AI 智能体在需要时主动请求人工干预，而无须持续占用用户注意力。

Agent Inbox 直接解决了将人工监督集成到复杂 AI 智能体工作流中的挑战。通过为管理和响应智能体中断提供结构化界面，它弥合了完全自主 AI 系统和人工指导 AI 之间的差距，使开发者能够构建强大而可靠的应用程序，从而发挥 AI 和人类智能的优势。此应用程序在 AI 智能体处理偶尔需要人工判断、验证或过程修正的复杂场景中尤其有价值，确保 AI 系统始终与人类意图和伦理考量保持一致。

10.3.1 功能和架构概览

Agent Inbox 的特点是其专注的功能集，旨在优化 AI 智能体工作流的人工参与体验。其主要功能如下所示。

◎ 智能体中断的集中式收件箱：Agent Inbox 的核心功能是提供一个集中的、基于 Web 的收件箱，用户可以在其中查看和管理来自多个 AI 智能体或 LangGraph 工作流的中断。这种集中式视图简化了 HITL 任务的管理，为用户与各种智能体系统交互提供了一个统一的平台。

◎ 清晰呈现中断请求：Agent Inbox 旨在清晰地向用户呈现中断请求，提供做出明智决策所需的基本上下文和信息。每个收件箱项目都显示智能体请求的操作、与操作相关的相关参数或数据，以及提供更多上下文或说明的描述。

◎ 可操作的响应选项：对于每个中断请求，Agent Inbox 为用户提供了一系列可操作的响应选项，这些选项可由开发者配置。这些选项通常包括以下几个。

• 接受：允许用户接受智能体建议的操作并继续工作流。

• 编辑：使用户能够修改智能体建议操作的参数或数据，然后再接受。

• 回复：提供文本输入字段，供用户向智能体提供自由格式的文本回复，从而提供更细致的指导。

• 忽略：允许用户忽略智能体的中断请求，并允许工作流在没有人为干预的情况下继续进行（或遵循预定义的后备路径）。

◎ 会话历史记录的线程视图：Agent Inbox 为每个中断的任务提供线程视图，显示导致中断的会话历史记录和上下文。此功能为用户提供了智能体推理和决策过程的完整视图，从而有助于做出更明智和更符合情境的人工响应。

◎ 可自定义的收件箱设置：Agent Inbox 允许用户配置多个收件箱，每个收件箱都连接到不同的 LangGraph 部署或 AI 智能体。用户可以自定义收件箱设置，例如，关联的 Graph/Assistant ID、部署 URL 和描述性名称，以便识别和管理不同的智能体交互。

◎ 与 LangGraph 和 LangSmith 的集成：Agent Inbox 旨在与 LangGraph 和 LangChain 生态系统无缝集成。它利用 LangGraph 的 interrupt 函数来暂停工作流并生成中断请求，并且可以配置为使用 LangSmith API 密钥进行身份验证，以及连接到 LangGraph 部署。

从架构角度来看，Agent Inbox 采用客户端—服务器架构，重点是使用现代 Web 技术构建的前端 UI。其高层架构如图 10-3 所示。

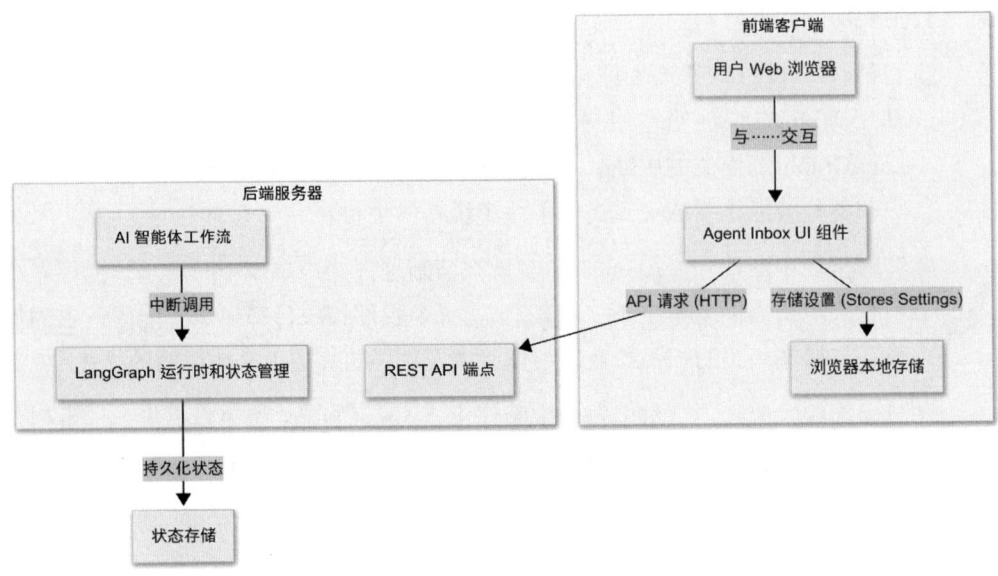

图 10-3　Agent Inbox 高层架构图

前端客户端（React 应用程序）包含用户界面组件和浏览器本地存储。用户通过 Agent Inbox UI 组件与系统交互。前端客户端通过 HTTP API 请求与后端服务器（LangGraph 部署）通信。后端服务器托管 LangGraph 运行时和 AI 智能体工作流，并通过 REST API 端点与前端交互。LangGraph 运行时管理状态存储中的状态。

（1）前端客户端（React 应用程序）：Agent Inbox 主要是一个前端应用程序，使用 React 和相关的 Web 技术（Next.js、TypeScript、Tailwind CSS、Shadcn UI 等）构建。前端负责以下工作。

◎ 用户界面渲染：渲染收件箱用户界面，包括收件箱列表、线程视图、中断项目显示、操作按钮、输入字段和其他交互式元素。

◎ 用户交互处理：捕获用户交互（例如按钮单击、表单提交和数据输入），并将这些交互转换为发送到后端 LangGraph 部署的 API 请求。

◎ 实时数据展示：从后端 LangGraph 获取并显示实时数据，包括中断线程列表、线程详细信息和中断请求信息。

◎ 状态管理（前端）：管理特定于前端的状态，例如 UI 状态（例如，对话框打开 / 关闭、选项卡选择）、用户首选项（例如，存储在本地存储中的显示限制、API 密钥）和临时 UI 数据。

（2）后端服务器（LangGraph 部署）：虽然 Agent Inbox 主要是一个前端应用程

序，但它与后端服务器（LangGraph 部署）进行交互。此后端不是 Agent Inbox 应用程序本身的一部分，而是用户创建的单独的 LangGraph 部署，负责以下工作。

◎ 托管 LangGraph 工作流：运行使用 LangGraph 构建的 AI 智能体工作流，这些工作流集成了 interrupt 函数。

◎ 生成中断请求：当 LangGraph 工作流在其执行路径中到达 interrupt() 调用时，LangGraph 运行时会生成一个中断请求，然后 Agent Inbox 前端会获取该请求。

◎ 接收人工响应：LangGraph 后端接收来自 Agent Inbox 前端的人工响应（接受、编辑、回复、忽略），并根据用户的输入恢复暂停的工作流执行。

◎ 状态管理（后端）：LangGraph 本身管理 AI 智能体工作流的状态，包括交互历史记录、工作流变量，以及中断线程的状态，并将此状态持久保存在状态存储中。

◎ API 端点：公开 API 端点，Agent Inbox 前端使用这些端点来获取中断线程、检索线程详细信息，以及发送人工响应以恢复工作流。

（3）实时通信（HTTP/REST API）：Agent Inbox 主要使用 HTTP/REST API 调用在前端客户端和后端服务器 LangGraph 之间进行通信。前端客户端发出 API 请求到后端服务器以获取数据和发送响应，后端服务器使用数据或确认消息进行响应。虽然在提供的描述中没有明确使用 Web Socket 进行实时推送更新，但可以扩展该架构以合并 Web Socket 或服务器发送事件，以在未来的迭代中获得更实时的响应能力。

10.3.2 控制流与环境智能体架构

Agent Inbox 的控制流旨在提供无缝的环境智能体体验，作为开发者构建人机协作 AI 应用程序的开箱即用的解决方案。它提供了实现环境智能体的关键优势所需的基本用户界面组件，其中 AI 在后台主动且持续运行，仅在需要时才需要人工战略性地按需关注。

1. 环境智能体

（1）LangGraph 工作流后台运行。

LangGraph 工作流会在后端服务器上持续后台运行。这些工作流被设计为主动和事件驱动的，能够自主且持续地监控触发器或需要人工输入的条件。这种后台运行模式是环境智能体的标志，与需要不断用户提示的聊天机器人式界面不同。

（2）策略性中断和 HumanInterrupt 请求。

LangGraph 工作流到达 interrupt() 调用时，会触发 HumanInterrupt 请求，向 Agent Inbox 发出需要人工输入的信号。这种选择性中断机制是环境智能体非侵入式特性的关键。

（3）Agent Inbox：按需交互的环境界面。

作为专用用户界面，Agent Inbox 旨在供用户在需要时查看，而不是要求立即引起用户的注意。前端客户端定期获取中断请求，并在结构化的收件箱中呈现这些请求，以便用户在选择参与时随时查看和操作。这种按需交互模式是环境智能体设计的核心——AI 在后台运行，用户在方便时进行交互。

（4）用户在收件箱中启动审核和响应。

用户在准备好处理 AI 智能体的请求时，可以主动与 Agent Inbox 用户界面进行交互。用户可以方便地查看收件箱，检查每个中断请求的详细信息（操作、参数、描述），并了解 AI 请求帮助的背景信息。这种用户启动的参与模式尊重用户注意力，并避免不必要的持续互动。

（5）结构化人工响应和工作流恢复。

当用户决定响应中断时，Agent Inbox 提供根据特定请求量身定制的结构化选项（如接受、编辑、回复、忽略等）。用户响应被打包到 HumanResponse 对象中，并发送回 LangGraph 后端。收到此响应后，LangGraph 工作流会恢复执行，根据人工输入智能地生成分支或继续其流程。人工干预后工作流的这种无缝恢复对于环境智能体系统中流畅高效的人机环路体验至关重要。

（6）非侵入式和以用户为中心的交互模式。

Agent Inbox 作为环境智能体的用户界面，优先考虑非侵入式和以用户为中心的交互模式。它避免了持续的通知或对立即采取行动的需求，而是使用户能够像检查电子邮件一样定期检查其"AI 智能体收件箱"，并按照自己的节奏和方便程度处理智能体请求。这尊重了用户的注意力并最大限度地减少了上下文切换，这是环境计算和智能体设计的核心原则。UI 设计清晰、信息丰富且可操作，确保用户在参与时能够快速理解智能体的请求并提供有效的输入。

2. 开箱即用

Agent Inbox 在现实场景中也可以作为开箱即用解决方案，因为它为开发者提供了现成且功能齐全的 UI 组件，用于在其基于 LangGraph 的环境智能体中实施人机协作工作流。它消除了为管理智能体中断构建自定义用户界面的复杂性，使开发者能够专注于设计 AI 智能体的核心逻辑和主动功能。

（1）预构建的 ReactUI 组件：用于渲染收件箱视图、线程视图、中断项目和操作按钮，从而显著减少了前端开发工作量。

（2）模式驱动的中断处理：与 HumanInterrupt 和 HumanResponse 模式无缝协作，提供了一种标准化和结构化的方式来定义和处理人机智能体交互。

（3）与 LangGraph 的轻松集成：利用其 interrupt 函数和 API 来获取线程和发送响应，从而确保在 LangChain 生态系统中的兼容性和易用性。

（4）可定制和可配置：虽然 Agent Inbox 提供了开箱即用的解决方案，但它也是可定制和可配置的。开发者可以在一定程度上定制 UI 的行为和外观，用户也可以配置收件箱设置以管理与不同 LangGraph 部署的连接。

（5）开源和可重用：作为一个开源项目，Agent Inbox 可供开发者免费使用、修改和扩展，从而促进其在 AI 智能体开发社区中的采用和定制。

本质上，Agent Inbox 为使用 LangGraph 构建实用的、用户友好的环境智能体提供了关键支持。它提供了一个随时可用、设计精良的用户界面，体现了环境交互原则，使开发者能够创建功能强大且尊重用户注意力的 AI 系统，从而将人类智能无缝集成到自动化工作流中。

10.3.3 核心代码结构及其实现

虽然 Agent Inbox 主要是一个前端应用程序，但其核心价值在于能够与 LangGraph 后端无缝交互，实现人机协作工作流。本节将深入探讨其后台实现，重点介绍前端和后端组件如何通信和交换数据以实现 Agent Inbox 功能。请注意，这仅是一个简化的示例，实际部署可能涉及更复杂的因素和架构模式，这些内容将在后续部分中探讨。

虽然 Agent Inbox 存储库本身不包含后端 LangGraph 代码（因其设计为通用 UI 组件），但示例存储库 agent-inbox-langgraph-example 提供了一个最小化的 Python LangGraph 后端，演示了如何生成中断并与 Agent Inbox 交互。此示例后端的关键组件（在 src/agent/graph.py 中定义）为 graph.py。此文件使用 StateGraph 和单个节点 human_node 定义了一个简单的 LangGraph 工作流。此节点专门用于触发

HumanInterrupt，模拟复杂工作流中需要人工输入的节点。

示例 10-8：src/agent/graph.py 中 human_node 函数的示例（后端）

```Python
async def human_node(state: State, config: RunnableConfig) ->
Dict[str, Any]:
    """ 调用中断函数以暂停图并处理用户交互。"""
    # 定义中断请求
    action_request = ActionRequest(
        action="Confirm Joke",
        args={"joke": "What did the engineer say to the manager?"},
    )

    interrupt_config = HumanInterruptConfig(
        allow_ignore=True,    # 允许用户"忽略"中断
        allow_respond=True,   # 允许用户"响应"中断
        allow_edit=True,      # 允许用户"编辑"中断的参数
        allow_accept=True,    # 允许用户"接受"中断的参数
    )

    description = (
        "# Confirm Joke\n"
        + "Please carefully example the joke, and decide if you want
to accept, edit, or ignore the joke."
        + "..."  # 描述内容为了简洁而截断
    )

    request = HumanInterrupt(
        action_request=action_request, config=interrupt_config,
description=description
    )

    human_response: HumanResponse = interrupt([request])[0]

    # 处理 human_response 并返回状态更新
    if human_response.get("type") == "response":
        message = f"User responded with:
{human_response.get('args')}"
        return {"interrupt_response": message}
    # 处理其他响应类型：接受、编辑、忽略
```

```
    return {
        "interrupt_response": "Unknown interrupt response type:
" + str(human_response)
    }

workflow = StateGraph(State)

# 将节点添加到图中，此节点在被调用时会中断
workflow.add_node("human_node", human_node)

# 将入口点设置为 human_node，以便第一个节点会中断
workflow.add_edge("__start__", "human_node")

# 将工作流编译为可执行图
graph = workflow.compile()
graph.name = "Agent Inbox Example"  # 这定义了 LangSmith 中的自定义名称
```

human_node 函数作为示例后端的中心，演示了如何使用 LangGraph 的 interrupt 函数暂停工作流执行并请求人工输入。它构建了一个 HumanInterrupt 对象，定义了将在 Agent Inbox UI 中呈现的 action_request、config 和 description。

它调用 interrupt([request])[0] 暂停 LangGraph 工作流，并将 HumanInterrupt 请求发送到 Agent Inbox（或任何与 LangGraph 兼容的客户端）。其中，末尾的 [0] 提取了中断返回列表中的第一个（也是唯一的）响应。

此代码演示了如何在用户与中断交互后处理从 Agent Inbox 收回的 HumanResponse。它检查响应类型（接受、编辑、回复、忽略），并从 human_response.get('args') 中提取用户输入数据，以便基于此继续执行工作流。

langgraph.json 文件配置 LangGraph 应用程序的部署方式，其中定义的 agent 图是 Agent Inbox 识别和交互特定工作流的依据。

Agent Inbox 前端（使用 React 构建）通过 API 与 LangGraph 后端交互，以获取中断线程和发送人工响应。关键实现位于 src/components/agent-inbox/contexts/ThreadContext.tsx（数据获取和状态管理）。此模块是前端与后端交互的核心，使用 React Context 来管理线程和 Agent Inbox 相关状态。

示例 10-9：src/components/agent-inbox/contexts/ThreadContext.tsx 中 fetchThreads 函数（前端）

```TypeScript
const fetchThreads = React.useCallback(
    async (inbox: ThreadStatusWithAll) => {
        setLoading(true);
        const client = getClient({
            agentInboxes,
            getItem,
            toast,
        });
        if (!client) {
            return;
        }

        try {
            // 从查询参数中提取参数：limit、offset、inbox 状态

            const threadSearchArgs = {
                offset,
                limit,
                const statusInput,
            };
            const threads = await client.threads.
search(threadSearchArgs); // 调用 API 获取线程数据
            const data: ThreadData<ThreadValues>[] = [];

            // 处理线程，包括处理中断和旧版案例

            setThreadData(sortedData);
            setHasMoreThreads(threads.length === limit);
        } catch(e){
            console.error("Failed to fetch threads", e);
        }
        setLoading(false);
    },
    [agentInboxes]
);
```

fetchThreads 函数展示了前端与 LangGraph 后端的交互机制。它使用 client 对象

（由 src/lib/client.ts 中的 createClient 创建）发起 API 调用。具体来说，它调用 client.
threads.search(threadSearchArgs) 以从后端获取线程，传递搜索参数（如 offset、limit
和 status）以实现结果的分页和筛选功能。

该函数负责处理从后端接收的原始线程数据，包括筛选线程、处理中断信息（使
用辅助函数，如 processInterruptedThread 和 processThreadWithoutInterrupts），以及对线
程数据进行排序以便在用户界面中显示。

最后，该函数使用 setThreadData 和 setHasMoreThreads 更新前端应用程序状态，
以反映从 Agent Inbox UI 中获取的线程数据。

人工响应处理具体实现位于 src/components/agent-inbox/components/InboxItemInput.
tsx 和 src/components/agent-inbox/hooks/use-interrupted-actions.tsx。这些组件和钩子负责
处理用户在 Agent Inbox UI 中对中断的响应操作，并演示前端如何将人工响应回传至
后端。

示例 10-10：src/components/agent-inbox/hooks/use-interrupted-actions.
tsx 中 handleSubmit 函数（前端）

```TypeScript
const handleSubmit = async (
    e: React.MouseEvent<HTMLButtonElement, MouseEvent> | React.
KeyboardEvent
  ) => {
    e.preventDefault();
    // 输入验证和错误处理

    try {
      // 从 UI 输入中构建 humanResponseInput 数组

      setLoading(true);
      setStreaming(true);
      const response = sendHumanResponse( // 调用 sendHumanResponse
函数
        threadData.thread.thread_id,
        [input],
        {
          stream: true,
        }
      );
```

```
    if (!response) {
      return; // 错误处理已在 sendHumanResponse 中完成
    }

    toast({
      text: "Success",
      description: "Response submitted successfully.",
      duration: 5000,
    });

    for await (const chunk of response) { // 处理来自后端的流式响应
      if (
        chunk.data?.event === "on_chain_start" &&
        chunk.data?.metadata?.langgraph_node
      ) {
        setCurrentNode(chunk.data.metadata.langgraph_node);
      } else if (
        typeof chunk.event === "string" &&
        chunk.event === "error"
      ) {
        // 流式响应的错误处理
      }
    }

    // 成功响应后更新 UI 状态

  } catch (e: any) {
    // handleSubmit 的错误处理
  } finally {
    setLoading(false);
  }
};
```

当用户在 Agent Inbox UI 中提交响应时，系统会触发 handleSubmit 函数。该函数负责捕获用户选择的操作（接受、编辑、回复），以及任何相关输入。

与后端的关键交互发生在 sendHumanResponse 函数调用中。此函数（在 ThreadContext.tsx 中定义）封装了对 LangGraph 后端的 API 调用，以发送 HumanResponse。其主要参数包括 threadId 和 HumanResponse 对象。

此代码演示了如何处理来自后端的流式响应（当 sendHumanResponse 启用 stream: true 选项时）。它迭代 sendHumanResponse 返回的异步生成器，根据从后端接收的事件（setCurrentNode）更新 UI 状态，并处理流中的潜在错误。

成功提交响应后，handleSubmit 函数会更新前端 UI 状态，显示成功消息，清除加载指示器，并可能将用户导航至回收件箱视图或更新线程数据以反映恢复的工作流状态。

Agent Inbox 前端通过以下 src/components/agent-inbox/ 中的 React 组件来获取、显示和管理线程列表及其状态。

◎ src/components/agent-inbox/contexts/ThreadContext.tsx（线程数据管理）：如前所述，ThreadContext.tsx 负责使用 fetchThreads 函数从后端获取线程数据。此函数（示例 10-9）检索 ThreadData 对象列表，每个对象都包含有关线程的信息，包括其状态及中断信息。然后，ThreadContext 通过 React Context 使此 ThreadData 可供其他组件使用。

◎ src/components/agent-inbox/inbox-view.tsx（收件箱视图组件）：AgentInboxView 组件是用于显示收件箱列表的主要 UI 元素。它从 useThreadsContext 钩子获取线程数据，并渲染 InboxItem 组件列表以表示各线程状态。

示例 10-11：src/components/agent-inbox/inbox-view.tsx 中
AgentInboxView 组件（前端）

```TypeScript
export function AgentInboxView<
  ThreadValues extends Record<string, any> = Record<string, any>,
>() {
  const { loading, threadData } = useThreadsContext<ThreadValues>();
// 从上下文中访问 threadData
  const selectedInbox = (getSearchParam(INBOX_PARAM) ||
    "interrupted") as ThreadStatusWithAll; // 从查询参数中获取选定的收
件箱状态

  // 基于 selectedInbox 状态的收件箱筛选逻辑

  const threadDataToRender = React.useMemo(
    () =>
      threadData.filter((t) => { // 使用 threadData.filter() 筛选线程
        if (selectedInbox === "all") return true;
```

```
        return t.status === selectedInbox;
      }),
    [selectedInbox, threadData]
  );
  const noThreadsFound = !threadDataToRender.length;

  return (
    <div className="min-w-[1000px] h-full overflow-y-auto">
      {/* 用于状态筛选的收件箱按钮） */}
      <div className="flex flex-col items-start w-full max-h-fit h-full
border-y-[1px] border-gray-50 overflow-y-auto scrollbar-thin">
        {threadDataToRender.map((threadData, idx) => { // 遍历
threadDataToRender 以渲染 InboxItem
          return (
            <InboxItem<ThreadValues>
              key={`inbox-item-${threadData.thread.thread_id}`}
              threadData={threadData}
              isLast={idx === threadDataToRender.length - 1}
            />
          );
        })}
        {/* 未找到线程和加载指示器 */}
      </div>
      {/* 分页组件） */}
    </div>
  );
}
```

AgentInboxView 使用 useThreadsContext<ThreadValues>() Hook 从应用程序范围的上下文中访问 threadData 数组。此数组包含从后端获取的线程信息。

该组件使用 threadData.filter() 实现筛选逻辑，以根据选定的收件箱状态（例如，"中断""空闲""全部"）显示线程，便于用户聚焦特定类型线程。

通过 threadDataToRender.map() 函数遍历筛选后的线程数据，为每个线程渲染 InboxItem 组件，用于在收件箱列表中显示线程详情。

该组件还负责处理状态加载（当 loading 为 true 时显示加载指示器）和空状态（当 threadDataToRender 为空时显示 "No threads found" 提示）。

InboxItem 组件是一个高阶组件，根据线程的 status 和 interrupts 属性动态渲染

GenericInboxItem 或 InterruptedInboxItem。

示例 10-12：src/components/agent-inbox/components/inbox-item.tsx 中
InboxItem 组件（前端）

```typescript
export function InboxItem<
  ThreadValues extends Record<string, any> = Record<string, any>,
>({ threadData, isLast }: InboxItemProps<ThreadValues>) {
  const { searchParams } = useQueryParams();

  const inbox = (searchParams.get(INBOX_PARAM) ||
    "interrupted") as ThreadStatusWithAll; // 从查询参数中获取选定的收
件箱状态

  if (inbox === "all") { // 基于收件箱状态和线程状态渲染不同的项目类型
    if (threadData.status === "interrupted") {
      if (threadData.interrupts?.length) {
        return (
          <InterruptedInboxItem // 为中断的线程渲染
InterruptedInboxItem，包含中断
            threadData={/* ... */}
            isLast={isLast}
          />
        );
      } else {
        return (
          <GenericInboxItem // 为没有中断的中断线程渲染 GenericInboxItem
（旧版）
            threadData={/* ... */}
            isLast={isLast}
          />
        );
      }
    } else {
      return <GenericInboxItem // 为非中断线程渲染 GenericInboxItem
        threadData={threadData} isLast={isLast} />;
    }
  }

  // 其他收件箱状态的条件渲染逻辑：“interrupted”“idle”“busy”
```

```
"error"

return null; // 如果没有匹配的条件则返回 null
}
```

InboxItem 组件根据 inbox 状态（选定的收件箱过滤器）和 threadData.status 的条件逻辑来确定要渲染的收件箱项目组件，以实现对中断线程与通用线程的差异化渲染。

它为状态为 interrupted 的线程渲染 InterruptedInboxItem 组件，为其他状态（"idle" "busy" "error"，或显示 "all'" 线程时）的线程渲染 GenericInboxItem 组件。这种模块化设计允许为不同的线程类型提供不同的可视化表示和功能。

它使用 useQueryParams() 从查询参数中获取 inbox 状态值，确保根据当前选定的收件箱过滤器渲染收件箱项目。

InterruptedInboxItem 组件专门负责渲染代表 interrupted 线程的收件箱项目。它可视化中断线程的关键信息，并向用户突出显示其中断状态。

示例 10-13：src/components/agent-inbox/components/interrupted-inbox-item.tsx 中 InterruptedInboxItem 组件（前端）

```TypeScript
export function InterruptedInboxItem<
  ThreadValues extends Record<string, any> = Record<string, any>,
>({ threadData, isLast }: InterruptedInboxItem<ThreadValues>) {
  const { updateQueryParams } = useQueryParams();

  // 描述预览逻辑

  return (
    <div
      onClick={() => // 处理点击以打开线程视图
        updateQueryParams(
          VIEW_STATE_THREAD_QUERY_PARAM,
          threadData.thread.thread_id
        )
      }
      className={cn(
        "grid grid-cols-12 w-full p-6 items-center cursor-pointer
hover:bg-gray-50/90 transition-colors ease-in-out",
        !isLast && "border-b-[1px] border-gray-200"
```

```
        )}
    >
        <div className="col-span-9 flex items-center justify-start gap-4">
            <div className="w-[6px] h-[6px] rounded-full bg-blue-400" />
{/* 中断状态的可视化提示 */}
            <div className="flex items-center justify-start gap-2">
                <p className="text-black text-sm font-semibold">
                    {threadData.interrupts[0].action_request.action ||
"Unknown"} {/* 显示操作请求 */}
                </p>
                {/* 描述预览渲染 */}
            </div>
        </div>
        <div className="col-span-2">
            <InboxItemStatuses
config={threadData.interrupts[0].config} /> {/* 渲染 InboxItemStatuses
组件 */}
        </div>
        {/* 更新时间戳 */}
    </div>
    );
}
```

此代码片段显示来自 HumanInterrupt 对象的 action_request.action 字段，提供了智能体请求的简明摘要（如 Confirm Joke）。

它渲染来自 HumanInterrupt 对象的 description 字段的截断预览，使用户快速了解与中断相关的上下文或说明，而无须打开完整的线程视图。

它包含 InboxItemStatuses 组件以显示线程状态标识（当前使用的是 config 属性，建议优化为使用 status 属性）。

该组件实现收件箱项目的可点击功能，使用 updateQueryParams 在单击时导航到 ThreadView 详情页，支持用户响应中断请求。

Agent Inbox 通过整合组件与数据流，在前端 UI 中高效实现了线程列表展示与状态可视化。该系统采用差异化组件设计（通用项目与中断项目分别处理）和可视化状态提示，确保界面信息丰富且用户友好，既符合环境智能体的设计原则，又为基于 LangGraph 的人机协作 AI 工作流提供了开箱即用型解决方案。

作为专为 LangGraph 环境智能体设计的用户界面，Agent Inbox 在人机协作 AI 系统开发中具有关键价值。其核心功能是通过集中式收件箱简化操作复杂度，使用户能够高效管理并响应后台 AI 智能体产生的中断请求。

该系统的架构设计凸显了环境智能体 UI 的三大优势：

（1）中断信息清晰呈现。

（2）响应选项结构化且可操作。

（3）采用非侵入式的按需交互模式，充分尊重用户注意力。

通过建立 React 前端与 LangGraph 后端间明确定义的 API 交互机制，Agent Inbox 构建了一个实用框架，既能开发功能强大的 AI 应用，又能有效整合人类专业知识，在自主 AI 与以人为本的 AI 助手之间架起了重要桥梁。

 思考题

（1）对比开放画布与报告大师在架构设计、工作流模式和人机交互策略上的差异，分析其如何适配各自核心功能。

（2）阐述报告模板在报告生成中的作用机制，分析其对报告质量、结构化和定制化的提升效果。

（3）评估 Agent Inbox 作为开箱即用型方案的优势，并提出可能的功能扩展方向。

第 11 章
AI 智能体技术展望

11.1　多智能体开发框架的选择

随着大语言模型（LLM）技术的快速发展，基于 LLM 构建的智能体系统日益成熟。特别是在处理复杂任务时，单一智能体的能力往往难以满足需求，多智能体系统（Multi-Agent Systems，MAS）通过多个自主智能体的协同合作，能够更好地解决复杂问题。本章将深入探讨当前主流的多智能体开发框架，帮助读者在实际项目中进行更合理的技术选型。

11.1.1　框架特性介绍

多智能体系统的核心在于实现多个智能体之间的有效协作。这种协作包括任务分解、角色分配、信息交换、结果整合等多个环节。一个优秀的多智能体开发框架需要为这些环节提供完善的支持。目前市面上主流的框架各有特色，下面我们详细介绍它们的特性。

1. AutoGen

AutoGen 是由微软研究院开发的开源框架，自 2023 年发布以来快速获得了开发者社区的广泛认可。该框架采用会话式交互模型构建基于大语言模型的多智能体应用。其架构设计包括协助型 AI 智能体（Assistant AI Agent）和用户代理 AI 智能体（User AI Proxy AI Agent）等预置类型，支持快速构建定制化的应用程序。

AutoGen 的一大技术亮点在于其成熟的会话管理机制。每个 AI 智能体都拥有独立的上下文记忆系统，能够在多轮对话中保持连贯性。框架提供的消息路由系统允许开发者精确控制智能体之间的信息流转，同时内置的工具调用机制使 AI 智能体能够方便地访问外部 API 和本地函数。在错误处理方面，AutoGen 实现了完善的重试机制，显著提升了系统的可靠性。

这些设计使 AutoGen 特别适合构建需要多个 AI 智能体协同完成的复杂任务，例如代码协作开发、数据分析等场景。虽然该框架的学习曲线相对较陡，但其完善的文档支持和活跃的社区讨论能够有效帮助开发者克服初期的使用困难。

2. CrewAI

CrewAI 是 2023 年发布的专注角色化协作的开源框架。该框架通过模拟人类团队协作的方式组织多智能体系统，每个智能体都被赋予特定的角色定位和明确的职责范围。这种设计思路使系统的行为模式更接近于现实世界中的团队协作。

在 CrewAI 的设计中，任务管理占据核心位置。CrewAI 提供了系统化的任务分解机制，能够将复杂的项目需求分解为多个子任务，并根据智能体的角色属性进行合理分配。智能体之间通过明确定义的协作协议进行交互，确保任务执行的质量和效率。同时，CrewAI 还提供了丰富的工具集成能力，支持智能体调用外部服务来增强其功能。

这种基于角色的设计理念使 CrewAI 特别适合构建需要明确分工的应用场景，比如研究助理团队或内容创作团队。CrewAI 的使用相对直观，且随着社区的快速发展，可用的资源和工具也在不断丰富。

3. LlamaIndex

LlamaIndex 作为一个以数据处理见长的框架，在 2025 年初通过引入 AgentWorkflow 系统来扩展其在多智能体开发领域的能力。这个系统建立在 LlamaIndex 原有的 Workflow 抽象基础之上，为多智能体应用开发提供了更完整的支持。

AgentWorkflow 提供了状态管理和上下文维护机制，支持多个专门化智能体之间的协调配合。在处理复杂任务时，AgentWorkflow 能够有效管理多步骤流程，并支持智能体活动的实时监控。这种设计使开发者能够更便捷地构建需要多个智能体协作的应用系统。

LlamaIndex 保持了其在数据处理方面的专业特性，同时通过 AgentWorkflow 提供了智能体协作的基础设施。这使 LlamaIndex 特别适合构建需要结合数据处理和智能体协作的应用，如智能研究助手或自动化分析系统等场景。LlamaIndex 提供的抽象既保证了开发的灵活性，又简化了多智能体系统的实现过程。

4. Swarm

OpenAI 于 2024 年推出的 Swarm 采用了简洁优先的设计理念，主要面向教育和原型开发场景。这个框架虽然在功能上相对基础，但其简单直观的特点使其成为学习和理解多智能体系统的理想工具。

Swarm 的核心优势在于其简洁的 API 设计，开发者可以快速上手并理解多智能体协作的基本概念。Swarm 采用轻量级任务交接机制，使智能体之间的协作过程更容易理解和控制。其无状态的设计思路大大简化了部署和维护工作，而内置调试工具则为开发过程提供了必要的支持。

虽然 Swarm 的设计定位决定了它不适合用于生产环境，但其在教学演示和快速原型开发方面的价值是显而易见的。Swarm 的设计理念很好地平衡了易用性和功能性，为入门者提供了理想的学习平台。

5. LangGraph

LangGraph 作为 LangChain 生态系统中的重要组件，自 2023 年推出以来就以其出色的状态管理能力和工作流控制能力而著称。这个框架在设计上更注重提供底层构建块，使开发者能够构建具有精确控制流程的复杂多智能体系统。

在 LangGraph 中，状态管理系统发挥着核心作用。LangGraph 提供了完善的状态持久化机制，支持智能体状态的保存和恢复，这对构建可靠的生产级应用至关重要。其工作流定义系统支持灵活的条件分支和循环结构，使复杂的业务流程得以实现。LangGraph 还内置了人机交互机制，允许在关键节点插入人工干预，提高了系统的可控性。此外，LangGraph 对实时流式处理提供了原生支持。这使其能够有效处理持续产生的数据流，适合构建需要实时响应的应用系统，以及需要精确控制流程的应用，如客服系统或审批流程等场景。

值得一提的是，得益于 LangGraph 框架的通用性和高度灵活性，AutoGen、CrewAI 等其他框架搭建智能体也能集成至 LangGraph 应用中，从而实现不同智能体的协作，或者为非 LangGraph 智能体带去状态持久化、长短期记忆等功能。具体实现可参照 3.1 节，首先将基于其他框架开发的智能体的调用函数作为 LangGraph 图中的节点，然后正常管理状态即可。

示例 11-1：在 LangGraph 中接入 CrewAI

```Python
from langgraph.graph import StateGraph, MessageState, START
from crewai import Crew, Process, Agent, Task, TaskOutput,
CrewOutput

# 定义 CrewAI 的 Agent
researcher = Agent(role='Researcher', goal='Conduct foundational
research', backstory='...')
writer = Agent(role='Writer', goal='Draft the final report',
backstory='...')

# 构建 Crew
report_crew = Crew(
    agents=[researcher, writer],
    tasks=[
```

```
        # 研究任务
        Task(
            description='Gather and analyze relevant data...',
            agent=researcher,
            expected_output='Raw Data and insights'
        ),
        # 写作任务
        Task(
            description='Compose the report...',
            agent=writer,
            expected_output='Final Report'
        )
    ],
    process=Process.sequential
)

# 将 Crew 调用转化为 LangGraph 节点
def call_crew(state: MessageState):
    response = report_crew.kickoff().raw
    ......

# 构建 LangGraph 图
graph = (
    StateGraph(MessageState)
    .add_node(call_crew)
    .add_edge(START, "call_crew")
    .compile()
)
```

11.1.2　框架选型分析

在选择多智能体开发框架时，需要从多个维度进行评估。下面我们将从技术特性、使用场景和实践建议等方面进行深入分析。

不同框架在各技术维度上各有优劣，表 11-1 提供了详细对比。

表 11-1　不同 Agent 开放框架的横向对比

特性维度	LangGraph	AutoGen	CrewAI	LlamaIndex	OpenAI Swarm
范围广泛性	高：工作流通用框架	中：专注任务协作	中：基于角色协作	中：专注数据处理	低：功能相对基础
灵活性	高：高度可定制化	中：代理可定制	中：角色可配置	中：工作流程调整	低：接口固定
效率	高：通用解决方案	中：任务具体而定	中：依赖角色设计	高：优化数据处理	高：轻量快速
易用性	中：需掌握核心概念	中：学习曲线较陡	高：角色概念直观	中：需理清核心概念	高：接口简单
记忆能力	强：状态管理完善	中：短期记忆为主	中：基于角色状态	强：内置记忆功能	无：无状态设计
工具集成	强：生态工具丰富	中：可引入外部工具	中：基础工具支持	中：数据工具为主	低：极简设计
社区支持	高：活跃社区	中：规模稳定活跃	中：发展中社区	高：活跃社区	低：新兴社区
使用成本	中：依赖基础设施	高：配置部署复杂	中：适中	低：容易部署	低：轻量级

通过对比分析各框架的技术特性，可以得出以下应用场景评估结论。

（1）复杂业务流程处理。

LangGraph 凭借强大的状态管理能力和灵活的工作流控制机制，在需要严格流程管控的企业级应用中表现突出。其状态持久化和存档点机制确保了流程的可靠性和可追踪性。AutoGen 虽具备优秀的会话管理和工具调用能力，但在状态管理精确性方面稍逊于 LangGraph。

（2）团队协作模拟。

CrewAI 的角色化设计理念与团队协作需求高度契合，特别适合构建虚拟助理团队和研究辅助系统。AutoGen 虽支持多智能体协作，但抽象层次较高，需要更多定制工作。

（3）教育和原型开发。

Swarm 凭借简洁的无状态设计和直观 API，成为教学演示和概念验证的理想选择。CrewAI 虽易于理解，但复杂度较高，学习成本更大。

（4）数据密集型应用。

LlamaIndex 在数据处理领域展现出专业优势，通过 AgentWorkflow 系统实现智能体协作，适用于企业知识库、智能检索等场景。AutoGen 虽支持数据处理，但开箱即用能力不及 LlamaIndex。

在具体实施过程中，建议在正式选型前进行小规模的技术验证，以帮助团队更好地理解框架的实际表现。同时，需要认真评估框架的学习成本和团队适应性，确保团队能够在合理时间内掌握框架的核心特性。此外，框架的长期维护能力和社区活跃度也是重要的考虑因素，这直接关系到项目的可持续发展。在版本选择上，要注意框架版本的更新频率和版本间的兼容性，以降低未来升级带来的风险。

总之，多智能体开发框架的选择是一个需要综合考虑多方面因素的决策过程。每个框架都有其独特的优势和适用场景，没有完全通用的最佳选择，建议开发者根据具体项目需求，结合本章提供的分析和建议做出选择，并持续关注技术演进。

11.2 智能体发展趋势及展望

作为通用人工智能发展道路上的重要一环，智能体技术正在迎来突破性进展。基础模型的突破性进步、开发工具链的持续完善，以及应用场景的不断拓展，共同构成了推动 AI 智能体技术发展的三重驱动力量。从代码生成到多模态理解，从单任务执行到复杂系统协作，AI 智能体正在突破传统 AI 系统的能力边界，开启人机协同的新纪元。本章将从技术演进、开发范式和应用前景三个维度，系统分析 AI 智能体领域的发展脉络与未来趋势。

11.2.1 基础模型进步推动 AI 智能体成熟

基础模型的革新为 AI 智能体技术的发展注入了强劲动力。在代码生成领域，Anthropic 推出的 Claude-3.7-Sonnet 展现出革命性突破。该模型在 SWE-bench 智能体编码评估中解决了 70% 的复杂问题，相较于前代 Claude-3.5-Sonnet 的 49% 有了显著提升（如图 11-1 所示）。其独特的代码编辑能力不仅在于语法修正，更能理解自然语言指令进行功能迭代，如在遗留系统升级中自动完成框架迁移与 API 适配。这种代码能力的跃升使 AI 智能体能够直接参与软件开发全流程，从需求分析到代码生成、测试部署形成闭环，显著提升软件工程自动化水平。

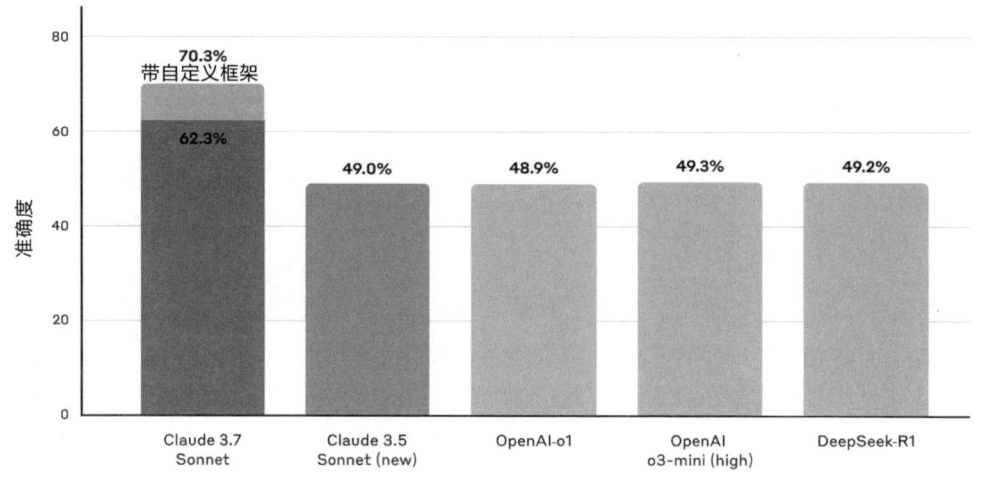

图 11-1　多个模型在 SWE-bench 基准测试中的表现
（评估 AI 模型解决现实世界软件问题的能力）

　　强化推理范式的演进正在重塑智能体的决策机制。OpenAI-o1 模型通过深度融合链式思维（Chain-of-Thought）与强化学习，在数学证明、科学计算等需要多步推理的场景中展现出类人的分析能力。其创新之处在于构建了动态推理路径调整机制，使智能体能够根据问题复杂度自主调整思考深度。而 DeepSeek-R1 作为开源领域的代表，通过高效的强化学习训练方案同样实现了显著的推理能力提升，在代码生成任务中实现了与商业模型比肩的性能。这种开放生态的推理模型突破，不仅降低了技术门槛，更提升了 AI 智能体决策的透明度。

　　多模态能力的突破则为 AI 智能体打开了感知物理世界的窗口。Google Gemini 2.0 的多模态处理能力已超越简单的跨模态转换，实现了真正的多模态融合推理。得益于其对图片、视频、语音等多类内容的原生处理能力，该模型有助于构建基于视觉或语言的自然交互智能体，如根据图像内容生成多样化的文本描述或根据文本描述生成多角度的图像重构等。这种多模态能力的提升，不仅增强了智能体对人类语言与视觉信息的理解能力，更为其在复杂环境中的自主决策提供了多维度的支持。

11.2.2　开发工具链加速智能体落地

　　智能体技术的产业化应用离不开开发工具链的支撑。LangChain 团队围绕着

LangGraph 也打造了 LangGraph Platform 全流程智能体开发方案，开发者可以通过该方案中的 LangGraph Studio、LangGraph CLI、LangGraph Server 等生态组件快速构建脚手架、实时观测智能体的决策路径与状态变迁，并完成智能体应用的一站式部署上线，实现了从开发调试到生产监控的全生命周期管理。

无独有偶，LlamaIndex 推出的 LlamaIndex Deploy 同样聚焦于企业级智能体部署的工程化挑战。其采用的微服务架构设计解决了传统单体架构在扩展性、容错性方面的不足，通过控制平面统一管理智能体的状态持久化与任务恢复机制。这种专业化部署工具的出现，标志着智能体技术从实验室原型到生产系统的关键跨越。

开发工具链的成熟正在重构智能体生态系统。标准化接口降低了模块集成难度，可视化调试提升了系统可解释性，自动化监控则保障了运行可靠性。这些技术进步共同推动智能体开发从"手工作坊"向"工业化生产"转型，将复杂智能体系统的构建周期从数月缩短至数周甚至几天内，显著加速了技术落地进程。

11.2.3　智能体应用的巨大潜力

生成式 UI 正在重塑人机交互范式。比如 Vercel AI SDK 就提供了基于大语言模型的动态界面生成开发能力，使应用程序能够根据上下文实时调整交互逻辑。比如，用户询问某地天气时 AI 就返回一张可交互的天气信息卡片，而当用户查询股价时 AI 返回的就变成了对应股票的 K 线图，从而实现了对用户意图的智能理解与动态呈现。这种交互模式的革命性在于突破了固定 UI 的局限，为每个用户提供量身定制的数字体验，开创了"界面即服务"的新时代。

异步智能体则开启了人机协作的新维度。OpenAI 为 ChatGPT 新增的深度研究功能，即典型异步智能体应用，其可以带着接受的任务自主规划、检索研究，自主执行几分钟甚至数小时，达成高质量的输出。在推理模型的加持下，这类异步智能体能够通过更长时间的思考提供更深入的解决方案，其角色正从"工具"向"伙伴"转变。这种演进将大幅提升人类获取知识服务的效率，推动人机协作关系的深度升级。

多智能体协作系统则展现出更高层次的群体智能发展前景。随着单一智能体技术趋于成熟，多智能体系统自然成为下一个发展方向。现有的一些开发框架已提供网络结构、树状结构等多种智能体协同模式，以适应不同任务需求。这种分工协作机制模拟了人类组织的专业化分工，通过知识共享与任务分解，使系统能够处理复杂度呈指数级增长的任务。未来随着理论创新和实践探索的深入，多智能体系统有望实现群体智能的涌现，为人类社会带来更多创新与进步。

　　站在智能体技术爆发的临界点，我们正经历三个根本性转变：从工具到伙伴的角色转变，从单模态到多模态的感知升级，从固定流程到自主决策的能力突破。基础模型的持续进化将赋予智能体更强大的认知能力，开发工具链的完善将促进技术普及，而应用场景的拓展则将重新划定人机协作的边界。

　　本书所阐述的智能体技术体系，正是通向这一未来的阶梯。当开发者掌握构建智能体的方法与工具时，他们不仅是在创造新的技术解决方案，更是在参与塑造人机协同的新文明形态。在这个充满可能性的时代，智能体将超越效率工具的范畴，成为拓展人类认知边界的思维伙伴，其终极价值在于帮助人类探索那些曾经难以企及的知识领域。